宁夏气候与生态环境

NINGXIA CLIMATE AND ECOLOGICAL ENVIRONMENT

主　编：杨兴国
副主编：孙银川　王素艳　郑广芬

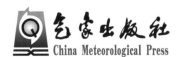

气象出版社
China Meteorological Press

内 容 简 介

本书系统介绍了宁夏气候要素长序列（1961—2018 年）的基本特征及变化特点,详尽阐述了气候和生态环境特点、优势气候资源及区划、气候变化事实及其影响、气象灾害及风险区划、气候异常成因、应对气候变化的行动等方面最新的研究成果。本书共分为 9 章,第 1 章概述,第 2 章气候要素特征,第 3 章气象灾害,第 4 章优势气候资源及区划,第 5 章气象灾害风险区划,第 6 章气候变化及其影响,第 7 章气候异常成因,第 8 章生态环境,第 9 章应对气候变化行动。本书资料翔实、内容丰富,理论性、针对性和实用性强,具有较高的学术价值和实践指导作用。

本书可供气象、地理、环境、生态、农林牧业、水文、经济、建筑、旅游等相关专业从事科研和业务的专业技术人员以及政府部门的决策管理者参考,也可供相关学科的大专院校师生参考。

图书在版编目（CIP）数据

宁夏气候与生态环境 / 杨兴国主编. -- 北京 ： 气
象出版社，2021.12
　　ISBN 978-7-5029-7604-0

　　Ⅰ．①宁… Ⅱ．①杨… Ⅲ．①气候变化-研究-宁夏
②生态环境-研究-宁夏 Ⅳ．①P468.243②X321.243

中国版本图书馆CIP数据核字(2021)第244116号

宁夏气候与生态环境
Ningxia Qihou yu Shengtai Huanjing

出版发行:气象出版社		
地　　址:北京市海淀区中关村南大街 46 号	**邮政编码**:100081	
电　　话:010-68407112(总编室)　010-68408042(发行部)		
网　　址:http://www.qxcbs.com	**E-mail**：qxcbs@cma.gov.cn	
责任编辑:陈　红	**终　　审**:吴晓鹏	
责任校对:张硕杰	**责任技编**:赵相宁	
封面设计:地大彩印设计中心		
印　　刷:北京地大彩印有限公司		
开　　本:787 mm×1092 mm　1/16	**印　　张**:23	
字　　数:589 千字		
版　　次:2021 年 12 月第 1 版	**印　　次**:2021 年 12 月第 1 次印刷	
定　　价:180.00 元		

《宁夏气候与生态环境》编委会

主　编：杨兴国

副主编：孙银川　王素艳　郑广芬

编　委：李　欣　张　智　朱晓炜　马力文　杨建玲　高睿娜

　　　　崔　洋　王　岱　马　阳　张　雯　王　璠　黄　莹

　　　　高　娜　翟颖佳　左河疆　刘　垚　严晓瑜　杨苑媛

　　　　杨　勤　李艳春　刘玉兰　赵　慧　李梦华

编写单位：宁夏回族自治区气候中心

　　　　　宁夏回族自治区气象科学研究所

　　　　　宁夏回族自治区气象信息中心

　　　　　宁夏回族自治区气象服务中心

　　　　　宁夏回族自治区银川市气象局

序

气候是人类生活和生产活动的重要自然环境条件。随着工农业发展,人口迅速增加,气候资源的不足日趋凸显,经济社会发展对气候及其变化的敏感性、依赖性日益增强,人类活动对气候的影响也日益显现。了解气候特征及其演变规律,能够科学合理地开发和利用气候资源,有利于防灾减灾,有助于重大工程建设和管理,也有利于政府长远发展规划和工农业布局的设计。

宁夏地处中国西北内陆黄河上游地区,是北方防沙带和黄土高原—川滇生态屏障交汇区,也是黄河流经 9 个省(区)中唯一全境属于黄河流域的省级行政区。习近平总书记指出:"贺兰山是我国重要自然地理分界线和西北重要生态安全屏障,维系着西北至黄淮地区气候分布和生态格局,守护着西北、华北生态安全。"宁夏地域虽小,但其先天自然条件和贺兰山、六盘山、罗山特有的地理优势,使宁夏成为全国的重要生态节点、重要生态屏障、重要生态通道,凸显了稳定季风界限、联动全国气候格局,调节水汽交换、改善西北局地气候,阻挡沙尘东进、维护全国生态安全的特殊地位。

宁夏是典型的气候变化敏感区和生态环境脆弱区,拥有干旱、半干旱和半湿润多种气候类型,也具有丰富的风能、太阳能资源。北部引黄灌区是我国四大古老灌区之一,是"塞上江南"的鱼米之乡。优良的气候条件也使得贺兰山东麓酿酒葡萄及中宁枸杞品质享誉国内外。在全球气候变暖的背景下,宁夏气温明显升高,升温速率高于全国和全球同期,极端天气气候事件和气象灾害频发,干旱、暴雨、低温、霜冻、大风、沙尘(暴)、连阴雨、冰雹等气象灾害及其衍生灾害对区域经济社会发展及生态环境造成严重影响。2020 年 6 月,习近平总书记视察宁夏,赋予了宁夏"努力建设黄河流域生态保护和高质量发展先行区"的时代重任。加强宁夏气候特征分析,把握气候变化规律,探明气候异常原因,了解气候和生态环境的关系,对科学应对气候变化,趋利避害,合理利用优势气候资源,助推黄河流域生态保护和高质量发展具有重要意义。

为了使社会公众更好地了解宁夏气候背景、成因、分布等状况,以及气候资源、气候灾害与未来趋势等,增强全社会应对气候变化、防灾减灾和风险管理能力,推进黄河流域生态保护和高质量发展,宁夏气象局应用最新的气象、水文、卫星遥感、生态等资料和科研成果,组织编著了《宁夏气候与生态环境》一书。该书系统论述了宁夏自然环境和气候特征、优势气候资源、古代及近 50 多年气候变化及其影响、未来气候变化趋势、气象灾害风险区划、气候异常成因、宁夏生态环境状况、宁夏应对气候变化行动。

该书是一本资料翔实、内容丰富、理论性、针对性和适用性强的综合性专业书籍,具有较高的学术价值和实践指导作用,可供气象、地理、环境、生态、农林牧业、水文、经济、建筑、旅游等领域从事科研和业务的专业技术人员参考,同时可为宁夏经济社会可持续发展及生态环境保护提供科学依据和技术支撑,为继续建设经济繁荣、民族团结、环境优美、人民富裕的美丽新宁夏做出积极贡献。

中国科学院院士

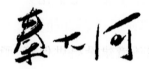

2021 年 5 月

前　言

　　宁夏地处我国西北地区东部,地形复杂,贺兰山和六盘山耸立于宁夏的最北端和最南端,是宁夏平原的天然屏障和黄土高原上的绿岛。宁夏气候类型多样,自北向南分布有干旱区、半干旱区、半湿润区。境内干燥多风,光照充足,风能太阳能可开发潜力巨大。中北部气候干爽,气温日较差大,贺兰山东麓酿酒葡萄及中宁枸杞品质享誉国内外;南部六盘山区气候冷凉,具有独特的避暑优势。

　　气候是人类生存和发展进步的重要自然条件之一。在全球气候变暖的背景下,干旱、极端降水、冰雹和霜冻等对经济社会发展及生态环境的影响和危害风险不断增加。为了充分认识宁夏气候特征,科学应对气候变化,趋利避害,合理利用优势气候资源,提高全社会气象防灾减灾能力,更好地为宁夏经济社会发展和生态环境建设提供保障,亟需一部能够全面反映最新宁夏气候特征、气候资源、气象灾害与气候变化、宁夏生态环境等信息的参考书。为此,宁夏气象局组织编写了《宁夏气候与生态环境》。

　　《宁夏气候与生态环境》以全区 24 个国家级气象站 1961—2018 年地面观测,以及卫星遥感、水文和生态等资料为基础,利用数理统计、数值模拟及地理信息技术等方法,借鉴最新研究成果进行编著,并经有关专家严格论证修改完善而成。重点突出了以下特点:(1)采纳吸收了最新技术方法和研究成果,各类资料均向历史和未来进行了扩展,确保本书数据结论的客观准确;(2)系统全面地描述了宁夏气候特征、气候成因、气候灾害、气候资源与应用、气候变化与应对、生态环境等状况;(3)针对经济社会发展需求,分析了特色农业、旅游、清洁能源等各专业领域与气候的关系;(4)为了促进农业生产的发展,提供了精细的农业气候区划。全书具有较强的科学性、权威性和科普性,可作为气象科研、业务人员和高校师生的工具书,也可作为政府部门和社会公众的科普读物,能够为国家生态文明、环境保护、人与自然和谐共生等科学决策提供依据和参考。

　　《宁夏气候与生态环境》由杨兴国任主编,孙银川、王素艳、郑广芬任副主编,拟定大纲和每章的要点,确定本书分为9章。全书由王素艳统稿,杨兴国最终审定。第1章,概述,介绍宁夏地理位置、地形地貌、植被、水文、土壤等概况,由郑广芬负责编写;第2章,气候要素特征,分析宁夏气温、降水等气象要素的时空分布,由李欣负责编写;第3章,气象灾害,阐述宁夏主要气象灾害时空分布特征及影响,由王素艳、朱晓炜负责编写;第4章,优势气候资源及区划,介绍宁夏农业气候资源、风能和太阳能、旅游气候资源的时空分布特征和利用状况,由孙银川、马力文负责编写;第5章,气象灾害风险区划,阐述宁夏主要气象灾害风险及区划,由朱晓炜负责编写;第6章,气候变化及其影响,阐述不同时期宁夏气候变化事实及其影响、未来气候变化情景预估,由王素艳、崔洋负责编写;第7章,气候异常成因,分析大气环流、地理环境、海温、海冰等对宁夏气候的影响机理,由杨建玲、王素艳负责编写;第8章,生态环境,阐述宁夏主要生态环境,包括山脉、水资源、土地利用、大气环境等,由郑广芬、李欣负责编写;第9章,应对气候变化行动,从移民工程、封山禁牧、防沙治沙、重大工程气候可行性论证等方面,阐述宁夏应对气候变化的行动,由王素艳、郑广芬负责编写。

本书的出版幸蒙中国科学院院士秦大河的大力支持和关心,并为本书作序。在编撰过程中,王鹏祥研究员、董安祥研究员、李栋梁教授等专家提出了许多宝贵意见。在此一并表示衷心感谢!由于付梓仓促,虽经再三刊校,书中错漏在所难免,敬请广大读者不吝指正。

宁夏回族自治区气象局党组书记、局长

杨兴国

2021年5月

目　　录

第 1 章　概　述

宁夏回族自治区位于中国西北部的黄河中上游地区,地处东经 104°17′~109°39′,北纬 35°14′~39°23′。东邻陕西省,西北部、北部和东北部与内蒙古自治区接壤,西南南部、南部和东南部与甘肃省相连;地形南北狭长,相距 456 km,东西相距约 250 km,总面积为 6.64 万 km²。

宁夏全境海拔 1000 m 以上,地形从西南向东北逐渐降低,地势南高北低,呈阶梯状下降,落差近 1000 m。贺兰山脉绵亘于宁夏的西北部,主峰海拔高度 3556 m,山势巍峨雄伟,既削弱了西北寒风的侵袭,又阻挡了腾格里沙漠流沙的东进,成为银川平原的天然屏障;黄河贯穿于宁夏平原,使之享有"塞上江南"之美誉;首府银川湖泊湿地众多,有"七十二连湖"之说,获"塞上湖城"之美称。六盘山脉位于宁夏南部,最高峰海拔 2942 m,林木繁茂,成为突起于黄土高原之上的"绿岛",其周边地区气候凉爽、降水充沛,全年无高温天气,有"春去秋来无盛夏"之说。根据气候条件、农牧业分布、生态环境状况以及传统习惯,把宁夏划分为北部引黄灌区、中部干旱带、南部山区(董永祥 等,1986;王连喜 等,2008)(图 1.1)。根据宁夏自然地理状况和气候类型,将农业区划分为引黄灌区、中部干旱带和南部山区。

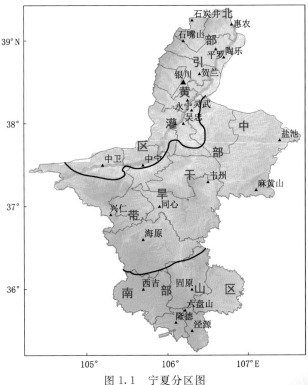

图 1.1　宁夏分区图

宁夏回族自治区辖 5 个地级市,9 个市辖区、2 个县级市、11 个县,共 22 个县级区划行政单位,截至 2018 年末,常住人口 688.11 万。

宁夏气候温凉,气温日较差大,避暑资源丰富,光照充足,太阳辐射强,降水少且年内、年际变率大,气象灾害种类多、发生频率高、范围广。

1.1　自然环境

1.1.1　地理位置

宁夏位于中国西北部,处在黄河中上游地区及沙漠与黄土高原的交界地带,与内蒙古、甘肃、陕西等省(区)为邻。在中国自然区划中,宁夏跨东部季风区和西北干旱区,西南靠近青藏高寒区,大致处在我国三大自然区域的交汇、过渡地带。在中国国土开发整治的地域划分上,宁夏位于中部重点开发的西缘或西部待开发区的东缘,是以山西为中心的能源重化工基地和黄河上游水能、矿产开发区的组成部分,北部和中部系"三北"防护林建设工程的重点地段,南部属于黄土高原综合治理区和"三西"地区的范围。

1.1.2　地形地貌

宁夏地形复杂,山地迭起,盆地错落,地势从西南向东北逐渐降低,黄河自中卫入境,向东北斜贯于平原之上,河流顺地势经石嘴山出境。宁夏大体可分为黄土高原、鄂尔多斯台地、洪积冲积平原和六盘山、罗山、贺兰山南北中三段山地。宁夏地处我国地貌"南北中轴"的北段,在华北台块、阿拉善台块与祁连山褶皱之间。西面、北面至东面,由腾格里沙漠、乌兰布和沙漠和毛乌素沙地相围,南面与黄土高原相连。南部的六盘山自南端向北伸,与月亮山、南华山、西华山等断续相连,把黄土高原分隔为二。东侧和南面为陕北黄土高原与丘陵,西侧和南侧为陇中山地与黄土丘陵。中部山地、山间与平原交错,卫宁北山、牛首山、罗山、青龙山等扶持山间平原,错落屹立。北部地貌呈明显的东西分异,黄河出青铜峡后,形成了美丽富饶的银川平原;平原西侧,贺兰山拔地而起,直指苍穹,东侧为高出平原百余米的鄂尔多斯台地。从地貌类型看,南部以流水侵蚀的黄土地貌为主,中部和北部以干旱剥蚀、风蚀地貌为主,是内蒙古高原的一部分。宁夏具有如下地理特点:

(1)天然屏障与高原"绿岛"

宁夏有名的山地有贺兰山和六盘山。贺兰山绵亘于宁夏的西北部,南北长约 200 km,东西宽 15～60 km,山地海拔多在 1600～3000 m,主峰达 3556 m。山势巍峨雄伟,既削弱了西北寒风的侵袭,又阻挡了腾格里沙漠流沙的东移,成为银川平原的天然屏障。

六盘山位于宁夏的南部,耸立于黄土高原之上,是一条近似南北走向的狭长山脉。主峰海拔 2942 m,山势高峻,山路曲折险狭,须经六重盘道才能到达顶峰,六盘山因此而得名。气候湿润,宜于林木生长,天然次生阔叶林繁茂,使六盘山成为突起于黄土高原之上的"绿岛",也是宁夏重要的林区之一。

(2)"塞上江南"宁夏平原

宁夏平原海拔 1100～1200 m,地势从西南向东北逐渐降低。平原上土层深厚,地势平坦,加上坡降相宜,引水方便,便于自流灌溉。自秦汉以来,劳动人民修渠灌田,发展了灌溉农业,形成了渠道纵横、阡陌相连的"塞上江南"。宁夏平原以青铜峡为界,分为南北两部分,青铜峡口以南为卫宁平原,比较狭窄,宽仅 2~10 km;青铜峡以北为银川平原,地形开阔,最宽处超过40 km,尤以黄河以西的地区平原面积较广。宁夏平原湿地湖泊众多,首府银川附近有"七十二连湖"之称,最大的沙湖面积超过了杭州西湖。

(3)丘陵起伏的黄土高原区

宁夏南部为黄土高原的一部分,其上黄土覆盖,最厚可达 100 多米,厚度由南向北渐减。六盘山主峰以南,流水切割作用显著,地势起伏较大,山高沟深。六盘山以北的地区,由于降水少,流水对地表切割作用较小,除少数突出于黄土瀚海之上、状如孤岛的山峰之外,一般为起伏不大的低丘浅谷,相对高度在 150 m 左右。凡有河流流经的地方,经河流的冲积,形成较宽阔的河谷山地。

(4)风沙侵袭的灵盐台地

在黄土丘陵区以北、银川平原以东,即灵武市东部和盐池县北部的广大地区,为鄂尔多斯高原的一部分,是海拔 1200~1500 m 的台地,台面上固定和半固定沙丘较多。西部低矮的平梁与宽阔谷地相交错,起伏微缓。

1.1.3　土壤植被

宁夏水平地带性土壤有黑垆土、灰钙土及灰漠土,自南向北分布,山地土壤主要是灰褐土,在贺兰山与六盘山呈现垂直变化(张秀珍 等,2011)。

宁夏地形地貌复杂,气候多样,植被类型丰富,自然植被水平分布自南端森林草原带,向北依次过渡为干草原带、荒漠草原带和荒漠植被带。干草原和荒漠草原为宁夏植被的主体,银川以北地区年均降水量虽不足 200 mm,因受贺兰山天然屏障的影响,植被仍以荒漠草原为基本类型,荒漠植被仅集中在受贺兰山影响以外的卫宁北山及陶乐一带,面积较小。森林草原带也仅限于最南端的六盘山地区(高中正 等,1984)。

宁夏林地总面积 76.64 万 hm²,森林覆盖率达到 14.6%;草地面积 208.80 万 hm²(宁夏回族自治区统计局 等,2001—2019)。

(1)自然植被的水平分布

森林草原植被带。分布在最南部的泾源、原州区的什字、篙店等及隆德县东部等半阴湿山区,山地分布以杨、桦、辽东栋等树种为主的落叶阔叶林、山地中生杂类草草甸或中生灌丛,丘陵坡地及低山阳坡分布中生杂类草草甸或以铁杆蒿、牛尾蒿和杂类草为主的草甸草原群落,部分地段分布含有中生杂类草的草甸化的长芒草干旱草原群落。

干旱草原植被带。分布在中南部的盐池、同心、海原等县的南部和西吉、隆德、原州区等大部分半干旱地区,以长芒草、短花针茅、百里香、冷蒿、菱蒿等主要建群种组成的优势植物群落。植被带的北界大致与黄土高原及 300 mm 等雨线一致,中部北段因受罗山、窑山等地势的影响,界限向北延伸至罗山山麓。

荒漠草原植被带。分布在干旱草原带以北,包括盐池、同心、海原等县的中北部,中卫和灵武等地的山区以及引黄灌区黄河以西至贺兰山麓的广阔地带,植物群落由旱生的多年生丛生小禾草及旱生、超旱生的小灌木、小半灌木建群种或优势植物组成。植被带内,由于受沙化的影响,有较大面积以油蒿、苦豆子、甘草、蒙古冰草、中亚白草等沙生植物所组成的沙生植物群落。

荒漠植被带。分布在中卫黄河以北的卫宁北山和陶乐的鄂尔多斯地台,面积甚小,年均降水量在 200 mm 以下,植物群落主要由红砂、珍珠、合头草等超旱生建群种组成。植被带的形成,主要由地理位置所伴随的干旱环境决定(高中正 等,1984)。

(2)自然植被垂直分布

贺兰山植被垂直分布。贺兰山植物群落有 11 个植被型 70 个群系。可划分成 4 个植被垂直带,即海拔 1600 m 以下的山前荒漠与荒漠草原带,1600～1900 m 的山麓与低山草原带,1900～3100 m 中山和亚高山针叶林带,3100 m 以上的高山与亚高山灌丛草甸带。

六盘山植被垂直分布。六盘山主要分为温性针叶林、落叶阔叶林、常绿竹类灌丛、落叶阔叶灌丛、草原和草甸等 7 个类型,海拔 1700～2300 m 为森林草原带,2300～2700 m 为山地森林带,主要为温性针叶林华山松及红桦等针叶树种;2700 m 以上多为亚高山草甸,阴坡也有红桦、糙皮桦林。

1.1.4　河流及湿地

(1)河流

宁夏为黄河水系,主要河流有黄河干流及其支流。境内黄河及其各级支流中流域面积＞1000 km² 的有 22 条,祖历河、清水河、红柳沟、苦水河及黄河两岸诸沟位于黄河上游下端,葫芦河、泾河位于黄河中游中段,另外,有黄河流域内流区、内陆河区。

黄河干流自中卫南长滩入境,流经卫宁灌区到青铜峡水库,出库入青铜峡灌区至石嘴山头道坎以下麻黄沟出境,宁夏区内河长 397 km,占黄河全长的 7%,是宁夏的主要水源。

祖历河位于西吉、海原境内,宁夏区内集水面积 597 km²,由甘肃省靖远县汇入黄河。

清水河是宁夏汇入黄河的最大支流,发源于固原市原州区开城乡,河长 320 km,宁夏区内集水面积 13511 km²。流经原州区、西吉、同心、海原、沙坡头区、中宁,由中宁泉眼山汇入黄河。

红柳沟为直接入黄支流,发源于同心县老庄乡黑山墩,集水面积 1064 km²,河长 107 km,流经同心、中宁,由中宁鸣沙洲汇入黄河。

苦水河是直接入黄的另一支流,发源于甘肃省环县沙坡子沟脑,宁夏区内集水面积 4942 km²,由甘肃环县进入宁夏,经盐池、同心、利通区,由灵武市新华桥汇入黄河。

黄河右岸诸沟主要有中卫的高崖沟、灵武的大河子沟及陶乐的都思兔河,宁夏区内集水面积 9532 km²。黄河左岸诸沟包括卫宁北山南麓和贺兰山东麓各沟,主要有贺兰山东麓的花石沟、苏峪口沟、大水沟、汝箕沟、大武口沟、红果子沟等,区内集水面积 5177 km²。

葫芦河发源于西吉县月亮山,区内集水面积 3281 km²,干流在宁夏境内长 120 km,流经西吉、原州区、隆德后进入甘肃静宁、庄浪县。

发源于泾源县的泾河是黄河最大一级支流渭河的第一大支流,发源于泾源县六盘山东麓,区内总面积 4955 km²;泾源县境内干流全长 38.9 km,主要有泾河源头各支沟、盛义河、香水河、胭脂峡等较大河流,境内流域面积 455 km²,河道落差大,河道比降 17.4‰。

(2)湿地

宁夏湿地面积 20.72 万 hm²,主要分布在黄河、典农河、清水河两侧和腾格里沙漠、毛乌素沙地沿线。共有 183 种植物和 180 多种野生动物,其中,国家一级保护动物 4 种,二级保护动物 15 种。

宁夏湿地分为河流湿地、湖泊湿地、沼泽湿地和人工湿地四大类。河流湿地总面积 9.79 万 hm²,占宁夏湿地总面积的 47.25%,湖泊湿地总面积 3.35 万 hm²,占 16.17%;沼泽湿地总面积 3.81 万 hm²,占 18.38%;人工湿地总面积 3.77 万 hm²,占 18.20%。

目前,宁夏建立湿地型自然保护区 4 处、国家级湿地公园 13 个,自治区级湿地公园 11 个,基本形成了以湿地型自然保护区、湿地公园为主,湿地保护小区为补充的湿地保护体系。已在毛乌素沙地边缘盐池县建立哈巴湖国家级湿地自然保护区 1 处,在青铜峡库区、沙湖和西吉震湖建立自治区(省级)湿地自然保护区 3 处;银川市鸣翠湖、阅海、黄沙古渡、鹤泉湖、宝湖,石嘴山星海湖、镇朔湖、简泉湖,吴忠市黄河、青铜峡鸟岛、中宁天湖、太阳山、固原市清水河、平罗天河湾湿地公园被批准为国家湿地公园,湿地类型自然保护区面积占宁夏湿地总面积的 45% 以上。

1.2 气候特征

宁夏深居中国内陆,远离海洋,为典型的大陆性气候,在我国的气候区划中跨越三个气候区,最南端的六盘山区属半湿润区,卫宁平原以北属干旱区,其他地区为半干旱区(图 1.2)。宁夏气候温凉,气温日较差大,避暑资源丰富,光照充足,太阳辐射强,降水少且年内、年际变率大,气象灾害种类多、发生频率高、范围广。

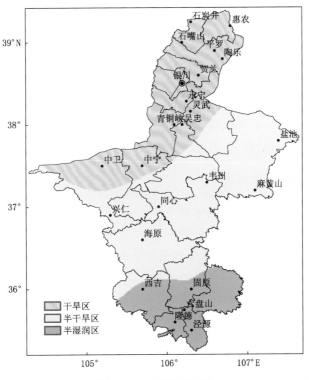

图 1.2 宁夏气候区划

1.2.1 气温北高南低,年日较差大

1961—2018 年宁夏全区年平均气温 8.3 ℃(本书所有气候要素多年平均值均为 1961—2018 年平均),各地年平均气温在 1.5～9.9 ℃,由于地势北低南高,气温自北向南递减,最低的是隆德,最高的是大武口区和中宁;北部引黄灌区各地超过 8.5 ℃,中部干旱带大多为 7～9 ℃,南部山区在 7 ℃ 以下。

1961—2018 年宁夏全区年平均最高气温 15.3 ℃,平均最低气温仅为 2.4 ℃,平均日较差近 13 ℃;各地日较差在 7.7～14.6 ℃,自北向南递减,同心及以北大部分地区超过 13 ℃,以南多在 12 ℃ 以下;最冷月(1 月)全区平均气温为 -7.6 ℃,最热月(7 月)为 22.0 ℃,气温年较差达 29.6 ℃;各地年较差在 22.4～33.1 ℃,同心及以北超过 30 ℃,以南则在 27 ℃ 以下。

1.2.2 气候清凉,避暑资源优势明显

1961—2018 年宁夏全区年平均高温(日最高气温≥35 ℃)日数不足 2 d,主要出现在中北部地区,各地年平均高温日数在 0.6～5.9 d。夏季全区平均气温为 20.9 ℃,除引黄灌区外,其他大部地区低于 22.0 ℃;其中,南部六盘山周边地区,从未出现过高温天气,最热月 7 月平均气温多在 18.0～20.0 ℃,常年无气象学意义的夏季;6—8 月平均相对湿度 70% 左右,风速约 2 m/s,具备环境卫生学理论定义的人体最舒适的气候环境;由于处在半湿润向半干旱过渡区,夏季降水量在 300 mm 左右,晴朗天气多,天高云淡,除六盘山体外,其他地区海拔多在 2000 m 以下,紫外线强度低,且不会使旅游者出现高原反应,具有独特避暑旅游的气候优势。

1.2.3 日照充足,光能资源丰富

1961—2018 年宁夏全区年平均日照时数为 2822.2 h,各地在 2260.9～3071.0 h;自南向北递增,中北部多在 2700～2900 h,南部山区在 2700 h 以下,是宁夏日照最少的地区,其中,隆德为低值中心,石炭井是高值中心。

各地年太阳总辐射量为 5195～6344 MJ/m²,中北部高于南部,南部山区低于 5800 MJ/m²,中北部大部高于 6000 MJ/m²。按照国家太阳资源划分等级,宁夏全区各地年太阳能总辐射量均达到了"资源很丰富"级别,其中,中部干旱带兴仁附近的太阳能资源属于资源最丰富等级。

1.2.4 降水少而集中,年际变率大

1961—2018 年宁夏全区平均年降水量 283.0 mm,远少于全国平均(632.0 mm),是全国降水最少的省(区)之一;有约 50% 的面积年降水量不足 200 mm;各地降水量在 175～650 mm,自南向北逐渐减少,北部引黄灌区普遍在 200 mm 以下,中部干旱带在 200～400 mm,南部山区超过 400 mm;降水最多的泾源(644.8 mm)是最少惠农(175.9 mm)的近 3.7 倍。

降水主要集中在 5—9 月,全区平均降水量 228.6 mm,约占年降水量的 80%。降水年际变率大,最多的 1964 年宁夏平均降水量为 453.0 mm,是最少年 1982 年(161.7 mm)的 2.8 倍。

近年来,在全球气候变暖的背景下,降水呈现增多趋势,2012 年以来宁夏全区平均年降水量 317.8 mm,与 20 世纪 60 年代相当,气候呈现暖湿化趋势,但大部地区仍然处在干旱或半干旱气候范围,目前的变湿趋势只是量的变化,不足以改变基本气候状态,在可预期的时间内也

不可能变为温暖湿润气候。

1.2.5 光热水匹配合理,特色作物生长环境优良

引黄灌区与干旱气候区完美重合,光照充足,气候干爽。年日照时数约 2888.5 h,农作物生长季(4—10月)无雨日超过 170 d,气温稳定通过 10 ℃ 的持续日数超过 170 d,积温在 3000 ℃·d 以上,气温日较差超过 13 ℃。由于黄河横穿宁夏中北部,引黄灌区享有优越的灌溉条件;得天独厚的气候及水资源优势,加之优越的土壤条件,为酿酒葡萄、枸杞等特色作物提供了优良的生长环境,贺兰山东麓酿酒葡萄品质媲美法国波尔多,为宁夏的"紫色名片";中宁枸杞品质卓越,享誉海内外,被誉为"红宝"。

1.2.6 各地风速差异大,有三条风能资源丰富带

地形地貌复杂,受地形影响,宁夏各地风速存在差异,年平均风速在 1.9~6.0 m/s,地形较高的山区,平均风速较大,六盘山年平均风速为 6.0 m/s,宁夏平原大多在 2.5 m/s 以下。

与风速分布相似,风功率密度随海拔升高而增大,存在三条风资源丰富带,分别位于北部的贺兰山脉、中部地区香山—罗山—麻黄山、南部山区的西华山—南华山—六盘山区,三条风资源丰富带上的大部分地区 70 m 高度上年平均风功率密度大于 250 W/m²。风功率密度大于 300 W/m² 的技术可开发面积为 4417 km²,技术可开发量为 1555 万 kW。

1.2.7 气象灾害种类多,发生频率高

宁夏气象灾害种类多、发生频率高、危害重。干旱、暴雨洪涝、冰雹、低温冻害、大风、沙尘暴是最主要的气象灾害,高温、连阴雨、雷电、寒潮、暴雪等极端天气气候事件和气象灾害也时有发生。从空间分布上看,中部干旱带干旱、沙尘暴多发;北部贺兰山沿山暴雨山洪、大风频现;南部山区冰雹、干旱频率高;低温冻害各地均有发生。2000—2018 年,宁夏平均每年气象灾害造成的直接经济损失为 12 亿元,占宁夏 GDP(国内生产总值)的 0.2%~3.1%。

(1)干旱频率高、影响大

干旱是中部干旱带和南部山区最多发的气象灾害,几乎每年都有不同程度的发生,春、夏旱发生频率最高,对人畜饮水及农业生产造成严重影响;干旱也是宁夏最高发、损失最为严重的气象灾害,直接经济损失占气象灾害损失的 55%。

(2)贺兰山沿山强降水增多、危害严重

受地形影响,贺兰山沿山一带是宁夏暴雨发生频率最高的地区。近年来,暴雨趋多、趋强,2016 年 8 月 21 日夜间,贺兰山沿山出现特大暴雨,滑雪场降水量为 239.5 mm;2018 年 7 月 22 日午后至 23 日夜间,贺兰山沿山特大暴雨再次刷新宁夏记录,滑雪场累计降水量达 297.4 mm,日降水量 277.6 mm,最大小时雨量为 82.5 mm。频繁发生的强降水事件,引发山洪等地质灾害,造成严重经济损失,2018 年宁夏因暴雨洪涝灾害直接经济损失 4.2 亿元。

(3)霜冻影响范围广,潜在危害增大

霜冻在宁夏各地每年都有不同程度发生,对农经作物生长造成严重影响。宁夏霜冻初日一般出现在 9 月下旬至 10 月中旬,自北向南、由低海拔向高海拔逐渐提前;霜冻终日一般在 4 月中旬至 5 月下旬,自北向南逐渐推迟,无霜期自北向南缩短。近年来随着气候变暖,霜冻频次减少,但气温升高导致作物生育期提前,春霜冻潜在危害增大。

（4）局地冰雹频繁，损失严重

宁夏冰雹具有明显的地域特征，自北向南逐渐增加，并形成以六盘山为中心的冰雹多发区；冰雹的少发区分布在引黄灌区和中部干旱带的黄河沿岸，与黄河的东北—西南走向基本一致，呈狭长的带状分布（杨侃 等，2012）。冰雹主要集中出现在 4—9 月，平均每年 1～3 d，因冰雹灾害平均每年造成直接经济损失 1.6 亿元。

第 2 章　气候要素特征

2.1　气温

> **气温**:最重要的气象要素之一。气象学上把表示空气冷热程度的物理量称为空气温度,简称气温。气温的差异是造成自然景观和生活、生产环境差异的主要因素,对人类生存、经济社会发展、水资源和生态环境等具有非常重要的意义。

2.1.1　平均气温

(1)年平均气温

气温的地理分布特征直接由地理环境决定,是纬度、地形、海拔高度等因素共同影响的结果。宁夏区域面积较小但山脉起伏,地形复杂,气温的空间分布差异显著。全区平均气温8.3 ℃,各地平均气温为 1.5～9.9 ℃,分布趋势为自北向南逐渐降低,平原高于山地。引黄灌区平均气温为 9.3 ℃,各地在 8.6～9.9 ℃,大武口区(大武口区、利通区、沙坡头区和原州区对应空间分布图中的石嘴山、吴忠、中卫和固原)和中宁是全区高值中心;中部干旱带平均7.9 ℃,各地在 7.2～9.4 ℃;南部山区平均 6.1 ℃,各地在 1.5～6.9 ℃,六盘山为宁夏海拔之最,因此气温为最低值中心。宁夏南北纬向跨度远大于东西经向跨度,加之中北部海拔大都在1500 m 以下,南部山区海拔相对较高,大于 1700 m,因而使得北部引黄灌区平均气温与南部山区之间存在平均 3.2 ℃的气温差(图 2.1)。

(2)四季平均气温

宁夏四季分明,冬季气温最低,夏季气温最高,春季气温略高于秋季。造成"冬冷夏热"的基本原因是宁夏独特的地理位置使得在一年中太阳高度有较大的变化,以北纬 38°的宁夏平原为例,冬至日与夏至日的中午太阳高度角之差超过 40°。

从各季平均气温的空间分布来看,与年平均气温大致相似,其中,春、夏、秋三季平均气温自南向北递增,冬季南北两端气温相对较低,中部地区相对较高。

春季(3—5月)随着太阳辐射逐渐加强,日气温升降幅度明显,温暖宜人。全区平均气温为 9.8 ℃,各地为 1.4～11.7 ℃;引黄灌区 9.7～11.7 ℃,大武口区是全区春季平均气温最高的地区;中部干旱带 8.2～10.9 ℃;南部山区 1.4～8.1 ℃,六盘山为全区气温低值中心(图2.2a)。

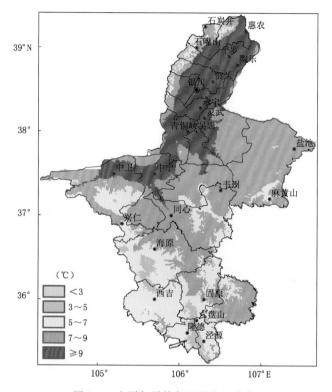

图 2.1 宁夏年平均气温的空间分布

夏季(6—8月)是一年中最热的季节,昼热夜凉,特别是南端的山区,"春去秋来无盛夏",凉爽舒适,自古以来便是避暑胜地。全区平均气温为 20.9 ℃,各地为 11.4~23.6 ℃;引黄灌区 21.7~23.6 ℃,大武口区是全区夏季平均气温最高的地区;中部干旱带 19.0~22.0 ℃;南部山区 11.4~18.4 ℃,六盘山为低值中心(图 2.2b)。

秋季(9—11月)太阳辐射逐渐减弱,地面散热快,天高气爽。全区平均气温为 8.2 ℃,各地为 1.8~9.6 ℃;引黄灌区 8.2~9.6 ℃,中宁为全区秋季平均气温最高的地区;中部干旱带 6.9~9.2 ℃;南部山区 1.8~6.7 ℃,六盘山为低值中心(图 2.2c)。

冬季(12月至次年2月)是一年中最冷的季节,受西北季风影响大,但少严寒。全区平均气温为 -5.8 ℃,各地为 -8.9~-4.6 ℃;引黄灌区 -7.0~-4.6 ℃,中部干旱带 -7.3~-4.6 ℃,南部山区 -8.9~-5.3 ℃,六盘山为宁夏气温最低,利通区、中宁和韦州最高(图 2.2d)。

从各季引黄灌区和南部山区间的温差来看,夏季温差最大,为 5.3 ℃,其次是春季和秋季,分别为 3.9 ℃和 3.0 ℃,最小的是冬季,为 0.6 ℃。

(3)平均气温年变化

宁夏平均气温的年变化呈单峰型(表 2.1,图 2.3)。

宁夏冬少严寒,受冬季风影响较大、时间较长,最冷月出现在1月,全区平均为 -7.6 ℃,各地为 -10.0(六盘山)~-6.3 ℃(韦州);引黄灌区为 -9.0~-6.5 ℃;中部干旱带 -9.2~6.3 ℃;南部山区 -10~-6.6 ℃。

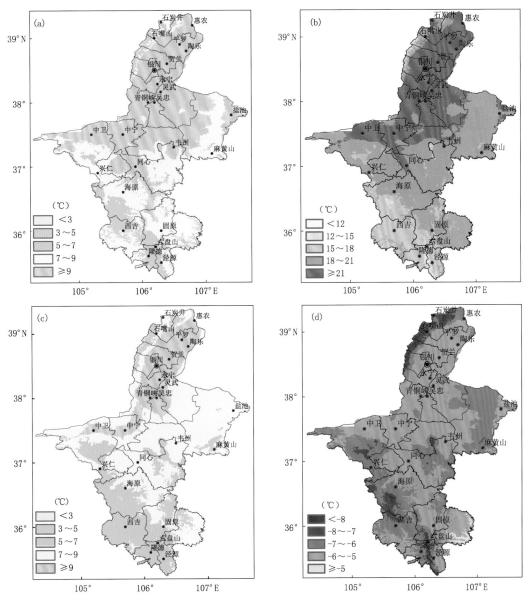

图 2.2　宁夏四季平均气温的空间分布
(a)春季;(b)夏季;(c)秋季;(d)冬季

　　宁夏夏无酷暑,日照时间长、太阳辐射强,最热月出现在 7 月,全区平均气温为 22.0 ℃,各地为 12.4(六盘山)~24.8 ℃(大武口区);引黄灌区为 22.9~24.8 ℃;中部干旱带为 20.1~23.2 ℃;南部山区不超过 20 ℃。由于大武口区观测站靠近贺兰山山体南麓,夏季暖的主导风(偏南风)易在山前堆积,热量不易扩散,从而易出现高温,使得大武口区成为全区高值中心。

表 2.1　宁夏各代表站平均气温(℃)

站名	1月	2月	3月	4月	5月	6月	7月	8月	9月	10月	11月	12月	年
大武口区	−7.4	−2.9	4.3	12.4	18.5	23.0	24.8	22.8	17.1	9.8	1.5	−5.6	9.9
银川	−7.7	−3.5	3.9	11.7	17.7	21.9	23.8	22.0	16.5	9.6	1.6	−5.6	9.3
利通区	−6.5	−2.7	4.4	12.0	17.7	21.7	23.8	21.6	16.3	9.8	2.2	−4.5	9.7
沙坡头区	−7.4	−3.2	4.1	11.7	17.1	20.9	22.9	21.1	15.9	9.4	1.6	−5.3	9.1
盐池	−8.2	−4.4	2.7	10.4	16.5	21.0	22.8	20.9	15.3	8.6	0.5	−6.2	8.3
同心	−7.2	−3.1	4.1	11.4	17.1	21.4	23.2	21.6	16.2	9.7	1.5	−5.3	9.2
原州区	−7.6	−4.3	1.8	8.6	13.8	17.6	19.3	18.1	12.9	7.1	0.1	−5.8	6.8
泾源	−6.6	−4.4	1.0	7.4	12.2	15.8	17.6	16.5	11.8	6.4	0.4	−4.8	6.1

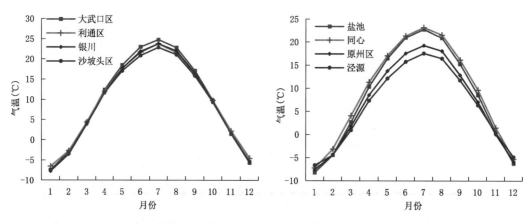

图 2.3　宁夏各代表站平均气温的年变化

2.1.2　最高气温

(1)极端最高气温

极端最高气温:历年中给定时段(如某日、月、年)内所出现的最高气温(全国科学技术名词审定委员会,1996)。

宁夏海拔较低的沿黄冲积平原极端最高气温普遍高于 37 ℃,特别是 21 世纪以来极端高温事件频发,且在一定程度上受城市化效应影响,极端最高气温屡创新高,1961 年以来 9 地观测到极端最高气温≥39.0 ℃,其中,有 8 地出现在沿黄冲积平原,且均发生在 21 世纪以来,利通区于 2017 年 7 月 12 日以 41.0 ℃创全区最高气温之冠;中部干旱带极端最高气温在 35.6~39.0 ℃,同心为 39.0 ℃;南部山区极端最高气温普遍低于 35.0 ℃,六盘山仅 25.3 ℃(图 2.4,表 2.2)。

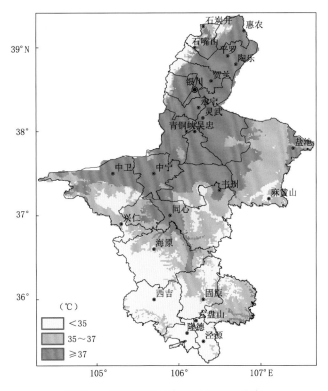

图 2.4　宁夏极端最高气温的空间分布

表 2.2　宁夏各代表站逐月极端最高气温、年极值(℃)及出现日期(年-月-日)

站名	1月	2月	3月	4月	5月	6月	7月	8月	9月	10月	11月	12月	年
大武口区	13.7	17.7	27.9	35.3	35.7	39.0	39.9	37.1	36.5	30.7	21.6	16.6	39.9(2017-07-11)
银川	16.7	19.4	27.9	35.1	36.5	36.8	39.1	37.3	35.7	29.9	24.0	15.9	39.1(2017-07-12)
利通区	16.6	22.0	28.9	35.4	36.8	37.8	41.0	37.6	35.8	30.5	23.6	16.3	41.0(2017-07-12)
沙坡头区	17.1	22.5	28.7	34.0	36.0	35.8	38.9	36.8	35.7	30.2	22.7	15.2	38.9(2017-07-11)
盐池	18.2	19.6	27.3	34.0	36.4	38.1	39.4	37.6	35.2	28.9	22.9	16.6	38.7(2017-07-11)
同心	21.1	22.2	28.5	35.0	36.6	37.2	39.0	37.5	35.3	30.9	23.0	17.2	39.0(2000-07-24)
原州区	17.5	20.7	24.5	30.1	31.5	34.1	34.6	33.8	31.5	29.1	20.4	15.6	34.6(1976-07-23)
泾源	16.3	19.4	24	27.7	29.1	31.6	32.6	30.0	30.9	25.5	18.6	16.6	32.6(1997-07-21)

　　(2)年平均最高气温

　　全区年平均最高气温为 15.3 ℃,各地在 6.0~17.1 ℃,由北向南递减,随海拔高度升高而降低。引黄灌区 14.5~17.1 ℃,中宁为全区平均最高气温之最;中部干旱带 13.0~16.8 ℃;南部山区 6.0~13.3 ℃,六盘山因海拔较高,平均最高气温最低,为 6.0 ℃,其他地区在 11.0 ℃ 以上(图 2.5)。

　　(3)四季平均最高气温

　　各季平均最高气温的分布特征与年平均最高气温基本一致,均呈"北高南低"分布。春季各地平均最高气温为 6.6~19.2 ℃,夏季为 15.8~30.0 ℃,秋季为 6.0~16.9 ℃,冬季为

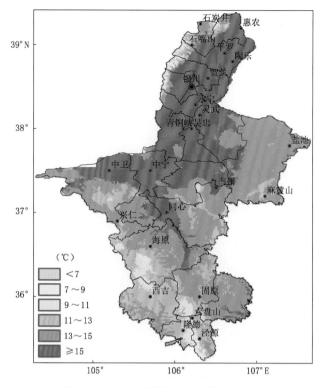

图 2.5 宁夏年平均最高气温的空间分布

−4.3～3.0 ℃,六盘山平均最高气温四季均最低;中宁春季和秋季、大武口区夏季、同心冬季为平均最高气温的高值中心。除冬季外,春季、夏季和秋季三季中北部大部平均最高气温明显高于南部山区,引黄灌区和南部山区温差分别为 5.0 ℃、6.0 ℃和 4.3 ℃,冬季为 0.8 ℃。

(4)平均最高气温年变化

平均最高气温的年变化呈单峰型,平均最高气温最小值出现在 1 月,各地在 −5.5(六盘山)～1.2 ℃(同心),同心气象观测站处于洼地,因而有利于暖空气堆积;最大值出现在 7 月,各地平均最高气温在 16.7(六盘山)～31.2 ℃(大武口区),北部气温明显高于中南部(图 2.6,表 2.3)。

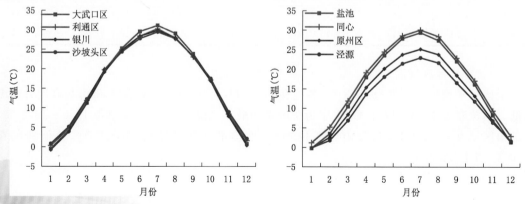

图 2.6 宁夏各代表站平均最高气温的年变化

表 2.3　宁夏各代表站平均最高气温(℃)

站名	1月	2月	3月	4月	5月	6月	7月	8月	9月	10月	11月	12月	年
大武口区	−0.4	4.2	11.3	19.5	25.3	29.6	31.2	29.1	23.9	17.3	8.2	0.9	16.7
银川	−0.7	3.9	11.2	19.2	24.7	28.4	29.9	28.0	23.2	17.0	7.9	0.5	16.1
利通区	0.4	4.7	11.9	19.8	24.9	28.4	30.3	27.9	23.1	17.2	8.5	1.7	16.6
沙坡头区	0.9	5.2	12.3	19.8	24.4	27.8	29.5	27.8	23.3	17.6	9.0	2.2	16.7
盐池	−0.2	3.5	10.5	18.0	23.6	27.9	29.4	27.4	22.1	16.2	8.3	1.4	15.7
同心	1.2	5.2	11.9	19.2	24.5	28.6	30.1	28.4	22.9	17.1	9.4	2.9	16.8
原州区	−0.2	2.6	8.4	15.4	20.2	23.8	25.2	23.8	18.5	13.2	6.9	1.4	13.3
泾源	−0.1	1.8	6.9	13.6	18.1	21.5	23.0	21.7	16.6	11.8	6.4	1.7	11.9

2.1.3　最低气温

(1)极端最低气温

> 极端最低气温:历年中给定时段(如某日、月、年)内所出现的最低气温。

宁夏各地极端最低气温普遍低于−24.0 ℃,低值区位于海拔较高的南部山区。极端低温事件多发于 20 世纪 70 年代和 90 年代,中北部多出现在 1 月,南部山区多出现在 12 月。各地极端最低气温在−32.0～−24.0 ℃(图 2.7,表 2.4),其中,引黄灌区为−30.3～−24.0 ℃,最

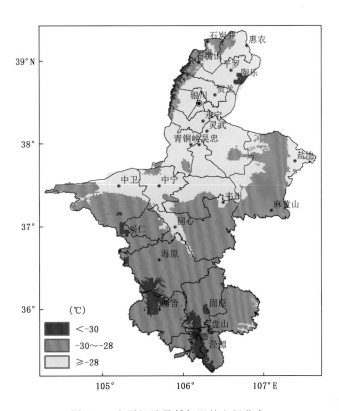

图 2.7　宁夏极端最低气温的空间分布

低值出现在北部的陶乐(1971年1月22日),是引黄灌区平原唯一≤−30.0 ℃的地区;中部干旱带为−30.7～−25.5 ℃,最低值出现在西部的兴仁(1975年12月13日),是中部干旱带唯一≤−30.0 ℃的地区;南部山区为−32.0～−27.3 ℃,最低值出现在西吉(1991年12月28日),其次为原州区(−30.9 ℃)。

表2.4 宁夏各代表站逐月极端最低气温、年极值(℃)及出现日期(年-月-日)

站名	1月	2月	3月	4月	5月	6月	7月	8月	9月	10月	11月	12月	年
大武口区	−26.6	−26.8	−20.5	−9.7	−2.4	6.8	9.4	7.1	−1.6	−10.6	−18.5	−25.6	−26.8(2008-02-01)
银川	−27.7	−25.4	−18.5	−8.2	−3.0	3.9	11.1	8.7	−3.3	−9.0	−15.8	−24.5	−27.7(1971-01-29)
利通区	−23.5	−22.4	−18.1	−9.5	−2.6	3.5	9.3	6.9	−3.5	−8.5	−16.2	−24.0	−24.0(1975-12-12)
沙坡头区	−29.1	−27.1	−18.5	−10.9	−3.8	2.4	6.8	6.7	−6.0	−11.4	−19.2	−29.2	−29.2(1975-12-12)
盐池	−29.4	−28.7	−21.9	−12.7	−3.8	1.3	7.7	3.9	−7.1	−12.9	−22.9	−28.5	−29.4(2008-01-31)
同心	−28.3	−27.9	−19.9	−12.5	−2.9	2.3	8.8	5.8	−4.1	−10.4	−19.9	−27.1	−28.3(2008-01-31)
原州区	−27.0	−26.9	−18.9	−13.4	−6.4	0.1	4.0	2.6	−3.7	−11.2	−22.6	−30.9	−30.9(1991-12-28)
泾源	−24.1	−23.3	−18.0	−14.8	−5.7	0.8	4.9	3.0	−2.9	−10.7	−20.4	−27.4	−27.4(1991-12-27)

(2)年平均最低气温

全区年平均最低气温2.4 ℃,各地在−1.7～4.0 ℃,呈北高南低分布。引黄灌区平均最低气温2.2～4.0 ℃,陶乐最低,利通区最高,利通区也是宁夏全区的最高中心;中部干旱带在0.3～3.2 ℃,同心最高;南部山区较中北部明显偏低,各地为−1.7～1.3 ℃,六盘山为全区低值中心(图2.8)。

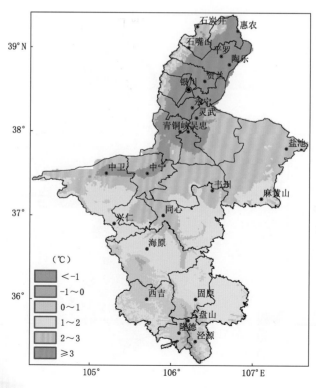

图2.8 宁夏年平均最低气温的空间分布

（3）四季平均最低气温

宁夏各地各季平均最低气温的分布特征同样为"北高南低"。春季各地平均最低气温为 −2.1～4.9 ℃，夏季为 8.4～17.2 ℃，秋季为 −1.0～4.4 ℃、冬季为 −14.0～−9.4 ℃，除冬季兴仁为全区最低外，其余三季均为六盘山最低，中宁、大武口区、利通区和海原分别为春季、夏季、秋季的高值中心。春季、夏季、秋季三季中北部大部平均最低气温高于南部山区，引黄灌区和南部山区的温差分别为 2.7 ℃、4.6 ℃和 1.9 ℃，冬季两地区差别不大，仅为 0.3 ℃。

（4）平均最低气温年变化

平均最低气温的年变化呈单峰型，最小值出现在 1 月，各地在 −16.0～−10.9 ℃，最高值和最低值均出现在中部干旱带，分别为兴仁（−16.0 ℃）和海原（−10.9 ℃），相差 5.2 ℃，其原因可能是兴仁位于香山东麓，地处山谷，受狭管效应风力增大所致；最大值出现在 7 月，各地在 9.5（六盘山）～18.5 ℃（大武口区）。1—3 月、11—12 月的各地平均最低气温均低于 0 ℃（图 2.9，表 2.5）。

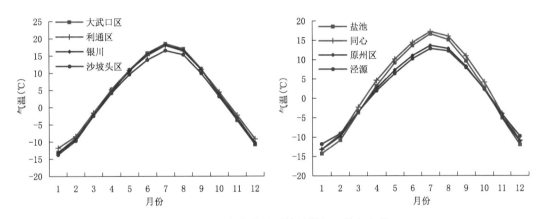

图 2.9　宁夏各代表站平均最低气温的年变化

表 2.5　宁夏各代表站平均最低气温（℃）

站名	1 月	2 月	3 月	4 月	5 月	6 月	7 月	8 月	9 月	10 月	11 月	12 月	年
大武口区	−13.1	−8.9	−2	5.2	10.9	15.8	18.5	17.0	11.2	3.8	−3.8	−10.8	3.7
银川	−13.3	−9.5	−2.3	4.6	10.6	15.4	18.1	16.7	11.0	3.7	−3.1	−10.3	3.5
利通区	−11.8	−8.4	−1.6	5.1	10.8	15.1	18..0	16.4	11.0	4.4	−2.3	−9.2	4.0
沙坡头区	−13.8	−9.7	−2.5	4.1	9.6	13.8	16.5	15.3	9.9	3.1	−3.7	−10.8	2.7
盐池	−14.3	−10.8	−3.7	3.2	9.2	13.6	16.6	15.1	9.6	2.7	−5.1	−12.0	2.1
同心	−13.2	−9.3	−2.3	4.6	10.1	14.4	17.2	16.0	10.9	3.3	−3.1	−10.9	3.2
原州区	−13.2	−9.8	−3.6	2.5	7.3	11.0	13.6	12.8	8.2	2.2	−4.8	−11.1	1.3
泾源	−11.8	−9.1	−3.5	1.9	6.4	10.2	12.8	12.2	7.9	2.3	−4.1	−9.8	1.3

2.1.4　气温年较差

气温年较差：最热月和最冷月平均气温之差，气象学中一般用气温年较差来表示一个地方冬冷夏热的程度。影响气温年较差的因素有纬度、海陆分布、地形、天气、植被等。

受下垫面、地形、纬度位置等因素影响，宁夏气候的一个显著特点是气温年较差大，且随纬度升高、地势由南到北降低，年较差由南至北逐渐增大。宁夏全区气温年较差平均为29.6 ℃，各地在22.4～33.1 ℃，引黄灌区各地都在30.0 ℃以上，为30.0(青铜峡)～33.1 ℃(陶乐)，这是由于地势较低，夏季太阳辐射强，日照时间长，云量少，增温快，冬季受冬季风影响显著，降温幅度大，因而导致年较差较大；中部干旱带海拔较北部引黄灌区有所升高，戈壁荒漠覆盖面积广，年较差在26.6(海原)～31.0 ℃(盐池)；南部山区在22.4(六盘山)～26.9 ℃，原州区和西吉均为26.9 ℃，该地区夏季降水多，清凉舒适、升温幅度不大，冬季降温不如中北部显著，因而气温年较差随地势升高而减小(图2.10)。

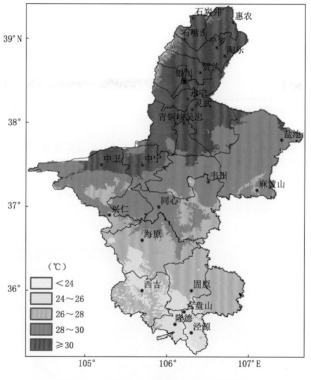

图2.10　宁夏气温年较差的空间分布

2.1.5 气温日较差

气温日较差:一日内最高气温与最低气温之差,表明了昼夜气温变化的程度。影响气温日较差的因素有纬度、季节、地形地势、下垫面性质、天气等。

宁夏全区平均气温日较差为 12.9 ℃,各地在 7.7~14.6 ℃,空间分布趋势为自南向北增大。引黄灌区空气干燥,辐射强,白天升温迅速,夜间地面散热快,因而昼夜温差大,是宁夏气温日较差最大的地区,各地在 11.7(石炭井)~14.1 ℃(灵武);与引黄灌区相比,中部干旱带大部地区由于海拔高,白天升温相对较弱,年平均日较差低于引黄灌区,大部地区在 10.5(麻黄山)~14.6 ℃(兴仁);南部山区海拔较高,降水日数和云量多,气候相对湿润,白天增温缓慢,夜间降温也不快,为宁夏气温日较差最小的地区,各地在 7.7(六盘山)~12.8 ℃(西吉)(图 2.11)。

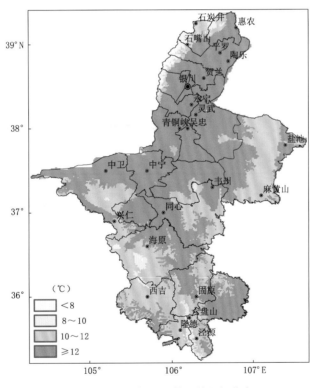

图 2.11 宁夏气温日较差的空间分布

从平均日较差年变化看,最大值出现在 4 月,各地在 8.9(六盘山)~16.0 ℃(灵武);最小值在 7.3(六盘山)~14.8 ℃(兴仁),引黄灌区出现在 12 月,中部干旱带和南部山区则出现在 9 月(图 2.12,表 2.6)。

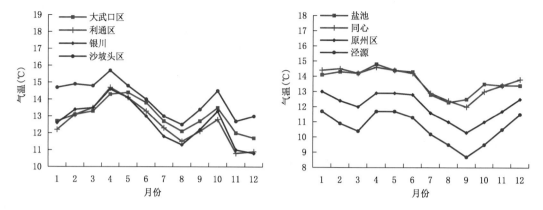

图 2.12 　宁夏各代表站平均气温日较差的年变化

表 2.6 　宁夏各代表站平均气温日较差(℃)

站名	1月	2月	3月	4月	5月	6月	7月	8月	9月	10月	11月	12月	年
大武口区	12.7	13.1	13.3	14.3	14.4	13.8	12.7	12.1	12.7	13.5	12.0	11.7	13.0
银川	12.6	13.4	13.5	14.6	14.1	13.0	11.8	11.3	12.2	13.3	11.0	10.8	12.6
利通区	12.2	13.1	13.5	14.7	14.1	13.3	12.3	11.5	12.1	12.8	10.8	10.9	12.6
沙坡头区	14.7	14.9	14.8	15.7	14.8	14.0	13.0	12.5	13.4	14.5	12.7	13.0	14.0
盐池	14.1	14.3	14.2	14.8	14.4	14.3	12.8	12.5	12.5	13.5	13.4	13.4	13.7
同心	14.4	14.5	14.2	14.6	14.4	14.2	12.9	12.4	13.0	13.4	13.4	13.8	13.7
原州区	13.0	12.4	12.0	12.9	12.9	12.8	11.6	11.0	10.3	11.0	11.7	12.5	12.0
泾源	11.7	10.9	10.4	11.7	11.7	11.3	10.2	9.5	8.7	9.5	10.5	11.5	10.6

2.1.6 　气候四季

四季:当常年滑动平均气温序列连续 5 d≥10 ℃,其所对应的常年气温序列中第一个≥10 ℃的日期作为春季起始日;当常年滑动平均气温序列连续 5 d≥22 ℃,其所对应的常年气温序列中第一个≥22 ℃的日期作为夏季起始日;当常年滑动平均气温序列连续 5 d<22 ℃,其所对应的常年气温序列中第一个<22 ℃的日期作为秋季起始日;当常年滑动平均气温序列连续 5 d<10 ℃,其所对应的常年气温序列中第一个<10 ℃的日期作为冬季起始日(全国气象防灾减灾标准化技术委员会,2012)。

宁夏各地气候上有明显的四季差异,中北部大部地区因海拔较低有明显的四季之分,但四季分配并不均匀,冬季长,夏季短,春季长于秋季;海原以南则因海拔较高,气候上只有春、冬两季,无夏、秋两季。

（1）春季

各地入春时间主要集中在 4 月，同心以北各地纬度虽高但海拔较低，因此春来较早，其中，引黄灌区基本在 4 月上旬完成入春，大武口区 4 月 5 日即入春，为宁夏全区入春最早的地区，同心、盐池、麻黄山等地于 4 月中旬后期至下旬前期陆续入春；各地春季长为 61（石炭井、大武口区）～77 d（沙坡头区）；海原以南大部于 4 月下旬完成入春，六盘山入春最晚，为 6 月 9 日（图 2.13a，表 2.7）。

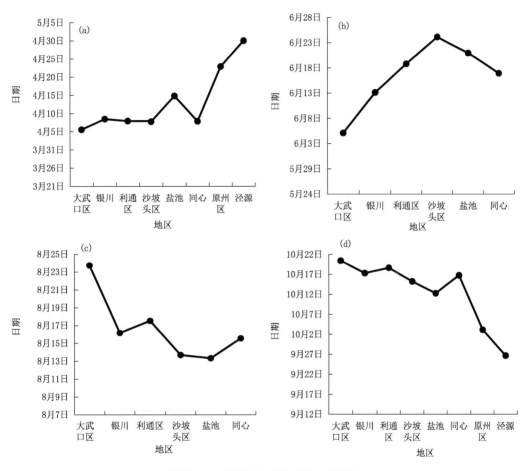

图 2.13　宁夏各代表站四季入季时间

（a）春季；（b）夏季；（c）秋季；（d）冬季

表 2.7　宁夏各地四季入季时间（日/月）

入季时间	石炭井	大武口区	惠农	贺兰	平罗	利通区	银川	陶乐
春季	14/4	5/4	10/4	9/4	9/4	7/4	8/4	11/4
夏季	13/6	5/6	12/6	13/6	14/6	18/6	13/6	12/6
秋季	16/8	23/8	19/8	16/8	17/8	17/8	16/8	17/8
冬季	12/10	20/10	16/10	15/10	17/10	18/10	17/10	15/10

入季时间	青铜峡	永宁	灵武	沙坡头区	中宁	兴仁	盐池	麻黄山
春季	8/4	7/4	9/4	7/4	6/4	18/4	14/4	22/4
夏季	19/6	21/6	18/6	24/6	18/6	2/7	20/6	30/6
秋季	14/8	16/8	15/8	13/8	16/8	10/8	13/8	3/8
冬季	16/10	17/10	13/10	15/10	17/10	6/10	12/10	5/10

入季时间	海原	同心	原州区	西吉	隆德	泾源	韦州	六盘山
春季	21/4	7/4	22/4	28/4	1/5	30/4	10/4	9/6
夏季	/	16/6	/	/	/	/	/	/
秋季	/	15/8	/	/	/	/	/	/
冬季	4/10	16/10	3/10	30/9	26/9	26/9	17/10	5/9

（2）夏季

夏无酷暑是宁夏的气候特点之一,中北部各地入夏时间集中在 6 月,由北向南依次入夏,于 7 月 2 日之前完成入夏,北部的大武口区(6 月 5 日)、中部的兴仁分别是全区入夏最早、最晚的地区,大武口区由于入夏早、出夏迟,夏季最长,达 80 d;海原以南各地因海拔较高,根据季节划分标准全年无夏(图 2.13b,表 2.7)。

（3）秋季

宁夏各地入秋时间集中在 8 月,降温快,由南向北快速入秋,同心以北除麻黄山、大武口区分别于 8 月 3 日、8 月 23 日入秋,为全区最早和最晚入秋的地区外,其他各地于 8 月中旬入秋,秋季时长差异较小,在 57(石炭井)～63 d(青铜峡、沙坡头区、中宁、麻黄山);海原以南各地根据季节划分标准全年无秋(图 2.13c,表 2.7)。

（4）冬季

宁夏受冬季风影响相对较早,因此,冬季时长为四季之最,各地在 167～277 d,自 9 月下旬开始由南向北逐渐入冬。南部山区入冬为全区最早,开始于 9 月 5 日(六盘山),结束于 10 月 3 日(原州区),冬季时长 202(原州区)～277 d(六盘山);中北部大部基本于 10 月中旬完成入冬,其中,大武口区入冬最晚(10 月 20 日),各地冬季时长 167(大武口区)～199 d(麻黄山、海原)(图 2.13d,表 2.7)。

2.1.7　异常冷暖事件与宁夏气温之最

（1）暖冬与冷冬

> 暖冬:某年某一区域整个冬季的平均气温高于常年值 0.5 ℃时,称该年该区域为暖冬。
>
> 冷冬:某年某一区域整个冬季的平均气温低于常年值 0.5 ℃时,称该年该区域为冷冬。

暖冬:1961—2018 年,宁夏共出现 19 个暖冬,发生概率为 33%,其中,有 18 个出现在 1986 年以后(图 2.14)。2016/2017 年冬季异常偏暖,全区平均气温较常年同期偏高 3.0 ℃, 2000/2001 年冬季偏高 2.4 ℃,2006/2007、2001/2002、2008/2009 年冬季偏高 2.1 ℃。

冷冬:1961—2018 年,宁夏共出现 22 个冷冬,发生概率为 38%,且多发生于 20 世纪 60 年代和 70 年代,90 年代以后仅出现 3 个(图 2.14)。1967/1968 年冬季异常偏冷,全区平均气温较常年同期偏低达 4.6 ℃,1966/1967 年、1976/1977 年和 2007/2008 年冬季分别偏低2.4 ℃、2.2 ℃和 2.2 ℃。

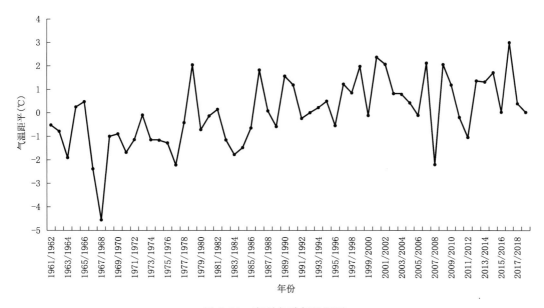

图 2.14　宁夏冬季气温距平

(2)宁夏气温之最

最暖冬季:2016/2017 年冬季为宁夏 1961 年以来最暖冬季。宁夏全区平均气温为 −2.8 ℃,较常年同期偏高 3.0 ℃,且冬季三个月持续偏高;各地平均气温为−6.4(六盘山)~ −1.2 ℃(中宁),较常年同期偏高 1.2(大武口区)~3.8 ℃(兴仁),全区四分之三的观测站均为同期最高值,同心、银川分别偏高 3.7 ℃、3.5 ℃,利通区、中宁、原州区均偏高 3.4 ℃(图 2.15)。气温持续偏高,导致各类病菌、病毒活跃度增强,容易诱发呼吸道、流感等疾病,增加了森林火险等级,同时也对干旱的发生、发展起到了促进作用。

最冷冬季:1967/1968 年冬季为 1961 年以来同期最冷。宁夏全区平均气温为−10.3 ℃, 较常年同期偏低 4.6 ℃,其中,有两个月为同期最低值;各地平均气温为−12.1(贺兰)~ −7.2 ℃(泾源),较常年同期偏低 1.9~6.0 ℃,尤其引黄灌区大部偏低 5 ℃以上,贺兰、银川、永宁偏低 6.0 ℃以上;除泾源为同期第三低值外,其余各地均为同期最低值(图 2.16)。

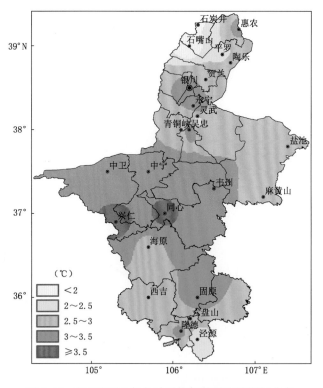

图 2.15　2016/2017 年冬季平均气温距平的空间分布

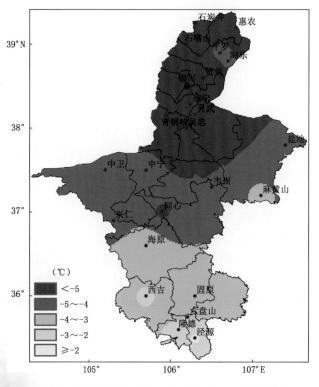

图 2.16　1967/1968 年冬季平均气温距平的空间分布

2.2　地温和冻土

> 地温:地面及其以下不同深度处土壤温度的统称。地面表层土壤温度称为地面温度,地面以下土壤中的温度称为地中温度。地面温度是定量化研究地—气相互作用过程的重要物理量。土壤温度的变化可以直接影响地气之间的能量交换(叶笃正 等,1974;刘晓东 等,1989)。

2.2.1　地面温度

2.2.1.1　平均地面温度

(1)年平均地面温度

宁夏各地年平均地面温度为 4.2(六盘山)～13.4 ℃(利通区),分布形势与气温相似,呈现由南到北增高的分布特点(图 2.17),数值较平均气温大,且在夏季尤为明显。海拔高度对地面温度的影响较为明显,山区是相对低值区,贺兰山和六盘山因海拔较高,年平均地面温度较低,六盘山为 4.2 ℃,为低值中心。同心以北大部地面温度在 12.0 ℃以上,其中,大武口区、永宁、利通区高于 13.0 ℃。

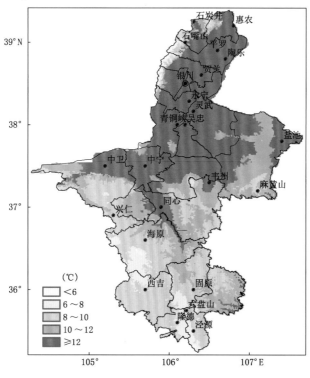

图 2.17　宁夏年平均地面温度的空间分布

（2）四季平均地面温度

四季之中，夏季平均地面温度最高，冬季最低，春季高于秋季，其中，春、夏、秋季分布形势较为相似，呈现由南到北逐渐升高的分布特点，冬季分布稍有不同；四季中均为六盘山区平均地面温度最低（表2.8）。

春季大部地区平均地面温度为 4.8～16.6 ℃，引黄灌区大部在 14.0 ℃以上，大武口区最高；中部干旱带在 10.0 ℃以上（图2.18a）。

夏季大部地区平均地面温度为 15.3～29.7 ℃，引黄灌区大部在 27 ℃以上，大武口区最高；中部干旱带在 19.0 ℃以上（图2.18b）。

秋季大部地区平均地面温度为 3.8～12.0 ℃，中宁以北大部在 11.0 ℃以上，利通区最高，麻黄山以南大部低于 9.0 ℃（图2.18c）。

冬季各地平均地面温度为 −6.9～−3.2 ℃，引黄灌区大部在 −4 ℃以上，中南部大部在 −5 ℃以下（图2.18d）。

表2.8　宁夏代表站四季平均地面温度（℃）

站点	春	夏	秋	冬
大武口区	16.6	29.7	11.6	−4.8
银川	14.4	28.1	10.8	−5.2
利通区	16.0	29.5	12.0	−3.7
沙坡头区	14.1	26.6	10.7	−4.5
盐池	13.2	26.2	9.7	−5.5
同心	14.8	26.9	11.0	−4.4
原州区	10.9	22.1	8.0	−5.2
泾源	10.6	21.3	8.4	−3.2

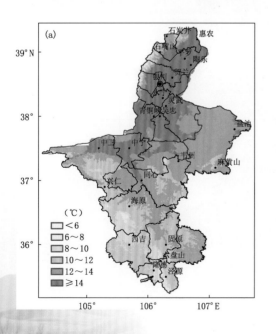
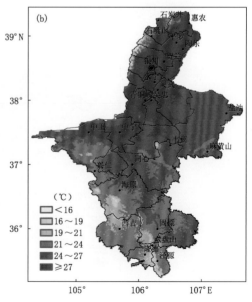

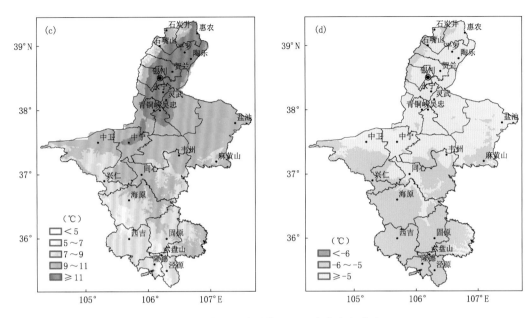

图 2.18　宁夏四季平均地面温度的空间分布

(a)春季;(b)夏季;(c)秋季;(d)冬季

(3)平均地面温度年变化

平均地面温度的年变化规律与气温基本一致,变化曲线均为单峰型,最低出现在 1 月,各地平均地面温度在 −8.6(陶乐)~ −4.7 ℃(泾源)。从 2 月开始升高,7 月达到最高,各地在 16.3(六盘山)~31.0 ℃(大武口区),中北部各地均在 24.0 ℃以上,南部山区各地在 23.1 ℃以下;从 8 月开始下降,1 月达到最低(表 2.9,图 2.19)。陶乐地面温度的月际差异最大,最高值和最低值之差可达 38.4 ℃,而隆德和泾源则相对较小;全区平均地面温度年较差为 34.3 ℃。

表 2.9　宁夏代表站各月和年平均地面温度(℃)

站名	1 月	2 月	3 月	4 月	5 月	6 月	7 月	8 月	9 月	10 月	11 月	12 月	年
大武口区	−7.1	−1.4	7.4	17.2	25.1	30.0	31.0	28.0	21.0	12.1	1.8	−6.0	13.3
银川	−7.3	−2.6	5.7	15.0	22.5	28.0	29.7	26.6	19.8	11.2	1.5	−5.8	12.0
利通区	−5.7	−1.2	7.1	16.4	24.4	29.8	30.9	27.7	20.7	12.4	2.9	−4.2	13.4
沙坡头区	−6.7	−2.0	5.7	14.7	21.8	26.4	28.0	25.3	18.8	11.1	2.1	−4.7	11.7
陶乐	−8.6	−4.0	4.6	14.3	22.5	27.8	29.8	26.5	19.7	10.5	0.2	−7.1	11.4
同心	−6.5	−1.6	6.9	15.5	22.0	26.8	28.0	25.8	19.3	11.6	2.1	−5.2	12.1
原州区	−7.1	−3.0	3.8	11.4	17.5	21.9	23.1	21.2	14.9	8.3	0.8	−5.5	8.9
隆德	−5.6	−2.0	3.8	10.8	16.5	20.7	21.7	20.2	14.2	8.1	1.3	−4.6	8.8
泾源	−4.7	−1.7	3.9	11.1	16.9	21.3	22.1	20.5	14.5	8.5	2.1	−3.3	9.3

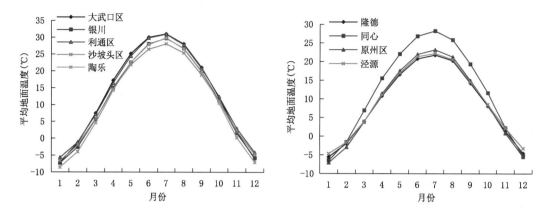

图 2.19　宁夏代表站平均地面温度的年变化

2.2.1.2　平均最高地面温度

（1）年平均最高地面温度

各地年平均最高地面温度在 19.4（六盘山）～35.0 ℃（大武口区）。引黄灌区和中部干旱带各地在 28.4～35.0 ℃，南部山区在 19.4～28.9 ℃，六盘山因海拔较高，平均最高地面温度最低（图 2.20）。

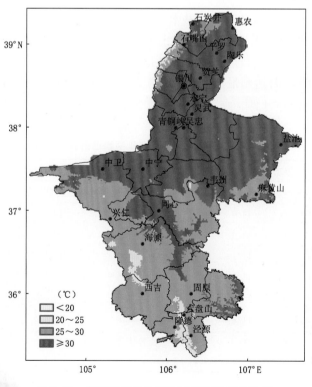

图 2.20　宁夏年平均最高地面温度的空间分布

(2)四季平均最高地面温度

四季平均最高地面温度以夏季最高,冬季最低,春季高于秋季,四季都呈现由南到北增高的分布特点,且均为六盘山最低,春、夏、秋三季均为大武口区最高(表 2.10)。

表 2.10　宁夏代表站四季平均最高地面温度(℃)

站点	春	夏	秋	冬
大武口区	41.5	53.1	31.6	13.9
银川	38.4	51.0	29.8	13.1
利通区	38.3	50.1	30.2	13.5
沙坡头区	36.5	47.4	28.8	13.5
盐池	36.9	49.8	29.0	12.8
同心	38.3	49.0	29.9	14.9
原州区	31.7	41.9	24.0	12.7
泾源	29.3	39.2	22.6	12.6

春季各地平均最高地面温度为 21.6～41.5 ℃,引黄灌区和中部干旱带大部高于 35.0 ℃,南部山区各地在 21.6～35.0 ℃(图 2.21a)。

夏季各地平均最高地面温度为 32.6～53.1 ℃,引黄灌区和中部干旱带大部高于 49.0 ℃,南部山区各地在 32.6～45.0 ℃(图 2.21b)。

秋季各地平均最高地面温度为 16.4～31.6 ℃,引黄灌区和中部干旱带大部高于 29.0 ℃,南部山区各地在 16.4～25.0 ℃(图 2.21c)。

冬季各地平均最高地面温度为 6.8～14.9 ℃,同心以北大部在 13.0 ℃以上,韦州、同心最高(图 2.21d)。

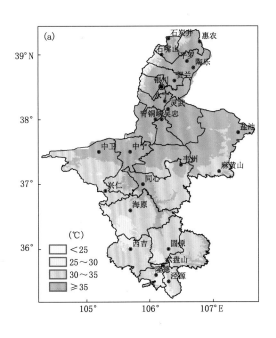
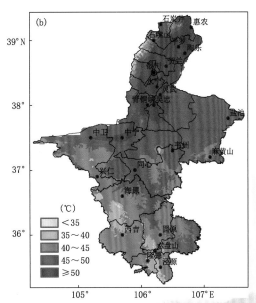

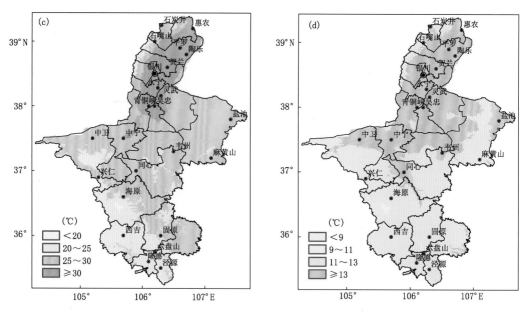

图 2.21　宁夏四季平均最高地面温度的空间分布
(a)春季;(b)夏季;(c)秋季;(d)冬季

(3)平均最高地面温度年变化

各地平均最高地面温度年变化与平均地面温度年变化趋势一致,均为单峰型。最低值一般出现在 12 月或 1 月,为 4.7(六盘山)～12.8 ℃(韦州);最高值出现在 6 月或 7 月,为 33.3(六盘山)～55.2 ℃(大武口区);各月北部高于中南部。各代表站逐月平均最高地面温度如表 2.11 和图 2.22。

表 2.11　宁夏代表站各月和年平均最高地面温度(℃)

站名	1 月	2 月	3 月	4 月	5 月	6 月	7 月	8 月	9 月	10 月	11 月	12 月	年
大武口区	11.2	19.9	31.2	42.6	50.6	55.2	54.4	49.8	42.1	32.7	20.0	10.7	35.0
银川	10.8	18.7	28.5	39.3	47.5	53.4	52.5	47.0	39.9	31.0	18.6	9.8	33.1
利通区	11.2	18.5	28.3	39.3	47.2	52.0	51.6	46.7	40.2	31.4	19.1	10.7	33.0
沙坡头区	11.4	18.5	26.4	37.6	45.5	49.0	48.7	44.6	37.5	30.4	18.6	10.5	31.6
盐池	10.7	16.9	27.4	37.6	45.6	51.2	51.4	46.8	38.6	29.7	18.6	10.9	32.1
同心	12.6	19.6	30.2	39.4	45.4	50.5	50.0	46.4	38.8	30.7	20.2	12.6	33.2
原州区	11.3	15.7	23.5	32.9	38.8	43.6	42.5	39.5	30.7	24.5	16.7	11.2	27.6
泾源	11.8	14.2	20.3	31.1	36.6	41.1	39.6	37.0	28.4	23.0	16.3	11.7	25.9
六盘山	5.7	10.1	14.3	21.3	29.2	33.0	33.3	31.6	23.7	17.0	8.5	4.7	19.4
韦州	12.8	19.2	28.9	38.4	45.0	50.3	50.3	44.9	36.9	29.5	20.0	12.8	32.4

2.2.1.3　平均最低地面温度

(1)年平均最低地面温度

全区各地年平均最低地面温度在 -3.0(六盘山)～1.5 ℃(利通区)。引黄灌区大部在 0.2～

1.1 ℃,中部干旱带和南部山区大部在－3.0～－0.8 ℃,六盘山海拔较高,平均最低地面温度为最低(图 2.23)。

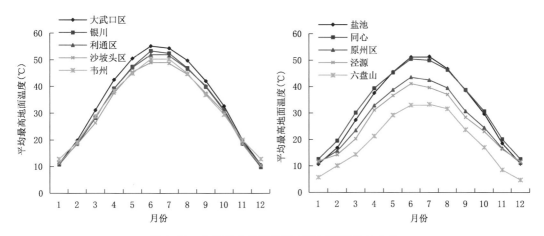

图 2.22　宁夏代表站平均最高地面温度的年变化

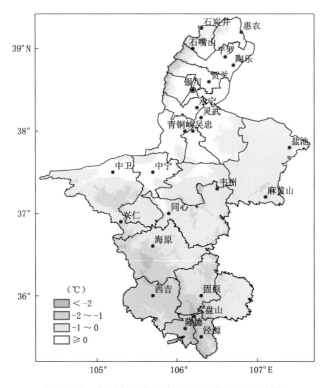

图 2.23　宁夏年平均最低地面温度的空间分布

（2）四季平均最低地面温度

四季平均最低地面温度以夏季最高,冬季最低,大部地区秋季略高于春季;春、夏、秋三季由南到北增大,六盘山最低,冬季分布与其他三个季节相反(表 2.12)。

表 2.12　宁夏代表站四季平均最低地面温度(℃)

站点	春	夏	秋	冬
大武口区	1.4	15.5	1.0	−14.6
银川	0.7	14.5	0.9	−14.4
利通区	1.8	15.1	1.9	−13.0
沙坡头区	1.0	13.9	1.2	−13.6
盐池	−0.2	13.1	−0.3	−16.0
同心	1.5	14.4	1.5	−14.4
原州区	−0.5	11.1	−0.1	−14.4
泾源	−0.2	10.6	0.6	−12.0

　　春季各地平均最低地面温度为−3.1~1.8 ℃,引黄灌区大部为0.5~1.8 ℃,中部干旱带和南部山区大部在−3.2~−0.2 ℃(图2.24a)。

　　夏季各地平均最低地面温度为6.9~15.5 ℃,引黄灌区和中部干旱带大部高于12.0 ℃,南部山区各地在6.9~12.0 ℃(图2.24b)。

　　秋季各地平均最低地面温度为−2.1~2.7 ℃,引黄灌区和中部干旱带大部在0.0 ℃以上,南部山区大部在0.0 ℃以下(图2.24c)。

　　冬季各地平均最低地面温度为−16.3~−11.0 ℃,以兴仁为最低,同心以北大部在−14 ℃以下,以南大部为−13.7~−12.0 ℃(图2.24d)。

　　(3)平均最低地面温度年变化

　　各地平均最低地面温度年变化与平均地面温度变化趋势一致,均为单峰型。一般在1月最低,为−18.2(盐池)~−13.8 ℃(泾源),7月最高,为8.1(六盘山)~16.6 ℃(泾源)。各代表站逐月平均最低地面温度见表2.13和图2.25。

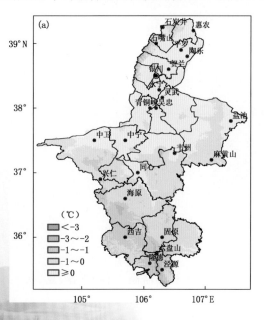
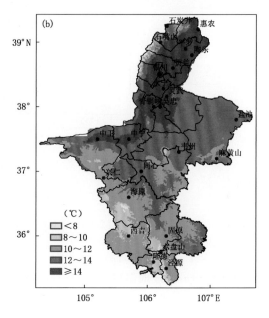

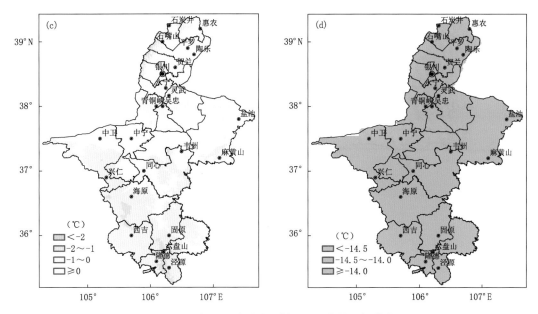

图 2.24　宁夏四季平均最低地面温度的空间分布

(a)春季；(b)夏季；(c)秋季；(d)冬季

表 2.13　宁夏代表站各月和年平均最低地面温度(℃)

站名	1 月	2 月	3 月	4 月	5 月	6 月	7 月	8 月	9 月	10 月	11 月	12 月	年
大武口区	−16.8	−12.5	−5.7	1.7	8.1	13.7	17.1	15.8	9.4	1.0	−7.5	−14.6	0.8
银川	−16.4	−13.3	−6.3	1.1	7.3	12.4	16.1	15.1	8.9	0.8	−7.1	−13.5	0.4
利通区	−15.1	−11.9	−5.0	2.1	8.2	13.1	16.6	15.6	9.6	1.8	−5.8	−12.1	1.5
沙坡头区	−16.0	−12.4	−5.2	1.3	7.0	12.0	15.4	14.4	8.8	1.0	−6.3	−12.5	0.6
盐池	−18.2	−14.2	−7.0	0.2	6.3	11.1	14.7	13.5	7.6	0.0	−8.4	−15.7	−0.8
同心	−16.4	−12.7	−5.4	2.1	7.9	12.5	15.8	14.8	9.4	1.9	−6.9	−14.1	0.8
原州区	−16.5	−12.5	−6.1	−0.3	4.9	9.2	12.4	11.6	6.7	0.1	−7.0	−14.1	−1.0
泾源	−13.8	−10.6	−4.8	−0.2	4.5	8.8	11.8	11.2	6.7	0.6	−5.4	−11.7	−0.2

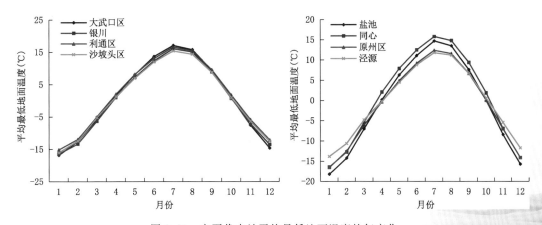

图 2.25　宁夏代表站平均最低地面温度的年变化

2.2.1.4　地面极端最高温度

(1)年地面极端最高温度

总体上,海拔高的地区年地面极端最高温度低于海拔低的地区。宁夏各地年地面极端最高温度为61.0(六盘山)～73.4 ℃(兴仁),西吉以北大部高于69 ℃,南部山区大部及北部贺兰山低于69 ℃;各地年地面极端最高温度较极端最高气温高30.8～39.4 ℃(图2.26)。

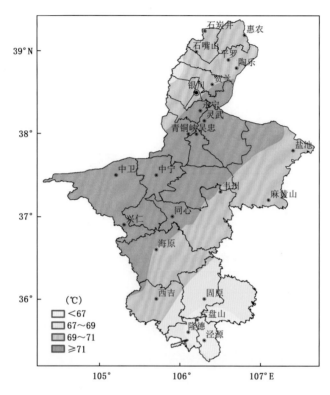

图 2.26　宁夏年地面极端最高温度的空间分布

(2)地面极端最高温度年变化

各地地面极端最高温度年变化曲线均为单峰型。一般在12月或1月最低,为22.0(陶乐)～29.0 ℃(石炭井),6月或7月最高,为61.0(六盘山)～73.4 ℃(兴仁)。各代表站逐月地面极端最高温度见表2.14和图2.27。

表 2.14　宁夏代表站各月和年地面极端最高温度(℃)

站名	1月	2月	3月	4月	5月	6月	7月	8月	9月	10月	11月	12月	年
石炭井	31.8	36.1	49.6	61.0	65.5	70.2	68.4	65.6	60.7	48.1	37.1	29.0	70.2
大武口区	25.8	35.3	50.7	61.5	70.0	70.9	71.0	67.5	61.5	52.0	38.4	25.0	71.0
陶乐	25.6	35.6	49.6	60.7	66.9	68.5	70.6	66.8	59.8	50.0	37.9	22.0	70.6
银川	27.3	37.7	50.8	61.3	67.9	70.2	70.1	69.6	58.8	51.1	34.7	23.7	70.2
利通区	30.2	37.1	51.2	63.1	69.5	73.2	72.7	70.3	62.3	51.9	36.7	24.7	73.2
沙坡头区	27.3	36.8	51.5	60.4	66.1	71.0	70.1	66.6	61.2	49.3	35.7	22.3	71.0
兴仁	29.7	38.4	52.5	58.4	64.4	68.4	73.4	70.6	58.3	49.2	35.2	25.2	73.4
盐池	27.7	36.7	47.4	58.7	66.8	70.1	71.5	69.2	64.6	49.6	37.6	24.5	71.5

续表

站名	1月	2月	3月	4月	5月	6月	7月	8月	9月	10月	11月	12月	年
同心	29.7	40.0	51.0	61.7	67.9	72.1	72.5	71.9	63.1	54.4	38.9	26.6	72.5
原州区	29.2	35.8	46.9	59.2	65.2	67.7	67.8	65.5	59.7	46.3	36.7	24.9	67.8
泾源	32.8	39.5	49.0	59.1	67.2	66.7	68.3	67.8	56.2	56.7	35.5	27.8	68.3
六盘山	26.2	35.5	42.0	56.8	60.1	58.1	61.0	57.8	57.0	42.7	30.1	24.5	61.0

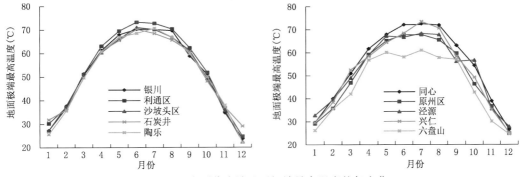

图 2.27　宁夏代表站地面极端最高温度的年变化

2.2.1.5　地面极端最低温度

（1）年地面极端最低温度

各地年地面极端最低温度为 −37.5（海原）～−28.5 ℃（利通区），青铜峡、利通区及引黄灌区北部高于 −32.0 ℃，其他大部地区低于 −32.0 ℃，其中，盐池、麻黄山、海原、西吉低于 −36.0 ℃。各地地面极端最低温度较极端最低气温低 1.9～11.7 ℃（图 2.28）。

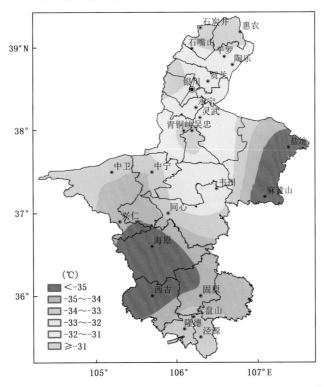

图 2.28　宁夏年地面极端最低温度的空间分布

(2)地面极端最低温度年变化

各地地面极端最低温度年变化曲线均为单峰型。一般在 12 月或 1 月最低,为－37.5(海原)～－28.5 ℃(利通区),7 月或 8 月最高,为 0.0(泾源)～7.7 ℃(永宁)。各代表站逐月地面极端最低温度见表 2.15 和图 2.29。

表 2.15　宁夏代表站各月和年地面极端最低温度(℃)

站名	1月	2月	3月	4月	5月	6月	7月	8月	9月	10月	11月	12月	年
大武口区	－29.2	－24.0	－20.8	－11.9	－6.5	1.6	7.4	6.1	－5.7	－12.8	－18.9	－30.2	－30.2
银川	－32.1	－29.6	－29.5	－13.4	－9.5	－1.9	2.9	2.2	－8.0	－14.7	－20.0	－34.0	－34.0
永宁	－29.4	－29.0	－25.0	－12.5	－6.6	－0.1	7.7	3.9	－7.3	－12.7	－19.5	－30.6	－30.6
利通区	－28.5	－28.1	－21.5	－12.0	－7.5	0.6	7.5	3.7	－4.4	－12.0	－18.8	－25.2	－28.5
沙坡头区	－33.5	－26.7	－21.4	－17.8	－8.5	－0.8	5.2	4.0	－4.3	－15.2	－19.7	－33.1	－33.5
盐池	－36.8	－33.1	－25.9	－18.5	－7.9	－2.0	5.1	1.9	－11.5	－18.8	－30.4	－34.2	－36.8
同心	－31.2	－29.3	－24.5	－17.5	－8.5	0.0	6.0	3.9	－7.7	－16.7	－23.1	－32.6	－32.6
海原	－34.9	－31.8	－22.1	－17.5	－9.3	－1.9	2.4	1.6	－7.0	－16.1	－28.8	－37.5	－37.5
原州区	－32.7	－33.1	－21.7	－18.2	－10.6	－2.2	2.6	0.2	－6.5	－15.2	－26.1	－35.5	－35.5
泾源	－31.7	－33.6	－20.1	－18.8	－13.8	－1.5	0.0	－0.7	－5.7	－15.2	－25.1	－32.0	－33.6

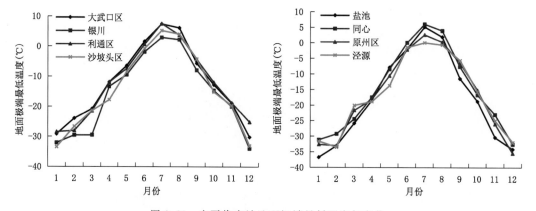

图 2.29　宁夏代表站地面极端最低温度年变化

2.2.2　地气温差

(1)年平均地气温差

地面温度高于气温时,地面向大气输送热量,地面对大气起加热作用。地面温度低于气温时,由于地面的冷却作用,使大气随之降温,地面则起冷却作用。宁夏全区各地年平均地面温度均高于年平均气温,两者差值(简称地气温差)为正值,各地区温差变化范围在 1.7～5.7 ℃,中北部大部地气温差较大,在 3.0 ℃以上,中部干旱带南部及南部山区在 3.0 ℃以下(图 2.30)。

(2)四季平均地气温差

四季之中以夏季地气温差最大,冬季最小,春季大于秋季;其中,春、夏、秋季分布形势较为相似,总体上北部地气温差大于中南部,冬季分布与此相反(表 2.16)。

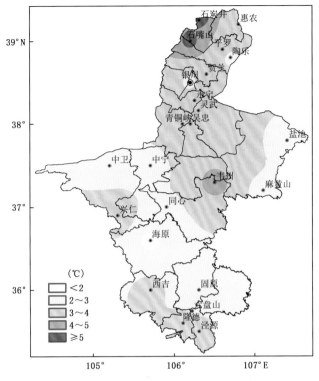

图 2.30 宁夏年地气温差的空间分布

表 2.16 宁夏代表站四季地气温差(℃)

站点	春	夏	秋	冬
大武口区	7.1	10.6	3.9	−0.5
银川	3.3	5.5	1.6	0.4
利通区	4.6	7.1	2.6	0.9
沙坡头区	3.1	4.9	1.7	0.8
盐池	3.3	4.6	1.5	0.8
海原	2.9	4	0.7	−0.7
同心	3.9	4.9	1.9	0.8
原州区	2.8	3.7	1.3	0.7
泾源	3.8	4.7	2.2	2.0
隆德	3.9	4.6	2.2	2.2

春季全区各地平均地气温差均为正值,地面加热作用大为加强,原州区最小,为 2.8 ℃,其次为海原 2.9 ℃,其他地区均在 3.0 ℃ 以上,其中,石炭井、大武口区高达 7.5 ℃ 和 7.1 ℃,为全区高值中心(图 2.31a)。

夏季是全年地面热源最强的时期,各地平均地气温差为 3.7～12.6 ℃,原州区最小,石炭井最大;石炭井、大武口区大于 10 ℃,引黄灌区大部为 5.0～12.6 ℃,中部干旱带和南部山区大部在 3.7～5.8 ℃,尤其南部山区夏季多云雨、气候湿润,地气温差较小(图 2.31b)。

秋季地面加热作用大为减弱,地气温差较春季和夏季减小,各地差异也不明显,海原最小,为

0.7 ℃,石炭井和大武口在 3.0 ℃以上,为全区高值中心,其他地区在 1.6～3.0 ℃(图 2.31c)。

冬季石炭井、大武口区、海原平均地面温度低于气温,地气温差为负值,为 -1.9～-0.5 ℃,石炭井最小,其他地区地面温度高于气温,地气温差在 0.1～2.2 ℃,隆德最大(图 2.31d)。

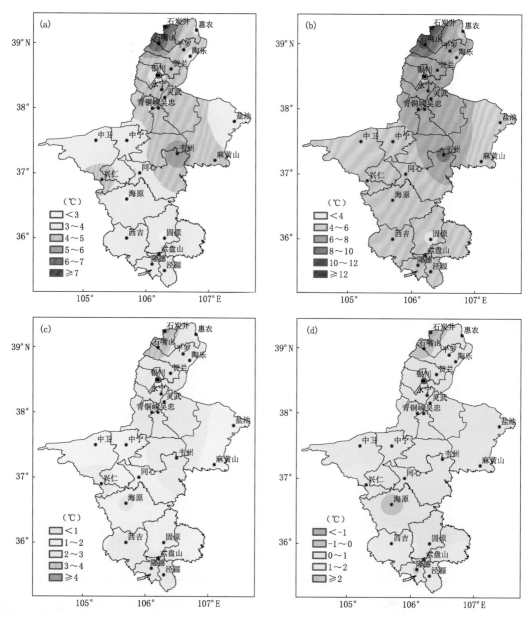

图 2.31　宁夏四季地气温差的空间分布
(a)春季;(b)夏季;(c)秋季;(d)冬季

(3)地气温差年变化

宁夏各地地气温差年变化曲线均为单峰型。一般在 12 月或 1 月最小,在 -1.5～1.5 ℃,6 月或 7 月达到最大,在 4.3～11.3 ℃,地气温差的年振幅为 3.8～16.0 ℃,西吉最小,石炭井最大,其次为大武口区 12.8 ℃(表 2.17,图 2.32)。

表 2.17　宁夏代表站各月和年地气温差(℃)

站名	1月	2月	3月	4月	5月	6月	7月	8月	9月	10月	11月	12月	年
石炭井	-2.8	-0.4	3.5	7.8	11.3	13.2	13.0	11.6	8.3	4.6	0.3	-2.6	5.7
大武口区	-1.1	1.0	3.9	7.2	10.1	11.3	10.9	9.5	7.1	4.1	0.6	-1.5	5.3
银川	0.4	0.9	1.8	3.3	4.8	6.1	5.9	4.6	3.3	1.6	-0.1	-0.2	2.7
利通区	0.8	1.5	2.7	4.4	6.7	8.1	7.1	6.1	4.4	2.6	0.7	0.3	3.8
沙坡头区	0.7	1.2	1.7	3.0	4.7	5.5	5.1	4.2	2.9	1.7	0.5	0.6	2.7
盐池	0.9	1.2	2.1	4.2	4.7	4.8	4.0	2.8	1.5	0.3	0.2	2.6	
同心	0.7	1.5	2.8	4.1	4.9	5.4	5.0	4.2	3.1	1.9	0.4	0.1	2.9
原州区	0.5	1.3	2.0	2.8	3.7	4.3	3.8	3.1	2.0	1.2	0.7	0.3	2.1
西吉	2.0	2.5	3.1	3.9	4.7	5.3	4.5	3.8	2.8	2.1	1.8	1.5	3.2
泾源	1.9	2.7	2.9	3.7	4.7	5.5	4.5	4.0	2.7	2.1	1.7	1.5	3.2

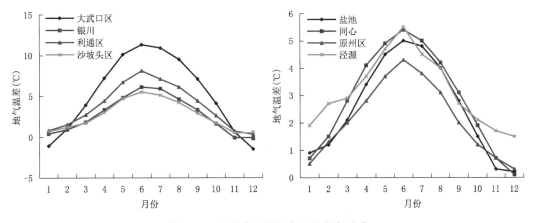

图 2.32　宁夏代表站地气温差的年变化

2.2.3　地中各层温度变化

宁夏各层地中温度的时空分布与地面温度相似,且随着深度的增加,时空差异减小。

2.2.3.1　浅层地中温度

(1)年平均地中温度

浅层地中温度(5～20 cm)对种子发芽、出苗的影响比气温更直接。宁夏不同深度温度空间分布总体上与地面温度相似,由北到南降低,各层均为大武口区最高,六盘山最低。同心以北及南部山区南部各层温度随深度增加而降低,尤其利通区以北大部及兴仁、麻黄山、韦州降低幅度较大,20 cm 温度较 5 cm 温度低 0.5～0.8 ℃,其他地区各层温度变化幅度不大(表 2.18)。

(2)四季地中温度变化

各季节各层温度均为夏季最高,其次分别为秋季和春季,冬季最低;春季、夏季和秋季不同深度地中温度空间分布与年平均地温分布相似,由北到南降低,且各层均为大武口区最高,六盘山最低;冬季各层均为泾源最高,六盘山最低,其次中部的盐池和麻黄山,北部的石炭井、大武口区和陶乐也为低值区(表 2.19～表 2.22)。

表 2.18　宁夏代表站地中 5～20 cm 年平均温度(℃)

站名	5 cm	10 cm	15 cm	20 cm
大武口区	13.1	12.8	12.6	12.5
银川	11.7	11.7	11.6	11.5
利通区	12.7	12.4	12.1	12.0
沙坡头区	11.7	11.3	11.1	11.3
盐池	10.6	10.5	10.4	10.4
兴仁	10.6	10.1	9.8	9.9
同心	11.7	11.7	11.7	11.7
麻黄山	9.7	9.4	9.1	9.1
韦州	12.3	11.9	11.6	11.5
原州区	8.9	8.9	8.8	8.9
泾源	9.1	9.0	8.9	9.0
六盘山	4.2	4.2	4.2	4.2

表 2.19　宁夏代表站四季 5 cm 地中温度(℃)

站点	春	夏	秋	冬
石炭井	13.5	26.2	11.0	−4.3
大武口区	15.6	28.3	12.3	−3.7
银川	12.4	26.1	11.6	−3.3
平罗	12.8	26.5	11.9	−3.2
利通区	14.0	27.0	12.3	−2.7
沙坡头区	12.5	24.7	11.2	−2.8
盐池	11.8	24.5	10.0	−4.0
兴仁	12.2	24.0	9.9	−3.7
同心	13.4	25.3	11.4	−3.4
韦州	14.1	25.7	11.6	−2.4
原州区	9.6	20.9	8.5	−3.5
泾源	9.5	20.3	8.8	−1.9
六盘山	4.0	14.3	4.4	−6.0

表 2.20　宁夏代表站四季 10 cm 地中温度(℃)

站点	春	夏	秋	冬
石炭井	12.4	25.2	11.4	−3.9
大武口区	14.6	27.3	12.6	−3.3
平罗	11.8	25.4	12.1	−3.0
银川	11.8	25.4	12.2	−2.7
利通区	13.1	26.2	12.6	−2.3
沙坡头区	11.8	24.0	11.6	−2.3
盐池	11.4	24.0	10.4	−4.0
兴仁	11.2	23.1	10.1	−4.0
同心	12.8	24.8	12.0	−2.9
韦州	13.1	24.7	11.9	−2.2
原州区	9.1	20.7	8.9	−3.2
泾源	8.8	19.7	9.1	−1.5
六盘山	3.4	14.1	4.8	−5.7

表 2.21　宁夏代表站四季 15 cm 地中地温(℃)

站点	春	夏	秋	冬
石炭井	11.6	24.4	11.6	−3.4
大武口区	13.8	26.6	12.9	−2.9
平罗	10.9	24.5	12.3	−2.6
银川	11.2	24.8	12.7	−2.2
利通区	12.2	25.3	12.8	−2.0
沙坡头区	11.0	23.3	12.0	−1.9
盐池	11.0	23.7	10.8	−3.8
兴仁	10.5	22.5	10.2	−3.8
同心	12.3	24.5	12.4	−2.5
韦州	12.4	24.0	12.0	−1.9
原州区	8.7	20.4	9.2	−2.9
泾源	8.3	19.1	9.3	−1.2
六盘山	2.9	13.9	5.2	−5.3

表 2.22　宁夏代表站四季 20 cm 地中地温(℃)

站点	春	夏	秋	冬
石炭井	11.0	23.9	12.1	−2.9
大武口区	13.3	26.0	13.1	−2.4
银川	10.7	24.3	13.0	−1.8
平罗	10.3	23.9	12.5	−2.2
利通区	11.7	24.8	13.1	−1.5
沙坡头区	10.5	22.7	12.2	−1.5
盐池	10.7	23.3	11.1	−3.5
兴仁	10.0	22.1	10.5	−3.6
同心	12.0	24.1	12.7	−2.1
韦州	11.9	23.5	12.3	−1.5
原州区	8.3	20.2	9.5	−2.6
泾源	7.8	18.6	9.6	−0.8
六盘山	2.4	13.6	5.6	−4.8

春季,各层温度随深度增加而降低,各地 5 cm 温度为 4.0~15.6 ℃,20 cm 温度为 2.4~13.3 ℃,较 5 cm 降低 1.1~2.6 ℃,降低幅度由北到南减小,其中,盐池降低幅度最小,石炭井降低幅度最大。

夏季,各层温度随深度增加而降低,各地 5 cm 温度为 14.3~28.3 ℃,20 cm 温度为 13.6~26.0 ℃,较 5 cm 降低 0.7~2.6 ℃,降低幅度由北到南减小,其中,六盘山和原州区降低幅度最小,平罗降低幅度最大。

秋季,各层温度随深度增加而增加,各地 5 cm 温度为 4.4~12.3 ℃,20 cm 温度为 5.6~13.1 ℃,较 5 cm 升高 0.6~1.4 ℃,增加幅度总体上由北到南减小,其中,平罗、兴仁和韦州增加幅度最小,银川和同心增加幅度最大。

冬季,各层温度随深度增加而升高,且大部分地区增加幅度大于秋季;各地 5 cm 温度为

$-6.0\sim-1.9$ ℃，20 cm 温度为 $-4.8\sim-0.8$ ℃，较 5 cm 升高 $0.1\sim1.7$ ℃，增加幅度由北到南减小，其中，兴仁增加幅度最小，惠农增加幅度最大。

（3）地中温度年变化

各地地中各层温度年变化均为单峰型。一般在 1 月最低，各地 5 cm 温度为 $-7.4\sim-2.7$ ℃，10 cm 温度为 $-7.1\sim-2.3$ ℃，15 cm 温度为 $-6.7\sim-1.9$ ℃，20 cm 温度为 $-6.2\sim-1.5$ ℃，均由北到南升高；2 月开始逐渐升温，7 月达到最高，各地 5 cm 温度为 $15.1\sim29.4$ ℃，10 cm 温度为 $14.9\sim28.4$ ℃，15 cm 温度为 $14.6\sim27.7$ ℃，20 cm 温度为 $14.3\sim27.1$ ℃，均由北到南降低，8 月开始下降；各月各层均为北部大武口区最高，南部六盘山最低，该两地也是宁夏全区年变化振幅最大和最小的地区（图 2.33）。

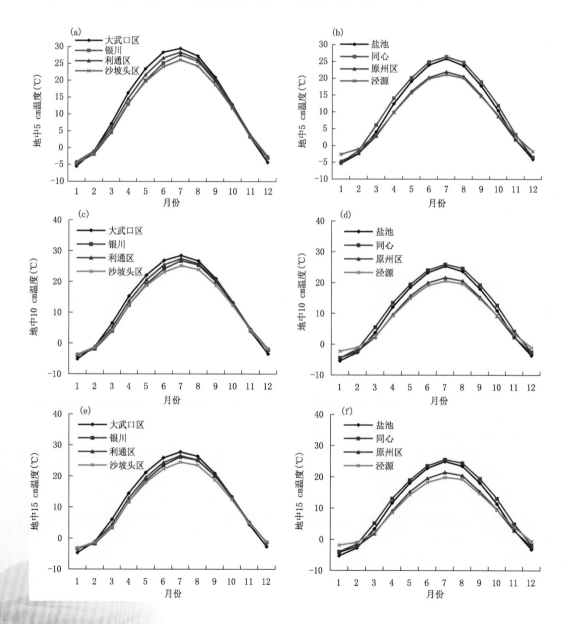

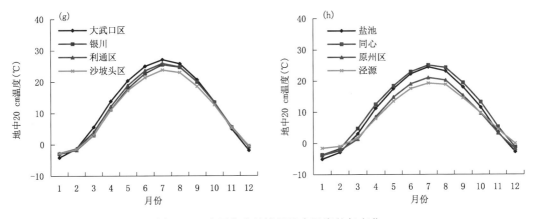

图 2.33　宁夏代表站浅层地中温度的年变化

(a)(b)5m；(c)(d)10 cm；(e)(f)15 cm；(g)(h)20 cm

2.2.3.2　深层地中温度

(1)年平均地中温度

深层地中温度是 40～320 cm 的地温。宁夏不同深度温度空间分布总体上与地面温度、浅层地中温度相似,由北到南降低,各层仍然为大武口区最高,六盘山最低。与浅层地中温度变化不同的是,除北部石炭井、大武口区、青铜峡外,其他地区深层地中温度随着深度的增加温度呈先升高后降低的趋势,各地 40 cm 温度为 8.4～12.8 ℃,80 cm 温度最高,各地为 8.8～13.2 ℃,160 cm 和 320 cm 温度分别为 8.4～13.1 ℃和 8.4～13.3 ℃(表 2.23)。

表 2.23　宁夏代表站地中 40～320 cm 年平均温度(℃)

站名	40 cm	80 cm	160 cm	320 cm
大武口区	12.6	12.8	13.1	13.3
银川	11.3	11.6	11.5	11.5
利通区	12.2	12.7	12.5	12.3
青铜峡	11.7	11.8	11.9	12.0
沙坡头区	10.8	11.7	10.8	10.5
盐池	10.3	10.9	10.3	10.3
同心	11.8	12.7	12	11.8
原州区	9	9.3	9.4	9.5
泾源	8.7	9.2	8.7	8.8

(2)四季地中温度变化

各季节各层温度均为夏季最高,其次分别为秋季和春季,冬季最低;春季、夏季和秋季不同深度地中温度空间分布与该层年平均温度分布相似,由北到南降低;冬季 40 cm 和 80 cm 呈由北到南升高分布,160 cm 和 320 cm 与此相反。

四季之中,夏、冬季随着深度的增加地中温度变化最大。春、夏季随着土壤深度的增加地中温度下降,各地垂直递减率为 1.3～5.0 ℃/(10 cm),夏季递减率大于春季,且降幅由北到南减小;其中,春季由 40 cm 的 6.4～12.7 ℃降至 320 cm 的 6.1～9.9 ℃,夏季由 40 cm 的

17.6~24.9 ℃降至 320 cm 的 8.7~14.7 ℃。秋、冬季随着深度的增加地中温度升高,垂直递增率为 0.9~5.1 ℃/(10 cm),冬季递增率大于秋季,且秋季各地升幅差异不大,冬季升幅由北到南减小;其中,秋季由 40 cm 的 10.3~14.7 ℃升至 320 cm 的 10.7~16.8 ℃,冬季由 40 cm 的—2.2~0.0 ℃升至 320 cm 的 8.1~12.1 ℃(表 2.24~表 2.28)。太阳辐射和地面反射辐射直接而又强烈地影响地面温度,同时通过热传导的形式间接地影响土壤深层温度。可见,春、夏季热量由地面向下输送,秋、冬季热量由地下向地面输送。

表 2.24   宁夏代表站四季 40 cm 地中温度(℃)

站点	春	夏	秋	冬
大武口区	12.7	24.9	13.9	—1.2
银川	9.5	22.0	13.7	—0.2
利通区	11.0	23.4	14.0	0.1
沙坡头区	9.3	20.4	12.6	0.1
盐池	9.2	21.6	12.1	—1.8
同心	11.5	23.7	13.5	—1.7
原州区	7.2	19.3	10.7	—1.4
泾源	6.9	17.6	10.3	0.0
六盘山	1.1	12.3	5.9	—2.5

表 2.25   宁夏代表站四季 80 cm 地中温度(℃)

站点	春	夏	秋	冬
大武口区	11.2	22.7	15.5	1.7
银川	8.7	19.7	15.1	2.8
利通区	10.3	21.6	15.9	3.2
沙坡头区	9.7	19.8	14.6	2.6
盐池	8.9	20.5	13.6	0.9
同心	10.8	21.9	15.5	2.3
原州区	6.3	17.4	12.2	1.1
泾源	6.6	16.3	11.8	2.2

表 2.26   宁夏代表站四季 160 cm 地中温度(℃)

站点	春	夏	秋	冬
大武口区	9.6	18.8	17.0	6.9
银川	7.5	16.0	15.8	6.8
利通区	8.7	17.2	16.4	7.4
沙坡头区	7.7	15.0	14.3	6.1
盐池	7.1	15.9	13.8	4.5
同心	8.6	17.1	15.9	6.4
原州区	5.4	14.2	13.4	4.7
泾源	5.4	12.5	12.0	5.0

表 2.27　宁夏代表站四季 320 cm 地中温度(℃)

站点	春	夏	秋	冬
大武口区	9.9	14.7	16.8	11.9
银川	8.4	12.0	14.6	10.9
利通区	8.1	11.1	13.0	9.9
沙坡头区	8.1	11.1	13.0	9.9
盐池	7.3	11.4	13.2	9.1
同心	9.0	12.5	14.6	11.1
原州区	6.6	10.0	12.4	9.0
泾源	6.3	9.2	11.3	8.5

从 0~320 cm 土壤温度的总体垂直变化看,各地年平均地温随着土壤深度的增加缓慢下降,垂直递减率在 0.1~0.2 ℃/(10 cm)(表 2.28)。

表 2.28　宁夏代表站年、季各层及 0~320 cm 温差变化(℃)

深度 (cm)	北部(银川)					中部(同心)					南部(泾源)				
	年	春	夏	秋	冬	年	春	夏	秋	冬	年	春	夏	秋	冬
0	12.0	14.4	28.1	10.8	−5.2	12.1	14.8	26.9	11.0	−4.4	9.3	10.6	21.3	8.4	−3.2
10	11.7	11.8	25.4	12.2	−2.7	11.7	12.8	24.8	12.0	−2.9	9.0	8.8	19.7	9.1	−1.5
20	11.5	10.7	24.3	13.0	−1.8	11.7	12.0	24.1	12.7	−2.1	9.0	7.8	18.6	9.6	−0.8
40	11.3	9.5	22.0	13.7	−0.2	11.8	11.5	23.7	13.5	−1.7	8.7	6.9	17.6	10.3	0.0
80	11.6	8.7	19.7	15.1	2.8	12.7	10.8	21.9	15.6	2.3	9.2	7.1	13.8	12.0	2.2
160	11.5	7.5	16.0	15.8	6.8	12.0	8.6	17.1	15.9	6.4	8.7	5.4	12.5	12.0	5.0
320	11.5	8.4	12.0	14.6	10.9	11.8	9.0	12.5	14.6	11.1	8.8	6.3	9.2	11.3	8.5
垂直温差	0.5	6.0	16.1	−3.8	−16.2	0.3	5.8	14.4	−3.6	−15.5	0.5	12.1	−2.9	−11.7

(3)地中温度年变化

各地各层地温年变化均为单峰型。各地 40 cm、80 cm 地温一般在 1 月或 2 月最低,40 cm 为−3.9~−0.1 ℃,80 cm 为−0.7~2.9 ℃;2 月开始逐渐升温,7 月或 8 月达到最高,40 cm 为 13.9~−25.9 ℃,80 cm 为 17.4~24.8 ℃,40 cm 和 80 cm 年变化振幅度最小的均为南部的泾源,40 cm 年变化幅度最大的是北部的石炭井,80 cm 最大的是北部的惠农。160 cm 地温一般在 2 月或 3 月最低,为 2.0~5.4 ℃,3 月开始逐渐升温,8 月达到最高,为 13.5~21.2 ℃,年变化幅度最小的是南部的隆德,最大的是北部的惠农。320 cm 地温一般在 3 月或 4 月最低,为 5.8~9.3 ℃,4 月开始逐渐升温,9 月或 10 月达到最高,为 10.9~17.3 ℃,年变化幅度最小的是南部的隆德,最大的是北部的大武口区(图 2.34)。

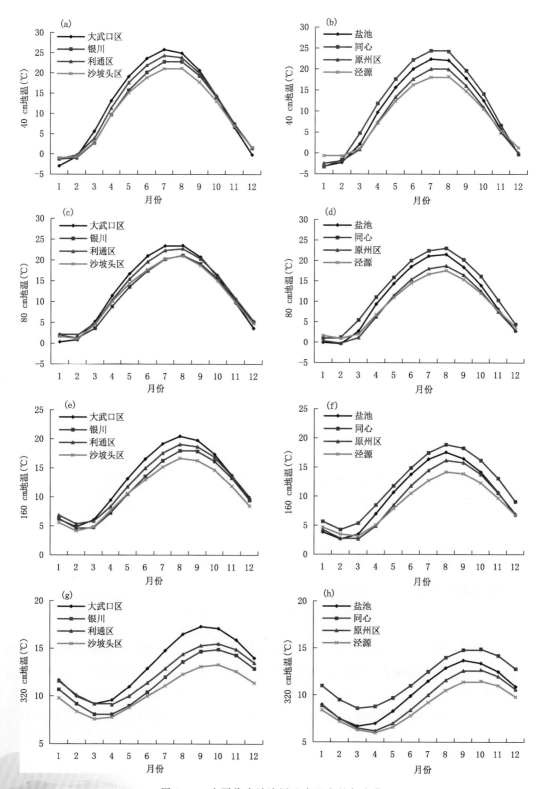

图 2.34 宁夏代表站浅层地中温度的年变化

(a)(b)40m；(c)(d)80 cm；(e)(f)160 cm；(g)(h)320 cm

2.2.4　最大冻土深度

> 冻土:温度在 0 ℃以下,并含有冰的各种岩石和土壤。一般可分为短时冻土
> (数小时/数日以至半月)、季节冻土(半月至数月)以及多年冻土(又称永久冻土,指
> 的是持续二年或二年以上的冻结不融的土层)。地球上多年冻土、季节冻土和短时
> 冻土区的面积约占陆地面积的 50%。由于冻土分布广泛且具有独特的水热特性,
> 因此,它成为地球陆面过程中一个非常重要的因子(叶笃正 等,1974;刘晓东,
> 1989)。

(1)最大冻土深度空间分布

温度越低且持续时间越久,冻土层越厚,最大冻土深度一般随着海拔增高而加深,随纬度升高加深。宁夏六盘山和贺兰山海拔高,冻土深度较深,其他地区均在 160 cm 以下,其中,引黄灌区的石炭井、大武口区、陶乐和中南部大部最大冻土深度较深,在 120～159 cm,海原最大,其他地方小于 120 cm,沙坡头区、中宁最小,分别为 85 cm 和 80 cm(图 2.35)。

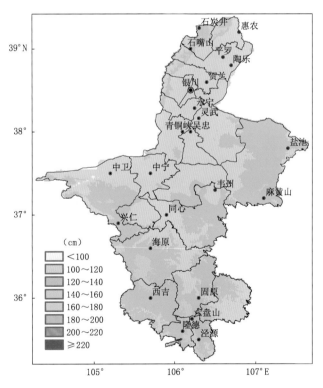

图 2.35　宁夏最大冻土深度的空间分布

(2)最大冻土深度年变化

宁夏大部分地区从秋季 10 月开始出现冻土,持续至次年 4 月,个别地区 5 月和 9 月也会出现冻土;大部分地区的最大冻土深度出现在 2 月,夏季则无冻土(表 2.29,图 2.36)。

表 2.29 宁夏代表站各月最大冻土深度(cm)

站名	1月	2月	3月	4月	5月	6月	7月	8月	9月	10月	11月	12月
大武口区	124	128	105	11	0	0	0	0	0	12	37	91
银川	81	100	91	83	0	0	0	0	0	11	24	56
利通区	94	111	112	103	3	0	0	0	0	9	25	68
沙坡头区	79	85	83	75	5	0	0	0	0	10	17	56
盐池	127	139	134	101	0	0	0	0	6	11	40	91
同心	123	137	129	8	1	0	0	0	2	9	35	96
原州区	114	121	114	99	0	0	0	0	0	10	36	81
泾源	80	86	83	72	2	0	0	0	0	9	110	58

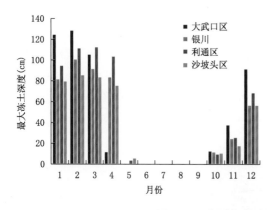
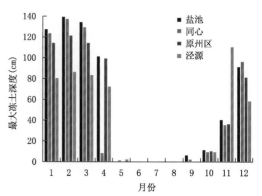

图 2.36 宁夏代表站最大冻土深度的年变化

(3)土壤冻结和解冻日期

宁夏多年平均土壤冻结日期最早为麻黄山,10月下旬开始冻结(10月23日),之后石嘴山市各地及中部干旱带各地逐渐开始冻结,隆德、银川冻结最晚,分别为11月11日和11月13日。

各地土壤自3月下旬开始解冻,引黄灌区大部在3月底最先解冻,中宁最早,为3月21日,也是全区解冻最早的地区;之后中部干旱带及南部山区各地逐渐开始解冻,麻黄山最晚,为4月7日解冻。

各地冻土时长为130(银川)～166 d(麻黄山),引黄灌区大部及韦州、海原、隆德为150 d以下,石炭井、陶乐、麻黄山超过160 d。

2.3 降水

2.3.1 降水量

(1)年降水量

宁夏为典型的大陆性气候,深居内陆,水汽来源不足,导致降水偏少,干旱问题突出。南部山区属半湿润区,卫宁平原以北属干旱区,其他地区为半干旱区。宁夏全区年平均降水量为

283.0 mm,远少于全国平均(632 mm),是全国降水最少的省(区)之一;省会城市银川降水量在全国直辖市、省会城市中为最少。宁夏各地降水量在 175.9～644.8 mm,自南向北逐渐减少,差异明显,降水最多的泾源(644.8 mm)是最少的惠农(175.9 mm)的近 3.8 倍;北部引黄灌区普遍在 200 mm 以下,中部干旱带在 200～400 mm,南部山区超过 400 mm(图 2.37)。

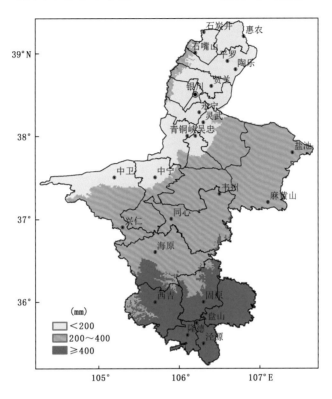

图 2.37　宁夏年降水量的空间分布

(2)四季降水量

宁夏降水季节分配不均,夏季最多(占年降水量的 55%～63%),其次为秋季(占年降水量的 19%～24%)和春季(占年降水量的 15%～21%),冬季最少,大多数地区降水量不足 10 mm,占年降水量的 1%～3%。

春季各地降水量在 22.0～113.8 mm(图 2.38a),泾源最多,六盘山次之,为 111.9 mm,大武口区最少,为 22.0 mm。引黄灌区各地小于 40.0 mm,中部干旱带在 40.0～80.0 mm,南部山区在 80.0 mm 以上;全区平均降水量为 49.6 mm。

夏季大部地区降水量在 100.0 mm 以上(图 2.38b),六盘山、泾源最多,分别为 351.0 mm、347.9 mm,永宁最少,为 104.9 mm。中部干旱带南部及南部山区各地在 200.0 mm 以上,其他大部地区在 100～200.0 mm;全区平均降水量为 159.7 mm。

秋季各地降水量在 36.1～166.8 mm(图 2.38c),泾源最多,大武口区最少。银川以北地区降水量不足 40.0 mm,银川以南至兴仁—同心—盐池一带大部在 40.0～80.0 mm,其他地区在 80.0 mm 以上;全区平均降水量为 67.7 mm。

冬季各地降水量在 2.5～25.3 mm(图 2.38d),六盘山最多,惠农最少。仅隆德、泾源、六盘山降水量在 10.0 mm 以上,引黄灌区各地不足 5.0 mm,其他地区在 5.0～10.0 mm;全区平均降水量为 6.1 mm。

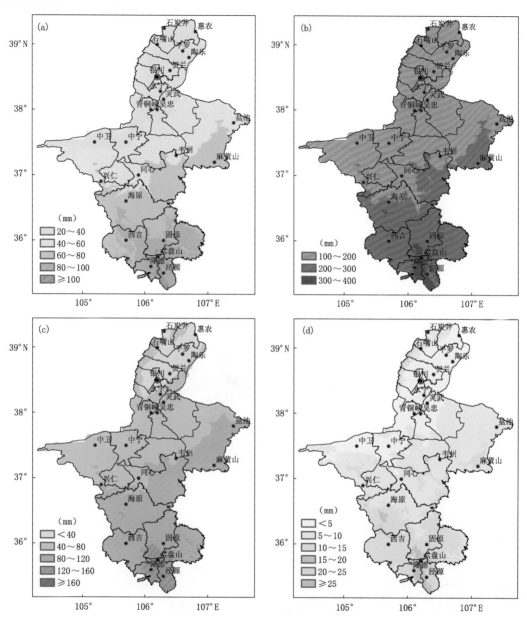

图 2.38　宁夏四季降水量的空间分布
(a)春季;(b)夏季;(c)秋季;(d)冬季

（3）降水量年变化

宁夏降水主要集中在 5—9 月,约占年降水量的 80%。月最大降水量出现在 7 月或 8 月,最小出现在 12 月,各地年变化特征基本一致。月最大降水量引黄灌区不足 50.0 mm,中部干旱带在 70.0 mm 左右,南部山区超过 100.0 mm,各地月最小降水量仅为 0.6~3.2 mm(图 2.39)。

（4）降水日变化

降水日变化是大气热力、动力过程对水循环综合影响的结果,涉及地球气候系统各分量间

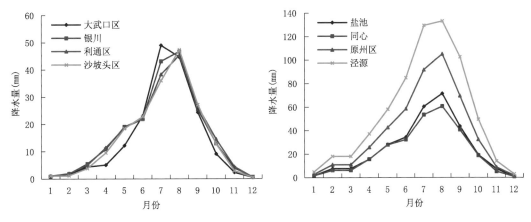

图 2.39　宁夏各代表站降水量的年变化

复杂的相互作用和多种不同时空尺度的物理过程。对降水日变化的深入认识,不仅有助于理解各类降水的形成演变机制,理解区域天气气候演变的物理规律,也将对气象和水文的精细化预报服务有重要指导作用。

降水日变化研究中最基本的科学问题是降水在一天 24 h 的演变特征。本书从频次、降水量两方面选择代表站分析宁夏主要降水期 5—9 月小时降水量的日变化特征,具体定义方法如表 2.30 所示(多典洛珠 等,2020):

表 2.30　降水日变化的统计特征量及其计算方法

统计量	计算方法
小时降水量(mm)	5—9 月同时刻累计降水量的多年平均
小时降水频次(次)	5—9 月同时刻降水量出现次数的多年平均
小时降水强度(mm/次)	小时降水量与小时降水频次的比值
昼(夜)降水量(mm)	北京时间 08—20 时(20 时至次日 08 时)5—9 月降水量累计的多年平均

宁夏全区平均小时降水量的日变化与降水频次的日变化一致,都呈双峰型分布,峰值出现在 07—09 时(北京时,下同)、15—17 时(图 2.40、图 2.41)。不一致的是,降水量最高峰值出现在 15 时,达到 11.2 mm;次峰值出现在 08 时,为 9.7 mm;谷值出现在 03 时,为 7.3 mm。降水频次的日变化最高峰值出现在 07 时,为 8.9 次;次峰值出现在 16 时,为 8.8 次;谷值出现在 01 时,为 7.4 次。与之相对应的,宁夏全区平均小时降水强度的最高峰值出现在 15 时,为 1.3 mm/次;次峰值出现在 08 时,为 1.1 mm/次;谷值出现在 03 时,为 1.0 mm/次(图 2.40)。因此,相较于 07—09 时,15—17 时的降水频次虽然少但是降水量更大。

受地形的影响,不同区域小时降水量的日变化不同。北部大武口区降水量日变化呈三峰型分布,其他各地均为双峰型。大武口区三个峰值大小差别不大,分别出现在清晨、午后及深夜,银川最大峰值出现在 22 前后,利通区和沙坡头区最大峰值出现在 06—09 时;中南部盐池、同心、原州区、泾源等地最大峰值出现在 15—17 时(图 2.40)。

各地小时降水频次的日变化与降水量的日变化基本保持一致。银川、利通区、沙坡头区、同心在 08—09 时发生降水的频次最多,而大武口区、盐池、原州区、泾源在 15—17 时发生降水的频次最多(图 2.41)。

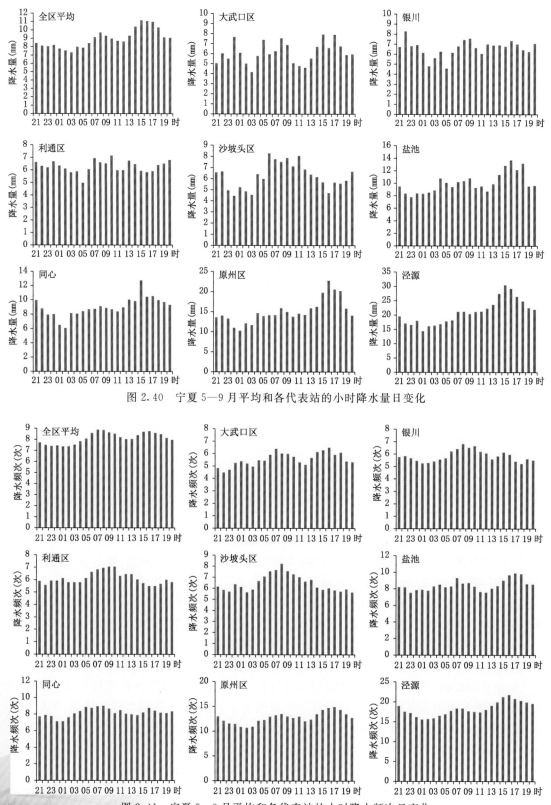

图 2.40 宁夏 5—9 月平均和各代表站的小时降水量日变化

图 2.41 宁夏 5—9 月平均和各代表站的小时降水频次日变化

不同区域小时降水强度的日变化各有不同,其中,中南部同心、盐池、原州区、泾源最大小时降水强度出现在 15—16 时,引黄灌区的银川、利通区、沙坡头区最大小时降水强度出现在 20—22 时,大武口区出现在 24 时(图 2.42)。

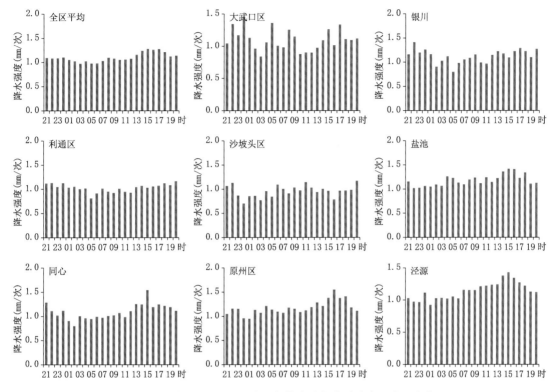

图 2.42　宁夏 5—9 月平均和各代表站的小时降水强度日变化

如图 2.43 所示,全区大部分区域昼降水量大于夜降水量,且昼、夜水量之差由南向北递减。

本书将小时降水量(r)分为三个等级:0.1 mm$\leqslant r\leqslant$2.5 mm、2.5 mm$<r\leqslant$8 mm 和 $r>$8.0 mm,分析不同等级降水小时降水量和频次的特征。

①0.1 mm$\leqslant r\leqslant$2.5 mm 小时降水量日变化

从宁夏全区平均小时降水量和降水频次日变化来看,0.1 mm$\leqslant r\leqslant$2.5 mm 等级小时降水量和降水频次的日变化与总小时降水量和降水频次的日变化一样都呈双峰型分布,峰值都出现在 07—09 时、15—17 时,这是因为宁夏小时降水量主要以 0.1 mm$\leqslant r\leqslant$2.5 mm 等级小时降水量为主,其降水量和降水频次分别占总小时的 52% 和 90% 左右。不同之处在于 0.1 mm$\leqslant r\leqslant$2.5 mm 等级小时降水量两个峰值的大小近似相同,而总小时降水量的最大峰值明显高于次峰值(图 2.44)。

各地 0.1 mm$\leqslant r\leqslant$2.5 mm 等级小时降水频次的日变化与降水量的日变化基本保持一致,与总小时降水量和降水频次的日变化也基本保持一致。除原州区、泾源、盐池降水频次和降水量最大峰值出现在 15—17 时,其他地区的最大峰值都出现在 07—10 时(图 2.45)。

如图 2.46 所示,宁夏大部分地区 0.1 mm$\leqslant r\leqslant$2.5 mm 等级昼降水量大于夜降水量,且昼夜降水量之差由南向北递减。

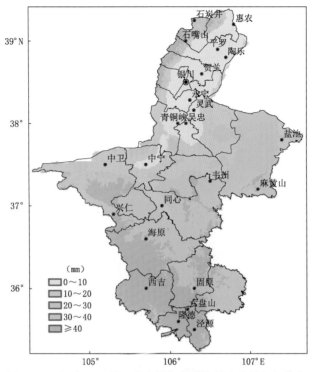

图 2.43 宁夏 5—9 月昼降水量与夜降水量之差的空间分布

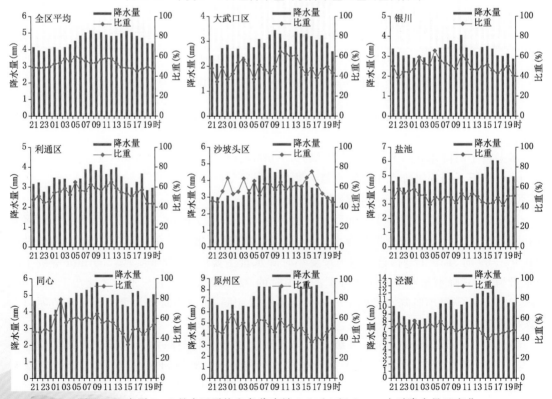

图 2.44 宁夏 5—9 月全区平均和各代表站 0.1≤r≤2.5 mm 小时降水量日变化

(比重为不同降水量级的降水量与总降水量之比)

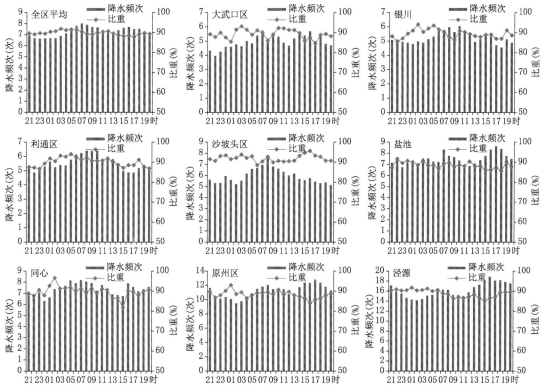

图 2.45　宁夏 5—9 月全区平均和各代表站 0.1≤r≤2.5 mm 小时降水频次日变化

（比重为不同降水量级的降水频次与总降水频次之比）

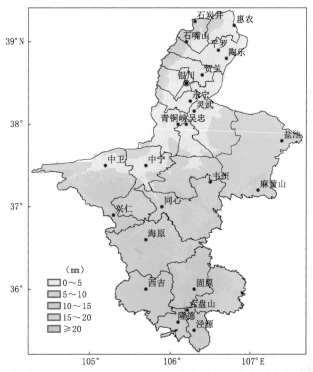

图 2.46　宁夏 5—9 月 0.1≤r≤2.5 mm 昼降水量与夜降水量之差的空间分布

②2.5 mm<r≤8 mm 小时降水量日变化

从宁夏全区平均小时降水量和频次日变化来看,2.5 mm<r≤8 mm 等级小时降水量和降水频次的日变化同样都呈双峰型分布,最高峰值和次峰值分别出现在 15—17 时、07—10 时,小时降水量最高峰值达到 3.8 mm,降水频次最高峰值达到 0.9 次。尽管 2.5 mm<r≤8 mm 等级小时降水频次仅占总降水频次的 7%~10%,但其小时降水量占总小时降水量的 30%~38%(图 2.47)。

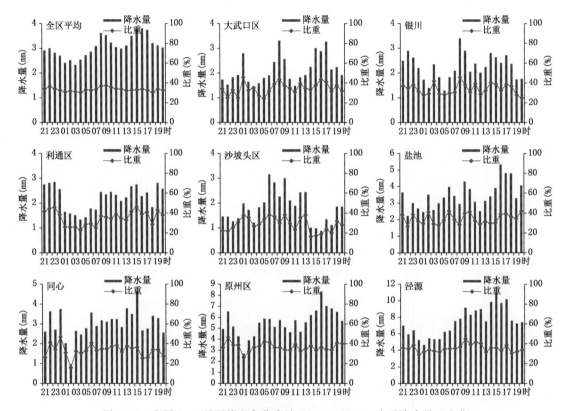

图 2.47　宁夏 5—9 月平均和各代表站 2.5<r≤8 mm 小时降水量日变化
(比重为不同降水量级的降水量与总降水量之比)

各地 2.5 mm<r≤8 mm 等级小时降水频次的日变化与降水量的日变化基本保持一致。除银川、沙坡头区降水频次和降水量最大峰值出现在 06—9 时,其他地区最大峰值都出现在 15—17 时(图 2.48)。

如图 2.49 所示,宁夏大部分区域 2.5 mm<r≤8 mm 等级昼降水量大于夜降水量,且昼夜降水量之差由南向北递减。

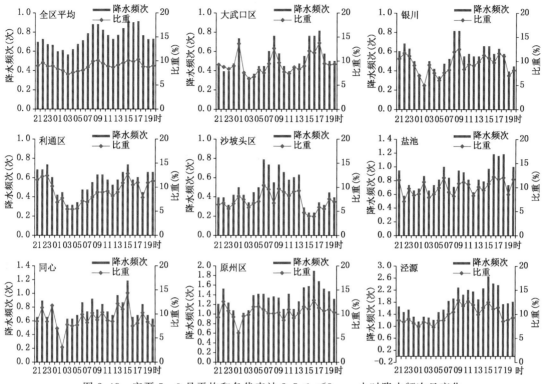

图 2.48　宁夏 5—9 月平均和各代表站 2.5＜r≤8 mm 小时降水频次日变化

（比重为不同降水量级的降水频次与总降水频次之比）

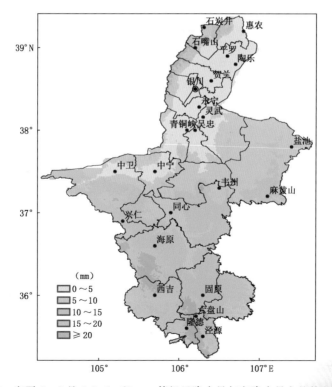

图 2.49　宁夏 5—9 月 2.5＜r≤8 mm 等级昼降水量与夜降水量之差的空间分布

③$r>8.0$ mm 小时降水日变化

从宁夏全区平均小时降水量和频次日变化来看,$r>8.0$ mm 等级小时降水量和降水频次的峰值出现在 15—17 时,小时降水量最高峰值达到 2.4 mm,降水频次最高峰值为 0.2 次。尽管 $r>8.0$ mm 等级小时降水频次仅占总小时降水频次的 1% 左右,但是降水量却占总小时降水量的 13% 左右。

如图 2.50 和图 2.51 所示,中南部 $r>8.0$ mm 等级小时降水量和降水频次在 15—17 时有明显峰值,其他地区降水发生频次较少,总体上在 20 时至次日 08 时有一峰值。

如图 2.52 所示,宁夏大部分区域 $r>8.0$ mm 等级昼降水量大于夜降水量,且昼夜降水量之差由南向北递减。

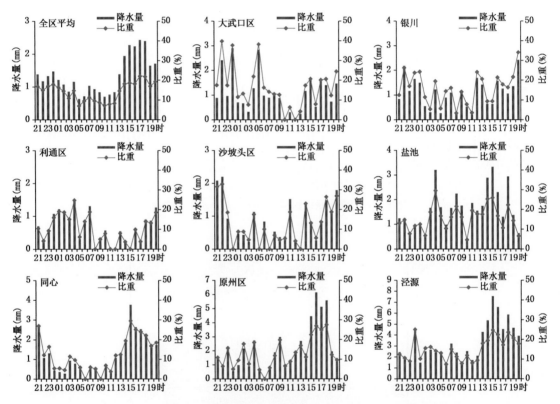

图 2.50　5—9 月宁夏全区平均和各代表站 $r>8.0$ mm 小时降水量日变化

(比重为不同降水量级的降水量与总降水量之比)

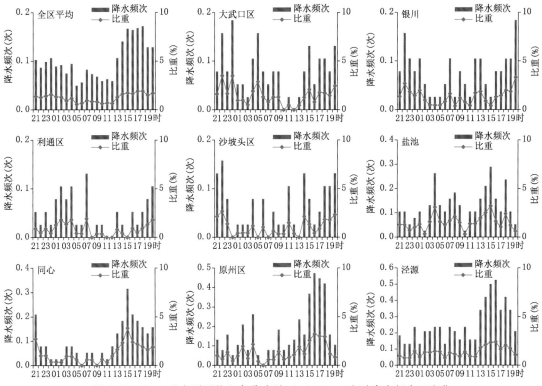

图 2.51　5—9 月宁夏平均和各代表站 r>8.0 mm 小时降水频次日变化

（比重为不同降水量级的降水频次与总降水频次之比）

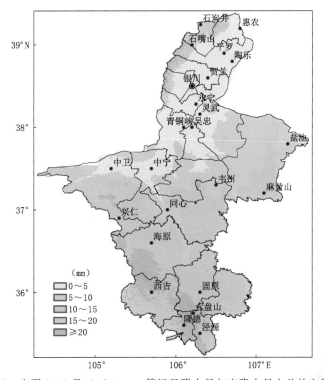

图 2.52　宁夏 5—9 月 r>8.0 mm 等级昼降水量与夜降水量之差的空间分布

2.3.2　降水变率

降水变率：评价一个地区降水条件的优劣，除了考虑其多年平均状况外，还需要分析降水的年际变化。年际间降水量的变化可以用降水量相对变率（R_V，简称降水变率）表示，计算公式如式（2.1）：

$$R_V = \frac{1}{n \times R} \sum_{i=0}^{n} | R_i - R | \times 100\% \qquad (2.1)$$

式中，R_i 为降水量历年值，R 为多年平均降水量，n 为年数。

降水变率表示年际降水变化的大小，表明降水量的稳定程度和可利用的价值。当降水变率较小时，表示年际变化小，降水量比较稳定；当降水变率大时，则年际变化大，容易发生旱涝异常的情况。

（1）年降水变率

宁夏各地年降水变率为 15.0％～29.5％（图 2.53）。其分布情况和降水量的分布相反，从北至南逐渐减小，年降水量越大的地方，变率越小，南部山区年降水变率最小，为 15.0％～20.0％，其他地区年降水变率为 20.0％～29.5％。

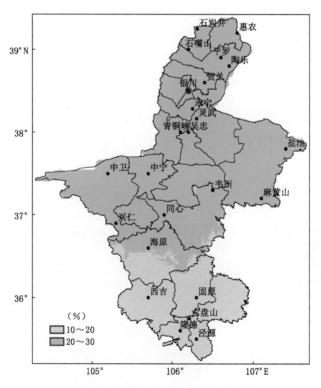

图 2.53　宁夏年降水变率的空间分布

（2）四季降水变率

各季降水变率和年降水变率的分布趋势基本一致（图 2.54），降水量越大的季节，降水变率越小。春季大部地区降水变率为 31.8%～71.6%,南部山区最小,为 31.8%～40.0%,引黄灌区最大,大部地区在 50.5%～71.6%,中部干旱带为 40.0%～50.0%(图 2.54a)。

　　夏季降水变率较其他三季偏小,各地为 21.5%～39.0%,盐池、同心及其以南地区为 21.5%～30.0%,其他地区均在 30.0% 以上(图 2.54b)。

　　秋季降水变率小于春季,各地为 29.0%～51.4%,中南部大部在 40.0% 以下,其中,六盘山区在 30.0% 以下;引黄灌区在 40.0% 以上(图 2.54c)。

　　冬季各地降水变率大于其他三季,为 27.1%～95.3%,其中,引黄灌区各地超过 60.0%,南部山区在 50% 以下(图 2.54d)。

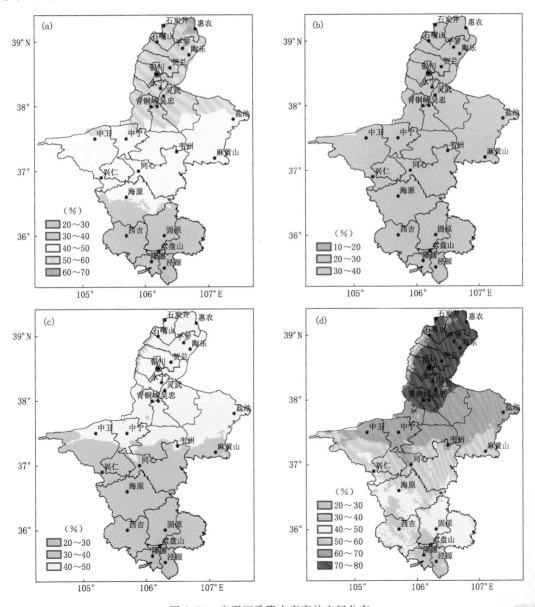

图 2.54　宁夏四季降水变率的空间分布
(a)春季;(b)夏季;(c)秋季;(d)冬季

2.3.3 降水日数

降水日:气象上将日降水量≥0.1 mm 称为有降水日。

(1)年降水日数

宁夏各地年降水日数在 43.1～130.0 d,自南向北逐渐减少(图 2.55)。其中,隆德、泾源、六盘山分别为 110.4 d、116.9 d、130.0 d,永宁以北各地不足 50.0 d,其他地区在 50.0～100.0 d。

主要以日降水量＜5 mm 的降水日数为主。各地日降水量≥5.0 mm 的降水日数为 9.6～37.5 d,占总降水日数的 22%～31%,引黄灌区不足 15 d,其中,惠农为 9.6 d,南部山区为 25.1～37.5 d;日降水量≥10.0 mm 的降水日数为 4.4～19.8 d,占总降水日数的 10%～16%,海原及以南地区在 10 d 以上;日降水量≥25.0 mm 的降水日数为 1.4～5.1 d,占总降水日数的 3%～4%;日降水量≥50.0 mm 的降水日数仅为 1.0～1.4 d,占总降水日数的 1%～3%。

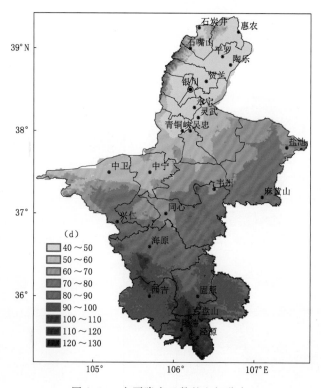

图 2.55 宁夏降水日数的空间分布

(2)年变化

年内各地月降水日数分布均呈单峰型(图 2.56)。最大值出现在 7 月或 8 月,除石炭井、西吉、隆德、六盘山出现在 7 月外,其他地区均出现在 8 月,中南部大部在 10～15 d,其他地区在 7～9 d;最小值除石炭井出现在 1 月、大武口区出现在 11 月外,其他地区均出现在 12 月,大部地区在 4 d 以内。

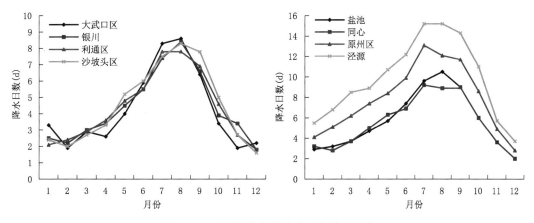

图 2.56 宁夏各代表站降水日数的年变化

2.3.4 降水强度

> 降水强度:用日平均降水强度和日最大降水量表示日降水强度,日平均降水强度由下式计算:
>
> $$日平均降水强度 = \frac{年降水量}{年降水日数}$$
>
> 日平均降水强度数值大,表示该地只要出现降水,便有比较大的降水;反之,则表示降水量较小。

宁夏各地日平均降水强度为 3.7~5.5 mm/d;受局地地形的影响,年降水量最小和年降水日数最少的惠农,其日平均降水强度并不是最小的地区,年降水日数最多的六盘山也不是日平均降水强度最大的地区;泾源日平均降水强度最大,为 5.5 mm/d,六盘山和原州区次之,为 4.9 mm/d,石炭井和沙坡头区最小,为 3.7 mm/d;引黄灌区大部日平均降水强度小于 4.0 mm/d。

各地日最大降水量为 60.5~133.5 mm,麻黄山最大,为 133.5 mm,出现在 1984 年 8 月 2 日;同心最小,为 60.5 mm,出现在 1985 年 8 月 16 日,两者极差达 73.0 mm(表 2.31)。

表 2.31 宁夏各地日降水强度

站名	日平均降水强度(mm/d)	日最大降水量(mm)	日最大降水量出现日期
石炭井	3.7	71.9	2018-07-23
大武口区	3.8	132.9	1973-08-09
惠农	4.1	81.0	1975-08-05
贺兰	4.0	102.0	2012-07-30
平罗	4.1	113.2	1970-08-18
利通区	4.0	64.2	1976-08-03
银川	4.1	113.3	2012-07-30

站名	日平均降水强度(mm/d)	日最大降水量(mm)	日最大降水量出现日期
陶乐	3.9	85.1	1978-08-07
青铜峡	3.8	55.9	2002-08-14
永宁	3.8	80.3	2012-07-30
灵武	4.0	95.4	1970-08-01
沙坡头	3.7	68.3	1968-08-01
中宁	3.9	77.8	1964-08-12
兴仁	4.0	87.1	1970-08-29
盐池	4.5	121.2	1999-07-13
麻黄山	4.6	133.5	1984-08-02
海原	4.8	81.9	2013-07-09
同心	4.3	60.5	1985-08-16
原州区	4.9	98.1	1992-08-10
韦州	4.5	87.5	2002-06-08
西吉	4.2	90.5	2013-06-20
六盘山	4.9	121.7	1977-07-05
隆德	4.7	131.7	1977-07-05
泾源	5.5	90.9	1996-07-07

2.3.5 最长连续无降水日数

> 连续无降水日数：日降水量连续<0.1 mm 的天数。

宁夏各地最长连续无降水时段主要出现在 10 月到次年 4 月,且大部分出现在 2004 年以前。除六盘山最长连续无降水日数为 42 d,其他地区均在 60 d 以上,同心以北大部在 100 d 以上。最长出现在大武口区,为 194 d,出现在 1976 年 10 月 11 日至 1977 年 4 月 22 日,其次为银川 191 d,出现在 1998 年 10 月 13 日至 1999 年 4 月 21 日(表 2.32)。

表 2.32 宁夏各地最长无降水日数及时段

站名	日数(d)	出现时段
石炭井	96	2001 年 1 月 14 日至 2001 年 4 月 19 日
大武口区	194	1976 年 10 月 11 日至 1977 年 4 月 22 日
惠农	160	1998 年 12 月 7 日至 1999 年 5 月 15
贺兰	163	2003 年 11 月 20 日至 2004 年 4 月 30 日
平罗	126	2011 年 1 月 3 日至 5 月 8 日
利通区	189	1967 年 7 月 18 日至 1968 年 1 月 22 日
银川	191	1998 年 10 月 13 日至 1999 年 4 月 21 日

站名	日数(d)	出现时段
陶乐	125	2011 年 1 月 3 日至 5 月 7 日
青铜峡	170	2003 年 11 月 12 日至 2004 年 4 月 29 日
永宁	170	2003 年 11 月 12 日至 2004 年 4 月 29 日
灵武	172	2003 年 11 月 10 日至 2004 年 4 月 29 日
沙坡头区	186	1998 年 10 月 13 日至 1999 年 4 月 16 日
中宁	164	2003 年 11 月 20 日至 2004 年 5 月 1 日
兴仁	156	1998 年 10 月 13 日至 1999 年 3 月 17 日
盐池	99	1979 年 11 月 18 日至 1980 年 2 月 24 日
麻黄山	156	1998 年 10 月 13 日至 1999 年 3 月 17 日
海原	98	1998 年 10 月 13 日至 1999 年 1 月 18 日
同心	157	1998 年 10 月 13 日至 1999 年 3 月 18 日
原州区	78	1998 年 10 月 28 日至 1999 年 1 月 13 日
韦州	81	1991 年 10 月 4 日至 1991 年 12 月 23 日
西吉	63	1999 年 1 月 14 日至 3 月 17 日、1988 年 10 月 26 日至 12 月 27 日
六盘山	42	2010 年 11 月 2 日至 12 月 13 日
隆德	69	1973 年 11 月 4 日至 1974 年 1 月 11 日
泾源	75	1998 年 10 月 31 日至 1999 年 1 月 13 日

2.4　气压

气压：大气压强的简称，是作用在单位面积上的大气压力，即等于单位面积上向上延伸到大气上界的垂直空气柱的重量。气压大小与高度、温度等条件有关，一般随高度升高而降低。

2.4.1　年平均气压

宁夏各地年平均气压为 793.0～892.7 hPa，呈现由北向南递减的分布特点（图 2.57）。其中，引黄灌区气压最高，平均 883.3 hPa；中部干旱区次之，平均 845.0 hPa；南部山区最低，平均 808.2 hPa。

2.4.2　四季平均气压

宁夏各季平均气压分布与年平均气压分布特征基本一致，均呈现由北向南递减的分布规律；中南部秋季最高，引黄灌区冬季最高，各地均为夏季最低（图 2.58，表 2.33）。

全区各地春季平均气压为 720.4～891.0 hPa，夏季为 722.1～885.6 hPa，秋季为 724.6～

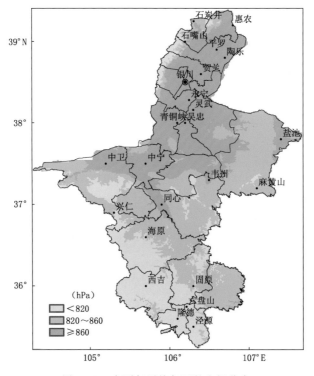

图 2.57　宁夏年平均气压的空间分布

896.0 hPa,冬季为 719.1~898.1 hPa,均为北部惠农最高,南部六盘山最低,隆德为次低,六盘山较隆德低约 70 hPa。春、夏、秋、冬四季平均气压均为引黄灌区最高,分别为 884.7 hPa、879.5 hPa、889.6 hPa 和 891.3 hPa;中部干旱带次之,分别为 843.6 hPa、840.3 hPa、848.2 hPa 和 847.8 hPa;南部山区最低,分别为 806.9 hPa、805.2 hPa、811.4 hPa 和 809.3 hPa。

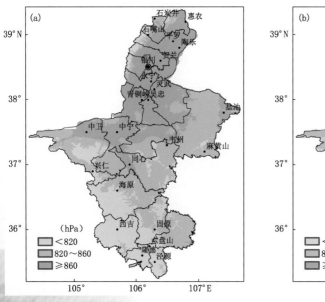

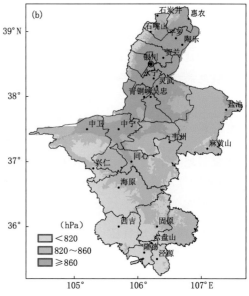

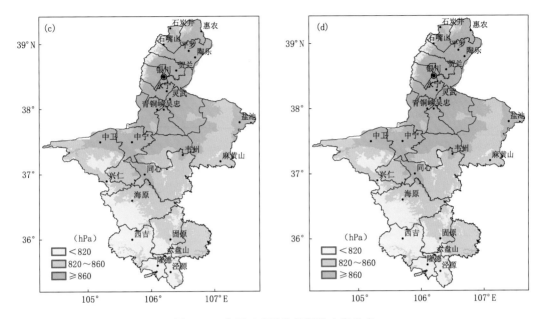

图 2.58　宁夏四季平均气压的空间分布
(a)春季;(b)夏季;(c)秋季;(d)冬季

表 2.33　宁夏各代表站各季和年平均气压(hPa)

站名	春季	夏季	秋季	冬季	年
大武口区	888.9	883.6	893.8	895.8	890.5
利通区	887.2	881.9	892.1	893.9	888.8
银川	889.0	883.7	894.0	895.9	890.7
沙坡头区	876.7	871.7	881.6	883.3	878.3
盐池	864.2	860.1	869.0	869.5	865.7
同心	864.9	860.6	869.8	870.6	866.5
原州区	823.5	821.1	828.0	826.6	824.8
泾源	805.0	803.4	809.4	807.0	806.2

2.4.3　气压年变化

从逐月看,均为六盘山最低,各月在 720 hPa 左右。其他地区 1 月气压最高,在 793.1~898.6 hPa,之后逐渐降低,7 月最低,在 789.8~884.1 hPa,之后逐渐升高。全区气压年较差为 7.3~15.4 hPa,气压高的地方年较差较大,气压低的地方年较差较小;其中,引黄灌区气压年较差平均 14.7 hPa,中部干旱带平均 10.7 hPa,南部山区平均 8.1 hPa(表 2.34,图 2.59)。

表 2.34　宁夏各代表站各月和年平均气压(hPa)

站名	1月	2月	3月	4月	5月	6月	7月	8月	9月	10月	11月	12月	年
大武口区	896.2	893.9	891.5	888.5	886.6	883.3	882.2	885.3	890.5	894.7	896.3	897.4	890.5
银川	896.3	894.0	891.6	888.8	886.7	883.6	882.2	885.4	890.7	894.8	896.5	897.3	890.7
利通区	894.4	892.0	889.6	887.0	885.0	881.8	880.4	883.5	888.7	892.9	894.7	895.4	888.8
沙坡头区	883.7	881.3	878.8	876.6	874.7	871.7	870.3	873.2	878.2	882.4	884.3	884.9	878.3
盐池	869.7	867.8	866.0	864.0	862.5	859.9	858.8	861.7	866.4	869.9	870.8	870.9	865.7
同心	870.9	868.7	866.7	864.8	863.3	860.5	859.3	862.1	866.8	870.6	872.0	872.2	866.5
原州区	826.6	825.1	824.2	823.4	822.8	820.8	820.0	822.4	826.2	828.9	829.0	828.2	824.8
泾源	806.8	805.6	805.3	805.0	804.7	803.0	802.4	804.7	808.1	810.3	809.8	808.6	806.2

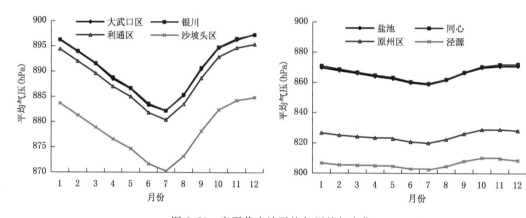

图 2.59　宁夏代表站平均气压的年变化

2.5　相对湿度

相对湿度:表征空气的干湿程度,即在某一温度下,实际水汽压与饱和水汽压之比,用百分数表示。相对湿度与人民生活、经济建设均有密切关系。

2.5.1　年平均相对湿度

年平均相对湿度的分布受温度和空气中含水量的共同影响。宁夏各地年平均相对湿度在42%～68%,其地域分布与年降水量相似,即自南向北递减。南部山区年平均相对湿度为61%～68%,是宁夏相对湿度最高的地区,其中,六盘山相对湿度最高;引黄灌区和中部干旱带在42%～56%,其中,石炭井、惠农、大武口区、韦州相对湿度低于50%(图2.60)。

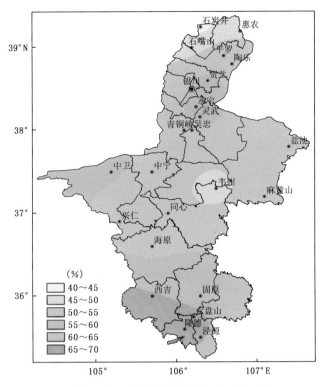

图 2.60　宁夏年平均相对湿度的空间分布

2.5.2　四季平均相对湿度

宁夏各季平均相对湿度空间分布与年平均相对湿度一致。秋季相对湿度最高,夏季次之,春季、冬季最低。南部山区各季均为相对湿度最高的区域,而石嘴山市北部和中部干旱带东部是相对湿度最低的区域。

春季,宁夏全区平均相对湿度为 45%,其中,南部山区在 53%~64%,引黄灌区和中部干旱带在 33%~45%,石炭井、惠农、大武口区、韦州低于 40%(图 2.61a)。

夏季,宁夏全区平均相对湿度 60%,其中,南部山区在 66%~77%,隆德、泾源、六盘山超过 70%;引黄灌区和中部干旱带在 46%~63%,石炭井最低(图 2.61b)。

秋季,宁夏全区平均相对湿度 62%,其中,南部山区在 69%~73%,西吉、六盘山最高;引黄灌区和中部干旱带在 48%~65%,石炭井最低(图 2.61c)。

冬季,宁夏全区平均相对湿度 51%,其中,南部山区在 56%~61%,西吉、六盘山超过 60%;引黄灌区和中部干旱带在 43%~54%,韦州最低(图 2.61d)。

2.5.3　相对湿度年变化

从平均相对湿度的年变化来看,宁夏各地在 4 月达到最低值,引黄灌区和中部干旱带在 50%以下,南部山区在 50%~70%;与南部山区相比较,引黄灌区和中部干旱带在 1—4 月呈明显降低趋势,南部山区变化幅度较小,且泾源、六盘山等地 2 月、3 月相对湿度高于 1 月;5—12 月呈先升后降的变化趋势,在 8 月和 9 月达到最高,在 60%~80%(表 2.35,图 2.62)。

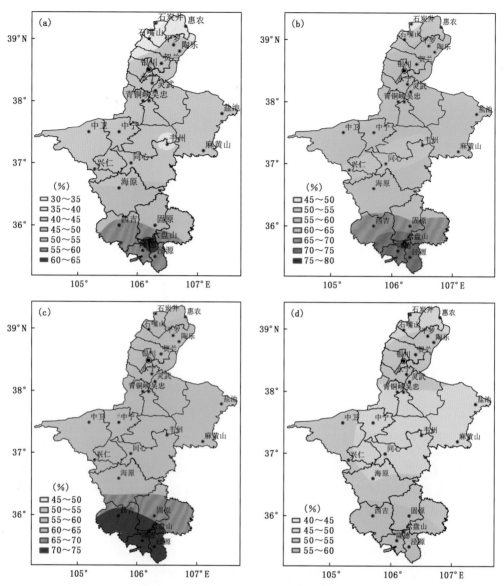

图 2.61 宁夏四季平均相对湿度的空间分布

(a)春季;(b)夏季;(c)秋季;(d)冬季

表 2.35 宁夏各代表站月和年相对湿度(%)

站名	1月	2月	3月	4月	5月	6月	7月	8月	9月	10月	11月	12月	年
大武口区	50	43	37	32	36	43	53	59	59	54	54	54	48
银川	55	48	45	41	45	52	62	67	66	61	62	60	55
利通区	49	45	44	40	46	54	61	66	66	60	58	53	53
沙坡头区	52	47	45	42	49	57	64	68	69	62	60	57	56
盐池	49	47	42	39	41	45	56	63	63	58	53	51	51
同心	50	47	44	41	43	47	57	62	64	61	57	53	52
原州区	55	56	55	52	53	58	69	72	74	71	62	56	61
泾源	55	59	60	57	60	65	75	77	78	73	62	55	65

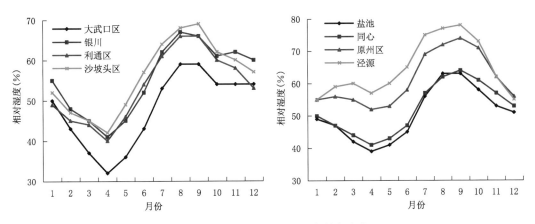

图 2.62 宁夏代表站相对湿度的年变化

2.6 蒸发量

> 蒸发：水分从土壤或水面散失到空气中的现象。一般采用在一定时间间隔内散失的水层深度表示，以毫米（mm）为单位。气象站观测的蒸发量是水面（含结冰）蒸发量，我国气象观测站采用 E-601B 型蒸发器和小型蒸发皿观测。本书使用直径为 20 cm 的小型蒸发皿测量的资料进行分析。

2.6.1 年蒸发量

宁夏全区年平均蒸发量为 1854.0 mm，各地年平均蒸发量在 1100.0～2487.0 mm，中部最大，其次为北部，南部最小（图 2.63）。引黄灌区年平均蒸发量为 1660.0～2487.0 mm，其中，石炭井为 2487.0 mm，是全区蒸发量高值中心；中部干旱带为 1900.0～2430.0 mm；南部山区为 1101.1～1590.0 mm，六盘山为 1101.1 mm，是全区蒸发量低值中心。

2.6.2 四季蒸发量

宁夏各地蒸发量夏季最大，占年蒸发量的 36%～43%，其次为春季，占年蒸发量的 31%～36%，秋季占年蒸发量的 16%～19%，冬季最小，大多数地区不足 200.0 mm，占年蒸发量的 6%～10%；四季空间分布特征与年蒸发量相似，均为六盘山最小，春季和冬季为中部的韦州最大，夏季和秋季为引黄灌区北部的石炭井最大。

春季各地气温迅速上升，风速增大，蒸发量也迅速增大。宁夏全区春季平均蒸发量为 624.6 mm，各地在 312.5（六盘山）～790.5 mm（韦州）。其中，引黄灌区为 573.7～778.0 mm，中部干旱带 624.5～790.5 mm，南部山区 312.5～549.1 mm（图 2.64a，表 2.36）。

夏季是全年气温最高的时段，蒸发量也最大。宁夏全区夏季平均蒸发量为 735.9 mm，各

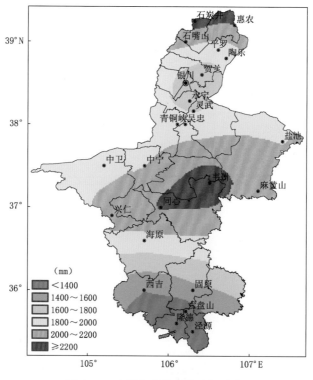

图 2.63 宁夏年蒸发量的空间分布

地在 344.1(六盘山)~1062.8 mm(石炭井),其中,石炭井为全区唯一超过 1000.0 mm 的地区。其中,引黄灌区为 658.3~1062.8 mm,中部干旱区为 768.0~969.6mm,南部山区为344.1~605.5 mm(图 2.64b,表 2.36)。

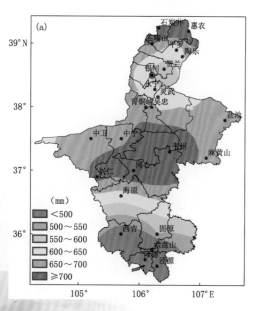

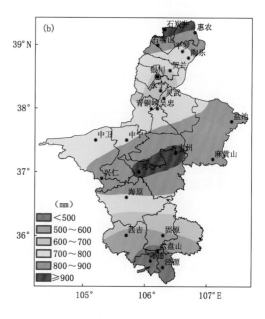

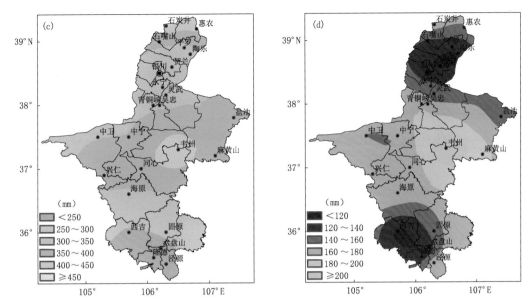

图 2.64　宁夏四季蒸发量的空间分布(mm)
(a)春季;(b)夏季;(c)秋季;(d)冬季

　　秋季气温下降,风速减小,蒸发量迅速减小,大部分地方蒸发量仅为春季蒸发量的二分之一。宁夏全区秋季平均蒸发量为 332.5 mm,各地在 181.7(六盘山)～467.7 mm(石炭井)。引黄灌区为 296.6～467.7 mm,中部干旱区为 336.5～446.5 mm,南部山区为 181.7～273.7 mm(图 2.64c,表 2.36)。

　　冬季是全年最冷的季节,蒸发量也最小,大部分地方仅为春季的三分之一。宁夏全区冬季平均蒸发量为 154.3 mm,各地在 111.7(六盘山)～221.1 mm(韦州)。引黄灌区为 117.9～180.9 mm,中部干旱区为 152.0～221.10 mm,南部山区为 111.7～177.5 mm(图 2.64d,表 2.36)。

表 2.36　宁夏代表站四季及年蒸发量(mm)

站名	春季	夏季	秋季	冬季	年
大武口区	705.9	842.5	363.2	137.6	2056.4
银川	588.7	658.3	298.9	121.8	1667.0
利通区	654.1	730.9	347.4	172.1	1906.4
沙坡头区	670.4	697.8	346.3	160.0	1871.9
盐池	656.8	820.6	355.1	152.0	1984.8
同心	739.7	965.1	401.3	169.2	2284.0
原州区	549.1	605.5	273.7	152.1	1581.4
泾源	446.4	499.7	254.7	177.5	1382.8

2.6.3　蒸发量年变化

　　宁夏全区各地蒸发量年变化基本上与降水量相似,都为单峰型,谷值出现在 1 月或 12 月,大部地区不足 50.0 mm;1—5 月蒸发量逐渐增大;峰值出现在 5 月或 6 月,中北部各地在

250.0~350.0 mm,其中,同心最大;7—12 月逐渐减小(图 2.65,表 2.37)。

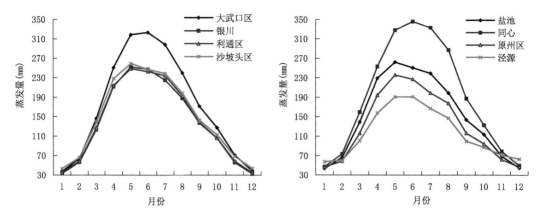

图 2.65　宁夏蒸发量的年变化

表 2.37　宁夏代表站各月蒸发量(mm)

站名	1月	2月	3月	4月	5月	6月	7月	8月	9月	10月	11月	12月
大武口区	37.1	64.0	145.8	250.5	318.4	323.0	297.7	239.7	171.4	127.3	71.0	38.7
银川	33.0	56.4	123.0	211.8	251.9	247.2	225.1	188.2	137.1	106.0	56.2	32.5
利通区	35.1	58.3	126.8	213.7	248.4	242.3	234.4	193.2	138.9	106.2	58.6	35.0
沙坡头区	42.8	65.7	138.3	227.8	258.8	246.8	238.4	198.2	142.6	112.6	68.2	43.9
盐池	43.2	65.9	138.8	229.1	262.1	250.5	239.1	198.7	143.4	113.2	68.8	44.4
同心	47.0	73.5	159.3	253.2	327.9	346.0	333.0	287.2	187.5	132.7	79.1	49.4
原州区	46.6	58.7	115.9	194.5	236.0	227.3	199.0	177.5	116.1	94.4	61.8	46.6
隆德	40.1	49.9	94.9	151.4	188.2	178.1	166.1	154.6	102.6	77.3	50.8	38.4

2.7　日照时数

> 日照时数:太阳直接辐射强度达到或超过 120 W/m² 的时间总和,以小时(h)为单位。其取决于纬度的高低与白昼长度、云量和地形等条件。

2.7.1　年日照时数

宁夏地处西北内陆,远离海洋,多数地区空气干燥,云量较少,晴天多,大气透明度好,日照充足。全区年平均日照时数为 2822.2 h,各地在 2260.9~3071.0 h,并呈现出由北向南随纬度降低而减少的特征,中北部多在 2700.0~2900.0 h,南部山区在 2700.0 h 以下,是宁夏日照最少的地区,其中,隆德为低值中心,石炭井是高值中心(图 2.66)。

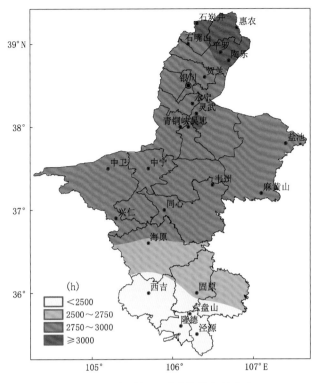

图 2.66　宁夏年日照时数的空间分布

2.7.2　四季日照时数

四季之中,夏季日照时数最多,冬季最少,春季大于秋季;春季、冬季日照时数各占全年日照时数的 20% 左右,夏季、秋季各占 30% 左右(表 2.38)。日照时数季节差异随纬度升高而增大;冬半年,纬度越高,可能照射的时数越多。

表 2.38　宁夏代表站年和四季日照时数(h)及各季占年值的百分比(%)

站名	年日照时数	春季		夏季		秋季		冬季	
		日照时数	占年百分比	日照时数	占年百分比	日照时数	占年百分比	日照时数	占年百分比
大武口区	2919.4	811.7	27.8	818.2	28.0	678.0	23.2	611.6	20.9
银川	2876.4	773.9	26.9	835.9	29.1	672.0	23.4	594.6	20.7
利通区	2978.0	792.7	26.6	860.8	28.9	693.3	23.3	631.9	21.2
沙坡头区	2945.4	784.8	26.6	837.5	28.4	678.7	23.0	640.9	21.8
盐池	2858.5	756.1	26.5	811.0	28.4	665.0	23.3	626.3	21.9
同心	2976.9	787.7	26.5	846.1	28.4	680.7	22.9	660.2	22.2
原州区	2552.6	675.7	26.5	711.4	27.9	566.2	22.2	599.4	23.5
泾源	2266.2	607.9	26.8	609.5	26.9	486.9	21.5	555.5	24.5

春季,全区平均日照时数为 755.3 h,泾源是低值中心(607.9 h),平罗是高值中心

(831.0 h)。引黄灌区在 770.0～831.0 h,中部干旱带在 700.0～790.0 h,南部山区在 607.9～680 h(图 2.67a)。

夏季,全区平均日照时数为 800.8 h,泾源是低值中心(609.5 h),灵武是高值中心(872.4 h)。引黄灌区在 810.0～872.4 h,中部干旱带在 740.0～850.0 h,南部山区在 609.5～720.0 h(图 2.67b)。

秋季,全区平均日照时数为 645.6 h,泾源是低值中心(486.9 h),石炭井是高值中心(722.6 h)。引黄灌区在 670.0～722.6 h,中部干旱带在 610.0～690.0 h,南部山区在 486.9～570.0 h(图 2.67c)。

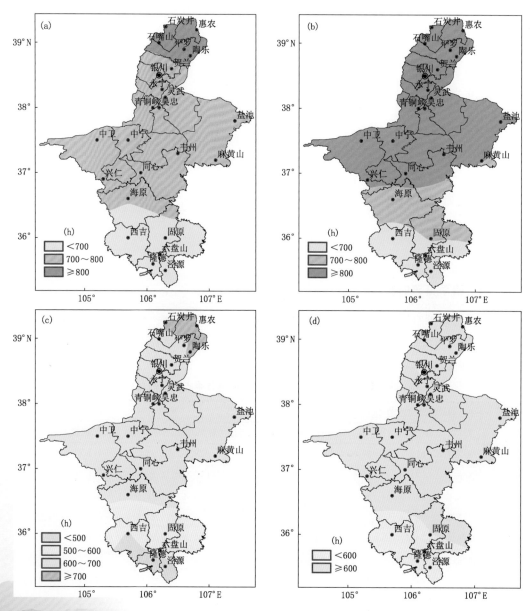

图 2.67 宁夏四季日照时数的空间分布
(a)春季;(b)夏季;(c)秋季;(d)冬季

冬季,全区平均日照时数为 619.9h,隆德是低值中心(520.3 h),石炭井是高值中心(663.1 h)。引黄灌区在 590.0～663.1 h,中部干旱带在 620.0～670.0 h,南部山区在 520.3～600.0 h(图 2.67d)。

2.7.3　日照时数年变化

由于受太阳高度角和降水季节变化的影响,日照时数存在明显的地域性,宁夏各地日照时数年变化大致可分为两种类型(图 2.68,表 2.39)。

第 1 种为单峰型结构,呈倒 V 型,中北部属这一类型,谷值出现在太阳高度角小的 12 月和 1 月,各地在 198.0(银川)～226.4 h(兴仁);之后随着太阳高度角逐渐增大,日照时数增加,峰值出现在太阳高度角大的 5—6 月,各地在 280.0(兴仁)～305.5 h(平罗),随后又慢慢减小。

第 2 种为双峰型结构,南部山区各地属这一类型,其中,一谷值出现在太阳高度角较小的 2 月;随着太阳高度角增大,日照时数增加,峰值出现在 5 月,最大为 247.4 h(原州区);随后又慢慢减小,另一谷值由于受云量、降水影响,出现在 9 月,最小为 143.9 h(泾源),随后又逐渐增加,在 12 月达到另一个峰值。

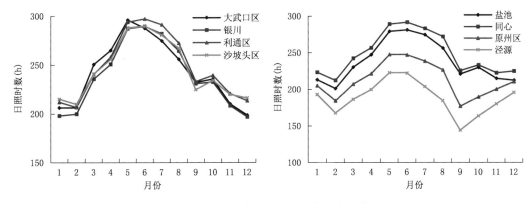

图 2.68　宁夏代表站日照时数的年变化

表 2.39　宁夏代表站各月和年日照时数(h)

站名	1 月	2 月	3 月	4 月	5 月	6 月	7 月	8 月	9 月	10 月	11 月	12 月	年
大武口区	206.2	206.8	250.7	265.0	296.0	287.6	274.7	255.9	232.2	235.7	210.1	198.6	2919.4
银川	198.0	199.8	235.8	250.9	287.2	289.5	281.9	264.5	231.0	232.7	208.3	196.8	2876.4
利通区	211.9	206.6	240.5	258.3	293.9	297.2	291.2	272.4	233.2	239.5	220.6	213.4	2978.0
沙坡头区	215.0	209.7	240.9	255.8	288.1	289.8	280.5	267.2	224.6	234.4	219.7	216.2	2945.4
盐池	213.1	201.0	230.1	247.1	278.9	280.6	274.2	256.0	220.7	229.6	214.7	212.0	2858.5
同心	223.3	212.2	242.2	256.2	289.0	291.5	282.9	271.7	225.4	233.0	222.3	224.7	2976.9
原州区	205.0	184.1	207.0	221.3	247.4	246.8	238.3	226.3	176.6	189.5	200.1	210.3	2552.6
泾源	192.7	167.4	185.9	199.5	222.5	221.8	203.5	184.2	143.9	163.3	179.7	195.4	2266.2

2.7.4　年日照百分率

日照百分率指实际日照时数与当地同时期可照时数之比,反映当地地形、天气影响日照时间的程度。

宁夏各地年日照百分率与年日照时数具有相似的分布特征,整体上也为由北向南呈减少趋势。年平均日照百分率为64%,各地在51%~70%,隆德是低值中心,石炭井是高值中心。引黄灌区、中部干旱带气候干燥,云量较少,年日照百分率在62%~70%,南部山区气候比较湿润,云量相对较多,年日照百分率在51%~58%(图2.69)。

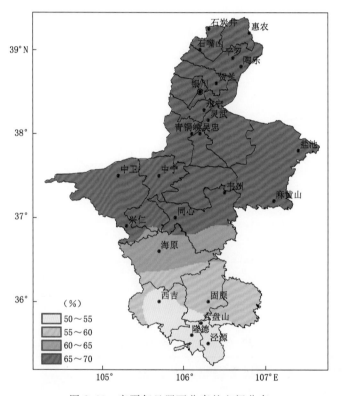

图2.69　宁夏年日照百分率的空间分布

2.7.5　四季日照百分率

四季各地日照百分率差别不大,其中,冬季最大,夏季最小,春季与秋季相近。四个季节同心以北日照百分率均在60%以上,春季石炭井、惠农、平罗为全区最高值,夏季灵武、利通区为最高值,秋季石炭井为最高值,冬季石炭井、兴仁为最高值;南部山区阴雨天多,日照百分率低于中北部,春季泾源为全区最低值,夏季六盘山、泾源为最低值,秋季隆德、泾源为最低值,冬季隆德为最低值。

春季,全区平均日照百分率为63%。同心以北在63%~69%,以南在51%~57%(图2.70a,表2.40)。

夏季,随着降水增多,日照百分率降低,全区平均日照百分率为61%。同心以北在61%～66%,以南在47%～57%(图2.70b,表2.40)。

秋季,全区平均日照百分率为63%。同心以北除麻黄山外在65%～71%,以南在48%～63%(图2.70c,表2.40)。

冬季,全区平均日照百分率为69%。原州区以北除西吉外在66%～74%,以南在57%～62%(图2.70d,表2.40)。

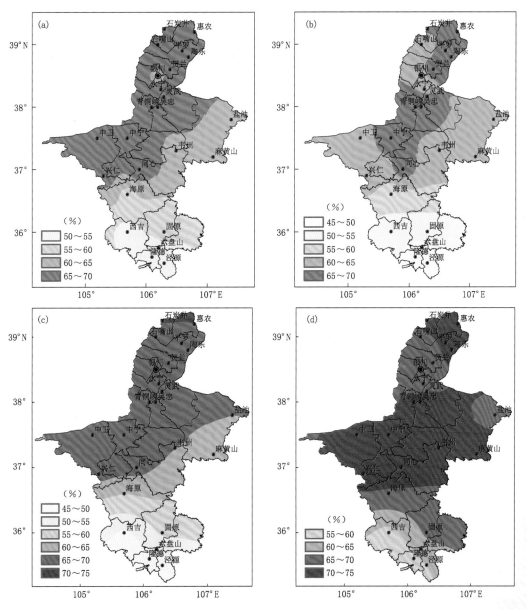

图2.70　宁夏四季日照百分率的空间分布

(a)春季;(b)夏季;(c)秋季;(d)冬季

表 2.40　宁夏代表站各季日照百分率(%)

站点	春	夏	秋	冬
大武口区	68	62	67	68
银川	64	64	66	66
利通区	66	66	68	70
沙坡头区	66	64	67	71
盐池	63	62	65	69
同心	66	65	67	73
原州区	57	55	56	66
泾源	51	47	48	60

2.7.6　日照百分率年变化

宁夏中北部日照百分率年变化趋势较为平缓,各地在 11—12 月较高,有一峰值,最高达
77%(兴仁),南部山区各地年变化较中北部大,在 9 月由于受降雨的影响,日照百分率最小,最
小值为 39%(泾源),12 月至 4 月相对较高(图 2.71,表 2.41)。

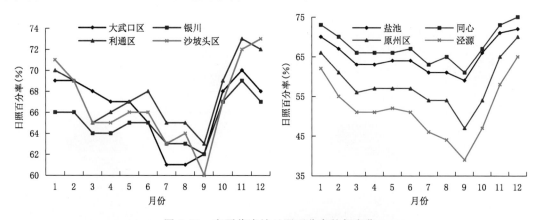

图 2.71　宁夏代表站日照百分率的年变化

表 2.41　宁夏代表站月和年日照百分率(%)

站名	1 月	2 月	3 月	4 月	5 月	6 月	7 月	8 月	9 月	10 月	11 月	12 月	年
大武口区	69	69	68	67	67	65	61	61	62	68	70	68	66
银川	66	66	64	64	65	65	63	63	62	67	69	67	65
利通区	70	69	65	66	67	68	65	65	63	69	73	72	68
沙坡头区	71	69	65	65	66	66	63	64	60	67	72	73	67
盐池	70	67	63	63	64	64	61	61	59	66	71	72	65
同心	73	70	66	66	66	67	63	65	61	67	73	75	68
原州区	66	61	56	57	57	57	54	54	47	54	65	70	58
泾源	62	55	51	51	52	51	46	44	39	47	58	65	52

2.8　云量

> 云量:云遮蔽天空视野的成数。云量观测包括总云量、低云量。总云量是指观测时天空被所有的云遮蔽的总成数,低云量是指天空被低云族的云所遮蔽的成数。云量单位采用 10 成制,无云为 0,满天皆云为 10,均记整数。

2.8.1　年总云量、低云量

云量的空间分布不仅与纬度有关,而且还与地势高低有一定关系。宁夏年平均总云量从北向南逐渐增多(图 2.72a,表 2.42)。全区年平均总云量为 5.2 成,各地在 4.3～6.3 成,惠农和陶乐为 4.3 成,是低值中心;泾源为 6.3 成,是高值中心。引黄灌区气候干燥,年平均总云量最少,在 4.3～5.3 成;中部干旱带在 5.0～5.6 成;南部山区最多,在 5.9～6.3 成。

宁夏年平均低云量的空间分布与总云量的分布大致相似,从北向南逐渐增多(图 2.72b,表 2.43)。全区年平均低云量为 1.3 成,各地在 0.4～4.0 成,中宁为 0.4 成,是低值中心,六盘山 4.0 成,是高值中心。引黄灌区低云量最少,在 0.4～1.0 成;中部干旱带大部在 1.0～2.0 成;南部山区最多,在 2.0～4.0 成。南部山区海拔高的地方及北部贺兰山为宁夏低云量高值区。

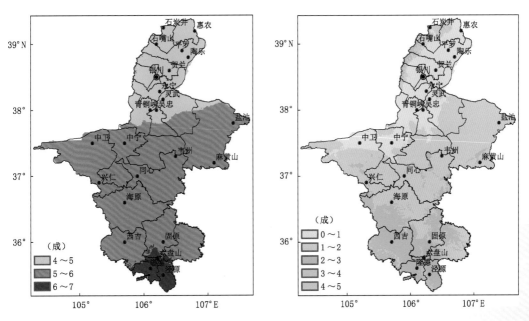

图 2.72　宁夏年平均总云量、低云量的空间分布

(a)总云量;(b)低云量

表 2.42　宁夏代表站四季及年总云量(成)

站名	春季	夏季	秋季	冬季	年
大武口区	5.3	5.7	3.9	3.2	4.5
银川	5.7	5.7	4.3	3.5	4.8
利通区	5.8	5.6	4.2	3.3	4.7
沙坡头区	6.4	6.0	4.8	3.9	5.3
盐池	6.0	5.9	4.6	3.7	5.1
同心	6.4	6.1	4.9	4.1	5.4
原州区	6.7	6.6	5.6	4.4	5.9
泾源	7.1	7.3	6.1	4.8	6.3

表 2.43　宁夏代表站四季及年低云量(成)

站名	春季	夏季	秋季	冬季	年
大武口区	0.6	1.7	0.8	0.2	0.8
银川	0.9	1.8	1.0	0.3	1.0
利通区	0.7	1.8	1.0	0.1	0.9
沙坡头区	0.4	1.0	0.4	0.0	0.5
盐池	0.6	1.6	0.6	0.1	0.7
同心	0.6	1.1	0.5	0.0	0.5
原州区	1.7	2.7	2.2	0.6	1.8
泾源	2.9	4.1	3.4	1.6	3.0

2.8.2　四季总云量、低云量

由于宁夏属季风气候,干湿季分明,因此,云量的季节变化明显。春季总云量最多,其次为夏季和秋季,冬季最少;夏季低云量最多,其次为秋季和春季,冬季最少。

四季总云量和低云量空间分布趋势大致相似。南部山区和北部贺兰山区为低云量高值中心;总体上,四个季节中引黄灌区为总云量和低云量最少的区域,南部山区为最多的区域。

春季是总云量最多的季节(图 2.73a),宁夏全区平均为 6.1 成,各地在 5.0~7.1 成;引黄灌区为 5.0~6.1 成,中部干旱带为 5.8~6.7 成,南部山区为 6.7~7.1 成。全区平均低云量为 1.1 成,各地在 0.4~3.5 成;引黄灌区不到 1 成,为 0.4~0.9 成,中部干旱带 0.6~1.8 成,南部山区为 1.7~3.5 成(图 2.73b)。

夏季是总云量次多的季节,宁夏全区平均为 6.0 成,各地在 5.3~7.3 成;引黄灌区为 5.3~6.2 成,中部干旱带为 5.9~6.5 成,南部山区为 6.6~7.3 成(图 2.73c)。全区平均低云量为 2.1 成,各地在 0.9~4.7 成;引黄灌区为 0.9~1.9 成,中部干旱带 1.1~2.7 成,南部山区为 2.7~4.7 成(图 2.73d)。

秋季宁夏全区平均总云量为 4.7 成,各地在 3.7~6.1 成;引黄灌区为 3.7~4.7 成,中部干旱带为 4.6～5.2 成,南部山区为 5.6～6.1 成,(图 2.73e)。全区平均低云量为 1.3 成,各地在 0.3～4.1 成;引黄灌区为 0.3～1.0 成,中部干旱带为 0.5～2.0 成,南部山区为 2.2～4.1 成(图 2.73f)。

冬季总云量最少,全区平均为 3.8 成,各地在 3.0～4.8 成;引黄灌区为 3.0～4.0 成,中部干旱带为 3.4～4.2 成,南部山区为 4.4～4.8 成(图 2.73g)。全区平均低云量仅 0.5 成,各地均不足 2.5 成;引黄灌区低于 0.3 成,中部干旱带低于 0.7 成,南部山区为 0.6～2.3 成(图 2.73h)。

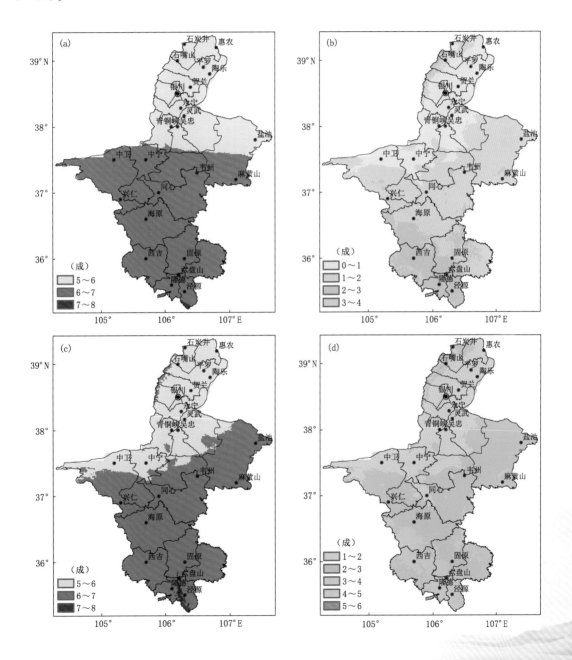

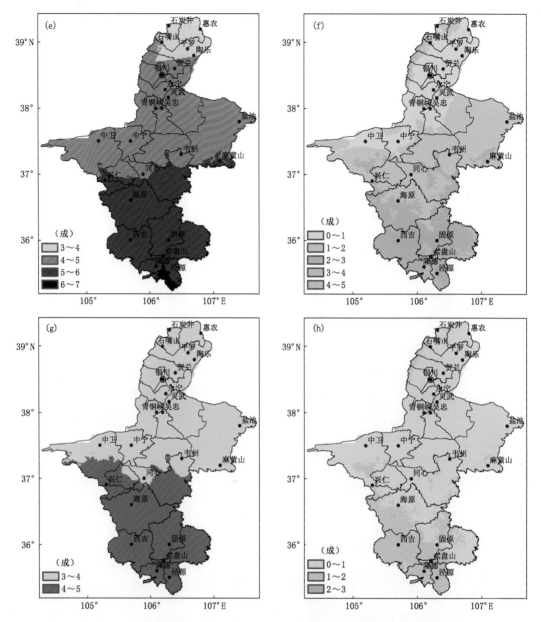

图 2.73 宁夏四季总云量、低云量的空间分布

(a)春季总云量;(b)春季低云量;(c)夏季总云量;(d)夏季低云量;

(e)秋季总云量;(f)秋季低云量;(g)冬季总云量;(h)冬季低云量

2.8.3 总云量、低云量年变化

宁夏全区各地总云量和低云量基本都呈单峰型变化。其中,总云量 1—2 月和 10—12 月较少、3—9 月较多,其中,3—9 月各月变化幅度不大;峰值基本出现在 4—7 月,个别地区出现在 9 月,而谷值都出现在 12 月,最多月较最少月多 3 成左右(图 2.74a,表 2.44)。

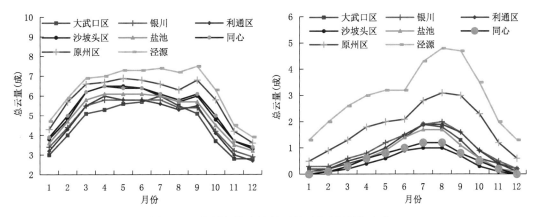

图 2.74　宁夏各代表站总云量、低云量的年变化

(a)总云量;(b)低云量

表 2.44　宁夏代表站各月总云量(成)

站名	1月	2月	3月	4月	5月	6月	7月	8月	9月	10月	11月	12月
大武口区	3.0	4.0	5.1	5.3	5.6	5.7	6.0	5.5	5.1	3.7	2.8	2.8
银川	3.4	4.4	5.5	5.8	5.8	5.8	5.8	5.4	5.4	4.2	3.2	2.9
利通区	3.2	4.3	5.5	6.0	5.8	5.8	5.6	5.3	5.5	4.1	3.0	2.7
沙坡头区	3.8	4.8	6.2	6.5	6.5	6.4	6.1	5.7	6.0	4.8	3.7	3.3
盐池	3.6	4.7	5.8	6.1	6.1	6.1	6.0	5.7	5.7	4.5	3.5	3.2
同心	3.9	5.0	6.2	6.5	6.4	6.4	6.1	5.8	6.1	5.0	3.7	3.4
原州区	4.3	5.7	6.6	6.7	6.9	6.8	6.6	6.3	6.8	5.8	4.2	3.6
泾源	4.7	5.9	6.9	7.0	7.3	7.3	7.4	7.2	7.5	6.3	4.5	3.9

　　低云量1—5月和10—12月较少、6—9月较多,峰值基本出现在7—8月,谷值出现在冬季12月或1月,各月变化幅度大于总云量,且纬度越低、海拔越高的地区其最多月和最少月差值越大,中北部大部地区差值在2成以内,南部山区在2～4成(图2.74b,表2.45)。

表 2.45　宁夏代表站各月低云量(成)

站名	1月	2月	3月	4月	5月	6月	7月	8月	9月	10月	11月	12月
大武口区	0.2	0.2	0.4	0.6	0.9	1.4	1.9	1.8	1.3	0.6	0.4	0.2
银川	0.3	0.3	0.6	0.8	1.2	1.5	1.9	2.0	1.6	0.9	0.5	0.2
利通区	0.1	0.2	0.5	0.7	1.0	1.5	1.9	1.9	1.6	0.9	0.4	0.1
沙坡头区	0.0	0.1	0.2	0.4	0.6	0.9	1.0	1.0	0.7	0.3	0.1	0.0
盐池	0.1	0.1	0.3	0.6	0.9	1.4	1.7	1.7	1.1	0.6	0.2	0.1
同心	0.0	0.1	0.3	0.6	0.8	1.0	1.2	1.2	0.8	0.5	0.2	0.0
原州区	0.5	0.9	1.3	1.8	2.0	2.1	2.8	3.1	3.0	2.3	1.2	0.6
泾源	1.3	2.0	2.6	3.0	3.2	3.2	4.3	4.8	4.7	3.5	2.0	1.3

2.9　风

> 风:空气运动产生的气流。它是由许多在时空上随机变化的小尺度脉动叠加在大尺度规则气流上的一种三维矢量。地面气象观测中测量的风是二维矢量(水平运动),用风向和风速表示。宁夏地形复杂多样,地面风向和风速不仅受气压场分布的支配,而且地形影响也比较显著,因此,风速和风向的时空分布较为复杂。

2.9.1　风向

宁夏地处我国季风气候区西北边缘,夏、冬季受属性不同的气团影响,盛行风向交替变化。但由于地表形态丰富多样,地貌差异较大,地势南高北低,北部以黄河冲积平原为主,西侧为贺兰山,沙坡头西部为腾格里沙漠;中部以风蚀地貌为主,有西华山和罗山,盐池东部为毛乌素沙漠;南部为六盘山山地地貌,因此,各地的风向也呈现出不同的分布特点。

(1)年风向

引黄灌区南部的沙坡头区、中宁等地全年偏东风和偏西风频率较大,其中,东风频率最大,为15.0%左右;其余大部地区偏北风频率较大,其中,大武口区各风向频率差别较小,最大为西南偏南风,频率为6.8%;银川东北偏北—东北偏东风区间各风向频率在7%以上,累计超过25%,北风频率最大,为9.9%;利通区各风向频率差别不大,东北偏北—北风、西北偏西—西南偏西风、东南偏南—东南风三个区间各风向频率均超过5%,累计频率52.4%,其中,西风频率最大,为10.2%。

中南部大部地区以东南风及西北风、西风频率较大,如盐池西风频率最高,为11.0%;同心东南偏南—东南偏东风区间累计频率达45.2%,其中,东南风频率高达22.0%;原州区和泾源分别在西北偏北—西北风和东南偏南—东南偏东风、西北偏北—西风和东南偏南—东南风风向累计频率为44%和63.7%,均为东南风频率最大,分别为9.6%和13.4%(图2.75,表2.46)。

各地静风频率均在10%以上,沙坡头区达到23.2%,为全区最高。

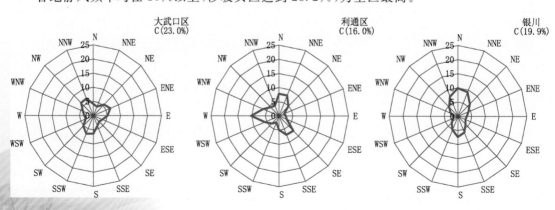

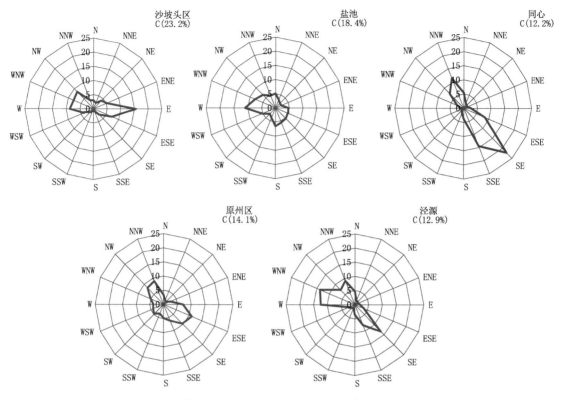

图 2.75 宁夏代表站年平均风向频率玫瑰图(%)(C 为静风,下同)

表 2.46 宁夏代表站年风向频率(%)

风向	大武口区	利通区	银川	沙坡头区	盐池	同心	原州区	泾源
N	4.1	7.8	9.9	3.0	5.1	5.4	3.4	4.7
NNE	3.4	7.8	9.2	2.3	3.1	1.9	1.5	1.5
NE	5.5	4.9	6.2	4.1	2.3	1.5	1.4	1.5
ENE	6.7	2.1	4.2	5.3	2.3	1.3	2.7	1.3
E	5.2	2.5	3.3	15.5	4.6	2.6	7.0	1.9
ESE	3.6	3.1	3.0	7.3	4.8	8.5	11.0	3.6
SE	3.0	7.4	4.0	2.9	5.3	22.2	9.6	13.4
SSE	3.9	7.2	6.2	0.9	5.6	14.5	6.2	7.8
S	6.4	4.9	7.3	0.9	6.5	3.9	4.8	3.6
SSW	6.8	2.5	5.2	0.7	3.8	1.8	3.5	1.3
SW	5.2	3.8	3.2	1.7	2.9	1.2	4.8	1.5
WSW	3.0	5.7	1.9	3.8	5.2	0.8	4.1	2.3
W	3.3	10.2	1.5	8.7	11.0	1.0	3.7	12.4
WNW	4.1	6.3	2.8	7.9	8.0	2.6	5.1	13.7
NW	6.3	4.3	4.5	8.5	6.5	7.2	8.3	7.3
NNW	6.5	3.9	7.5	3.3	4.7	11.4	8.9	9.1
C	23.0	15.5	19.9	23.2	18.4	12.2	14.1	12.9

（2）四季风向

春季是冬、夏季的转换季节，宁夏位于势力衰退的蒙古冷高压南缘，同时又处于冷暖不同性质气团的交汇位置，气旋活动开始频繁，大部地区以偏北风和偏南风频率较高。从具有代表性的春季4月风向看，宁夏各地风向频率分布与年风向频率分布较为一致，引黄灌区的大武口区、惠农、平罗等地西北偏北风频率最高，为8.2%～14.5%，其他地区东风或东北偏北风频率最高，在7.9%～10.1%；中部干旱带频率最高的风向各地差异较大，盐池为西北偏西风，同心为东南风，海原为西北风，频率在9%～19.8%；南部山区的原州区西北偏北风频率最高，其他地区南风频率最高，在8%～12.0%（图2.76，表2.47）。

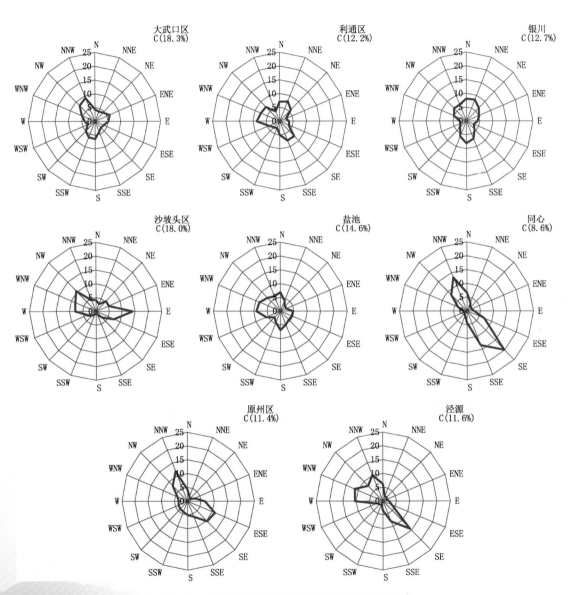

图2.76　宁夏代表站春季平均风向频率玫瑰图（%）

表 2.47　宁夏代表站春季平均风向频率(%)

风向	大武口区	利通区	银川	沙坡头区	盐池	同心	原州区	泾源
N	4.4	7.1	8.1	4.1	6.9	6.7	4.3	6.2
NNE	3.9	7.9	8.4	3.0	4.2	3.3	1.9	1.9
NE	4.5	5.9	6.7	5.3	2.6	2.1	1.4	2.0
ENE	6.2	2.6	5.3	5.3	2.4	1.9	2.9	1.5
E	5.2	3.5	4.2	14.1	4.7	2.7	6.5	2.4
ESE	3.5	3.6	3.0	7.4	4.6	7.1	11.1	3.6
SE	3.2	7.6	4.4	3.1	4.4	19.8	10.3	14.2
SSE	4.0	7.5	6.9	1.1	5.3	13.4	6.1	8.0
S	6.3	4.9	8.0	1.0	6.8	4.2	5.0	3.5
SSW	6.2	2.5	6.0	0.9	4.4	1.8	4.1	1.3
SW	4.9	3.0	3.6	2.1	3.1	1.4	3.9	1.7
WSW	2.9	4.3	2.3	3.4	5.7	0.9	3.7	2.3
W	3.8	8.6	2.4	7.8	9.0	1.2	3.3	10.4
WNW	5.3	7.6	4.9	8.4	8.5	3.5	4.2	11.5
NW	8.1	7.3	6.5	10.5	6.9	8.2	8.0	7.8
NNW	9.3	3.9	6.4	4.5	5.9	13.2	11.8	10.2
C	18.3	12.2	12.7	18.0	14.6	8.6	11.4	11.6

　　夏季整个亚洲大陆受热低压控制,气压梯度场由海洋指向内陆。宁夏大部以偏南风为主。从具有代表性的夏季 7 月风向看,引黄灌区的大武口区、惠农以西南偏南风频率最高,其他大部地区以南风频率最高,为 9%～17%;中部干旱带大部以东南风频率最高,为 8.5%～24.3%;南部山区以南风或东南风频率最高,为 10%～16%(图 2.77,表 2.48)。

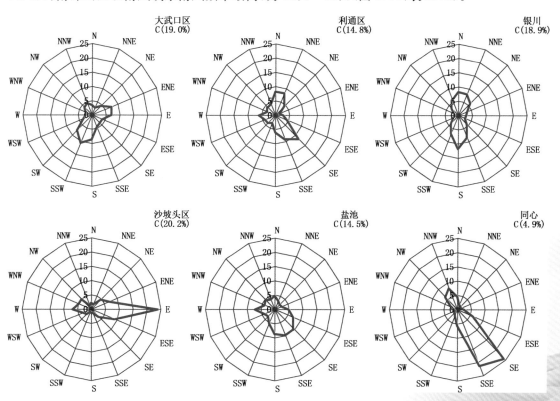

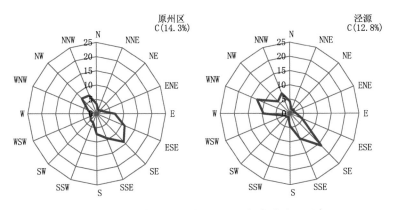

图 2.77　宁夏代表站夏季平均风向频率玫瑰图(%)

表 2.48　宁夏代表站夏季平均风向频率(%)

风向	大武口区	利通区	银川	沙坡头区	盐池	同心	原州区	泾源
N	3.6	8.3	8.3	2.3	4.8	4.6	3.4	4.3
NNE	2.9	8.4	8.1	1.9	3.3	1.9	1.5	1.5
NE	4.6	4.5	6.1	4.8	2.5	1.7	1.6	2.0
ENE	7.6	1.7	3.5	7.0	2.7	1.5	2.3	1.5
E	6.9	2.9	2.9	24.0	5.0	2.5	6.7	2.4
ESE	4.0	4.6	2.7	9.1	7.2	6.2	11.1	4.8
SE	4.0	11.8	4.5	3.8	9.7	24.3	14.0	16.0
SSE	4.6	9.2	8.4	1.3	9.8	21.3	9.3	9.6
S	8.5	6.0	11.7	1.2	8.6	5.6	7.2	4.4
SSW	10.5	2.9	6.9	0.9	5.2	2.2	3.4	1.4
SW	7.5	3.8	3.7	2.3	3.3	1.5	3.1	1.6
WSW	3.3	4.0	2.0	3.1	4.0	0.9	2.3	2.0
W	2.3	5.9	1.3	6.7	7.1	1.3	2.0	9.5
WNW	2.4	3.2	1.4	4.9	3.9	2.3	3.4	12.7
NW	3.8	3.9	3.5	5.0	4.6	6.2	7.5	6.0
NNW	4.6	4.2	5.9	1.5	3.8	8.1	6.9	7.6
C	19.0	14.8	18.9	20.2	14.5	7.9	14.3	12.8

　　秋季是夏季风和冬季风的交替季节,各地盛行风向差异较大。从具有代表性的秋季10月风向看,宁夏各地风向频率分布与年风向频率分布较为一致,引黄灌区的中卫以东风频率最高,其他地区以西北风—东北风频率较高,在7%～14%;中部干旱带的盐池西风频率最高,其他地区东南风频率最高,在9%～25%;南部山区的西吉西风频率最高,为9.6%,其他地区以东南风或东南偏东风频率最高,在13%～18%(图2.78,表2.49)。

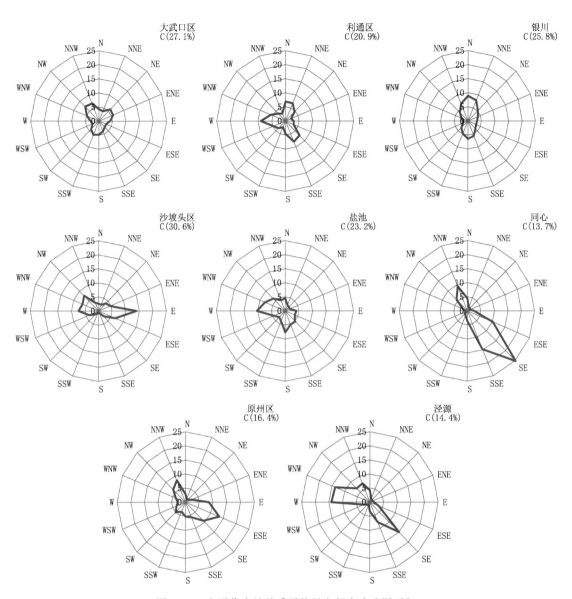

图 2.78　宁夏代表站秋季平均风向频率玫瑰图(%)

表 2.49　宁夏代表站秋季平均风向频率(%)

风向	大武口区	利通区	银川	沙坡头区	盐池	同心	原州区	泾源
N	4.2	6.9	8.9	2.6	4.5	4.4	2.8	4.2
NNE	3.8	6.8	7.9	2.4	2.2	1.4	1.1	1.3
NE	5.9	4.7	5.2	3.8	1.9	1.3	1.2	1.2
ENE	5.6	2.2	4.0	4.6	1.8	1.2	2.4	1.1
E	4.1	3.0	3.4	13.9	4.1	2.5	8.5	1.5
ESE	2.9	3.2	3.3	6.7	3.8	10.1	13.3	3.5
SE	3.0	7.3	3.9	2.7	5.3	25.3	9.3	15.0

续表

风向	大武口区	利通区	银川	沙坡头区	盐池	同心	原州区	泾源
SSE	3.9	8.0	5.7	0.9	5.2	14.8	5.8	7.7
S	4.9	4.6	6.4	0.8	7.6	3.6	5.1	3.3
SSW	5.4	2.4	4.9	0.8	4.0	1.8	3.7	1.1
SW	4.2	3.6	3.4	1.6	3.1	1.4	5.1	1.2
WSW	2.6	4.8	2.0	3.8	4.5	0.7	3.6	2.3
W	3.2	9.0	1.6	7.5	10.4	0.9	2.8	14.1
WNW	4.9	5.8	2.6	6.5	8.0	1.9	3.9	13.8
NW	7.3	3.7	4.2	7.7	6.2	5.7	6.4	6.9
NNW	6.8	3.0	6.6	3.1	4.1	9.4	8.4	7.2
C	27.1	20.9	25.8	30.6	23.2	13.7	16.4	14.4

冬季整个亚洲大陆受蒙古高压控制,是冷高压的鼎盛活跃期,宁夏位于冷高压西南边缘,是东亚寒潮南下的通道,因此,冬季多盛行偏北风或偏西风。从具有代表性的冬季1月平均风向看,引黄灌区最高风向频率在8%～17%;中部干旱带最高风向频率在10%～20%;南部山区最高风向频率在10%～21%(图2.79,表2.50)。

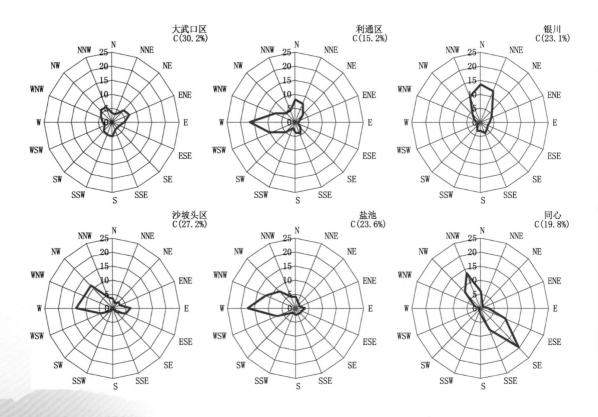

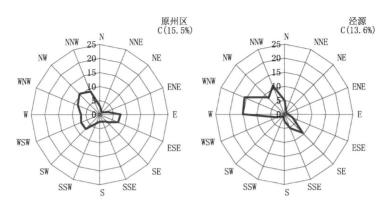

图 2.79 宁夏代表站冬季平均风向频率玫瑰图(%)

表 2.50 宁夏代表站冬季平均风向频率(%)

风向	大武口区	利通区	银川	沙坡头区	盐池	同心	原州区	泾源
N	3.2	8.1	13.5	3.4	4.0	6.0	2.9	4.9
NNE	3.1	7.1	12.0	1.8	2.2	1.5	1.2	1.4
NE	6.0	4.0	5.9	3.0	1.8	0.8	1.1	0.9
ENE	6.9	1.7	4.2	2.7	1.6	1.0	2.5	0.8
E	4.5	1.1	3.3	6.5	3.4	2.6	7.5	1.3
ESE	3.0	0.9	2.8	5.1	2.4	9.6	7.2	3.2
SE	2.7	2.6	3.3	2.0	2.4	19.5	3.6	9.4
SSE	2.9	4.3	4.2	0.5	2.2	8.4	2.8	5.4
S	5.1	3.7	3.1	0.4	2.5	2.4	2.5	2.6
SSW	4.9	2.3	3.3	0.4	1.9	1.3	3.4	1.1
SW	4.5	5.1	2.0	1.6	2.4	1.0	7.3	1.3
WSW	3.1	10.0	1.2	4.9	7.5	0.7	7.4	2.9
W	3.6	16.7	1.4	13.6	17.6	0.9	6.9	15.2
WNW	4.5	8.1	2.5	11.4	11.8	2.7	8.7	15.8
NW	6.1	4.6	4.2	11.4	8.4	8.2	10.5	8.2
NNW	5.9	4.6	10.0	4.1	4.4	13.5	8.9	11.0
C	30.2	15.2	23.1	27.2	23.6	19.8	15.5	13.6

2.9.2 平均风速

(1)年平均风速

宁夏全区年平均风速为 2.6 m/s,各地在 1.9~6.0 m/s,北部的贺兰山脉、中部地区的香山—罗山—麻黄山、南部山区的西华山—南华山—六盘山区风速较大,其中,六盘山区附近大于 4.0 m/s,六盘山为 6.0 m/s。引黄灌区年平均风速为 2.4 m/s,大部地区在 3.0 m/s 以下;中部干旱带和南部山区年平均风速较大,分别为 3.1 m/s 和 3.2 m/s(图 2.80)。

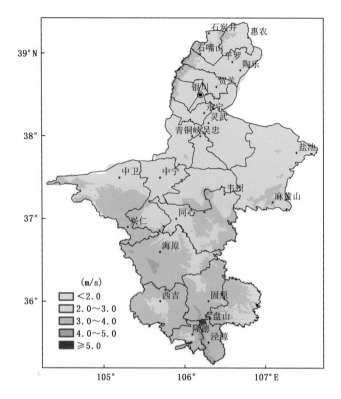

图 2.80　宁夏年平均风速的空间分布

(2)四季平均风速

宁夏四季平均风速的空间分布特征基本与年平均风速分布特征一致,引黄灌区较小,中南部较大,且各地差别不大。在时间分布上,春季风速最大,全区平均为 3.2 m/s,夏季次之,为 2.7 m/s,冬季为 2.6 m/s,秋季最小,为 2.5 m/s;各季节均为六盘山最大。

春季是一年中风速最大的季节,各地平均风速为 2.4~6.3 m/s,引黄灌区大部在 3.0 m/s 以下。引黄灌区平均风速为 2.4 m/s,中部干旱带和南部山区分别为 3.1 m/s 和 3.2 m/s(图 2.81a,表 2.51)。

夏季各地平均风速为 2.0~5.7 m/s,中北部大部在 3.0 m/s 以下。引黄灌区平均风速为 2.8 m/s,中部干旱带和南部山区分别为 3.5 m/s 和 3.6 m/s(图 2.81b,表 2.51)。

秋季天气稳定,气候凉爽,是全年风速最小的季节。全区各地平均风速为 1.7~5.8 m/s,大部地区在 3.0 m/s 以下。引黄灌区平均风速为 2.1 m/s,中部干旱带和南部山区分别为 2.8 m/s 和 2.9 m/s(图 2.81c,表 2.51)。

冬季各地平均风速为 1.6~6.2 m/s,中北部大部在 3.0 m/s 以下。引黄灌区平均风速为 2.3 m/s,中部干旱带和南部山区分别为 2.9 m/s 和 3.1 m/s(图 2.81d,表 2.51)。

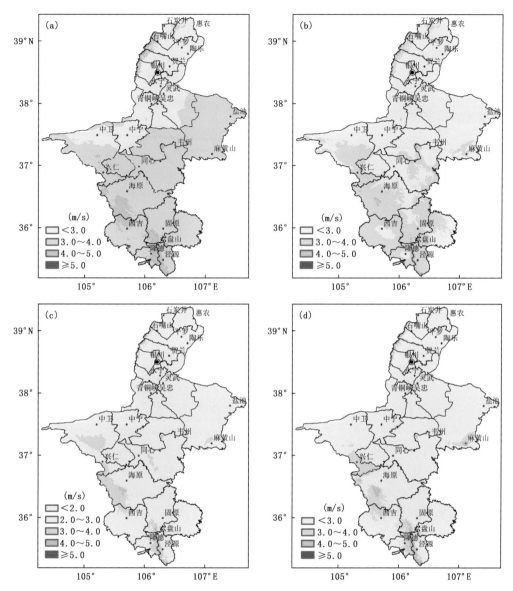

图 2.81　宁夏四季平均风速的空间分布
(a)春季；(b)夏季；(c)秋季；(d)冬季

表 2.51　宁夏代表站各季及年平均风速(m/s)

站名	春季	夏季	秋季	冬季	年
大武口区	2.5	2.0	1.7	1.6	1.9
利通区	2.6	2.1	2.2	2.7	2.4
银川	2.5	2.0	1.7	1.8	2.0
沙坡头区	2.9	2.4	2.1	2.2	2.4
盐池	2.9	2.6	2.3	2.4	2.5
同心	3.4	3.4	2.7	2.4	2.9
原州区	3.1	2.6	2.4	2.6	2.7
泾源	3.2	2.8	2.9	2.9	3.0

（3）平均风速年变化

宁夏全区各地平均风速年变化都为双峰型，谷值出现在 1 月或 9 月，1—4 月、9—11 月风速逐渐增大，峰值出现在 4 月或 11 月，5—10 月逐渐减小（图 2.82）。

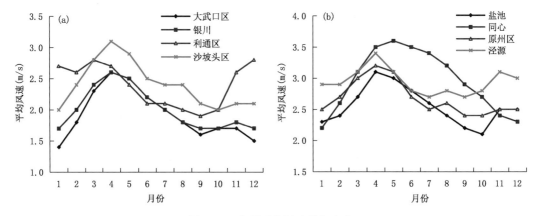

图 2.82　宁夏平均风速的年变化

2.10　能见度

> 能见度：亦称水平能见度，是指视力正常的人在当时天气条件下，能够从天空背景中看到和辨认出的目标物（黑色、大小适度）的最大水平距离；夜间则是能看到和确定的一定强度灯光的最大水平距离。能见度是反映大气透明度的一个指标，通常由于空气中颗粒物或水滴增多而有所降低，主要受雾、霾、沙尘、烟尘、降水等天气现象的影响，能见度高一般反映大气污染轻、空气质量好；而能见度低则反映大气污染重、空气质量差，且直接造成道路交通、江河船运、航空飞行困难，甚至会危及生命安全。

本书按日最小能见度≤50 m、50～200 m、200～500 m、500～1000 m、1～2 km、2～4 km、4～10 km、>10 km 级别出现日数进行分析。

2.10.1　年不同级别能见度日数空间分布

宁夏中北部气候干燥，空气质量总体较好，低能见度天气较少，主要由沙尘天气、降水过程及冬季静稳天气过程造成；南部山区气候湿润，低能见度天气较中北部偏多，主要由降水过程及冬季静稳天气过程造成。总体上，除六盘山外，其他地区随着能见度等级升高，高能见度日数增多，>10 km 日数最多，其次为 4～10 km 日数，再次为 2～4 km 日数，其他 5 个等级日数大部分地区在 10 d 以内。

（1）≤50 m 级别能见度日数

宁夏全区≤50 m 级别能见度年平均日数为 3.9 d，各地在 0.0～83.1 d，石炭井、沙坡头区、韦州、海原、原州区几乎没出现过≤50 m 级别能见度的天气,南部的六盘山是≤50 m 级别能见度日数出现较多的地区。引黄灌区≤50 m 级别能见度日数大部在 0.8 d 以内,该地区气候干燥,是宁夏强浓雾日数最少的地区;中部干旱带在 1.3 d 以内;南部山区的六盘山为83.1 d,该地区气候比较湿润,是宁夏强浓雾日数最多的地区,泾源为 5.9 d,西吉和隆德分别为 0.1 d 和 0.2 d。

(2)50～200 m 级别能见度日数

宁夏全区 50～200 m 级别能见度年平均日数为 2.5 d,石炭井、隆德为 0.2 d,是全区最少的地区;六盘山为 22.3 d,是全区最多的地区,其次为泾源 13.7d,其他各地在 0.3～5.4 d。其中,引黄灌区大部为 0.2～2.7 d,中部干旱带为 0.7～5.3 d,南部山区在 1.3 d 以上(图2.83a)。

(3)200～500 m 级别能见度日数

宁夏全区 200～500 m 级别能见度年平均日数为 1.0 d,中宁、韦州为 0.3 d,是全区最少的地区;泾源为 5.6 d,是全区最多的地区,其他各地在 0.4～3.2 d。其中,引黄灌区各地为0.3～1.2 d,中部干旱带各地为 0.3～3.2 d,南部山区各地为 0.6～5.6 d(图 2.83b)。

(4)500～1000 m 级别能见度日数

宁夏全区 500～1000 m 级别能见度年平均日数为 2.4 d,总体呈北部少、东部和东南部多的分布,石炭井为 0.5 d,是全区最少的地区;盐池和泾源分别为 5.8 d 和 5.5 d,为全区最多和次多的地方,其他各地在 0.7～4.4 d。引黄灌区各地为 0.5～4.0 d,中部干旱带各地为 1.7～5.8 d,南部山区各地为 2.0～5.5 d(图 2.83c)。

(5)1～2 km 级别能见度日数

宁夏全区 1～2 km 级别能见度年平均日数为 4.8 d,各地变化范围为 0.5～13.3 d,总体呈西部少、东部多的分布;石炭井为 0.5 d,是全区最少的地区;利通区为 13.3 d,是全区最多的地区。引黄灌区除利通区外其他各地为 0.5～9.0 d;中部干旱带各地为 2.6～9.8 d,兴仁最少,盐池最多;南部山区各地为 1.4～8.5 d,隆德最少,原州区最多(图 2.83d)。

(6)2～4 km 级别能见度日数

宁夏全区 2～4 km 级别能见度年平均日数为 16.4 d,各地变化范围为 2.5～43.3 d,总体呈南北两头少、中部多的分布,石炭井为 2.5 d,是全区最少的地区;利通区为 43.3 d,是全区最多的地区,其次原州区为 31.6 d。引黄灌区除石炭井外其他地区在 5.7 d 以上,中部干旱带11.6～24.4 d,南部山区 4.3～31.6 d,银川以南至原州区以北为相对较多地区(图 2.83e)。

(7)4～10 km 级别能见度日数

宁夏全区 4～10 km 级别能见度年平均日数为 47.5 d,各地变化范围在 15.1～82.6 d,总体呈北部多、南部少的分布,六盘山为 15.1 d,是全区最少的地区;银川为 82.6 d,是全区最多的地区。引黄灌区各地差别大,在 26.6～82.6 d;中部干旱带各地为 37.2～50.0 d;南部山区原州区为 67.5 d,其他各地为 15.1～32.1 d(图 2.83f)。

(8)>10 km 级别能见度日数

宁夏全区 >10 km 级别能见度年平均日数为 286.7 d,各地变化范围为 233.6～331.0 d,总体呈北部和中部多、南部少的分布,六盘山为 233.6 d,是全区最少的地区;隆德为 331.0 d,是全区最多的地区。引黄灌区各地为 242.1～329.9 d,中部干旱带各地为 272.2～305.9 d,南部山区各地为 233.6～331.0 d(图 2.83g)。

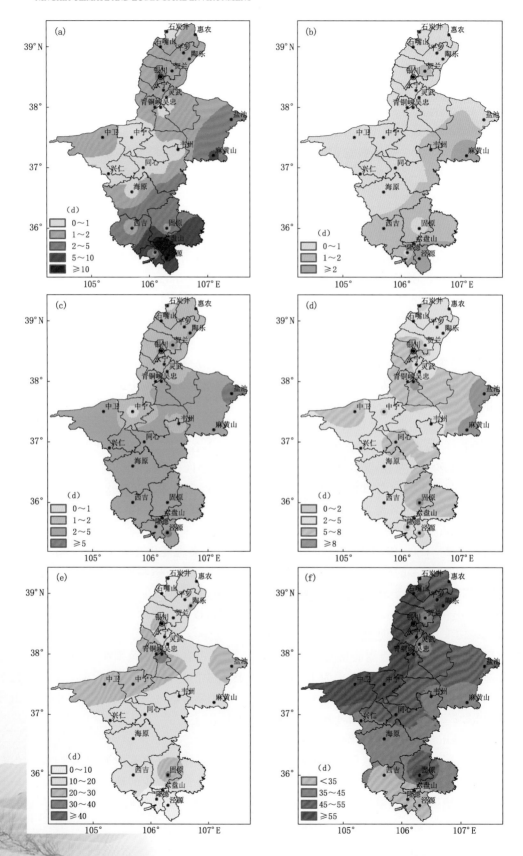

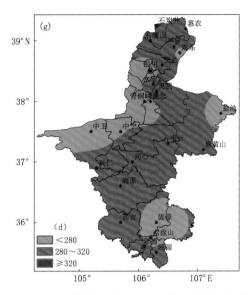

图 2.83　宁夏不同等级能见度年平均日数的空间分布

(a)50～200 m；(b)200～500 m；(c)500～1000 m；(d)1～2 km；

(e)2～4 km；(f)4～10 km；(g)＞10 km

2.10.2　四季不同级别能见度日数

宁夏各地四个季节不同等级能见度日数由多到少与全年分布相同，除六盘山外，其他各地＞10 km 日数最多，其次为 4～10 km 日数，≤50 m 日数极少。

(1)≤50 m 级别能见度日数

全区各地≤50 m 级别能见度日数以秋季最多，冬季最少，夏季大于春季。秋季气候较湿润，冷空气活动频繁，气温开始下降，大雾日数增多，是一年中≤50 m 日数最多的季节。各季节均为六盘山最多，其次为泾源，其他各地差别不大。由春季到冬季四个季节六盘山≤50 m 级别能见度日数分别为 18.1 d、24.9 d、26.1 d 和 14.2 d，其他各地大部不足 1.0 d(图 2.84a)。

(2)50～200 m 级别能见度日数

全区各地 50～200 m 级别能见度日数以秋季最多，全区平均 1.0 d，夏季最少，全区平均仅 0.4 d，春季和冬季略多于夏季，全区平均分别为 0.6 d 和 0.5 d。各地各季节为六盘山最多，在 4.0～5.9 d，泾源仅少于六盘山，为 1.5～3.9 d，麻黄山秋季和冬季分别为 2.2 d 和 1.4 d，银川秋季为 1.3 d，其他各地均在 1.0 d 以内(图 2.84b)。

(3)200～500 m 级别能见度日数

全区各地 200～500 m 级别能见度日数各季节差别不大，由春季到冬季四个季节全区平均日数分别为 0.3 d、0.2 d、0.3 d 和 0.2 d，各季节大部地区不足 1.0 d，且均为泾源最多，其次为六盘山和麻黄山(图 2.84c)。

(4)500～1000 m 级别能见度日数

全区各地 500～1000 m 级别能见度日数以春季最多，全区平均为 0.9 d，夏季最少，全区平均 0.3 d，秋季和冬季均为 0.5 d。

春季利通区以南、原州区以北明显多于其他地区,大部地区在 1.0 d 以上,盐池达到 2.8 d,另外冬季盐池为 1.6 d,也是全区最多的地方,而其他大部地区不足 1.0 d,主要由沙尘天气造成。夏季泾源为 1.4 d,其他各地在 0.7 d 以内,秋季麻黄山、西吉和泾源在 1.1~1.4 d,其他各地在 0.8 d 以内(图 2.84d)。

(5)1~2 km 级别能见度日数

全区各地 1~2 km 级别能见度日数春季最多,全区平均为 1.9 d,其次为冬季和秋季,分别为 1.3 d 和 1.0 d,夏季最少,全区平均仅 0.7 d;各地各季节均在 5.4 d,且春季、夏季、冬季三个季节均为利通区最多,秋季为原州区最多(图 2.84e)。

(6)2~4 km 级别能见度日数

全区各地 2~4 km 级别能见度日数总体上春季最多,全区平均 5.6 d,夏季最少,全区平均 2.6 d,冬季和秋季全区平均分别为 4.9 d 和 3.5 d;各地各季节在 12.5 d 以内,各季节均为利通区最多(图 2.84f)。

(7)4~10 km 级别能见度日数

全区各地 4~10 km 级别能见度日数以春季最多,夏季最少,冬季大于秋季;春、夏和冬季均为银川最多,秋季为沙坡头区最多。

春季全区平均日数为 14.4 d,各地在 6.6~23.5 d。引黄灌区各地为 7.0~23.5 d,中部干旱带各地为 11.5~16.1 d,南部山区各地为 6.6~19.4 d。

夏季全区平均日数为 9.0 d,各地在 2.3~15.6 d。引黄灌区各地为 5.0~15.6 d,中部干旱带各地为 7.2~8.9 d,南部山区各地为 2.3~14.1 d。

秋季全区平均日数 10.9 d,各地在 2.2~19.8 d。引黄灌区各地为 6.9~19.8 d,中部干旱带各地为 7.5~10.7 d,南部山区各地为 2.2~17.1 d。

冬季全区平均日数 13.5 d,各地在 3.9~25.4 d。引黄灌区各地为 7.1~25.4 d,中部干旱带各地为 8.6~15.2 d,南部山区各地为 3.9~17.4 d(图 2.84g)。

(8)>10 km 级别能见度日数

全区各地 >10 km 级别能见度日数夏季最多,秋季次之,春季和冬季差别不大。

春季全区平均日数 67.4 d,各地在 55.8~82.0 d,占全年的 21.4%~25.0%。引黄灌区各地为 55.8~82.0 d,灵武为全区最多,沙坡头区为全区最少;中部干旱带各地为 58.2~69.6 d;南部山区各地为 57.5~81.5 d。

夏季全区平均日数 77.6 d,各地在 57.0~85.9 d,占全年的 24.4%~29.5%。引黄灌区各地为 69.0~85.6 d;中部干旱带各地为 76.9~82.1 d;南部山区各地为 57.0~85.9 d,隆德为全区最多,六盘山为全区最少。

秋季全区平均日数 72.5 d,各地在 54.1~83.3 d,占全年的 23.2%~27.2%。引黄灌区各地为 61.9~83.2 d;中部干旱带各地为 71.8~80.4 d;南部山区各地为 54.1~83.3 d,隆德为全区最多,六盘山为全区最少。

冬季全区平均日数 68.6 d,各地在 50.8~82.3 d,占全年的 21.0%~27.8%。引黄灌区各地为 50.8~82.3 d,石炭井为全区最多,银川为全区最少;中部干旱带各地为 61.7~74.4 d;南部山区各地为 61.6~79.7 d(图 2.84h)。

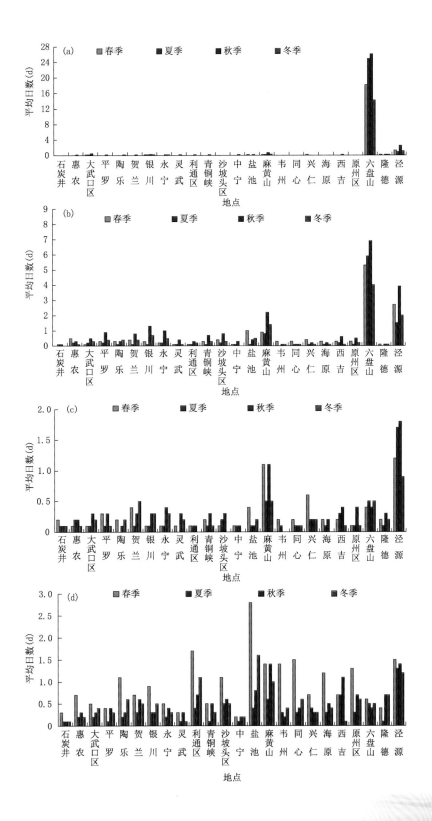

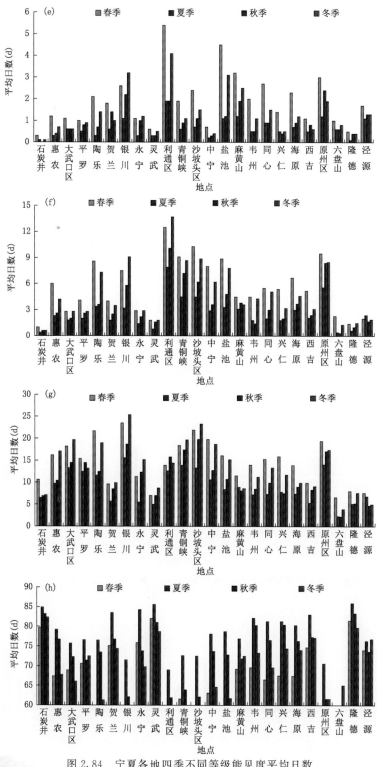

图 2.84　宁夏各地四季不同等级能见度平均日数

(a)≤50 m；(b)50~200 m；(c)200~500 m；(d)500~1000 m；

(e)1~2 km；(f)2~4 km；(g)4~10 km；(h)>10 km

第 3 章　气象灾害

3.1　气象灾害概况

气象灾害是一种常见的自然灾害,而自然灾害的本质是自然界部分物质的自然运动并对人类社会造成损伤,其定义中有两个基本要素:一是自然灾害是自然界发生的事件;二是这个事件能够直接造成生命伤亡和人类社会财产损失(章国材,2014)。气象灾害的含义可以理解为能对人类生命财产、社会经济发展造成损伤的气象事件。

气象灾害包括天气、气候灾害和气象次生、衍生灾害,是自然灾害中最频繁的灾害。宁夏地势起伏,集中了高山、戈壁、沙漠、湖泊和草原等地形、地貌,享有"中国微缩盆景"之称,下垫面性质差异较大,又处于我国季风气候区西北边缘,形成了多种气候类型。同时,气象灾害发生频繁,主要有干旱、暴雨、连阴雨(雪)、冰雹、大风、沙尘、霜冻、雷暴、高温、低温冷冻害、寒潮等,以及由此引发的山洪、城市内涝、滑坡、泥石流等次生灾害,具有区域性、群发性、连续性、阶段性、季节性以及突发性等特点。

在各种自然灾害造成的直接经济损失中,气象灾害占 70% 以上。受全球气候变化和人类活动的共同影响,极端天气气候事件及其导致的灾害事件频发,呈现出强度大、频次高、影响范围广等特点。据不完全统计,2000—2018 年宁夏全区平均每年因气象灾害造成的经济损失接近 12 亿元,占宁夏 GDP 的 0.2%～3.1%;特别是 2004 年以来大部分年份均超过 12 亿元,其中,2007 年高达 19.7 亿元(图 3.1)。从各灾种损失占比看,旱灾最高,达 55%,其次为洪涝和

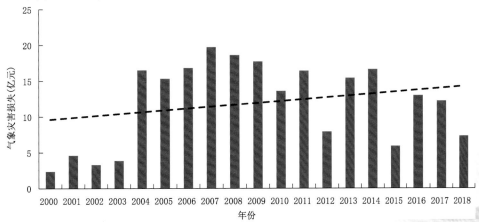

图 3.1　2000—2018 年宁夏气象灾害损失

冰雹,均为14%,低温冷害为12%(图3.2)。

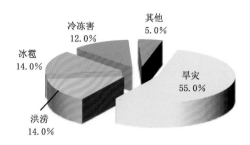

图 3.2　2000—2018 年宁夏各种气象灾害造成的损失比例

本书灾情数据来自《中国气象灾害大典(宁夏卷)》(温克刚 等,2007)、中华人民共和国农业农村部网站(中国种植业信息网)和《中国统计年鉴》(中华人民共和国国家统计局,2000—2018)。

3.2　气象干旱

3.2.1　定义

> 干旱:在一定地区一段时间内近地面生态系统和经济社会水分缺乏时的一种自然现象。其一般分为 4 类:气象干旱、农业干旱、水文干旱和社会经济干旱。本书主要讨论气象干旱及其灾害。

3.2.2　干旱指标

干旱指标是利用气象要素,根据一定的计算方法所获得的指标,用于监测或评价某区域某时段内由于天气气候异常引起的水分亏欠程度。由于着眼点和使用的资料不同,干旱指标有多种。

中国气象局颁布的《GB/T 20481—2017　气象干旱等级》将气象干旱划分为 5 个等级,分别为无旱、轻旱、中旱、重旱和特旱。无旱特点为降水正常或较常年偏多,地表湿润,无旱象;轻旱特点为降水较常年偏少,地表空气干燥,土壤出现水分轻度不足;中旱特点为降水持续较常年偏少,土壤表面干燥,且出现水分不足,地表植物叶片白天有萎蔫现象;重旱特点为土壤出现水分持续严重不足,并出现较厚的干土层,植物萎蔫,叶片干枯,果实脱落,对农作物和生态环境造成较严重影响,对工业生产、人畜饮水产生一定影响;特旱特点为土壤出现水分长时间严重不足,地表植物干枯、死亡,对农作物和生态环境造成严重影响,对工业生产、人畜饮水产生较大影响。

气象上较为常用的干旱指标有降水距平百分率、标准化降水指数(SPI)、K 指数、帕默尔干旱指数和综合气象干旱指数(CI)、气象干旱综合指数(MCI)。

CI 和 MCI 考虑了降水和蒸散对当前干旱的累积效应,既能反映短时间尺度(月)和长时间尺度(季)降水量异常情况,又能反映短时间尺度(影响农作物)水分亏欠情况,而且能够进行逐日干旱监测,可以有效表征干旱的发生、发展、结束等重要信息以及干旱的阶段性特征。同时,其所需资料为逐日平均气温和降水量,易于获得,因此是近几年中国气象局先后推广应用的干旱监测指标。王素艳等(2012)对几种干旱指标在宁夏的应用进行对比分析后认为,"K指数和 CI 指数评估效果较好",并对 CI 指数进行了本地化修正(王素艳 等,2013)。高睿娜等(2020)通过对 CI 和 MCI 在宁夏的应用对比分析,发现 CI 比 MCI 更适合宁夏干旱监测。因此,本书采用修正后的 CI 指数统计分析宁夏的干旱特征。

(1)CI 计算方法

$$CI = aZ_{30} + bZ_{90} + cM_{30} \tag{4.1}$$

式中,Z_{30}、Z_{90} 分别为近 30 d 和近 90 d 的 SPI 值,M_{30} 为近 30 d 相对湿润度指数,a、b 分别为近 30 d、90 d 标准化降水系数,c 为近 30 d 相对湿润系数,具体计算方法及取值见《GB/T 20481—2006　气象干旱等级》。

(2)干旱过程确定

当 CI 指数连续 10 d 为轻旱以上等级,则确定为发生一次干旱过程。干旱过程的开始日为第 1 d CI 指数达轻旱以上等级的日期。在干旱发生期,当 CI 指数连续 10 d 为无旱等级时干旱解除,同时干旱过程结束,结束日期为最后 1 次 CI 指数达无旱等级的日期。干旱过程开始到结束的时间为干旱持续时间。

某时段干旱评价:当评价某时段(月、季、年)是否发生干旱事件时,所评价时段内必须至少出现一次干旱过程,并且累计干旱持续时间超过所评价时段的 1/4 时,则认为该时段发生了干旱事件,其干旱强度由时段内 CI 值为轻旱以上的干旱等级之和确定。

(3)干旱评估指标的等级划分标准

采用《GB/T 20481—2006　气象干旱等级》中分级方法将干旱划分为五级,分别为:1 级无旱,2 级轻旱,3 级中旱,4 级重旱,5 级特旱,各级划分标准如表 3.1(王素艳,2013)。

表 3.1　干旱评估指标的等级划分标准

干旱等级	干旱类型	CI 指数
		修正值
5	特旱	$(-\infty, -2.40]$
4	重旱	$(-2.4, -1.77]$
3	中旱	$(-1.77, -1.09]$
2	轻旱	$(-1.09, -0.45]$
1	无旱	$(-0.45, \infty)$

3.2.3　气候特征

(1)年干旱特征

干旱频率:宁夏中北部几乎每年都会发生不同程度的干旱过程,六盘山地区为宁夏降水最多、干旱最少的地区,干旱频率在 50% 以下,其他各地为 60%～90%。由于北部有黄河灌溉,因此,干旱灾害影响并不大,宁夏旱灾主要出现在中南部。

干旱日数:宁夏干旱总日数与中旱及以上日数分布特征一致,由南到北增多。各地干旱日数为 91~239 d,陶乐、中宁最多;引黄灌区各地均在 210 d 以上;中部干旱带在 193~220 d;南部山区各地在 180 d 以内(图 3.3a)。各地中旱及以上干旱日数为 52~158 d,沙坡头区最多;引黄灌区各地及中部干旱带的同心、兴仁、韦州在 140 d 以上;中部干旱带其他地区为 122~136 d;南部山区在 75(泾源)~102 d(原州区)(图 3.3b)。

宁夏重旱及以上干旱日数和特旱日数空间分布特征一致,均为南北两头少,中间多。各地重旱及以上干旱日数在 22~78 d,中宁最多,同心次多(76 d);中部干旱带及引黄灌区的中宁、沙坡头区、灵武在 60 d 以上,利通区及以北大部及南部山区北部为 40~60 d,南部山区南部在 40 d 以下(图 3.3c)。

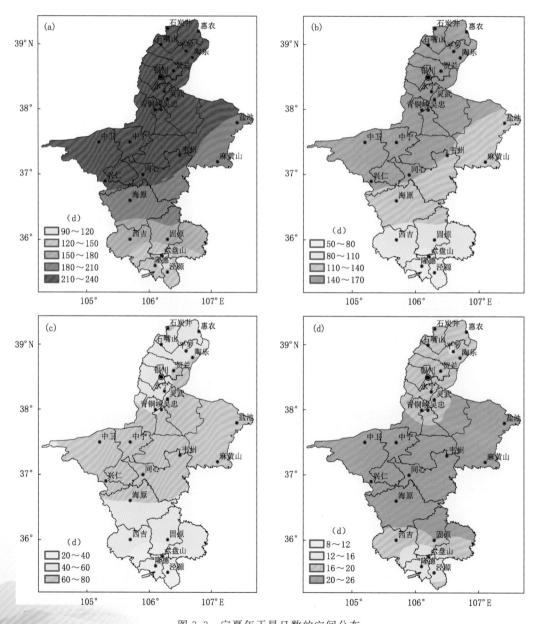

图 3.3　宁夏年干旱日数的空间分布
(a)干旱总日数;(b)中旱及以上日数;(c)重旱及以上日数;(d)特旱日数

各地特旱日数在 8～26 d,海原最多,中部干旱带及引黄灌区的中宁、沙坡头区在 20 d 以上;利通区及以北和南部山区北部在 16～20 d,南部山区南部为 15 d(图 3.3d)。

从宁夏全区平均各等级干旱日数占比看,轻旱、中旱、重旱和特旱占比依次减少,分别占 20.8%、21.0%、10.0% 和 5.3%,累计 57.1%,无旱为 42.9%(图 3.4)

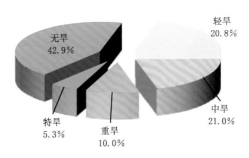

图 3.4　宁夏各等级干旱日数占比

(2)四季干旱特征

干旱频率:宁夏中北部 10 年中有 7～9 年都会出现阶段性季节干旱,南部山区各季节干旱频率均为最低,10 年中有 4～8 年发生干旱。春季、夏季和秋季发生干旱的频率差别不大,引黄灌区大部夏季较春季和秋季略高;中部干旱带春季兴仁和麻黄山频率最高,夏季同心频率最高,秋季兴仁、盐池和同心频率最高;南部山区原州区和西吉干旱频率较高,各季节 10 年中有 6～8 年发生阶段性干旱。

干旱日数:各等级干旱日数分布特征较为相似,其中,干旱总日数和轻旱及以上干旱日数从南到北增多;重旱及以上日数、特旱日数春季呈南北两头少,中间多,夏季仍为由南到北增多,而秋季与春季和夏季略有不同。

各地干旱总日数秋季最多,春季和夏季差别不大;从引黄灌区、中部干旱带和南部山区三个区域分布看,区域间差异较大,区域内差异比较小。三个季节干旱总日数均在 30～66 d,其中,引黄灌区在 55～60 d;中部干旱带在 46～61 d;南部山区在 23～48 d,均为原州区最多(图 3.5a,图 3.6a,图 3.7a)。

中旱及以上日数,春旱为 13～39 d,夏季为 37～44 d,秋季为 12～44 d;引黄灌区各季节为 34～44 d;中部干旱带为 32～41 d;南部山区为 12～27 d,春、夏季多于秋季,北部多于南部(图 3.5b,图 3.6b,图 3.7b)。

重旱及以上日数,春季为 6～20 d,夏季为 8～26 d,秋季为 13～23 d;引黄灌区春季、夏季、秋季分别为 8～20 d、24～26 d、13～23 d;中部干旱带各季节为 14～22 d,均为同心最多;南部山区各地为 4～13 d,北部多于南部(图 3.5c,图 3.6c,图 3.7c)。

特旱日数很少,春季和秋季各地均不足 10 d,夏季为 5～13 d,其中,春季中部干旱带多于引黄灌区和南部山区,夏季和秋季中北部差别不大,多于南部山区(图 3.5d,图 3.6d,图 3.7d)。

(3)最长干旱持续日数

由于宁夏降水日数和降水量均偏少,总体呈现干旱过程少,但持续时间长的特征,季节连旱、多年连旱常有发生。宁夏各地最长干旱持续日数在 133～501 d,引黄灌区除石炭井为 249 d 外,其他各地为 307～501 d,大武口区最多,发生在 1981—1982 年严重干旱年份,这两年大武口区降水持续偏少 5～6 成,其中,1981 年为第 3 偏少年,1982 年为第 2 偏少年;平罗、利通区、沙坡头区在 431～451 d;中部干旱带各地最长持续干旱日数在 249～316 d,兴仁最短,同心最长;南部山区六盘山和隆德分别为 133 d 和 153 d,西吉、泾源和原州区分别为 198 d、208 d 和 236 d(图 3.8)。大部分地区最长干旱持续日数发生在 1981—1982 年、1994—1995 年、1997—1998 年、2000—2001 年、2004—2006 年,以及 2010—2011 年严重的持续干旱年份。

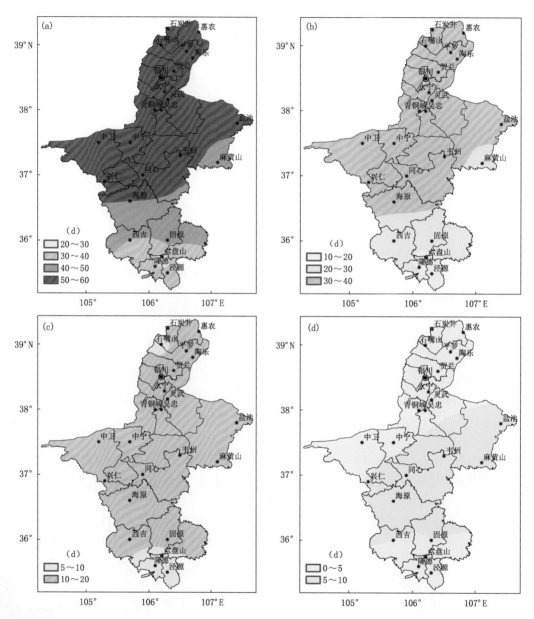

图 3.5　宁夏春季干旱日数的空间分布
(a)干旱总日数;(b)中旱及以上日数;(c)重旱及以上日数;(d)特旱日数

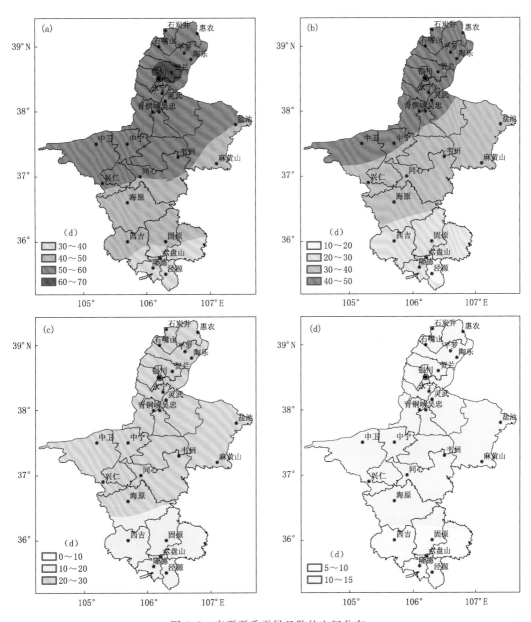

图 3.6　宁夏夏季干旱日数的空间分布

(a)干旱总日数；(b)中旱及以上日数；(c)重旱及以上日数；(d)特旱日数

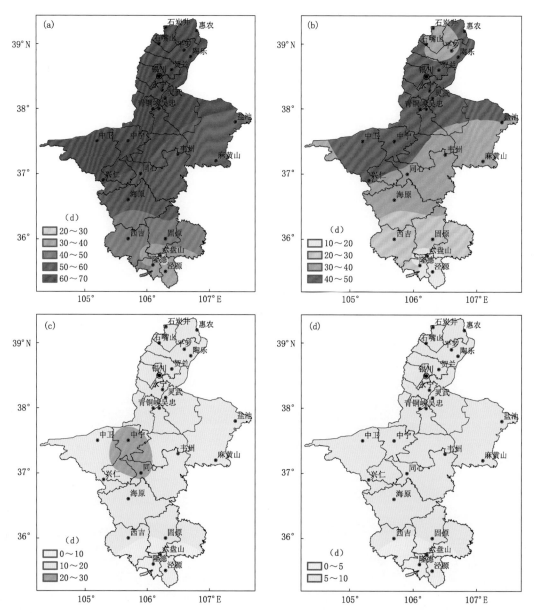

图 3.7　宁夏秋季干旱日数的空间分布
(a)干旱总日数;(b)中旱及以上日数;(c)重旱及以上日数;(d)特旱日数

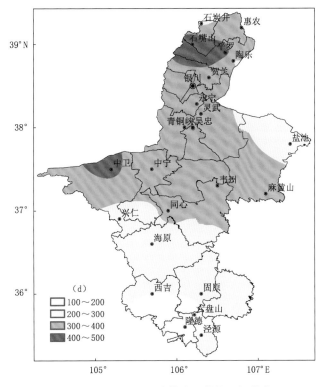

图 3.8　宁夏最长干旱持续日数的空间分布

3.2.4　主要影响

干旱是对人类经济社会影响最严重的气象灾害之一,其频繁发生和长期持续,不但会给经济社会,特别是农业生产带来巨大的损失,还会造成水资源短缺、荒漠化加剧、沙尘暴频发等诸多生态和环境方面的不利影响。干旱是宁夏发生次数多、影响面积广、危害最严重的气象灾害。据统计,宁夏每年因干旱造成的直接经济损失占气象灾害造成的直接经济损失总量的44.1%～90.2%。干旱的危害主要表现在以下几个方面:

对农牧业的影响:干旱是危害宁夏农牧业生产的第一自然灾害。气象条件影响作物的分布、生长发育、产量及品质的形成,而水分条件是决定农业发展类型的主要条件。干旱由于其发生频率高、持续时间长、影响范围广、后延影响大,成为影响宁夏农业生产最严重的气象灾害。

干旱灾害对农业生产的影响和危害程度与其发生季节、时间长短以及作物所处的生育期有关。3—5月是宁夏农作物开始播种、出苗及营养生长阶段,春旱会影响冬小麦返青和后期生长,使得穗数、穗粒数减少,粒重降低,还会影响春小麦的正常出苗和苗期生长,造成缺苗断垄,幼苗生长不良。

夏旱主要危害宁夏春播作物的生殖生长。6—8月正值小麦抽穗扬花—成熟阶段,大秋作物进入生长旺盛阶段,需水量很大,耐旱力最差,如果遇到干旱,土壤水分迅速下降,即会发生"卡脖子旱",农谚有"春旱不算旱,夏旱丢一半"。

秋旱不仅使宁夏当年秋作物受害,同时影响蓄水。9—11月秋作物进入灌浆成熟和收获期,农作物需水量相对减少。但秋旱一旦发生,其造成的影响就比较严重,会造成下一年夏作物失种或减产,在宁夏主要影响冬小麦的播种出苗和越冬前生长,所以俗语有"秋旱连根烂""麦收隔年墒"之说。

干旱直接影响城乡居民饮水:宁夏中南部地区是国家11个集中连片特困地区之一,水资源严重匮乏。尤其是海原、同心预旺镇以南,固原市原州区以北,西吉、彭阳县全境等地区,水资源严重不足,城乡饮水不安全人口110多万。

干旱促使生态环境进一步恶化:干旱造成湖泊、河流水位下降,部分干涸和断流,地表水源补给不足,只能依靠大量超采地下水来维持居民生活和工农业发展,导致地下水位下降、漏斗区面积扩大、地面沉降等一系列的生态环境问题。干旱缺水导致植被退化,对脆弱的生态系统非常不利。此外,干旱也加剧土地荒漠化进程。

气候暖干引发其他自然灾害发生:气候变暖导致林地地温偏高,草地枯草期长,森林和草原火灾时有发生。

3.2.5　气象干旱典型事件

1972—1973年,宁夏发生秋、春、初夏连旱,不少地方旱象持续300多天,造成小河断流,水井、水库干涸,水窖裂缝,干土层达30 cm,人畜饮水极为困难。同心等地夏作物基本绝产,羊和大牲畜死亡率很高,仅同心县当年死亡羊3.6万多只;原固原县寨科公社全年大旱,夏秋作物失收。据统计,这一年南部山区受旱灾面积53.3万 hm²,旱灾受灾面积占总受灾面积的86.4%,绝产约占50%。

1982年,宁夏干旱受灾面积45.4万 hm²,受灾面积占总受灾面积的87.4%。各地年降水量仅为82.9~429.6 mm,是史上少见的干旱严重年份,特别是同心、海原、西吉、原州区、盐池等地,出现春、夏、秋连旱。宁夏全区干旱面积38万 hm²,成灾面积36万 hm²,绝产面积13万 hm²。

1995年,宁夏出现严重干旱,南部山区夏粮作物严重受旱,粮食大幅度减产。全区因干旱夏粮受灾面积23.2万 hm²,成灾面积21.5万 hm²,受灾人口170万。南部山区夏粮总产约1.8亿 kg,比正常年景减产1.5亿 kg,比1994年减产0.7亿 kg。干旱严重的部分地区秋播计划完成不足80%。山区各类蓄水工程水量比1994年同期减少72%,50%的中小型水库和80%的塘坝干涸,有50万人、20万头大牲畜、近100万只羊出现饮水困难。

2006年,宁夏干旱受灾面积51.2万 hm²,干旱受灾面积占总受灾面积的82.3%。中部干旱带出现截至当时有气象记录以来少有的持续异常干旱,造成农作物、牧草生长受阻,人畜饮水困难加剧,南部山区中北部冬小麦生长受抑制,夏秋粮生长发育受影响。

2008年,宁夏干旱受灾面积49.4万 hm²。4月下旬至8月中旬,大部分地区降水偏少、气温偏高,中部干旱带和南部山区旱情迅速发展蔓延,造成水利工程蓄水严重不足,比常年偏少40%,153万人和57万 hm²夏粮受灾,22万 hm²旱地夏粮绝收。造成直接经济损失约9.78亿元。

3.3　暴雨

3.3.1　定义

暴雨标准如表 3.2。本书以日降水量≥50 mm 为标准进行统计分析。

表 3.2　暴雨等级定义

序号	等级	12 h 降雨量(mm)	24 h 降雨量(mm)
1	暴雨	30.0～69.9	50.0～99.9
2	大暴雨	70.0～139.9	100.0～249.9
3	特大暴雨	≥140.0	≥250.0

3.3.2　气候特征

（1）时空分布

1961—2018 年，宁夏全区累计出现暴雨 271 站·日，均出现在 5—9 月，其中，5 月 3 站·日，6 月 21 站·日，7 月 120 站·日，8 月 114 站·日，9 月 13 站·日，7—8 月占总站·日的 86%。从空间分布来看，暴雨高发区主要集中在贺兰山和南部山区，除贺兰山和六盘山两个高山站外，泾源最多，达 46 d（图 3.9）。

自 1961 年以来宁夏大暴雨累计仅出现 9 站·日，其中，大武口区 2 d，平罗、贺兰、银川、盐池、麻黄山、隆德、泾源均出现过 1 日。除贺兰山外，其他各地未出现特大暴雨。

（2）极端性

用极端日降水量来描述暴雨的极端性。近几年，贺兰山降水极端性增强，降水量不断刷新宁夏有气象记录以来日降水量极值，2016 年"8·21"贺兰山滑雪场 24 h 降水量 239.5 mm，2018 年"7·22"贺兰山滑雪场降水量再次创新高，达 297.4 mm。除贺兰山外，宁夏各地极端日降水量为 55.9～133.5 mm，最大值出现在麻黄山（1984 年 8 月 2 日），最小值出现在青铜峡（2002 年 8 月 14 日），100 mm 以上主要出现在贺兰山东麓（图 3.10，表 3.3）。

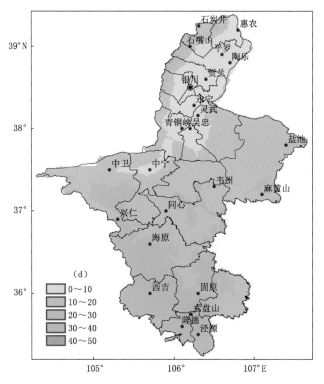

图 3.9　宁夏各地暴雨日数的空间分布

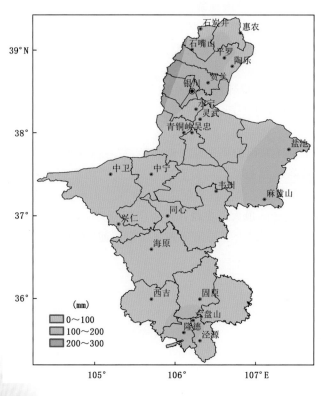

图 3.10　宁夏各地日降水量极值的空间分布

表 3.3　宁夏各站日极端降水量及其出现日期

地区	极端日降水量(mm)	出现日期
石炭井	72.0	2012 年 7 月 13 日
大武口区	132.9	1973 年 8 月 9 日
惠农	81.0	1975 年 8 月 5 日
贺兰	107.2	2012 年 7 月 30 日
平罗	113.2	1970 年 8 月 18 日
利通区	64.2	1976 年 8 月 3 日
银川	119.5	2012 年 7 月 30 日
陶乐	85.1	1978 年 8 月 7 日
青铜峡	55.9	2002 年 8 月 14 日
永宁	79.9	1976 年 8 月 3 日
灵武	95.4	1970 年 8 月 1 日
沙坡头区	68.3	1968 年 8 月 1 日
中宁	77.8	1964 年 8 月 12 日
兴仁	87.1	1970 年 8 月 29 日
盐池	121.2	1999 年 7 月 13 日
麻黄山	133.5	1984 年 8 月 2 日
海原	81.9	2013 年 7 月 9 日
同心	60.5	1985 年 8 月 16 日
原州区	98.1	1992 年 8 月 10 日
西吉	93.1	2013 年 6 月 20 日
隆德	131.7	1977 年 7 月 5 日
泾源	90.9	1996 年 7 月 7 日
韦州	87.5	2002 年 6 月 8 日
六盘山	121.7	1977 年 7 月 5 日

3.3.3　主要影响

对农业的影响:农业最易遭到暴雨洪涝灾害的破坏,而且其对暴雨洪涝灾害的后效性响应最为明显。暴雨使农田土壤过湿,低洼地块出现作物被淹现象,影响根系呼吸和正常生长,造成作物生长缓慢,发育延迟;农田雨水集聚过多,使得作物被淹绝收;暴雨影响作物的开花授粉,延缓生育期;田间湿度大,农作物也易发生病虫害。宁夏暴雨过程少,高发区主要集中在北部贺兰山和南部六盘山,其次为南部山区,受暴雨影响严重的作物主要是贺兰山东麓酿酒葡萄,另外如夏粮生产后期的暴雨可导致小麦发芽、霉烂等造成减产,7—8 月发生的暴雨,会引起引黄灌区正值抽穗扬花期的水稻不孕危害,糜子等秋作物发育不良。宁夏引黄灌溉历史悠久,有大量的干渠、堤坝和中小水库等,突发暴雨会导致水利设施不同程度的毁坏。

对工业的影响:暴雨对工业生产的影响主要包括暴雨冲毁厂房、冲走或毁坏原材料等所造成的停、减产损失。

对交通运输的影响:暴雨洪水可以冲毁或损坏路基、路面及其他公路设施,还可以淹没公路涵洞、护坡、驳岸及各种用房等。暴雨洪水还诱发坍塌等地质灾害、城市内涝等,进而破坏公路路基、路面及其他公路设施,致使交通中断。

此外,暴雨还常常引发滑坡和泥石流等次生灾害。滑坡灾害主要分布于南部山区黄土丘陵区,集中在西吉县葫芦河流域、海原县李俊堡、原州区—隆德—泾源—彭阳公路沿线一带。贺兰山是宁夏的降雨中心之一,年平均降水量在 400 mm 以上,沟深坡陡,汇水条件比较好,基岩风化程度高,表层堆积了较厚的碎石及泥沙碎屑物质,在暴雨条件下,极易发生泥石流,泥石流灾害主要发生在贺兰山沟谷及山前地带。此外,中部山区沟谷及六盘山地区,暴雨季节山洪携带大量泥沙,也极易形成泥石流。

3.3.4 典型暴雨事件

1970 年 8 月 17—18 日,贺兰山东麓出现大暴雨,平罗降水量达 125.2 mm,各沟山洪齐下,大武口洪峰流量 994 m³/s。西干渠决口 86 处,冲淹农田 0.65 万 hm²,冲毁公路桥梁 14 座,冲毁铁路 3 处,死亡 7 人,受伤 22 人。

1977 年 7 月 5 日,六盘山区出现特大暴雨,山体东西两侧各形成一个暴雨中心,东侧中心在彭阳县城阳乡,西侧中心在隆德县凤岭乡李士,导致隆德县渝河流域发生特大洪水,冲毁小型水库 4 座,塘坝 43 条,渡槽涵洞各 2 个,倒塌房屋 2384 间,死亡 20 人,0.34 万 hm² 农田作物被冲毁绝产。

1983 年 7 月 25 日,海原、原州区、泾源、隆德等地出现暴雨。暴雨中心在隆德大庄和西吉偏城,小时降水量最大分别为 69.9 mm 和 69.5 mm。暴雨灾害涉及固原地区 34 个公社,油料作物受灾面积 2.3 万 hm²,成灾面积 1.84 万 hm²,绝产面积 0.73 万 hm²。受灾重的泾源、原州区两县被洪水冲走死亡 11 人,同时还有牲畜、房屋、窑洞和水利设施等受到损失。

1996 年 7 月 26—27 日,南部山区普降特大暴雨,降水历时、范围、量级为宁夏历史上罕见。泾河支流黑牛沟暴发 50 年一遇特大洪水,洪峰流量达 31.6 m³/s。山洪通过梯田和黄土溶洞渗入坡体,致使红河乡黑牛沟村庙湾发生山体滑坡,造成 23 人死亡,7 人受伤。

1998 年 5 月 20 日白天到夜间,宁夏大部分地区出现中到大雨,局地暴雨。贺兰山苏峪口 6 h 降水量达 167.8 mm。5 月 20 日 08 时至 21 日 08 时陶乐降水量 80.4 mm,同心 59.1 mm,兴仁 42.3 mm,都出现了截至当年 5 月日降水量极值,致使贺兰山东麓山洪沟及同心县下流水、中卫黄河南岸诸沟、陶乐红崖子等山洪沟暴发山洪。受灾 15 万人,因灾死亡 9 人,被洪水围困达 6100 人。洪水造成部分水利、道路、电力和通信设施严重损坏。据不完全统计,此次洪水造成经济损失 3.2 亿元以上。

2016 年 8 月 21 日夜间,贺兰山沿山银川、石嘴山段出现了 50 年一遇的特大暴雨。暴雨中心出现在苏峪口一带,贺兰山滑雪场降水量 239.5 mm,西夏区拜寺口 219.1 mm;最大小时雨强贺兰山滑雪场为 82.5 mm/h。贺兰县、西夏区、永宁县发生洪灾,贺兰山沿山拜寺口至苏峪口一线出现山洪,为历史罕见。

2018 年 7 月 22 日午后至 23 日夜间,贺兰山银川至石嘴山段出现大暴雨,局地百年一遇特大暴雨,贺兰山滑雪场降水量达 297.4 mm。暴雨引发贺兰山东麓西夏区、贺兰县、平罗县、大武口区沿线沟道发生洪水。洪水持续时间长、范围广、流量大,多条山洪沟暴发 50~200 年一遇洪水。镇北堡拦洪库入库洪水 230 万 m³,金山拦洪库入库洪水 800 万 m³,镇朔湖拦洪库入库洪水 1000 万 m³,大武口拦洪库入库洪水 1300 万 m³,拦洪库水位达到或接近防洪高水位。受暴雨洪水影响,沿山共转移 5200 余人。

3.4 连阴雨(雪)

3.4.1 定义

连阴雨(雪):一种持续时间长、影响范围广的阴雨(雪)天气现象,是宁夏的主要灾害性天气之一。根据宁夏气候特点,连阴雨(雪)的统计标准定义如下:

"雨(雪)日"是指日降水量≥0.1 mm,日平均总云量≥8 成,或者日降水量<0.1 mm,但日照时数<5 h 的一天,称为一个"雨(雪)日"。出现连续 3 d 或 3 d 以上雨(雪)日,记为一次连阴雨(雪)过程,4 d 及以上的连阴雨(雪)过程中可包含非雨(雪)日,但不能有连续两个非雨(雪)日且该日的平均总云量≥8 成(冯建民 等,2011)。

2013 年以后由于观测规范的改进,采用可日照时数百分比(日照时数与测站可照时数之比)替换原定义中日平均总云量指标。由此,"雨(雪)日"定义为日降水量≥0.1 mm,或者日降水量<0.1 mm,可日照时数百分比<40%,称为一个"雨(雪)日"。连阴雨(雪)过程定义如下:

(1)若连续 3 d 为雨(雪)日,记为一次连阴雨(雪)过程;

(2)若连续 4~5 d,其间允许有 1 个非雨(雪)日,且非雨(雪)日单日可日照时数百分比<40%,非雨(雪)日不可以在开始和结束日;

(3)若连续 6 d 以上,其间允许有 2 个非雨(雪)日,且该非雨(雪)日且单日可日照时数百分比<40%,但不能有连续 2 个非雨(雪)日,非雨(雪)日不可以在开始和结束日。

3.4.2 气候特征

(1)连阴雨(雪)频次

宁夏全区连阴雨(雪)过程年平均发生 4.9 站次,呈北少南多分布(图 3.11)。引黄灌区各地年平均发生 4 次以下;中部干旱带的南北差异较大,其中,麻黄山、海原 6~7 次;南部山区发生次数较多,其中,泾源高达 12.5 次。

(2)连阴雨(雪)持续日数特征

宁夏全区连阴雨(雪)过程持续日数平均为 4.2 d,不同季节、不同持续日数连阴雨(雪)过程空间分布均呈南多北少。春、夏季连阴雨(雪)过程平均持续日数均为 4.0 d,秋季最长,为 4.6 d,冬季最短,为 3.8 d。

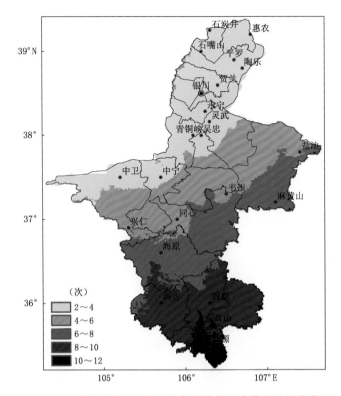

图 3.11　宁夏连阴雨(雪)过程年平均发生次数的空间分布

3~4 d 连阴雨(雪)过程：

宁夏连阴雨(雪)过程以 3~4 d 最多,1961—2018 年以来,全区共发生 4093 站次,占总连阴雨过程的 72.1%;各季 3~4 d 连阴雨(雪)过程占当季总连阴雨过程的 64.8%~82.7%(表3.4)。

表 3.4　各季不同持续日数连阴雨(雪)过程站次数及占当季总连阴雨(雪)过程的比例(%)

季节	3~4 d	5~7 d	8 d 以上
春季	906(74.8)	280(23.1)	25(2.1)
夏季	1667(74.0)	501(22.2)	86(3.8)
秋季	1128(64.8)	442(25.4)	171(9.8)
冬季	392(82.7)	74(15.6)	8(1.7)

3~4 d 的连阴雨(雪)过程夏季发生次数最多,占全年 3~4 d 的连阴雨(雪)过程的 40.7%,其次为秋季 27.6%,春季为 22.1%,最少的冬季为 9.6%。从空间分布看,各地均为夏季最多,其次依次为秋季、春季和冬季。引黄灌区、中部干旱带、南部山区春季分别在 17~34 次、31~69 次和 84~120 次;夏季分别在 52~80 次、75~90 次和 116~155 次;秋季分别在 25~54 次、48~66 次和 93~120 次;冬季分别在 6~17 次、15~27 次和 35~60 次;除六盘山外,均为泾源最多(图 3.12)。

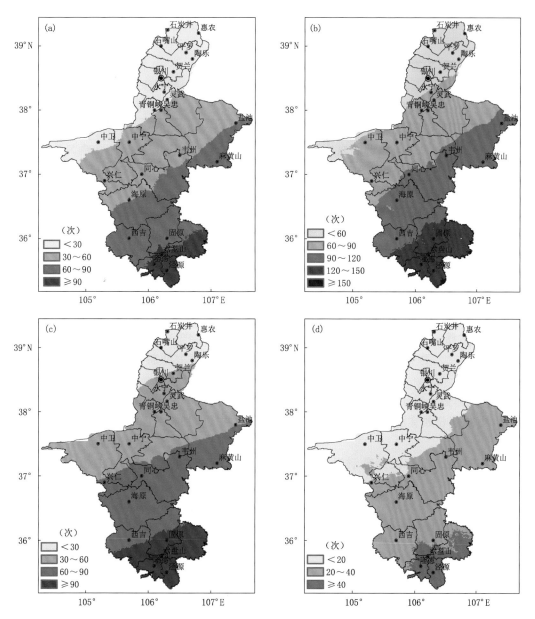

图 3.12　宁夏各季 3～4 d 连阴雨(雪)过程的空间分布
(a)春季；(b)夏季；(c)秋季；(d)冬季

5～7 d 连阴雨(雪)过程：

宁夏全区 5～7 d 连阴雨(雪)过程共发生 1297 站次,占总连阴雨(雪)过程的 22.8%；各季 5～7 d 连阴雨(雪)过程占当季总连阴雨过程的 15.6%～23.1%(表 3.4)。

5～7 d 的连阴雨(雪)过程夏季、秋季占全年的比例相当,分别为 38.6%、34.1%,其次为春季,占 21.6%,最少的仍然是冬季,为 5.7%。从空间分布看,南部山区仍是夏季发生次数最多,为 48～100 次,其次秋季为 39～60 次,春季为 26～55 次,冬季在 15 次以下；中部干旱带夏季、秋季出现次数差别不大,各地为 30～40 次,春季在 8～19 次,冬季不足 10 次,其中,兴仁冬季未出现过 5～7 d 连阴雨(雪)过程;引黄灌区各季差别不大,普遍在 20 次以下,大部分地区秋季略多于夏季和春季,其中,春季基本在 10 次以下,冬季在 3 次以下(图 3.13)。

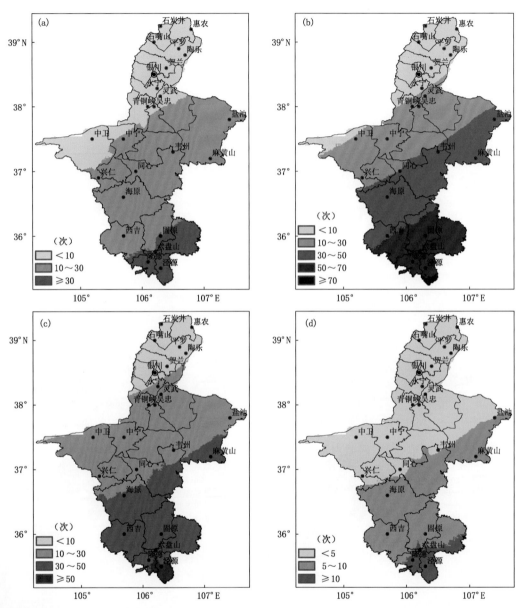

图 3.13　宁夏各季 5～7 d 连阴雨(雪)过程的空间分布
(a)春季;(b)夏季;(c)秋季;(d)冬季

　　≥8 d 连阴雨(雪)过程:

　　宁夏全区≥8 d 连阴雨(雪)过程共发生 290 站次,占总连阴雨(雪)过程的 5.1%;秋季≥8 d 的过程占当季总连阴雨(雪)过程的 9.8%,其他季节均不足 4%(表 3.4)。

≥8 d 连阴雨(雪)过程秋季占全年的比例最高,达 59.0%;其次为夏季,占 29.7%,春季、冬季占比不到 10%,分别仅为 8.6%、2.8%。从空间分布看,夏、秋两季南部山区各地分别在 10 次、18 次以上,其他地区夏季在 5 次以下,秋季除海原和麻黄山分别为 12 次和 13 次外,其余地区均在 7 次以下;春季南部山区在 3 次以上,其他地区大部无≥8 d 连阴雨过程(图 3.14)。

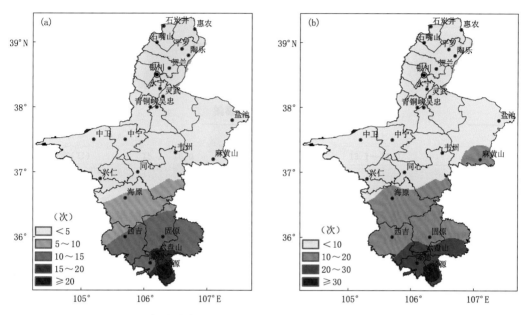

图 3.14 宁夏夏季(a)、秋季(b)≥8 d 连阴雨(雪)过程的空间分布

(3)连阴雨(雪)过程最长持续日数、过程降水量及日最大降水量特征

宁夏全区连阴雨(雪)过程最长持续日数平均为 14.3 d,各地在 7~20 d。其中,引黄灌区各地差异较大,惠农最短,为 7 d,灵武最长,为 18 d,其他各地在 9~17 d;中部干旱带在 12~16 d,南部山区在 16~20 d(图 3.15)。

宁夏全区连阴雨(雪)过程累计降水量平均为 16.2~30.0 mm,其中,引黄灌区为 16.2~18.3 mm,中部干旱带在 16.3~23.8 mm,南部山区为 21.0~30.0 mm(图 3.16)。从各季来看,夏季平均过程降水量为 29.7 mm,其中,累计降水量 50 mm 以上的过程达 14.7%,100 mm 以上的过程为 2.7%;其次分别为秋季、春季,平均过程降水量分别为 20.8 mm、14.5 mm;冬季以降雪天气为主,平均过程降水量为 3.8 mm,其中,累计降水量 10 mm 以上的过程占 3.2%(表 3.5)。

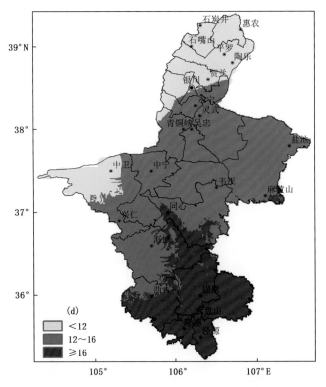

图 3.15　宁夏连阴雨(雪)过程最长持续日数的空间分布

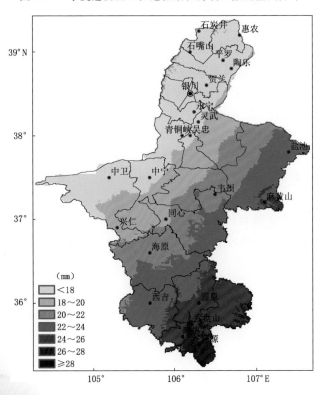

图 3.16　宁夏连阴雨(雪)过程平均降水量的空间分布

表 3.5　各季不同量级降水量的连阴雨(雪)过程站次数及占比(%)

季节	<10.0 mm	10.0~24.9 mm	25.0~49.9 mm	50.0~99.9 mm	≥100.0 mm
春季	571(47.2)	435(35.9)	170(14.0)	34(2.8)	1(0.1)
夏季	549(24.4)	685(30.4)	628(27.9)	331(14.7)	61(2.7)
秋季	635(36.5)	637(36.6)	319(18.3)	125(7.2)	25(1.4)
冬季	459(96.8)	15(3.2)			

宁夏全区连阴雨(雪)过程最大单日降水量为 51.0~133.5 mm。其中,引黄灌区最大降水量为 55.9~95.4 mm;中部干旱带南北差异较大,同心最小,为 68.3 mm,而麻黄山高达 133.5 mm(宁夏 1961 年以来连阴雨(雪)过程单日降水量最大值);南部山区各地均在 90 mm 以上,其中,隆德为 131.7 mm(表 3.6)。单日降水量最大值除贺兰、海原外,引黄灌区、中部干旱带其他地区出现在 3~5 d 的连阴雨(雪)过程中,南部山区出现在 5~7 d 的过程中;全区单日降水量最大的连阴雨过程均出现在夏季。泾源、西吉、海原单日降水量最大值出现 2010 年以来,其他地区主要出现在 20 世纪(表 3.6)。

表 3.6　宁夏代表站最大单日降水量的连阴雨过程要素

站名	年	开始日期	结束日期	持续日数(d)	过程降水量(mm)	最大降水量(mm)
大武口区	1985	8 月 22 日	8 月 26 日	5	88.7	82.2
银川	1979	7 月 26 日	7 月 30 日	5	103.2	66.8
利通区	1976	7 月 31 日	8 月 3 日	4	68.7	64.2
沙坡头区	1968	8 月 1 日	8 月 4 日	4	91.1	68.3
盐池	2001	8 月 16 日	8 月 18 日	3	78.2	76.3
同心	2001	8 月 16 日	8 月 18 日	3	62.4	51
原州区	1992	8 月 8 日	8 月 12 日	5	158.9	98.1
泾源	2010	7 月 22 日	7 月 26 日	5	135.1	90.2
麻黄山	1984	8 月 1 日	8 月 3 日	3	141.3	133.5
隆德	1977	7 月 5 日	7 月 7 日	3	171	131.7

3.4.3　主要影响

连阴雨(雪)对宁夏的农业、工业、交通等行业影响较大。长期阴雨还会加速各种霉菌的生长繁殖,不利于人体健康,持续的降水对一些地质条件较为脆弱的地区还易诱发山地滑坡等地质灾害。

连阴雨影响最重的是农业。连阴雨过程造成长时间低温、寡照,对农业生产、生态等的影响有利有弊,降水对改善土壤墒情、生态环境恢复、降低森林火险等级起积极作用,但持续时间长、过程降水量大的连阴雨(雪)过程对农业生产有严重不利影响。

春季连阴雨过程对冬小麦的主要生育期(返青拔节期、抽穗开花期)、春小麦的播种和出苗影响较大。连阴雨可导致冬小麦花期授粉率降低,易诱发病虫害(霍治国 等,2009);可导致春小麦播种延期,出苗推迟,生育期缩短,可使早播田块土壤板结,使已播种子在土中缺氧、窒息、霉烂,使苗稀少或断垄,整体苗情差,穗粒数减少(李敬育,1985)。

夏季连阴雨过程对引黄灌区水稻、枸杞、酿酒葡萄等生产发育有很大影响,6月连阴雨过程使水稻秧苗分蘖速度放缓,苗情差,长时间的连阴雨造成烂苗;7—8月水稻正值抽穗、开花、灌浆期,此时出现的连阴雨天气会对其影响很大;连阴雨会造成枸杞烂果率升高,病虫害加重及影响正常收晒;高温高湿易导致酿酒葡萄灰霉病等喜湿病害的暴发。南部山区的蔬菜光合作用受到影响,导致蔬菜产量降低,渍害、病虫害隐患加大,蔬菜品质下降。

秋季连阴雨(雪)过程持续时间长,使得日照显著减少、空气湿度较大,对玉米、水稻灌浆、酿酒葡萄转色成熟、马铃薯晚疫病、枸杞秋条开花造成一定不利影响,同时连阴雨伴随低温天气诱发水稻稻瘟病、枸杞黑果病等病害的发生,引起枸杞花蕾脱落。秋收期间,连阴雨过程对秋粮的采收、晾晒不利;降水量较大时,水稻易出现倒伏,不利于机械设备下地抢收,也不利于已收获稻谷的烘干和正常晾晒,易产生霉变现象;会导致玉米收获期推迟,由于空气湿度大,发生霉变、出芽,或色泽不鲜艳,严重影响产量和品质。秋季蔬菜光照不足、营养不良,抗病能力下降(黄德珍 等,2010)。

发生连阴雨(雪)过程时,能见度降低,影响驾驶员视线。尤其冬季连阴雨(雪)过程,导致持续性低温、道路结冰湿滑,容易造成重大交通事故。

3.4.4　典型连阴雨事件

2007年3月1—3日,引黄灌区普降10.0～18.3 mm雨雪。3月中旬出现连阴雨(雪)过程,引黄灌区小麦播种受到极大影响,大面积田块延期播种近1个月,生育期缩短,早播田块严重板结,整体苗情差,穗粒数减少。同年6月15—22日,正值引黄灌区春小麦灌浆高峰期,出现连续8 d的连阴雨天气,大部分地区累计降水100 mm左右,气温低、光照不足对小麦灌浆与千粒重的增加造成了较大影响(李奇峰 等,2008)。同年9月下旬到10月中上旬,宁夏出现大范围持续性连阴雨灾害,其中,利通区、青铜峡、永宁、灵武、中宁、同心、麻黄山、原州区、西吉、彭阳、隆德、泾源出现长达15 d连阴雨过程,中南部地区累计降水量均在50 mm以上,泾源、麻黄山过程累计降水量为129.0～137.6 mm。正值秋收秋种,大范围的持续阴雨天气导致全区秋收工作推迟,农作物品质和产量下降,葡萄裂果增多。

2008年1月11—29日,宁夏全区出现了持续低温阴雪的极端天气事件,大部地区出现了有气象观测记录以来最长天数的连阴雪过程,过程累计降雪量为同期最大,部分地区最低气温为同期最低。此次持续低温雨雪天气,既有有利的方面,也有不利的影响。降雪对增加水资源、改善生态环境及中南部山区土壤墒情非常有利,特别是对农田增墒保墒、冬小麦顺利越冬及春季牧草和小麦返青十分有利,为春季生产创造了较好的水分条件;但对旅游业、交通运输业、设施农业及畜牧业产生严重不利影响,对电力、供暖、供水及人们日常生活造成了不利影响。

(1)对旅游业的影响。此次冰冻雨雪期间,正值春节,根据宁夏回族自治区旅游局发布的消息,春节黄金周期间,受冷空气和交通的影响,纳入统计范围内的20家景区接待人数较2007年同比下降33%,旅行社地接人数下降52%。

(2)对交通运输的影响。因长期低温雨雪天气、道路结冰,发生较多交通事故,共造成死亡3人,受伤4人,银川机场航班延误3架次,长短途客运停运达20755班次,公路运输受到严重影响。

(3)对设施农业及畜牧业的影响。持续低温、寡照给设施农业生产带来极大不利影响,全区 18425 座温棚受冻,其中,4677 座绝产,受灾 50% 以上的温棚有 5077 座。葡萄、果树大面积受灾,整体损失 1.5 亿元左右(梁旭 等,2009)。

(4)对黄河凌汛的影响。黄河宁夏段 397 km 河段累计封河长度达到 260 km,为 1968 年以来封河距离最长的一年。

(5)对电力、供水、供暖的影响。低温降雪天气造成电线结冰,增加电力负荷,给电力输送造成不利影响;对供水、供暖都带来了压力,为保证供暖质量,供热部门燃煤消耗量明显增加(周翠芳 等,2009)。

3.5　冰雹

3.5.1　定义

> 冰雹:也叫"雹",俗称雹子、"霜子",有的地区叫"冷子",是一种天气现象,夏季或春夏之交最为常见。它是一些小如绿豆、黄豆,大似栗子、鸡蛋的冰粒。

3.5.2　气候特征

(1)空间分布特征

冰雹的落区跟地形关系密切,宁夏南部的六盘山山系(即西华山、南华山、月亮山等)的海原、原州区、西吉、六盘山、隆德、泾源出现频次最高,1961—2018 年上述地区累计冰雹次数占宁夏境内冰雹发生总次数的 64%,各地年平均在 1.3 d 以上,最大值出现在六盘山,年平均达4.8 d,其次为宁夏北部的贺兰山区(石炭井、大武口区)和中部的兴仁、盐池、麻黄山、同心山川过渡地带,出现频率为 26.0%,各地年平均次数在 0.6 次以上;沿黄河一线的灌区平川地带为冰雹少发区,年平均在 0.4 次以下,具有"山地多、平川少、南北多、中部少"的地域分布特征(图3.17)。

(2)年变化特征

宁夏冰雹天气具有季节性强、雹日高度集中的特征。一般发生于 3—10 月,主要集中出现在 5—9 月,高峰期在 6 月,平均为 3.6 d。1984 年冰雹日最多,达 47 d,2018 年未出现冰雹灾害(图 3.18)。

(3)路径及源地

冰雹的移动路径与地形有密切关系。宁夏主要受西风带控制,境内山脉多呈西北—东南和南北走向,降雹线大部分呈西北—东南走向,冰雹云移动方向主要是由西北向东南,其次由东北向西南移动,也有从西南向东北移动的,但相对较少。

从宁夏境内冰雹发生情况看,主要发源于六盘山系的西峰岭、月亮山、南华山等地,其次为贺兰山沿山一带。在春末到秋初季节,这些地区日照充分,地面水汽充足,当高层有干冷空气入侵时,与低层暖湿气流形成"上干冷、下暖湿"配置,有利于对流系统的发展加强。

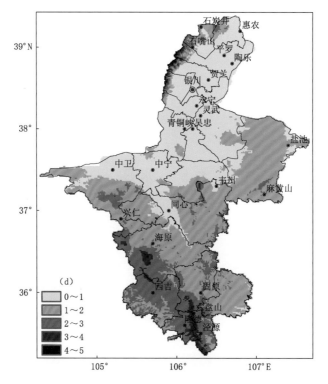

图 3.17 宁夏冰雹日数的空间分布

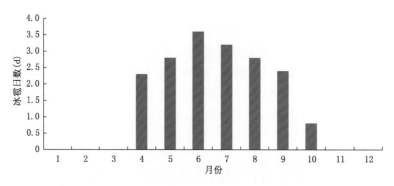

图 3.18 宁夏全区累计冰雹日数的年变化

3.5.3 主要影响

冰雹是局地性很强的灾害性天气,冰雹降落过程一般仅持续几分钟到几十分钟,很少超过1 h。冰雹的危害决定于降雹范围、雹块大小、持续时间及堆积厚度,直径越大,持续时间越长,危害性就越大。

由于冰雹一般都是来势猛、强度大,并且常常伴随有狂风、暴雨,因而往往给受灾地区房屋建筑、农作物、人畜等造成毁灭性的破坏或打击,尤其对作物的危害很大,可使农作物遭受机械损伤,直径稍大一点的冰雹还会直接击穿大棚,使棚内植物受损;伴随的大风还会将大棚掀翻,带来极大的损失。对于果树来说,密集降落的冰雹会使果树枝断叶落,掉花掉果,轻则伤树减产,重则会因树体伤口处理不及时,造成大面积腐烂而树死,致使绝收。

3.5.4　典型冰雹事件

1976 年宁夏全区降雹 30 余次,固原地区 19 次,有 125 个公社遭受雹灾,受灾面积 5.1 万 hm²,被冰雹打死 2 人,打伤 2 人,打死羊 305 只。

1984 年宁夏全区雹灾涉及 105 个乡,受灾人口约 40 万,农作物受灾面积 7.8 万 hm²,其中,绝产 2.9 万 hm²。因灾死亡 29 人,打伤 300 多人,砸坏房屋和窑洞 3889 间(孔),死亡大牲畜 58 头,羊 2560 只。

1996 年宁夏中南部多地出现冰雹灾害,有些地区伴有短时暴雨天气,造成农作物受灾面积超过 3.3 万 hm²,死亡 1 人,受伤 57 人,据不完全统计,仅中卫经济损失就达 2294.0 万元。

2007 年宁夏全区共出现冰雹天气 15 次,主要发生在盐池、同心、海原、西吉、彭阳、隆德和泾源一带,部分地区连续 2 d 或 3 d 出现冰雹天气,持续时间一般几分钟到十几分钟。共造成受灾人口 11.93 万,直接经济损失 2.8 亿元。

2008 年宁夏全区共出现冰雹天气 10 次,主要在中南部地区,造成受灾人口 14.2 万,农作物受灾面积 3.9 万 hm²,2 人失踪,直接经济损失 2.3 亿元。

2011 年宁夏全区共遭受冰雹灾害 25 次,主要出现在 7—8 月,造成受灾人口约 12 万,农作物受灾面积约 2.8 万 hm²,共造成直接经济损失 1.69 亿元。

3.6　大风

3.6.1　定义

> 大风:瞬时风速达到或超过 17.2 m/s(或者是目测估计风速达到或者超过 8 级)的风,称为大风。当某一日中有大风出现,则该日记为 1 个大风日。

3.6.2　气候特征

(1)大风日数空间分布特征

宁夏大风日数空间分布不均,分布特点与地形有很大的关系。山区大风日数较多,风速较大,大值区出现在贺兰山区、麻黄山、香山和六盘山区,超过 40 d,除高山站外宁夏北部的惠农最多,其他大部地区大风日数为 10~20 d,南部山区的隆德最少(图 3.19)。

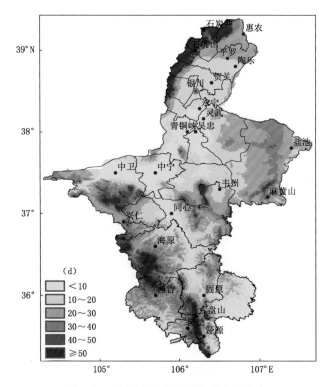

图 3.19　宁夏全区大风日数的空间分布

（2）最大风速和极大风速

> **最大风速**：给定时段内的 10 分钟平均风速的最大值，局地性较强。
>
> **极大风速**：给定时段内的瞬时风速的最大值，也具有较强的局地性，夏季大风常伴有强对流天气。

宁夏全区各地年最大风速在 17.3～30.0 m/s，由于局地性强，其分布与平均风速分布有所不同，最大值出现在北部的贺兰山，为 38.7 m/s，其次为北部的惠农和中部的麻黄山，均为 30.0 m/s，银川为 28.0 m/s，仅次于上述各地，其他大部地区在 26.0 m/s 以下（图 3.20）。各地年极大风速在 24.8～43.8 m/s，北部的贺兰山区、大武口区、惠农和中部的沙坡头区、中部干旱带的海原和麻黄山以及六盘山在 30.0 m/s 以上，六盘山最大，为 43.8 m/s（图 3.21）。

（3）大风年变化特征

宁夏全区大风日数多集中在春季，尤其 4 月最多，均在 2 d 以上（六盘山 12.9 d），春季大风日数占全年的 45.7%，7—9 月最少，基本在 1 d 以下，其他月份平均在 1.5 d 左右（图 3.22）。

最大风速和极大风速，总体上春季、冬季大于夏、秋两季，春季最多，秋季最少；大部分地区各月最大风速都在 15 m/s 以上，极大风速在 20 m/s 以上（图 3.23，图 3.24）。

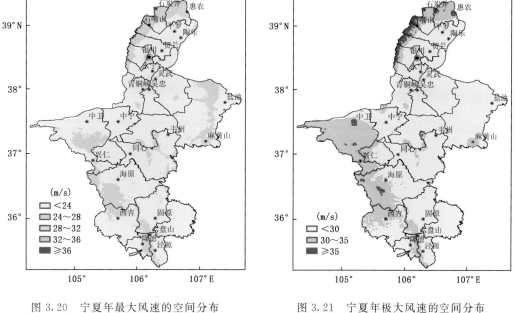

图 3.20　宁夏年最大风速的空间分布　　　　图 3.21　宁夏年极大风速的空间分布

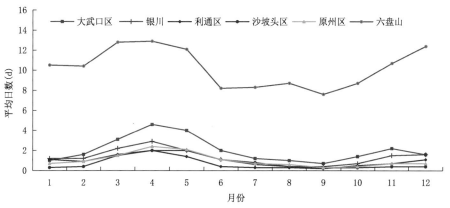

图 3.22　宁夏代表站大风日数的年变化

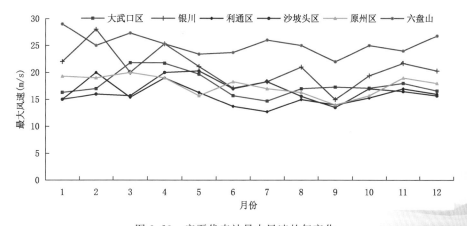

图 3.23　宁夏代表站最大风速的年变化

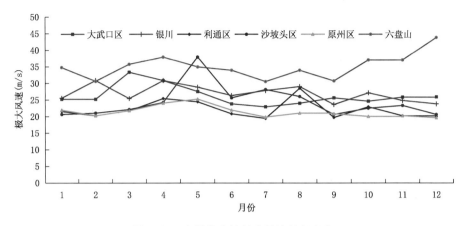

图 3.24　宁夏代表站极大风速的年变化

3.6.3　主要影响

风可以给人类提供很好的风能资源,宁夏中部大部风能资源属于较丰富和丰富等级。但宁夏的大风常与冰雹、雷雨、寒潮和沙尘等相伴而来,对农业生长、交通运输、环境及人们生活等产生不利影响。例如,大风对农作物温棚设施不利,容易产生揭苫和棚膜撕裂等危害;大风伴随降温,使得农作物遭受冷冻害;大风天气常常加剧土壤水分蒸发,助长旱情发展,给播种带来困难或刮走表土,吹走种子,造成缺苗,埋没农田造成沙化;大风对铁路、民航、公路运输、建筑设施、电力输送等也会产生较大影响,造成安全隐患。

3.6.4　典型风灾事件

1961 年以来宁夏大风较多、危害严重的年份有 1962 年、1965 年、1971 年、1974 年、1978年、1983 年、1984 年、1988 年、1993 年、1996 年、2002 年和 2010 年。

1971 年 3—5 月区域性大风和沙尘暴天气达 17~20 d。由于风多,加剧了土壤蒸发,使旱情加重。海原县兴仁公社县办农场年内出现大风(8 级以上)达 80 多天,历史罕见。石嘴山市国营简泉农场 9 月 21 日 7~8 级大风造成粮食损失 10 万余斤[*]。

1983 年 4 月 27—29 日宁夏全区出现罕见的大风沙尘暴天气,沙尘暴持续 12~24 h,能见度一般在 20 m 以下,同心站能见度只有 2 m。石嘴山、青铜峡、同心、海原、兴仁、大武口,阵风风力均达 12 级,平罗、沙坡头区、中宁、固原阵风风力达 11 级,除泾源平均风力为 8 级外,其余地区均为 9~10 级大风,造成全区共计死亡 14 人,失踪 3 人,受伤 46 人;工业、农业、牧业、交通运输、建筑、煤炭等行业受到重大损失,其中,全区农作物受灾面积约 13.3 万 hm^2。

1993 年宁夏全年共发生大风、沙尘暴灾害 2 次,均造成了严重的损失。其中,4 月 20—23日,全区出现持续大风天气及沙尘暴天气,平均风速 20 m/s,原银北地区(辖原自治区直辖的石嘴山市和平罗、陶乐、贺兰 3 县,地区驻地大武口区,下同)受灾较为严重,农业方面,惠农、陶乐、贺兰、中宁等地受风沙埋压小麦、胡麻、玉米、西瓜、甜菜等 580 hm^2;被风刮飞地膜约 440hm^2。大风造成有色金属冶炼厂部分车间停产 2~3 d,石嘴山市电化厂,石嘴山矿务局 616 线

---

[*]　1 斤=500 g,下同。

路,大武口洗煤厂、卫东矿、大峰矿、沟口变电所等单位供水或供电中断。5 月 5 日,一场罕见的大风沙尘暴再次袭击了宁夏大部分地区。中卫、青铜峡、灵武、盐池、石嘴山市等地共计死亡 30 人,伤 18 人,失踪 4 人,直接经济损失达 1670 多万元。

1995 年 5 月 16 日,宁夏同心以北出现大风、沙尘暴天气,原银北地区受灾最重。据不完全统计,此次共造成 1 人受伤,2 人失踪,直接经济损失约 275 万元。

2002 年石嘴山市惠农区和平罗县出现大风、沙尘暴天气,共造成农作物受灾面积 1703.3 hm²,直接经济损失达 523.05 万元。

2010 年宁夏全区共出现大风沙尘天气过程 20 次,局地沙尘暴 15 站次,均出现在春季的 3 月,造成 7.52 万人受灾,农作物受灾面积 6300 hm²,6235 座温室大棚不同程度受损,直接经济损失 1.3 亿元。其中,3 月 19 日贺兰、灵武、青铜峡、同心、盐池、韦州、沙坡头区、中宁、海原、兴仁、彭阳最大瞬时风力 8~9 级,大武口区、平罗、麻黄山达 10 级,六盘山、惠农达 12 级,由于风力过大,持续时间长,农业、电力等部门遭受了一定的损失,银川沿街部分广告牌被大风吹破。

3.7　沙尘

3.7.1　定义

> 沙尘天气:春季中国北方(特别是西北地区)容易发生的一种灾害性天气现象,按水平能见度的大小可分为三个等级,即浮尘、扬沙和沙尘暴。
> 浮尘:尘土、细沙均匀地浮游在空中,使水平能见度小于 10 km 的天气现象。
> 扬沙:由于本地或附近尘沙被风吹起,能见度明显下降,使空气相当混浊,水平能见度在 1~10 km 以内的天气现象。
> 沙尘暴:强风把地面大量沙尘卷入空中,使空气特别混浊,水平能见度小于 1 km 的严重风沙天气现象。其中,水平能见度小于 500 m 的称为强沙尘暴,小于 50 m 的称为特强沙尘暴(李栋梁 等,2003;冯建民,2012)。

3.7.2　气候特征

宁夏沙尘(包括浮尘、扬沙和沙尘暴)时空分布相似,均呈中北部多、南部少,春季多、秋季少的特征。

(1)扬沙

扬沙多发区位于中部的盐池地区,石嘴山市东部、沙坡头区—中宁—同心一带。其中,盐池地表多以细微颗粒砂质土为主,年均发生扬沙 70.7 d,是宁夏全区扬沙的最高发区域;陶乐、平罗、青铜峡、沙坡头区、中宁、同心扬沙年均日数均超过 30 d;韦州及南部山区扬沙发生较少,尤其南部山区,各地不足 5 d(图 3.25)。

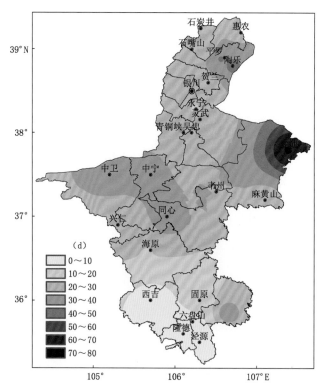

图 3.25   宁夏年平均扬沙日数的空间分布

宁夏一年四季均有扬沙天气发生,其日数年变化曲线呈现单峰型,最高峰值出现在 4 月,全区平均 4.8 d,其中,中北部大部地区在 3 d 以上;次高峰值出现在 3 月和 5 月,全区平均分别为 3.9 d 和 3.7 d;8—10 月不足 1 d,9 月最少,仅为 0.4 d,其中,南部山区大部无扬沙出现(图 3.26,表 3.7)。

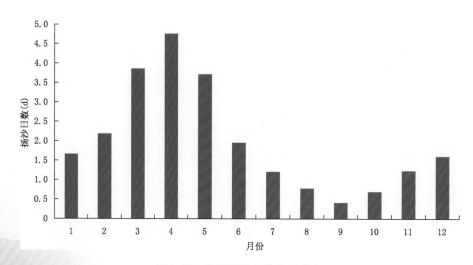

图 3.26   宁夏扬沙日数的年变化

表 3.7 宁夏各地各月平均扬沙日数(d)

地名	1月	2月	3月	4月	5月	6月	7月	8月	9月	10月	11月	12月
大武口区	0.3	1.2	2.8	4.5	3.9	2.1	1.2	0.9	0.4	0.7	1.2	0.8
惠农	1.6	1.9	3.8	5.2	4.5	2.6	1.7	1.1	0.5	0.7	1.2	1.3
贺兰	1.3	1.8	3.5	4.8	3.8	2.1	1.3	0.6	0.4	0.6	1.1	1.3
平罗	2.3	3.6	5.8	7.6	6.2	3.3	2.4	1.5	1.3	1.7	2.6	2.5
利通区	2.9	3.0	3.8	4.6	3.4	1.8	1.1	0.7	0.3	0.6	1.2	2.3
银川	1.4	1.9	4.2	5.7	4.8	2.6	1.2	0.7	0.4	0.8	1.3	1.5
陶乐	3.1	3.7	5.8	7.2	6.3	3.8	2.4	1.7	1.1	1.5	2.6	3.6
青铜峡	2.7	3.2	4.9	5.1	4.1	2.2	1.8	1.1	0.5	1.3	1.8	2.3
永宁	1.6	1.7	3.0	3.9	2.8	1.1	0.8	0.3	0.2	0.4	0.7	1.3
灵武	2.2	2.3	3.7	4.8	3.9	2.0	1.3	0.8	0.4	0.5	1.0	1.7
沙坡头区	2.4	3.6	5.3	6.2	5.1	2.9	2.0	1.4	0.8	1.1	1.8	2.2
中宁	2.7	3.2	5.2	6.3	4.8	2.6	2.1	1.5	0.5	0.8	1.3	2.4
兴仁	1.5	2.8	5.1	5.4	3.9	1.9	1.3	0.9	0.7	0.8	1.1	1.5
盐池	5.6	6.6	10.1	12.7	10.5	6.1	3.3	1.9	1.0	2.2	4.5	6.2
麻黄山	2.1	2.1	4.2	5.3	3.4	1.8	0.4	0.3	0.2	0.3	1.3	2.0
海原	1.1	1.9	3.9	3.9	3.2	1.5	0.9	0.6	0.4	0.6	0.9	0.8
同心	2.2	3.5	5.9	6.7	5.4	2.9	2.2	1.5	0.9	0.9	1.6	2.0
原州区	1.0	1.2	3.2	3.0	2.0	0.4	0.3	0.2	0.1	0.3	0.8	0.9
西吉	0.6	0.7	2.0	2.4	1.3	0.5	0.1	0.1	0.0	0.1	0.3	0.4
隆德	0.1	0.1	0.4	0.5	0.3	0.0	0.1	0.0	0.0	0.0	0.1	0.0
泾源	0.2	0.3	0.6	0.8	0.3	0.1	0.1	0.0	0.1	0.1	0.1	0.1
六盘山	0.0	0.2	0.2	0.6	0.2	0.1	0.1	0.0	0.0	0.0	0.1	0.1

(2)浮尘

宁夏全区浮尘最高发生区位于沙坡头区,年平均日数高达 42.3 d;其次为永宁、利通区、青铜峡和陶乐,均超过了 30 d;此外,贺兰、银川、盐池、兴仁和原州区浮尘也较多,均在 20 d 以上;石嘴山市北部、韦州、麻黄山一带和南部山区大部浮尘较少,尤其石炭井、泾源和隆德,少于 5 d(图 3.27)。

从时间分布看,宁夏一年四季均有浮尘天气发生,峰值出现在 4 月,全区平均为 3.8 d,大部地区在 2 d 以上;其次是 3 月和 5 月,全区平均分别为 3.1 d 和 2.5 d,其中,沙坡头区 3—5 月各月在 5.5~6.7 d;谷值出现在 9 月,全区平均为 0.3 d,各地均不足 1.0 d(图 3.28,表 3.8)。

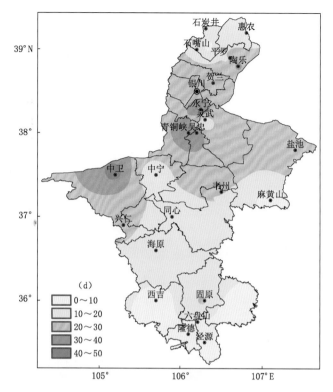

图 3.27 宁夏年平均浮尘日数的空间分布

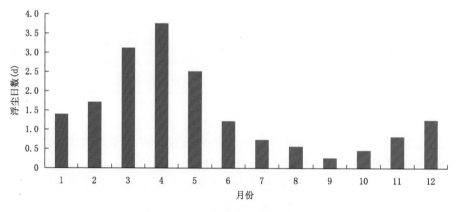

图 3.28 宁夏浮尘日数的年变化

表 3.8 宁夏各地各月平均浮尘日数(d)

地名	1月	2月	3月	4月	5月	6月	7月	8月	9月	10月	11月	12月
大武口区	0.5	0.9	1.5	2.2	1.7	0.6	0.3	0.2	0.1	0.1	0.1	0.4
惠农	0.9	1.1	2.1	2.7	2.1	0.9	0.4	0.3	0.1	0.2	0.6	0.8
贺兰	1.7	2.0	3.8	5.2	3.9	1.8	1.1	0.8	0.4	0.4	1.1	1.4
平罗	1.8	2.0	3.1	4.2	2.9	1.2	0.7	0.3	0.3	0.8	0.9	1.4
利通区	4.4	4.3	5.7	6.2	4.2	1.9	1.9	1.4	0.7	1.2	2.3	3.6
银川	1.6	2.5	5.4	6.5	4.4	2.6	1.4	1.0	0.4	0.7	1.1	1.5

续表

地名	1月	2月	3月	4月	5月	6月	7月	8月	9月	10月	11月	12月
陶乐	3.1	3.2	4.5	5.5	4.2	2.1	1.1	0.7	0.3	0.7	1.6	3.9
青铜峡	2.8	3.1	5.2	5.8	4.9	2.4	1.7	1.2	0.6	1.1	1.5	2.6
永宁	3.8	4.1	6.0	7.4	4.5	3.0	1.8	1.5	0.6	0.8	1.7	2.8
灵武	0.6	0.8	2.1	2.5	1.6	0.8	0.4	0.3	0.1	0.2	0.4	0.4
沙坡头区	4.2	4.8	6.4	6.7	5.5	2.8	2.3	1.6	0.8	1.4	2.3	3.5
中宁	1.2	1.3	2.5	2.6	1.7	1.0	0.4	0.5	0.2	0.4	0.7	0.9
兴仁	1.5	2.4	5.3	5.6	3.1	1.3	0.9	1.0	0.5	0.5	0.9	1.2
盐池	2.8	3.2	4.6	5.4	3.2	1.6	0.6	0.4	0.3	0.7	1.6	2.8
麻黄山	0.3	0.5	1.6	1.8	0.9	0.6	0.1	0.1	0.0	0.1	0.2	0.2
海原	0.4	1.0	3.0	3.4	2.1	1.1	0.6	0.3	0.2	0.4	0.5	0.6
同心	0.9	1.2	2.7	2.9	1.7	0.6	0.4	0.4	0.1	0.4	0.7	0.8
原州区	1.2	1.7	4.1	4.8	3.1	1.5	0.7	0.7	0.4	0.5	1.1	1.2
西吉	0.3	0.5	1.5	2.2	1.6	0.7	0.4	0.5	0.3	0.3	0.4	0.3
隆德	0.1	0.2	1.6	2.5	0.9	0.4	0.1	0.1	0.1	0.1	0.1	0.1
泾源	0.3	0.4	1.6	2.6	1.6	0.4	0.1	0.1	0.1	0.1	0.2	0.2
六盘山	0.2	0.8	2.3	3.2	1.8	0.5	0.4	0.2	0.0	0.2	0.3	0.3

(3)沙尘暴

沙尘暴空间分布与扬沙基本一致,中部的盐池由于其地表多以细微颗粒砂质土为主,是宁夏最高值区域,年平均发生 13.9 d;其次是同心和陶乐,同心位于沙漠化狭管内,陶乐处于贺兰山和卓子山风口处,其东北方向是库布齐沙漠,均易发沙尘暴,两地年平均发生 8.2 d;南部山区沙尘暴发生较少,泾源、隆德、西吉及六盘山均不到 1.0 d(图 3.29)。

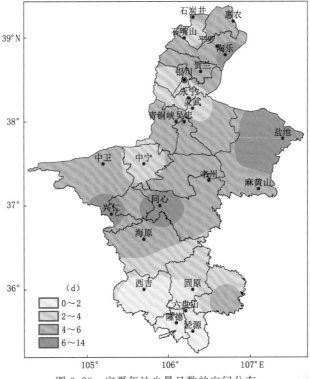

图 3.29　宁夏年沙尘暴日数的空间分布

　　从时间分布看,宁夏一年四季均有沙尘暴发生,峰值出现在4月,全区平均为1.0 d,其中,盐池3.5 d,中北部其他大部地区在0.7～2.0 d;其次是3月和5月,全区平均为0.7 d;谷值出现在9月、10月,大部地区无沙尘暴出现(图3.30,表3.9)。

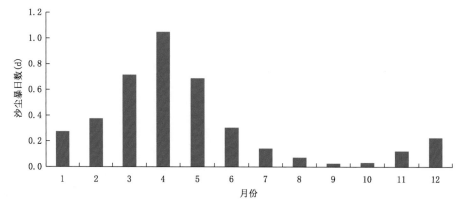

图 3.30　宁夏沙尘暴日数的年变化

表 3.9　宁夏各地各月平均沙尘暴日数(d)

地名	1月	2月	3月	4月	5月	6月	7月	8月	9月	10月	11月	12月
大武口区	0.1	0.2	0.3	1.1	0.7	0.1	0.1	0.1	0.0	0.1	0.2	0.1
惠农	0.2	0.3	0.7	1.3	0.9	0.6	0.2	0.1	0.0	0.1	0.1	0.3
贺兰	0.3	0.6	0.9	1.3	1.0	0.4	0.1	0.0	0.0	0.1	0.1	0.3
平罗	0.3	0.5	0.6	1.2	0.7	0.2	0.1	0.2	0.1	0.1	0.2	0.2
利通区	0.8	0.7	0.9	1.4	1.0	0.4	0.1	0.0	0.0	0.1	0.1	0.6
银川	0.4	0.3	0.5	0.9	0.7	0.2	0.1	0.0	0.0	0.0	0.1	0.2
陶乐	1.0	1.0	1.3	1.8	1.0	0.4	0.2	0.1	0.0	0.1	0.3	0.9
青铜峡	0.3	0.4	0.8	1.4	0.7	0.3	0.1	0.0	0.0	0.1	0.1	0.0
永宁	0.2	0.2	0.2	0.3	0.5	0.2	0.0	0.0	0.0	0.0	0.0	0.1
灵武	0.3	0.3	0.6	0.7	0.6	0.2	0.1	0.0	0.0	0.0	0.0	0.1
沙坡头区	0.3	0.4	0.7	0.8	0.9	0.6	0.4	0.2	0.1	0.0	0.1	0.1
中宁	0.1	0.2	0.2	0.7	0.7	0.3	0.1	0.0	0.0	0.0	0.1	0.1
兴仁	0.3	0.6	1.6	1.7	1.3	0.6	0.4	0.1	0.1	0.1	0.2	0.2
盐池	1.0	1.2	2.6	3.5	2.4	1.1	0.3	0.1	0.0	0.1	0.4	1.2
麻黄山	0.2	0.4	1.0	1.3	0.8	0.1	0.0	0.0	0.0	0.0	0.2	0.3
海原	0.2	0.5	1.1	1.3	0.7	0.3	0.1	0.1	0.0	0.0	0.1	0.1
同心	0.5	0.7	1.3	2.0	1.3	0.7	0.5	0.3	0.1	0.0	0.3	0.4
原州区	0.1	0.2	0.5	0.8	0.1	0.0	0.0	0.0	0.0	0.0	0.1	0.1
西吉	0.0	0.0	0.2	0.5	0.1	0.1	0.0	0.0	0.0	0.0	0.0	0.0
隆德	0.0	0.0	0.1	0.2	0.0	0.0	0.0	0.0	0.0	0.0	0.0	0.0
泾源	0.0	0.1	0.2	0.3	0.1	0.1	0.0	0.0	0.0	0.0	0.0	0.0
六盘山	0.0	0.0	0.0	0.1	0.0	0.0	0.0	0.0	0.0	0.0	0.0	0.0

3.7.3　沙尘暴路径

造成宁夏沙尘暴天气的冷空气路径有四条：第一条为西北偏北，冷空气偏北移到贝加尔湖以西后，转向东南下，经蒙古高原西部、甘肃河西东部然后影响宁夏；第二条为西方路径，冷空气主力经巴尔喀什湖，经新疆、甘肃，自西向东影响宁夏；第三条为西北路径，冷空气到西伯利亚后，经新疆、内蒙古西部、甘肃河西影响宁夏；第四条为北方路径，冷空气自贝加尔湖向西南，然后经蒙古国从我国河套一带南下侵入宁夏。其中，影响宁夏沙尘暴天气冷空气路径最多的是西北路径，占总个例的 63.6%；其次是西北偏北路径，占 22.7%；北方路径占 9.1%；最少的是西方路径，仅占 4.6%。

影响宁夏的特强沙尘暴和强沙尘暴天气的强冷空气主要取道于乌鲁木齐—哈密—野马街—酒泉—贺兰山西侧这一沙漠通道上，而当强冷空气急行东南下时，地面冷高压不断发展、加强，锋区附近气压、气温梯度持续增强和整体东移是产生特强沙尘暴和强沙尘暴天气的必要条件（冯建民，2012）。

3.7.4　主要影响

宁夏西、北、东三面受腾格里沙漠、乌兰布和沙漠、毛乌素沙地包围，是我国沙漠化比较严重的地区之一，也是我国沙尘天气发生频率较高的地区之一。沙尘天气的发生对环境空气质量、生态环境、农林牧业生产、交通运输等，以及人民群众的生活造成一定影响，尤其当出现沙尘暴天气时，影响极大。

沙尘天气影响环境空气质量，破坏生态环境。沙尘天气发生时，常伴有大风携带沙石、浮尘等到处弥漫，其经过的地区空气浑浊，大气颗粒物浓度上升，造成空气质量下降。沙尘天气会加快地表土壤风蚀、荒漠化进程，助长旱情发展。宁夏中部自然降水少，灌溉条件差，地表干燥；东靠毛乌素沙地，西邻腾格里沙漠，其西部中卫一带位于贺兰山南端口，该地区往往受南支绕山气流及沙尘暴过山气流的共同影响，对沙尘暴的发展有放大作用。由于风速较大，本地沙源充足，沙尘暴天气发生时，强风携带大量黄沙压埋农田，易形成流动性沙灾；加之由于气候干燥，地表疏松，沙尘暴伴随的强风刮走农田沃土，风蚀灾害也时有发生，沙尘暴天气引发的流动性沙灾及风蚀灾害，对该区域的植被生态环境造成极大的破坏，加快了荒漠化进程，并对本地及下游生态环境、我国乃至全球气候变化产生深远的影响。如 1971 年 3—5 月，宁夏区域性大风和沙暴天气达 17～20 d，有些地区 6 月还出现风沙天气，由于风多，加剧了土壤蒸发，使部分地区旱情加重。

沙尘天气易引发交通安全事故。沙尘天气通常伴随能见度降低，影响驾驶员的视线，从而影响飞机正常起飞或降落以及汽车和火车运行等。如 1984 年 4 月 25—26 日，受沙尘暴天气影响，3 列客车、4 列货车受阻晚点，最长达 25 h，原银南段（辖利通区、灵武、盐池、青铜峡、中宁、沙坡头区、同心七县，下同）有 18 处沙子上轨，最严重的上轨厚度 20 cm。

沙尘天气危害人体健康、影响作物生长，甚至可能导致人员伤亡及重大经济损失。沙尘天气发生时，颗粒物浓度升高易使敏感人群疾病的突发或加重，甚至死亡；沙尘覆盖会影响植物生长发育，农林牧业的产量和品质下降等。

3.7.5 典型沙尘(暴)事件

1983 年 4 月 27—29 日,宁夏出现了罕见的大风沙尘暴天气,持续时间 12～24 h。农作物受灾面积约 13.33 万 hm²,其中,成灾面积 4 万 hm² 以上,死亡 14 人,受伤 46 人,死亡大牲畜 58 头,失踪 27 头,死亡羊 18584 只,失踪 9730 只,吹毁民房、圈棚、塑料大棚、育秧薄膜等。盐池县青山公社 31 眼水井被沙子掩埋。

1984 年 4 月 25—26 日,宁夏普遍出现大风、沙尘暴天气。青铜峡铝厂由于氧化铝混进沙子造成铝锭质量下降,水泥厂停电 8 h 造成少生产水泥 200 t,造纸厂引起火灾停电 15 h,精密机床厂、青山厂、西北轴承厂、长城、大河机床厂、胜利阀门厂等均因沙尘暴停电被迫停工;石嘴山到石炭井输电线路中断,造成部分工厂停产,电报、电话数小时中断。

1993 年 4 月 20—23 日,宁夏出现了持续性的大风及沙尘暴天气,平均风速 20 m/s,此次天气过程受灾较重的是原银北地区。据不完全统计,粮食作物、经济作物、林果蔬菜等受灾面积超过 600 hm²,8000 棵幼树被连根拔起;刮飞地膜 440 hm²,毁坏大棚 18 个,吹坏棚膜 65 个;大风引起火灾烧死牛羊 128 头(只);刮断高压电线 1.3 km;一些支渠被沙填埋,直接影响小麦头水的灌溉。多处工厂企业的办公楼、仓库、货棚、车棚、粮库外垛草席、大门等生产设施和产品被毁坏。石嘴山电化厂、矿务局 616 线路、大武口洗煤厂、卫东矿、大峰矿、沟口变电所等单位供水或供电中断,有色金属冶炼厂部分车间停产 2～3 d。

1993 年 5 月 5 日,大风及沙尘暴天气再次侵袭宁夏,风速为 17～38 m/s,此次天气过程受大风影响较重的是原银南地区。据不完全统计,因灾死亡达 37 人,伤 18 人,死羊 2401 只,丢失 400 余只。粮食作物、经济作物、林果蔬菜等受灾面积达 1.85 万 hm²,刮倒刮折树木 56350 棵,刮倒房屋 244 间,围墙 1130 m,受灾大棚 248 个,刮倒电杆、广播杆 778 根,输电高低压线、广播线被刮断,多处桥涵、桥闸、渠堤等设施被毁坏,石嘴山、青铜峡、吴忠大部分地区停电停水、通信中断、交通阻塞、工厂停产等,共计经济损失约 1820.5 万元。

3.8 霜冻

3.8.1 定义

霜冻:在春、秋农作物生长季节里,温度骤然下降至 0 ℃ 及其以下,致使作物受到危害甚至死亡的农业气象现象。

一般将百叶箱日最低气温≤0 ℃ 作为霜冻的气候指标;秋季日最低气温首次降到 0 ℃ 以下的日期为霜冻初日;春季或夏季最低气温最后一次≤0 ℃ 的日期为霜冻终日;霜冻终日的后 1 天至下一个霜冻初日的前 1 天的时期称为无霜期。

在气候业务工作中将最低气温≤2 ℃ 作为轻霜冻的气候指标;秋季日最低气温首次降到 2 ℃ 以下的日期为轻霜冻初日;春季或夏季最低气温最后一次≤2 ℃ 的日期为轻霜冻终日。

3.8.2 气候特征

(1)霜冻初、终日

由于宁夏地形复杂,各地初、终霜冻出现和结束时间不同。南部山区初霜冻出现比北部引黄灌区早 10 d 左右,终霜冻日期比北部引黄灌区迟 15 d 左右。造成这种不同差异的主要原因是南部山区地势高,温度基值低。

宁夏霜冻初日一般出现在 9 月下旬至 10 月中旬。南部山区出现在 9 月下旬至 10 月上旬,其中,六盘山海拔最高,霜冻初日出现最早(9 月 23 日),引黄灌区和中部干旱带霜冻初日出现在 10 月上旬至 10 月中旬,其中,利通区和同心出现最晚(10 月 18 日)(图 3.31,表 3.10)。

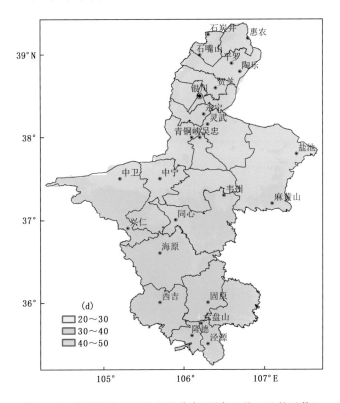

图 3.31 宁夏霜冻初日的空间分布(距离 9 月 1 日的天数)

表 3.10 宁夏各地霜冻初日、终日

地区	初日	终日
石炭井	10 月 10 日	4 月 20 日
大武口区	10 月 16 日	4 月 17 日
惠农	10 月 10 日	4 月 20 日
贺兰	10 月 14 日	4 月 15 日
平罗	10 月 12 日	4 月 20 日
利通区	10 月 18 日	4 月 14 日
银川	10 月 17 日	4 月 17 日
陶乐	10 月 11 日	4 月 24 日

续表

地区	初日	终日
青铜峡	10 月 14 日	4 月 16 日
永宁	10 月 15 日	4 月 14 日
灵武	10 月 8 日	4 月 22 日
沙坡头区	10 月 12 日	4 月 20 日
中宁	10 月 16 日	4 月 17 日
兴仁	10 月 5 日	5 月 2 日
盐池	10 月 7 日	4 月 26 日
麻黄山	10 月 13 日	4 月 24 日
海原	10 月 15 日	4 月 22 日
同心	10 月 18 日	4 月 18 日
原州区	10 月 8 日	4 月 28 日
西吉	10 月 2 日	5 月 8 日
隆德	10 月 6 日	5 月 14 日
泾源	10 月 11 日	4 月 30 日
韦州	10 月 15 日	4 月 22 日
六盘山	9 月 23 日	5 月 23 日

　　宁夏霜冻终日一般出现在 4 月中旬至 5 月下旬。南部山区出现在 4 月下旬至 5 月下旬，引黄灌区和中部干旱带霜冻终日出现在 4 月中旬至 5 月上旬，其中，利通区和永宁出现最早（4 月 14 日）（图 3.32，表 3.10）。

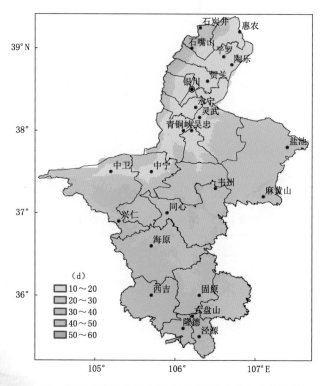

图 3.32　宁夏霜冻终日的空间分布（距离 4 月 1 日的天数）

（2）轻霜冻初、终日

各地春季平均轻霜冻结束比霜冻迟 5～12 d，秋季轻霜冻比霜冻早出现 8～14 d。

宁夏轻霜冻初日一般出现在 9 月中旬至 10 月中旬。南部山区出现 9 月中旬至 9 月下旬，引黄灌区和中部干旱带出现在 9 月下旬至 10 月中旬，其中，利通区最晚（10 月 12 日）（图 3.33，表 3.11）。

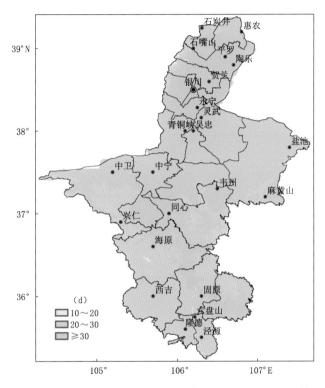

图 3.33　宁夏轻霜冻初日的空间分布（距离 9 月 1 日的天数）

表 3.11　宁夏各地轻霜冻初日、终日

地区	初日	终日
石炭井	10 月 5 日	5 月 2 日
大武口区	10 月 10 日	4 月 28 日
惠农	10 月 1 日	5 月 1 日
贺兰	10 月 5 日	4 月 27 日
平罗	10 月 5 日	4 月 28 日
利通区	10 月 12 日	4 月 25 日
银川	10 月 10 日	4 月 25 日
陶乐	10 月 1 日	5 月 3 日
青铜峡	10 月 6 日	4 月 27 日
永宁	10 月 6 日	4 月 25 日
灵武	10 月 1 日	5 月 3 日
沙坡头区	10 月 4 日	4 月 29 日

续表

地区	初日	终日
中宁	10 月 7 日	4 月 25 日
兴仁	9 月 28 日	5 月 16 日
盐池	9 月 30 日	5 月 8 日
麻黄山	10 月 4 日	5 月 5 日
海原	10 月 6 日	5 月 5 日
同心	10 月 8 日	4 月 28 日
原州区	9 月 29 日	5 月 15 日
西吉	9 月 23 日	5 月 22 日
隆德	9 月 24 日	5 月 27 日
泾源	9 月 30 日	5 月 14 日
韦州	10 月 5 日	4 月 30 日
六盘山	9 月 14 日	6 月 1 日

　　宁夏轻霜冻终日一般出现在 4 月下旬至 6 月上旬。南部山区出现在 5 月中旬至 6 月上旬,引黄灌区和中部干旱带出现在 4 月下旬至 5 月中旬,其中,利通区、永宁、中宁最早,均出现在 4 月 25 日(图 3.34,表 3.11)。

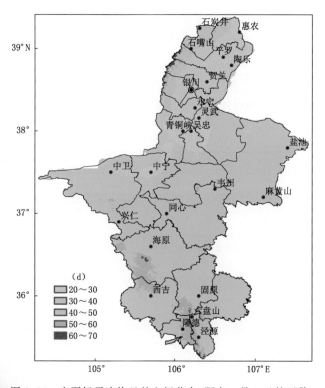

图 3.34　宁夏轻霜冻终日的空间分布(距离 4 月 1 日的天数)

（3）霜冻日数

根据宁夏气候业务规定,春季 4 月 15 日至秋季 10 月 15 日达到轻霜冻、霜冻标准的日数分别为轻霜冻日数、霜冻日数。

宁夏春季霜冻日数大部地区在 0.8~6.3 d,全区平均为 2.2 d,其中,引黄灌区各地在 0.8~2.2 d,中部干旱带在 1.1~4.5 d,南部山区在 3.0~6.3 d。秋季霜冻日数大部地区在 0.7~2.9 d,全区平均为 1.7 d,其中,引黄灌区各地在 0.8~2.9 d,中部干旱带在 0.8~2.9 d,南部山区在 1.6~3.9 d(表 3.12)。

宁夏春季轻霜冻日数大部地区在 1.5~7.7 d,全区平均为 3.4 d,其中,引黄灌区各地在 1.5~3.1 d,中部干旱带在 1.9~5.3 d,南部山区在 5.0~7.7 d。秋季轻霜冻日数大部地区在 1.5~4.4 d,全区平均为 2.6 d,其中,引黄灌区各地在 1.6~2.5 d,中部干旱带在 1.5~4.0 d,南部山区在 3.5~4.4 d(表 3.12)。

表 3.12 宁夏各地霜冻日数(d)

地区	春季霜冻	秋季霜冻	春季轻霜冻	秋季轻霜冻
大武口区	1.0	0.8	1.5	1.6
惠农	1.8	1.8	2.8	2.4
贺兰	0.9	1.2	2.5	1.8
平罗	1.7	1.6	2.9	2.4
利通区	0.8	0.8	1.7	1.3
银川	1.1	1.0	1.9	1.8
陶乐	2.2	2.0	2.9	2.5
青铜峡	0.9	1.1	2.2	2.0
永宁	0.9	1.0	1.8	2.2
灵武	1.7	2.9	2.9	2.5
沙坡头区	1.4	1.4	2.4	2.4
中宁	0.8	0.9	1.6	1.9
兴仁	4.5	2.9	5.3	4.0
盐池	2.5	2.4	3.3	2.5
麻黄山	1.9	1.2	3.4	2.1
海原	1.8	1.0	3.2	2.0
同心	1.1	0.7	1.9	1.5
原州区	3.0	2.0	5.0	3.6
西吉	6.3	3.9	7.3	4.4
隆德	5.6	2.7	7.7	4.4
泾源	3.6	1.6	5.6	3.5

3.8.3 主要影响

霜冻是宁夏多发、频发、灾损严重的一种气象灾害,每年都有不同程度的发生,且全区均存在不同程度的霜冻危害。就危害程度来看,轻霜冻对部分作物造成轻微冻害,霜冻对作物、果树、蔬菜均有较重的冻害;一般年份春霜冻重于秋霜冻,但特殊年份秋霜冻危害则又重于春霜冻。从霜冻灾害地区分布看,初霜冻对南部山区危害大,终霜冻对引黄灌区危害大。秋季正值秋作物灌浆、乳熟和黄熟期,如果穗粒尚未进入蜡黄阶段,此时遇上霜冻,可能造成大幅度减产;初霜冻出现的愈早,危害愈重。春季,是果树开花或幼果期,农作物和蔬菜幼苗期,此时遇上霜冻,果树、农作物和蔬菜受到严重危害,造成大幅度减产或绝收;春季晚霜冻结束得愈迟,危害越重,5月结束的晚霜冻比4月结束的晚霜冻造成的灾害重。

3.8.4　典型霜冻事件

1972年9月1—3日,由于受强冷空气影响,最低气温降到−2~4 ℃,宁夏全区秋田作物遭受严重冻害。仅西吉县作物受冻面积就近2.67万 hm²,占播种面积的60.4%,其中,减产3~4成的611.6 hm²,5~6成的5325.87 hm²,7~8成的2928.87 hm²,绝收的8164.87 hm²;同心县受灾面积达2.67万 hm²,占播种面积的79.6%;原固原地区2.47万 hm²荞麦全部受冻,2.67万 hm²马铃薯叶子被冻干;暖泉农场6.67 hm²甜菜苗全部被冻死。隆德、泾源两县损失粮食约500万 kg。此次霜冻比常年提前半个月到一个月出现,此时正是宁夏大部秋田作物处于灌浆、乳熟阶段,因此,危害较重。9月22—25日和28—30日,连续出现2次霜冻,秋田作物再次遭受冻害。

1991年5月1日,宁夏全区各地受严重霜冻影响,银川以北地区除陶乐外,日最低气温普遍在−2 ℃以上,地面温度在−6~−3 ℃;银川以南地区最低气温在−3 ℃以下,地面最低温度在−6 ℃以下,因此,银川以南低温冷害程度比银川以北严重。据统计,宁夏全区农作物受冻面积达29.6万 hm²,占农作物已播面积的49.7%,其中,灌区受冻面积12.5万 hm²,占已播面积的51.6%;山区受冻面积17.1万 hm²,占已播面积的48.4%。按作物分,粮食作物受冻面积21.4万 hm²,占已播面积的48.1%,油料、甜菜、瓜菜受冻面积6.3万 hm²,占已播面积48.3%;果树受冻面积1.9万 hm²,占结果面积的95%。在粮食作物中,小麦受冻面积15.6万 hm²,占已播面积的49.9%;玉米受冻面积3.5万 hm²,占已播面积46.5%;豆类受冻面积2.1万 hm²,占已播面积37%;莜麦等其他粮食作物受冻面积0.39万 hm²,占已播面积91%。

1994年5月2日,宁夏出现全区性寒潮天气过程,降温幅度较大,日平均气温24 h降温达12.5 ℃,且伴有较明显的降水,全区不同程度受霜冻影响,原州区最低气温降到−4.0~0.4 ℃,地面最低气温降到−6.6~2.9 ℃,同时伴有大风天气。此次过程,受灾主要在银南地区。据初步统计全区受灾面积1.8万 hm²,其中,粮食作物1.1万 hm²,经济作物0.4万 hm²,油料0.3万 hm²,瓜菜173.3 hm²,果树64.7 hm²。

3.9　雷暴

3.9.1　定义

> 雷电:发生在积雨云中的雷击、闪电等中小尺度对流天气现象,是大气中伴有雷声的放电现象。一般来讲,积雨云多的地方,雷电现象也相应地多。按世界气象组织的定义,在某气象观测站听到有雷声的1个观测日叫作雷暴日。
>
> 常用雷暴日多少反映雷电活动的强度。一个雷暴日就是当天发生过雷响,不论有多少次,只要发生就记1 d。因此,年平均雷暴日可表征不同地区雷电活动的频繁程度。

3.9.2　气候特征

3.9.2.1　年雷暴日数空间分布

宁夏全区年均雷暴日数为 19.1 d,各地变化范围为 13.3～28.1 d,呈自南向北逐渐减少的分布态势。雷暴多发生于南部山区,年雷暴日数在 22.0 d 以上,泾源最多,达 28.1 d;引黄灌区 13.3～19.8 d,青铜峡、利通区一带雷暴日数不足 15.0 d(图 3.35)。

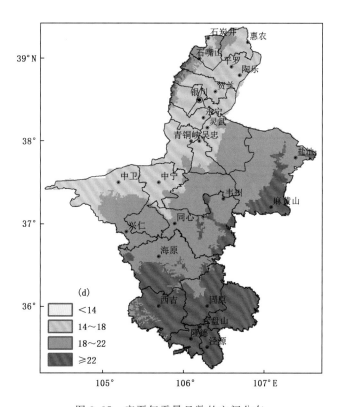

图 3.35　宁夏年雷暴日数的空间分布

3.9.2.2　雷暴的季节变化

宁夏夏季雷暴日最多,其次为春、秋季,冬季无雷暴天气发生。

春季平均雷暴日数为 3.0 d,占全年总数的 15.5%。各地在 1.6～5.6 d,其中,南部山区雷暴日数均超过 4 d,泾源(5.6 d)最多,其次是六盘山(5.3 d);中部干旱带各地日数为 2.3～3.9 d;引黄灌区雷暴日数较少,不超过 2.3 d。

夏季是雷暴多发的季节,平均为 13.8 d,占全年总数的 72.4%。各地在 9.7～19.3 d,其中,南部山区大部在 15 d 以上,泾源最多(19.3 d),其次为六盘山(18.7 d);中部干旱带为 12.7～16.8 d;引黄灌区为 9.7～15.0 d。

秋季平均雷暴日数为 2.3 d,占全年总数的 12.1%。各地在 1.5～3.4 d,其中,中南部大部在 2 d 以上,海原及原州区最多,均为 3.4 d,泾源次之,为 3.2 d;引黄灌区为 1.5～2.5 d。

3.9.2.3 雷暴的初日和终日

（1）初雷日

宁夏全区平均初雷日在 5 月中旬，兴仁、麻黄山一带最早，平均出现在 5 月上旬（5 月 4 日），最晚出现在灵武，为 6 月 8 日。

（2）终雷日

宁夏全区平均终雷日在 8 月中旬（8 月 16 日），沙坡头区终雷日出现最早，在 7 月下旬（7 月 28 日），原州区终雷日出现最晚，在 9 月上旬末（9 月 10 日）。

（3）初、终雷间隔日

宁夏全区初、终雷的间隔天数平均为 89.9 d，各地为 60～127 d，由南至北依次减少，其中，南部山区在 96 d 以上，原州区间隔日数最长；中部干旱带为 73～108 d，韦州最短，麻黄山最长；引黄灌区各地间隔日数为 60～96 d，其中，大武口最短，贺兰最长（图 3.36）。

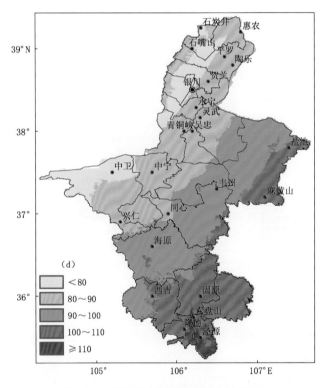

图 3.36 宁夏年雷暴间隔日数的空间分布

3.9.3 雷暴的主要影响

雷电灾害的发生，严重危及人们的生命健康与财产安全。雷电以其强大的电流、超高温、猛烈的冲击波及强烈的电磁辐射等物理效应在瞬间产生巨大的破坏作用，常常造成人员伤亡，击毁建筑物、供配电系统、通信设备，引起森林火灾，造成计算机信息系统中断，仓库、炼油厂、油田等燃烧甚至爆炸，对航空等运输行业及军事等部门也威胁很大。

3.9.4　典型雷暴事件

1991 年 6 月 10 日下午,平罗县头闸乡出现雷电天气,造成外红岗小学死亡学生 2 名,重伤 1 名,轻伤 6 名。另外,室内窗台与地面各被击出一个坑,钢制窗架被击处如电焊过一般。

1993 年 4 月 26 日 18 时,海原县西安、罗山、郑旗等 3 个乡遭受冰雹雷雨袭击,有 3 人遭雷击受伤。

1994 年 8 月 5 日 16 时,彭阳县王洼乡赵沟村出现雷暴,造成 1 人死亡。

2011 年 8 月 21 日,大武口区出现雷雨大风强对流天气过程,位于大武口区星海湖奇石山公园东南面的一个凉亭遭雷击,造成 1 人死亡、4 人不同程度受伤。

3.10　高温

3.10.1　定义

> 高温:日最高气温在 35℃ 以上时可称为高温天气,连续 3 d 以上的高温天气过程称之为高温热浪(或高温酷暑)。
>
> 极端最高气温:历年最高气温的最高值。

3.10.2　气候特征

3.10.2.1　高温日数空间分布

宁夏全区年高温日数空间分布不均。由于受纬度、地形地貌等因素的影响,气温南北差异远大于东西差异,中北部因地势较低,沿黄绿洲平原外为大范围沙漠戈壁,夏季降水基数小但蒸发量大,气候干燥,加之太阳辐射强,地表和空气升温迅速,从而易出现高温天气,南部山区由于海拔较高,无高温天气。中北部各地年平均高温日数为 0.6～5.9 d,大武口高温日数为全区最多(图 3.37)。

3.10.2.2　极端最高气温空间分布

宁夏全区平均极端最高气温为 37.8 ℃,各地为 25.3～41.0 ℃,分布特征与高温日数基本一致,"北高南低"特征显著。引黄灌区城市密度相对较大、热岛效应明显,各地极端最高气温为 37.5～41.0 ℃,利通区为宁夏全区极端最高气温之冠;中部干旱带为 35.6～39.0 ℃;南部山区因海拔较高,极端最高气温为 25.3～34.6 ℃,六盘山为低值中心(图 3.38)。

宁夏各地多年平均极端最高气温为 22.2～36.6 ℃,空间分布特征与极端最高气温分布相似。中北部为 34.2～36.6 ℃,大武口最高;海原以南相对较低,为 22.2～31.3 ℃,六盘山最低(图 3.39)。

3.10.2.3　高温最长持续日数

宁夏高温天气过程多集中在夏季的 6 月和 7 月,各地最长持续日数为 3～8 d。其中,沿黄河中宁、利通区一带高温持续日数最长,引黄灌区北部大武口和惠农一带为 7 d,兴仁最短(图 3.40)。

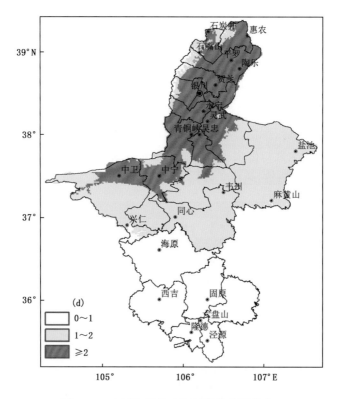

图 3.37　宁夏年平均高温日数的空间分布

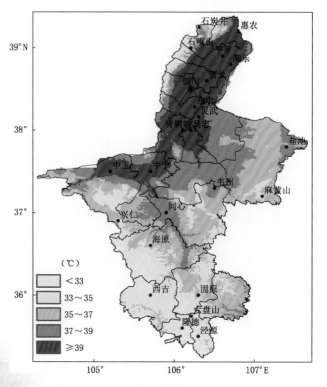

图 3.38　宁夏极端最高气温的空间分布

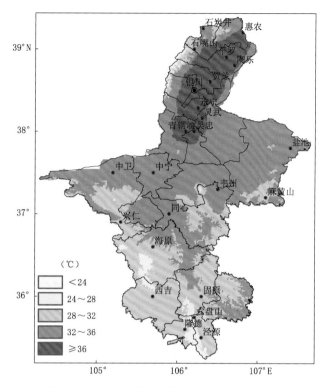

图 3.39　宁夏年平均极端最高气温的空间分布

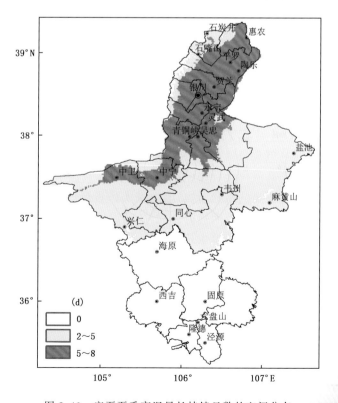

图 3.40　宁夏夏季高温最长持续日数的空间分布

3.10.3　高温天气的主要影响

宁夏地处西北地区东部,总体高温发生频率较低,但夏季高温的发生对工农业生产、交通、电力等行业及人民群众的生活仍造成一定影响,尤其当出现持续时间较长的高温天气时,影响极大。

高温危害人体健康,使人体不能适应环境,超过人体的耐受极限,从而导致疾病的发生和加重,甚至死亡;高温影响生产和生活用水,造成城市用水、用电紧张;高温对农林牧业生产的危害特别严重,小麦灌浆期出现的高温低湿易形成干热风,影响其灌浆成熟,造成减产;玉米抽雄吐丝期如遇高温影响受精结实;水稻抽穗扬花期遇高温影响结实率;高温对枸杞、酿酒葡萄等经济作物也有一定影响,持续高温天气造成枸杞果实快速集中成熟,采摘间隔时间缩短,果粒变小,造成酿酒葡萄日灼等;另外,高温可同时造成气象干旱和土壤干旱,也易引起森林或草原火灾。

3.10.4　典型高温事件

1987年6月底至7月初,原银北地区及中宁、盐池气温高至35 ℃,小麦出现"青干"逼熟现象,灌浆终止日期提前6～8 d,千粒重下降,平均减产13.1%～24.5%。宁夏全区小麦青干面积约2.7万 hm²。

1998年6月下旬,宁夏大部分地区出现持续4～6 d的高温天气,27—28日个别地区日最高气温高于36 ℃,利通区、盐池等地达干热风指标,持续高温天气对处于灌浆后期的小麦生长发育不利,同时也给工农业及人民生活带来不便。

2005年6月19—22日宁夏中北部出现高温天气,银川刷新日供水量最高记录,部分小区高层住户家中出现断水现象;7月13—15日再次出现持续高温天气,居民用水量激增,各家水厂处于超负荷运行状态,13日的用水量创银川市自1958年第一座水厂建成至今的最高日用水记录。

2017年7月7—21日,宁夏出现有气象记录以来影响范围最大、强度最强、持续时间最长的高温天气过程。7月7日开始出现高温,11日开始各地最高气温不断刷新历史记录,利通区最高达41.0 ℃,创宁夏最高气温极值。高温过程历时2周,利通区、中宁持续日数最长达8 d,刷新了宁夏有气象记录以来高温持续日数记录。高温期间,正值宁夏枸杞成熟采摘高峰期,高温强日照天气对枸杞生长有明显的不利影响,缩短果实产量形成期,使树体养分供应失调,形成小果,造成枸杞落花落果,导致采摘期提前。此外,高温天气导致枸杞蒸腾过快且蒸腾量大,部分枸杞树叶片变黄,夏眠期提前,秋梢生长期滞后,同时也造成枸杞病虫害的发生。

3.11　低温冷(冻)害

3.11.1　定义

> 低温冷(冻)害:在农作物(含经济林果)生长期间,出现较长时期气温持续低于常年同期水平,造成农作物生长发育速度延缓;或在农作物对低温反应敏感的生育期,气温降到农作物能够忍耐的温度下限以下的降温天气过程,造成农作物生理障碍或结实器官受损,最终导致农作物不能正常成熟、采收而减产或品质、效益降低的农业气象灾害现象(高懋芳 等,2008)。水稻和酿酒葡萄是宁夏受低温冷(冻)害影响最为严重的作物。

3.11.2　水稻低温冷害气候特征

水稻低温冷害指水稻遭遇生育最低临界温度以下的低温影响,从而导致水稻不能正常生长发育而减产。低温冷害是稻作生产的主要障碍之一。宁夏水稻低温冷害一般发生于四个时期:一是苗期冷害,二是孕穗期冷害,三是抽穗扬花期冷害,四是灌浆期冷害。

(1)苗期冷害

水稻苗期是指水稻育秧到分蘖期。宁夏水稻一般 5 月中旬移栽,下旬为缓秧期,6 月为分蘖期,这是确定水稻穗数的关键时期。在此期间如发生低温冷害,水稻有效分蘖减少,单位面积穗数减少,从而将影响产量。

以 6 月≥10 ℃的积温($\sum$T6)来反映苗期冷害,具体指标等级见表 3.13(刘玉兰,2002)(表中等级越高,冷害越重)。

表 3.13　苗期低温冷害等级指标(℃·d)

冷害等级	1	2	3	4
温度指标($\sum$T6)	601~620	581~600	561~580	≤560

宁夏水稻主要种植在引黄灌区。除北部大武口外,其他各地水稻苗期低温冷害均有发生,最多地区是沙坡头区,为 28 次,其次是永宁,为 23 次,其他地区均低于 20 次。从低温冷害程度来看,各地水稻苗期未有 4 级低温冷害发生,3 级低温冷害只有利通区、永宁和沙坡头区发生,1 级次数最多,各地占总次数的 54%以上,其中,银川和陶乐为 100%(图 3.41)。

(2)孕穗期冷害

一般认为,耐冷性强的水稻品种孕穗期的临界低温为 15~17 ℃,耐冷性弱的品种为 17~19 ℃;孕穗期冷害有延迟型冷害和障碍型冷害之分。宁夏水稻品种多为粳稻,抗寒性较强,一般在 7 月中下旬达到孕穗期。采用 7 月 16—30 日的 5 d 滑动平均最低气温作为延迟型冷害的指标,用日最低气温≤16 ℃的持续日数作为障碍型冷害的指标,具体指标等级见表 3.14(刘玉兰,2002)。

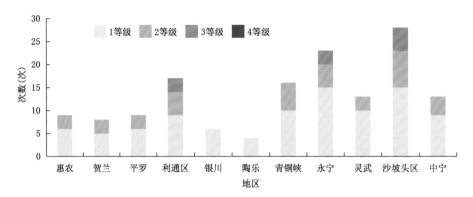

图 3.41　宁夏水稻苗期低温冷害出现次数

表 3.14　孕穗期低温冷害等级指标

冷害等级	1	2	3	4
延迟型冷害(℃)	15.1~16.0	14.1~15.0	13.1~14.0	≤13.0
障碍型冷害(d)	2	3	4	>4

　　引黄灌区各地水稻孕穗期延迟型低温冷害均有发生,最多地区是灵武,为 53 次,最少地区是贺兰,为 31 次。从低温冷害程度来看,各地水稻孕穗期延迟型低温冷害 4 级发生占比较大,占总次数的 50% 及以上的有灵武和沙坡头区,其他大部地区占 20%~50%;3 级占 20% 左右,2 级占 20%~30%(图 3.42)。

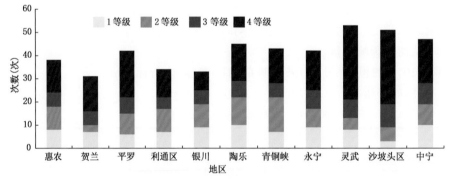

图 3.42　宁夏水稻孕穗期延迟型低温冷害出现次数

　　与延迟型低温冷害相似,宁夏水稻孕穗期障碍型低温冷害各地也均有发生,最多和最少地区分别是灵武和贺兰,为 53 次和 32 次。各地水稻孕穗期障碍型低温冷害 4 级发生占比较大,占总次数 50% 及以上的有灵武和沙坡头区,其他大部地区占 24%~48%;3 级占 15%~20%,2 级占 9%~35%(图 3.43)。

　　(3)抽穗扬花期冷害

　　水稻开花的临界最低温度为 15 ℃,受精的临界最低温度为 16~17 ℃,因此,在水稻抽穗扬花期低于 16 ℃ 就不能正常开花受精。水稻抽穗扬花期低温冷害也分为延迟型冷害和障碍型冷害。采用 8 月 1—10 日的 3 d 滑动平均最低温度作为延迟型冷害的指标,用日最低气温 ≤16 ℃ 的持续日数作为障碍型冷害的指标,具体指标等级见表 3.15(刘玉兰,2002)。

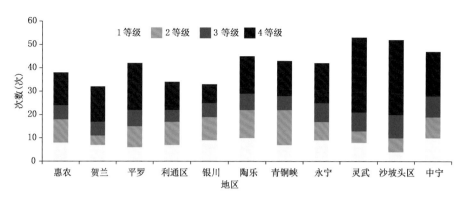

图 3.43 宁夏水稻孕穗期障碍型低温冷害出现次数

表 3.15 抽穗扬花期低温冷害等级指标

冷害等级	1	2	3	4
延迟型冷害(℃)	15.1～16.0	14.1～15.0	13.1～14.0	≤13.0
障碍型冷害(d)	2	3	4	>4

引黄灌区各地水稻抽穗期延迟型低温冷害均有发生,最多地区是灵武和沙坡头区,均为 50 次,最少地区是银川,为 29 次。从低温冷害程度来看,4 级各地占总次数的 20%～40%,其中,灵武、沙坡头区和银川最多,占 31%～40%;3 级占 8%～20%,2 级占 15%～40%,1 级占 6%～42%(图 3.44)。

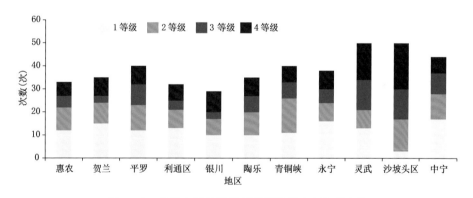

图 3.44 宁夏水稻抽穗期延迟型低温冷害出现次数

与延迟型低温冷害发生次数和特征相似,引黄灌区水稻抽穗期障碍型低温冷害最多地区仍然是灵武和沙坡头区,均为 51 次,其他大部地区少于 40 次,最少地区是银川,为 30 次。从低温冷害程度来看,4 级大部分地区占总次数的 17%～40%,其中,灵武、沙坡头区和银川最大,在 30% 以上;3 级占 10%～25%,2 级占 15%～38%%,1 级占 8%～41%,大部分地区为 1 级或 2 级占比最大(图 3.45)。

(4)灌浆期冷害

水稻灌浆的最适温度是 20～22 ℃,低于 15 ℃ 则灌浆停滞,千粒重降低,从而造成减产,但此后如能恢复适宜的温度条件,仍能以较快的速度充实籽粒,并不会形成灌浆障碍,因此,灌浆

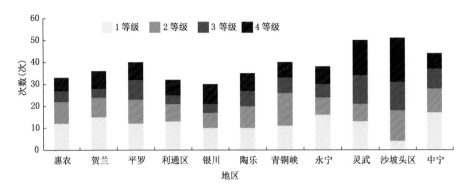

图 3.45　宁夏水稻抽穗期障碍型低温冷害出现次数

期的低温冷害属于延迟型冷害。在宁夏通常用 8 月 1 日至 9 月 10 日≥10 ℃的积温作为灌浆期低温冷害的指标,具体等级见表 3.16(刘玉兰,2002)。

表 3.16　灌浆期低温冷害等级指标(℃·d)

冷害等级	1	2	3	4
延迟型冷害	821~840	801~820	781~800	≤780

　　引黄灌区各地水稻灌浆期低温冷害均有发生,最多地区是灵武和沙坡头区,均为 35 次,最少地区是陶乐,为 15 次。从低温冷害程度来看,各地水稻灌浆期低温冷害 1 级和 2 级发生占比较大,大部分地区在 20%~40%,1 级占总次数的 50% 及以上的有大武口区、惠农、灵武和中宁;2 级占总次数 50% 及以上的仅有大武口区;大武口区无 3 级,其他各地 3 级在 10%~33%;大武口区、贺兰、银川、灵武和中宁无 4 级,其他地区 4 级占比在 10%~20%(图 3.46)。

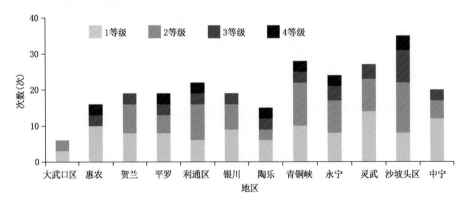

图 3.46　宁夏水稻灌浆期低温冷害出现次数

3.11.3　酿酒葡萄低温冻害气候特征

　　宁夏酿酒葡萄主产区位于贺兰山东麓,引黄灌区大部。根据宁夏回族自治区地方标准《酿酒葡萄农业气象服务技术规程》(宁夏回族自治区质量技术监督局,2017),利用酿酒葡萄越冬期间(12 月 10 日至次年 3 月 1 日)的 20 cm 和 40 cm 的土壤温度,分别计算出≤−5 ℃的日数,根据酿酒葡萄越冬冻害气象指标,判断越冬冻害等级,不符合条件的为无冻害(表 3.17)。

表 3.17　宁夏酿酒葡萄越冬期低温冻害指标

冻害等级	20 cm 土壤温度≤−5 ℃的日数(d)	40 cm 土壤温度≤−5 ℃的日数(d)
无冻害	<1	不限
轻度冻害	≥1	≤2
中度冻害	≥1	(2,5]
重度冻害	≥1	>5

引黄灌区酿酒葡萄越冬冻害大部分地区以重度频率较高,基本呈从南到北增加分布特征,尤其利通区以北大部出现重度冻害的年份在 4 年以上,占总年份的 50% 以上,石嘴山各地在 6 年以上;中度冻害发生最多地区是大武口区和利通区,为 5 年,惠农和贺兰未发生过中度冻害,其他地区中度冻害出现在 1～4 年;轻度冻害在中宁发生最多,共出现 4 年,而大武口区、银川、陶乐和灵武未发生过轻度冻害,其他地区轻度冻害出现在 1～3 年(图 3.47)。

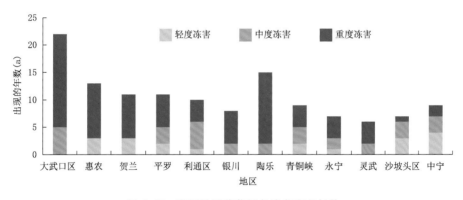

图 3.47　宁夏酿酒葡萄越冬冻害出现年数

3.11.4　典型低温冷冻害事件

1993 年,宁夏全区因低温冷害造成农作物受灾面积 6.3 万 hm²,成灾面积 5.5 万 hm²,受灾人口 56 万,直接经济损失 6804 万元。低温冷害对水稻各关键生育期产生不利影响,使水稻千粒重下降、空秕率升高,造成减产。其中,5 月 11—13 日及 19—20 日,中卫出现两次阴雨过程,日平均气温 2 d 内降了 13.8 ℃,最低气温在 5 ℃以下,无法插秧,133.3 hm² 左右已插秧苗遭受冷害,烂秧死苗严重,占播种面积的 2% 左右。

1995 年 7 月 31 日至 8 月 2 日,沙坡头区、中宁一带连续 3 d 出现最低气温低于 15 ℃、日平均气温低于 20 ℃的天气,8 月 17—19 日引黄灌区大部地区出现日平均气温低于 20 ℃的天气,8 月 30 日至 9 月 7 日出现罕见的连续 9 d 的低温阴雨天气,使得水稻生育中后期气温偏低,直接影响水稻的正常发育,致使水稻孕穗期偏迟,扬花期受粉受到影响,灌浆期生长缓慢,影响千粒重,导致不同程度的减产。

3.12　寒潮

3.12.1　定义

> 寒潮:高纬度的冷空气大规模地向中、低纬度侵袭,造成剧烈降温的天气过程。根据国标《GB/T 21987—2017 寒潮等级》,单站寒潮标准定义为:24 h 日最低气温降温幅度≥8 ℃,或 48 h 日最低气温降温幅度≥10 ℃,或 72 h 日最低气温降温幅度≥12 ℃,而且该地日最低气温≤4 ℃的冷空气活动。强寒潮定义为:24 h 日最低气温降温幅度≥10 ℃,或 48 h 日最低气温降温幅度≥12 ℃,或 72 h 日最低气温降温幅度≥14 ℃,而且该地日最低气温≤2 ℃的冷空气活动。超强寒潮定义为:24 h 日最低气温降温幅度≥12 ℃,或 48 h 日最低气温降温幅度≥14 ℃,或 72 h 日最低气温降温幅度≥16 ℃,而且该地日最低气温≤0 ℃的冷空气活动。本书以宁夏单站达到寒潮标准进行统计分析。

3.12.2　气候特征

宁夏全区年平均寒潮为81.1站次,有三个高发区,其中,盐池为寒潮次数最多区,年平均高达8.8次,其次为引黄灌区北部石嘴山地区,为5~7次,中部干旱带的韦州和南部山区的西吉为5~6次,其他地区为2~5次(图3.48a)。其中,24 h 降温幅度达到寒潮的次数较 48 h、72 h 达到寒潮的次数明显偏多,年平均为50.0站次,占61.6%,48 h 和 72 h 年平均分别为25.8站次和5.3站次,占31.9%和6.6%。

宁夏全区年平均强寒潮为25.6站次,高发区盐池为3.5次,引黄灌区北部的大武口区和陶乐为2~3次,其他地区在2次以下(图3.48b)。其中,24 h 降温幅度达到强寒潮的次数较寒潮次数占比减少,年平均次数为12.0站次,占47.0%,48 h 强寒潮年平均8.3站次,占32.5%,而72 h 降温幅度达到强寒潮的年平均为5.3站次,占比达到20.5%。

宁夏全区年平均超强寒潮为6.4站次,高发区盐池为1.1次,其他地区在1次以下(图3.48c)。24 h,48 h 和 72 h 降温幅度达到超强寒潮的次数与强寒潮次数占比相当,年平均次数分别为2.9站次、2.1站次和1.5站次,分别占45.9%、32.6%和21.5%。

寒潮、强寒潮、超强寒潮均主要出现在1—4月、10—12月,且不同强度寒潮总频次均为1月最多(分别为16.2站次、5.3站次和1.4站次)。其中,1—3月及11—12月寒潮发生次数累计占全年的82.4%,各月寒潮均在10站次以上,1月达16.2站次(图3.49);这几个月24 h、48 h 和 72 h 降温幅度达到寒潮的次数分别在5.8站次、3.8站次和0.6站次以上,均为1月最高,分别为10.8站次、4.3站次和1.1站次(图3.50~图3.54)。

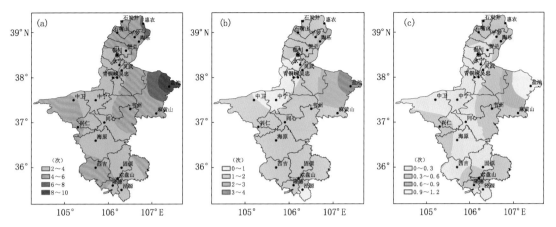

图 3.48　宁夏不同强度寒潮年平均频次的空间分布

（a）寒潮；（b）强寒潮；（c）超强寒潮

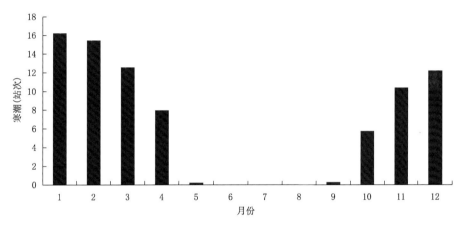

图 3.49　宁夏寒潮过程频次的年变化

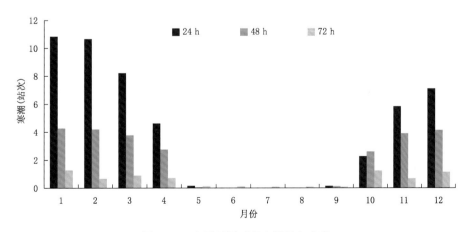

图 3.50　宁夏不同时长寒潮的年变化

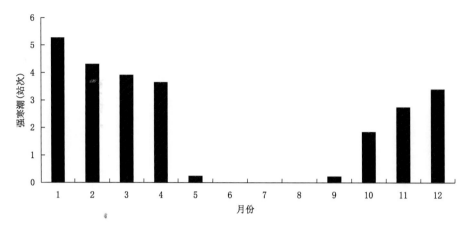

图 3.51 宁夏强寒潮过程频次的年变化

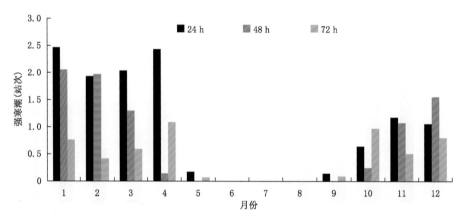

图 3.52 宁夏不同时长强寒潮的年变化

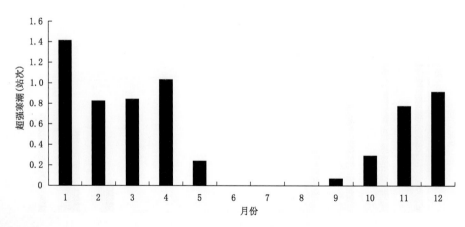

图 3.53 宁夏超强寒潮过程频次的年变化

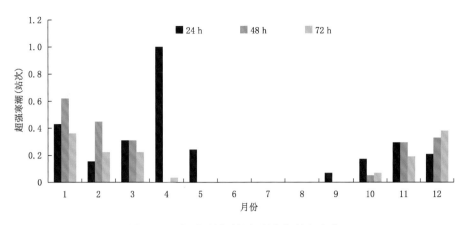

图 3.54　宁夏不同时长超强寒潮的年变化

第4章 优势气候资源及区划

4.1 农业气候资源

农业生产是一个对自然条件尤其是对气候条件依赖性很强的系统,而农业气候资源(主要包括光、热、水三大部分)又是农业生产中极其重要的自然资源。总的来看,宁夏光能资源丰富,且南少北多,夏多冬少,光合生产潜力大;热量资源两季不足,一季有余,南凉北暖,且春、秋季升降温迅速,昼夜温差大,积温有效性高,有利于植物干物质积累和产品质量的提高;降水资源少,且地区间差异显著,自南向北递减,年际变化大,干、湿季明显,雨热基本同季,提高了水分的利用率;总体上存在中部缺水,南部缺热的问题。

宁夏引黄灌区是我国四大古老灌区之一,已有两千多年的灌溉历史,素有"塞上江南"之美誉,是宁夏主要粮食和经济林果产区,也是全国 12 个商品粮基地之一。总面积 65.73 万 hm²,其中,灌溉区耕地面积 33.7 万 hm²(戴全章,2013)。该区域地处中温带干旱区,海拔 1100～1300 m,地貌类型为黄河冲积平原。日照充足,昼夜温差较大,热量丰富,无霜期较长,干旱少雨、蒸发强。年平均日照时数 2870.0～3071.0 h,无霜期长达 155～202 d。年平均气温 8.6～9.9 ℃,≥10 ℃的积温为 3199.3～3655.7 ℃·d。年平均降水量普遍在 200 mm 以下,降水年内分配不均,7—9 月的降水量占全年降水量的 60%～70%。年平均蒸发量 1660～2490 mm。因有黄河水灌溉,不仅春小麦、水稻、玉米等粮食作物能够很好地生长,枸杞、葡萄、苹果等经济林果也十分适宜(杨建国 等,2005)。

宁夏中部干旱带地处黄土高原和鄂尔多斯台地东部,地势南高北低、东高西低,地貌类型南部以黄土丘陵沟壑区为主,北部为丘陵台地,海拔在 1336～1856 m,区域沟壑纵横、梁峁起伏、地形支离破碎,植被覆盖率不足 20%。该区域自南向北由中温带半干旱区向干旱区过渡,有明显的大陆性气候特征。日照充足,干旱少雨,降雨集中,风大沙多,蒸发量大。年平均日照时数 2750～3000 h,无霜期 150～186 d。年平均气温 7.2～9.4 ℃,≥10 ℃的积温为 2521.2～3322.9 ℃·d。年平均降水量自南向北由 400 mm 递减到不足 200 mm,7—9 月降水量约占全年总降水量的 60%～70%,并多以强降水量形式出现。年平均蒸发量在 1900～2430 mm。区域内旱作农田和零星碎块草场交错分布,农牧交错,以农为主。种植方式以旱作为主,作物有春小麦、马铃薯、糜、谷、胡麻、荞麦、莜麦等,受水、土、肥限制,产量低而不稳;天然植被以干草原为主体。历史上因滥垦、滥伐、滥牧严重,自然植被受到破坏,水土流失严重,土壤肥力降低,生态环境恶化。近年来,在国家的大力扶持下,大力实施退耕还林还草,实行小流域综合治理,生态环境在逐步改善中。

宁夏南部山区位于我国黄土高原的西北边缘,为半湿润气候区。六盘山为南北分界线,将该区域分为东西两部分,呈南高北低之势。海拔大部分在 1752～2846 m。属黄土丘陵沟壑区,呈丘陵起伏,沟壑纵横,梁峁交错,山多川少,塬、梁、峁、壕交错的地理特征。呈现春季和夏初降水偏少,灾害性天气多,区域降水差异大等气候特征。年平均日照时数 2260～2820 h,无霜期为 122～163 d。年平均气温 1.5～6.9 ℃,≥10 ℃的积温为 519.88～2419.0 ℃·d。年平均降水量 413.9～644.8 mm。全年降水时空分布不均,春、秋两季降水偏少,出现间歇性轻度干旱,夏季降水多;冬季有一定量降雪,有利于农田增墒保墒以及冬小麦安全越冬。区域内六盘山区年降水量在 600 mm 以上,夏无酷暑,冬无严寒,森林茂密,气候湿润。粮食播种面积 23.9 万 hm² 左右,种植方式以旱作为主,种植作物有冬小麦、马铃薯、玉米等。特色产业主要有清水河流域的冷凉蔬菜、马铃薯产业,葫芦河流域的马铃薯、西芹产业,渝河流域则以中药材、花卉产业为主;此外,还有黄牛养殖、苗木、经济果林等特色产业。

4.1.1　热量资源

热量资源主要以作物生长期稳定通过各界限温度的初、终日及其持续时间与积温来表征。

(1)日平均气温稳定通过 0 ℃初、终日和持续时间

通常认为,稳定通过 0 ℃为适宜农耕期,其初日与终日和土壤结冻与解冻相近。春季日平均气温稳定上升至 0 ℃,是宁夏全区冬小麦开始返青、春小麦播种的温度指标。

宁夏稳定通过 0 ℃的初日大部地区在 3 月上旬至下旬,由北到南推迟;全区平均为 3 月11 日,其中,引黄灌区、中部干旱带和南部山区分别为 3 月 8 日、3 月 12 日和 3 月 19 日。稳定通过 0 ℃的终日大部地区在 11 月上旬至中旬,由北到南提前;全区平均为 11 月 14 日,其中,引黄灌区、中部干旱带和南部山区分别为 11 月 16 日、11 月 12 日和 11 月 8 日。稳定通过 0 ℃的持续日数各地在 232～260 d,全区平均为 249 d,其中,引黄灌区、中部干旱带和南部山区分别为 254 d、246 d 和 236 d(图 4.1)。

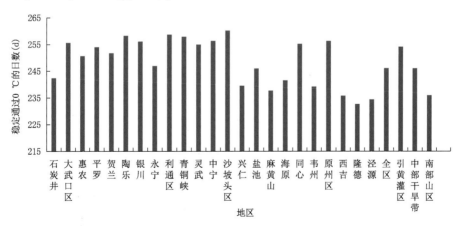

图 4.1　宁夏各地稳定通过 0 ℃的日数

(2)日平均气温稳定通过 5 ℃初、终日和持续时间

日平均气温稳定通过 5 ℃的初日,表示早春作物可以开始播种;日平均气温稳定通过 5 ℃的终日,表示作物生长开始变得缓慢,作物叶片逐渐变黄。日平均气温稳定通过 5 ℃的初、终日期与喜凉作物开始生长和结束生长所要求的温度大致相当,持续日数可作为衡量喜凉作物

生长期长短的指标(于振文,2013)。

宁夏稳定通过 5 ℃的初日大部地区在 3 月下旬至 4 月中旬,由北到南推迟;全区平均为 3 月 31 日,其中,引黄灌区、中部干旱带和南部山区分别为 3 月 27 日、4 月 3 日和 4 月 13 日。稳定通过 5 ℃的终日大部地区在 10 月中旬至下旬,由北到南提前;全区平均为 10 月 24 日,其中,引黄灌区、中部干旱带和南部山区分别为 10 月 27 日、10 月 24 日和 10 月 17 日。稳定通过 5 ℃的持续日数各地在 182～223 d,全区平均为 208 d,其中,引黄灌区、中部干旱带和南部山区分别为 216 d、205 d 和 188 d(图 4.2)。

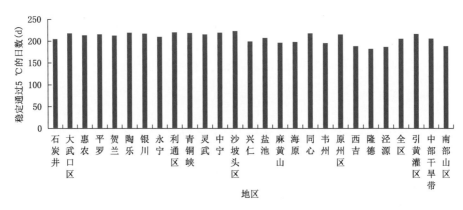

图 4.2　宁夏各地稳定通过 5 ℃的日数

(3)日平均气温稳定通过 10 ℃初、终日和持续时间

日平均气温稳定通过 10 ℃的初日通常作为喜温作物开始播种和生长的临界温度,也是喜凉作物迅速生长的温度。当日平均气温降至 10 ℃以下时,喜凉作物的光合作用显著减弱,喜温作物停止生长。稳定通过 10 ℃的持续日数通常也称喜温作物生长期。

宁夏稳定通过 10 ℃的初日大部地区在 4 月中旬至 5 月中旬,全区平均为 4 月 23 日;其中,引黄灌区、中部干旱带和南部山区分别为 4 月 16 日、4 月 27 日和 5 月 11 日。稳定通过 10 ℃的终日大部地区在 9 月中旬至 10 月上旬;全区平均为 10 月 3 日,其中,引黄灌区、中部干旱带和南部山区分别为 10 月 8 日、10 月 2 日和 9 月 21 日。稳定通过 10 ℃的持续日数全区平均为 164 d,其中,引黄灌区、中部干旱带和南部山区分别为 176 d、159 d 和 134 d(图 4.3)。

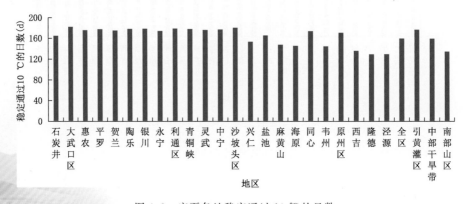

图 4.3　宁夏各地稳定通过 10 ℃的日数

（4）日平均气温稳定通过 15 ℃初、终日和持续时间

日平均气温稳定通过 15 ℃，表示喜温作物开始积极生长，大部分农作物进入旺盛生长期。当日平均气温降至 15 ℃以下时，对晚熟作物的灌浆和成熟都不利。稳定通过 15 ℃的持续日数通常也称喜温作物活跃生长期。

宁夏稳定通过 15 ℃的初日大部地区在 5 月中旬至 6 月中旬，全区平均为 5 月 22 日；其中，引黄灌区、中部干旱带和南部山区分别为 5 月 12 日、5 月 25 日和 6 月 18 日。稳定通过 15 ℃的终日大部地区在 8 月中旬至 9 月中旬，全区平均为 9 月 9 日；其中，引黄灌区、中部干旱带和南部山区分别为 9 月 17 日、9 月 5 日和 8 月 18 日。稳定通过 15 ℃的持续日数全区平均为 111 d，其中，引黄灌区、中部干旱带和南部山区分别为 129 d、104 d 和 62 d（图 4.4）。

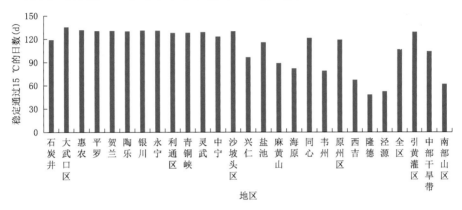

图 4.4　宁夏各地稳定通过 15 ℃的日数

（5）无霜期

> **无霜期**：春季终霜日次日至秋季初霜日前一日间的日数。无霜期长短对农业生产有重要意义，无霜期越长对农业生产越有利。

宁夏无霜期呈现出自北向南、自低海拔向高海拔缩短的特点。全区平均无霜期为 169 d，其中，南部山区各地仅有 122～163 d，引黄灌区和中部干旱带长达 155～186 d（图 4.5）。

（6）积温

宁夏全区大部地区稳定通过 0 ℃的积温为 2667.6～4142.1 ℃·d（图 4.6），其中，引黄灌区、中部干旱带和南部山区分别为 3933.5 ℃·d、3537.5 ℃·d 和 2830.6 ℃·d。

稳定通过 5 ℃的积温大部地区为 2454.4～3984.8 ℃·d（图 4.6），其中，引黄灌区、中部干旱带和南部山区分别为 3781.2 ℃·d、3361.2 ℃·d 和 2631.9 ℃·d。

稳定通过 10 ℃的积温大部地区为 1973.1～3655.7 ℃·d（图 4.6），其中，引黄灌区、中部干旱带和南部山区分别为 3424.6 ℃·d、2927.3 ℃·d 和 2142.5 ℃·d。

稳定通过 15 ℃的积温为 841.2～2870.7 ℃·d，其中，引黄灌区、中部干旱带和南部山区分别为 2769.6 ℃·d、2052.6 ℃·d 和 1120.7 ℃·d。

从不同界限温度间的积温分布可看出，温度资源由北向南递减，总体热量资源较好，稳定通过 0 ℃的积温南北差距相对较小，但南部山区热量强度不够，中北部地区热量资源一季有

余,两季不足,南部山区只可种植一季,且略显不足。

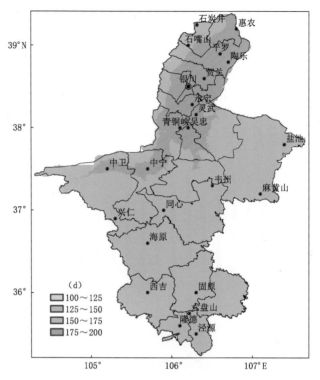

图 4.5　宁夏无霜期的空间分布

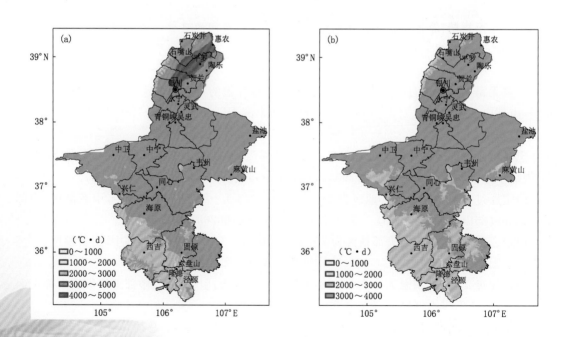

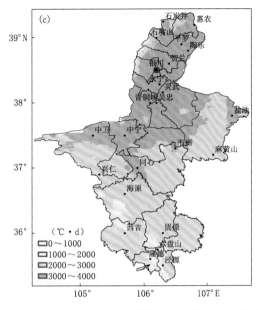

图 4.6　宁夏稳定通过不同界限温度积温的空间分布

(a)0 ℃；(b)5 ℃；(c)10 ℃

4.1.2　降水资源

水是农业的命脉,适时适量的雨水是农作物生长必不可少的条件,特别是在宁夏水分条件较差,对主要靠自然降水作为最主要水分来源的中南部山区,降水的多寡与农业的丰歉更是存在直接的关系。

根据彭曼公式,利用宁夏实际观测的作物发育期(杨勤,2006;陈东升 等,2012;陈璐 等,2016;陈璐,2016;刘玉兰 等,2011;王连喜 等,2013)(表 4.1),将联合国推荐的作物系数,按照表 4.1 中所列的统计时段内插到每一天,计算不同作物全生育期需水量(图 4.7)。

表 4.1　宁夏不同农作物生育期统计时段

作物名称	种植区域	统计时段
春小麦	引黄灌区	3 月 1 日至 7 月 15 日
	中部干旱带和南部山区	3 月 11 日至 7 月 20 日
冬小麦	引黄灌区	上一年 10 月 1 日至 11 月 20 日
		3 月 11 日至 7 月 5 日
	中部干旱带和南部山区	上年 9 月 21 日至 11 月 10 日
		3 月 21 日至 7 月 10 日
玉米	引黄灌区	4 月 21 日至 9 月 25 日
	中部干旱带	4 月 25 日至 9 月 30 日
	南部山区	5 月 4 日至 10 月 5 日
马铃薯	引黄灌区	4 月 21 日至 9 月 25 日
	中部干旱带	4 月 25 日至 9 月 30 日
	南部山区	5 月 4 日至 10 月 5 日
水稻	引黄灌区	4 月 21 日至 9 月 25 日

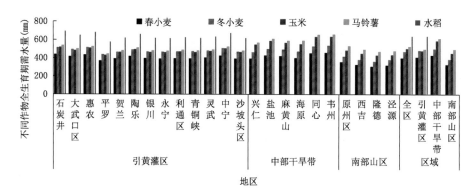

图 4.7 宁夏不同农作物全生育期需水量

宁夏全区春小麦、冬小麦、玉米、马铃薯、水稻全生育期需水量分别为 393.7 mm、465.3 mm、498.0 mm、521.8 mm、641.9 mm。水稻的需水量最大,春小麦最小,玉米和马铃薯需水量接近。同一种作物在中部干旱带需水量最高,引黄灌区次之,南部山区最少。

宁夏全区各地稳定通过 0 ℃的降水量为 120.4～397.8 mm(图 4.8a),其中,引黄灌区、中部干旱带和南部山区分别为 140.2 mm、216.8 mm 和 343.4 mm。稳定通过 5 ℃的降水量为 115.0～354.9 mm(图 4.8b),其中,引黄灌区、中部干旱带和南部山区分别为 133.5 mm、203.7 mm 和 311.2 mm。稳定通过 10 ℃的降水量为 106.4～260.9 mm(图 4.8c),其中,引黄灌区、中部干旱带和南部山区分别为 121.3 mm、172.5 mm 和 240.3 mm。

一般来说,稳定通过 0 ℃的降水量是作物生育期间能够被作物利用的水分资源,稳定通过 10 ℃是作物旺盛生长期,期间的降水对作物生长发育非常关键。宁夏通过 0 ℃、5 ℃、10 ℃不同界限温度的降水规律一般由北向南递增,引黄灌区最少,中部干旱带次之,南部山区最多。

综合需水量及降水量可以看出,北部引黄灌区降水量远不能满足作物生长需要。中部干旱带靠北的区域,水分亏缺较大,在没有灌溉的条件下,作物无法靠自然降水生长;靠南的区域,水分亏缺相对稍小,作物产量低且不稳。南部山区水分亏缺较小,丰水年和平水年基本能满足作物需要。

4.1.3 光照资源

宁夏全区光照资源非常充足,稳定通过 0 ℃、5 ℃、10 ℃、15 ℃各界限温度的累计日照时数全区平均分别为 2033.7 h,1737.3 h,1409.2 h 和 991.8 h。北部引黄灌区光照条件最为优越,中部干旱带次之,南部山区较少(图 4.9)。

4.1.4 主要农作物分布

数据来自《宁夏统计年鉴》(宁夏回族自治区统计局 等,2001—2019),2018 年宁夏全区农作物播种总面积为 116.5 万 hm²,其中,粮食作物播种面积 73.6 万 hm²。全区全年粮食产量 392.58 万 t,其中,水稻播种面积 7.8 万 hm²,小麦播种面积 12.85 万 hm²,玉米播种面积 31.0793 万 hm²,薯类播种面积 10.9927 万 hm²。宁夏经济作物以枸杞、酿酒葡萄、果树、红枣和设施农业蔬菜为主。枸杞主要种植在贺兰山沿山坡地、中宁县、沙坡头区、平罗县、惠农区、红寺堡区、固海扬黄扩灌区;近年来随着有机枸杞种植的兴起,中部干旱带种植面积逐渐增大。

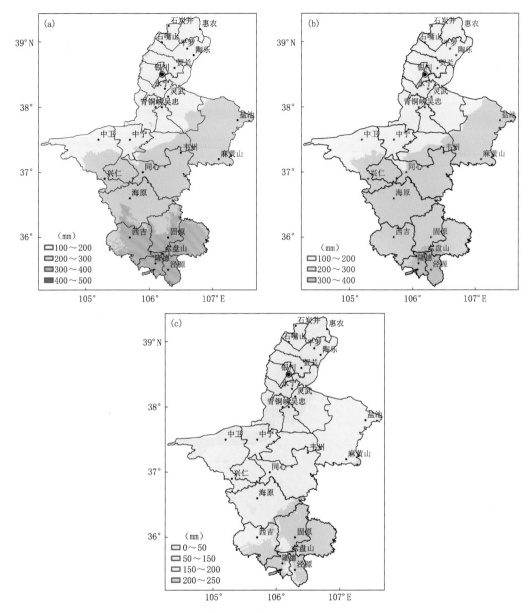

图 4.8　宁夏稳定通过不同界限温度的降水量空间分布

(a)0 ℃；(b)5 ℃；(c)10 ℃

苹果主要分布在引黄灌区，包括引黄灌区北部的大武口区、平罗县、银川市西部、灵武县、中宁县等地。红枣分布在引黄灌区的中宁县、沙坡头区、灵武县及中部干旱带的同心县等地。酿酒葡萄主要分布在贺兰山东麓、中部干旱带的红寺堡区等地。

(1)小麦

宁夏全区从南到北均种植小麦，有冬小麦、春小麦两种栽培类型。春小麦主要分布在北部引黄灌区，冬小麦分布在南部山区，以旱地种植为主。中部干旱带冬、春小麦均有种植，主要视当年降水情况而定。受多种因素的综合影响，宁夏全区小麦种植面积呈现逐年减少的趋势，播

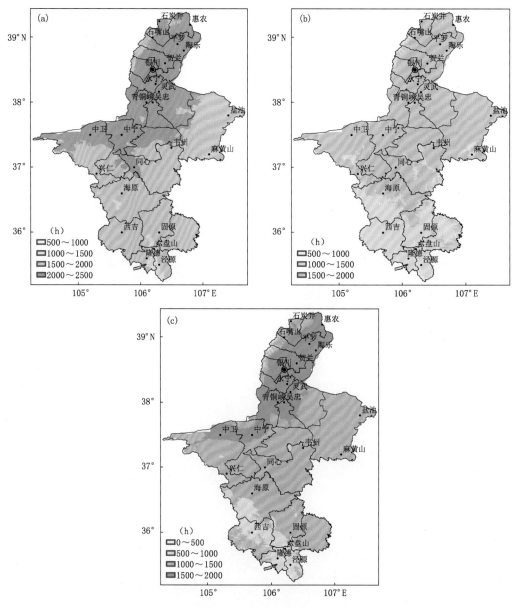

图 4.9 宁夏稳定通过不同界限温度的日照时数空间分布

(a)0 ℃;(b)5 ℃;(c)10 ℃

种面积已经由 20 世纪末的 20.7 万~22.7 万 hm² 下降到目前的 13.3 万~16.7 万 hm²,引黄灌区、中南部山区种植面积相近,产量也由 70 多万吨减少到 40 多万吨,引黄灌区产量占 2/3 以上。制约宁夏春小麦生产关键气象因子有 2 个,一是 6 月平均最高气温,一是中南部年降水量;6 月是春小麦灌浆关键期,当该月平均最高气温≤27.5 ℃时,有利于充分灌浆,籽粒饱满,而当平均最高气温≥30 ℃时,灌浆期缩短甚至灌浆终止;中南部年降水量在 450 mm 以上,能够满足春小麦生长需要,年降水量低于 350 mm 时,水分条件不能保证春小麦的正常生长。

（2）水稻

宁夏水稻主要分布于引黄灌区的黄河冲积平原(称宁夏平原),种植历史悠久,是全国优质水稻高产区之一。水稻一年一熟,多与旱作物轮种,实行稻旱三段轮作制或两段轮作制,局部低洼盐碱地实行连作种稻。2018 年宁夏水稻种植面积 7.8 万 hm²,总产 66.55 万 t。宁夏水稻在生育期间存在多个敏感时期,插秧稻出苗的最低温度为 10～12 ℃,≥20 ℃时才能正常健壮出苗,28 ℃左右为出苗的最适宜温度。当水稻幼苗长到 2～3 片叶时,胚乳中的养分将逐渐耗尽,此时耐寒力下降易受低温危害。当日平均气温低于 17 ℃时,水稻分蘖基本停止,25～30 ℃ 是最佳的分蘖温度,高于 37 ℃,分蘖将受到抑制。水稻分蘖期不能缺水受旱,必须有充足的水分条件才能正常分蘖。水稻拔节期开始出现幼穗分化,此期是水稻一生中生长最快、决定水稻产量的一个关键时期,需要有充足的光照和水肥。这一时期水稻最适宜温度为 25～30 ℃,低于 20 ℃或高于 40 ℃,对幼穗发育十分不利(武万里,2008)。

（3）玉米

玉米是宁夏三大粮食作物之一,玉米生长期需水量较大,除有灌溉条件的地区,一般在年降水量为 400～600 mm 的雨养农业区比较适宜玉米的种植(荀诗薇,2012)。2018 年宁夏全区播种面积 31.0793 万 hm²,产量 234.62 万 t,位居宁夏粮食作物第一位,在农业产业中占有举足轻重的地位。引黄灌区玉米种植面积为 14.2654 万 hm²,中南部地区种植面积 16.8139 万 hm²。温度是影响玉米生长的一个重要因素之一,其生育过程中要求≥10 ℃的积温为 2000～3000 ℃·d。玉米对温度变化的反应比较敏感,当温度达到 10～25 ℃时,玉米种子可以正常地发芽,如果温度在 10 ℃以下或者 25 ℃以上则不适宜玉米的生长。在籽粒形成期一般要求温度在 20～24 ℃,当温度低于 16 ℃或高于 25 ℃时,也会影响到淀粉酶的活性,造成玉米减产。

（4）马铃薯

宁夏中南部山区海拔较高,气温相对较低,光照充足,昼夜温差大,土壤富含钾,疏松、通透性好,是宁夏马铃薯的主产区。2018 宁夏全区马铃薯种植面积达 10.99 万 hm²,总产量达到 39.43 万 t。马铃薯是喜凉作物,4 ℃以上就可发芽,10～12 ℃幼芽生长健壮。发棵期和开花期对温度要求比较严格,适宜温度为 15～20 ℃,气温偏高影响块茎形成和结薯数量,高于 23 ℃ 难以形成块茎。结薯期气温 18～21 ℃,气温日较差大对块茎的生长和淀粉积累最为有利,超过 21 ℃块茎生长受到抑制,超过 25 ℃块茎基本停止生长,超过 27 ℃发生次生生长,形成小薯和异形薯。中南部山区 7 月降水量与马铃薯产量呈显著正相关关系,平均气温与产量呈显著负相关,适宜气温为 18～21 ℃,超过 25 ℃块茎基本停止生长(黑龙江省农业科学院马铃薯研究所,1994)。

（5）枸杞

枸杞是宁夏"五宝"中最著名的特色产品,是名贵的中药材和高档滋补品。宁夏全区目前种植枸杞 3.6 万 hm²,干果 8.8 万 t,是全国枸杞产业核心区和集散地(曹有龙,2015)。枸杞全生育期≥10 ℃的最优积温为 3450 ℃·d。当≥10 ℃的积温在 3200～3600 ℃·d 范围内时,枸杞一般能获得正常产量,而当≥10 ℃的积温在 3200 ℃·d 以下时,热量不足会导致枸杞减产。在有灌溉条件下,7—9 月降水量在 80～120 mm 以内,气象产量不受降水量的影响;降水量小于 120 mm,对枸杞产量有不利影响;当降水量达到 150～300 mm 或以上,特别是夏果采摘期间,虽然生理上提高了鲜果产量,但因果实吸水膨胀,裂口,黑果病严重,坏果率高,丰产不丰收。百粒重与采摘前 40 d 平均气温的关系显著,平均气温 18～20 ℃时百粒重达最大,是枸杞果实形成的最适宜温度。一般 7 月上旬进入采果盛期,6 月平均气温基本可反映采摘前温度条件(马力文 等,2009;刘静 等,2004)。

(6)酿酒葡萄

贺兰山东麓(北纬 37°43′～39°23′,东经 105°45′～106°47′)是冲积扇与黄河冲积平原之间的宽阔地带,土地成土母质以冲积物为主,土壤含砾石、砂粒,地形平坦,以淡灰钙土为主,有机质含量 0.4%～1.0%。该区域属中温带干旱气候区,干燥少雨,光照充足,昼夜温差大,多数地区有地下水可利用,也可引黄河水灌溉,是宁夏酿酒葡萄的主要种植区,也是中国酿酒葡萄生产的最佳生态区之一。热量和降水是宁夏酿酒葡萄栽培的主导因子,7—8 月水热系数、7—9 月≥10 ℃的积温对酿酒葡萄品质影响最大,水热系数≤0.8 为宜(张晓煜 等,2007)。

4.1.5　农业气候资源区划

区划采用的气象资料来自宁夏 24 个气象观测站 1961—2018 年逐日气温、降水量、日照时数等资料。

高程资料来自中国气象局 1∶25 万数字高程,土壤类型根据宁夏农业勘察设计院绘制的宁夏土壤类型图经矢量化而成,灌溉区域根据最新 FY-3B 气象卫星数据解译判识,经矢量化形成数据集,数据经 ArcGIS 8.1 转换成栅格数据备用。

由于气候观测站点稀疏,不足以精确地反映整个空间气候状况,为此,利用 ArcGIS 软件的小网格分析方法建立气候要素与站点经度、纬度、海拔高度等地理信息的数学模型,将宁夏气候资源数据推算到空间分辨率为 250 m 的面上数据,即:

$$y = f(\lambda, \varphi, \eta) + \varepsilon \tag{4.1}$$

式中,y 为气候因子;λ、φ、h 分别代表经度、纬度、海拔高度地理因子;ε 为残差,消除小地形影响,可忽略不计。在 ArcGIS 技术支持下,通过地图代数栅格计算器,将气候因子推算成面上栅格数据图集。

采用集优法,即认为各气象因子对区划同等重要,无主次之分。对各项气象因子的区划结果进行叠加,分区原则为:满足 3 个气象指标均为适宜或 2 个指标为适宜,1 个为较适宜的区域,划分为极适宜区;满足 1 个指标为适宜,2 个为较适宜的区域,或 3 个指标均为较适宜的区域,划分为较适宜区;依据短板原理,任何一个气象因子指标划分为不适宜的区域定为不适宜区。

(1)冬小麦区划

宁夏的冬小麦气候区划主要考虑两个条件:一是能否安全越冬,也就是最冷月的气温;二是水分因素,在没有灌溉条件的地区考虑降水量。对于引黄灌区,只考虑越冬期的气温条件,不考虑水分条件。冬小麦气候区划指标见表 4.2,冬小麦适宜气候区划见图 4.10。

表 4.2　宁夏冬小麦气候区划指标

分区名称	1 月平均气温(℃)	年降水量(mm)
适宜种植区	≥-8.0	≥450
较适宜种植区	-8.0～-9.0	350～449
不适宜种植区	<-9.0	<349

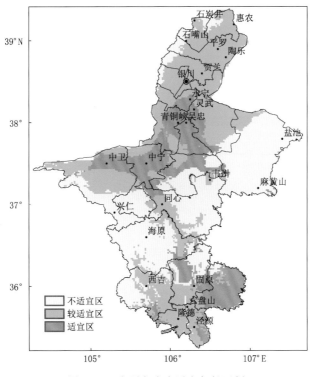

图 4.10　宁夏冬小麦适宜气候区划

全区冬小麦的适宜区主要分布在引黄灌区的中南部地区、南部山区彭阳的大部分地区,冬小麦越冬期热量条件较好,水分条件能够满足冬小麦生长发育对水分的需要,产量较高。

较适宜区主要分布于引黄灌区中北部地区,包括惠农区、平罗县、贺兰县以及银川市辖区、中部干旱带的海原县南部、同心县的清水河流域,南部山区的西吉县东部、原州区中部、隆德县和泾源县北部。引黄灌区的上述区域由于越冬期间热量条件不能完全满足需要,冬小麦越冬死苗率较高;海原南部、西吉东部、原州区北部等地主要是由于水分条件略差。

不适宜区包括中部干旱带大部分地区及西吉县西部和六盘山区,水分不足是中部干旱带不能种植冬小麦的主要限制因素,而六盘山区域则是受温度条件限制无法种植冬小麦。

(2)春小麦区划

制约宁夏春小麦的关键因子有 3 个,一是 3—7 月≥0 ℃的积温,表征了春小麦对热量的需求,宁夏全区大部分地区温度条件都非常适宜,热量资源丰富,但南部山区夏季气温偏低,春小麦生育期延长甚至晚熟;二是年降水量在 450 mm 以上,能够满足春小麦生长需要,年降水量低于 350 mm,水分条件不能保证春小麦的正常生长。引黄灌区因有灌溉条件,区划时不考虑降水因子。此外,干热风是宁夏春小麦主要农业气象灾害,6 月下旬最高气温≥32 ℃日数≤4 d,即为适宜,>8 d 即为不适宜。春小麦气候区划指标见表 4.3,春小麦适宜气候区划见图 4.11。

表 4.3　宁夏春小麦气候区划指标

分区名称	3—7 月≥0 ℃积温(℃·d)	年降水量(mm)	6 月下旬最高气温≥32 ℃日数(d)
适宜种植区	≥3200	≥450	≤4
较适宜种植区	2000～3200	350～450	4～8
不适宜种植区	<2000	<350	>8

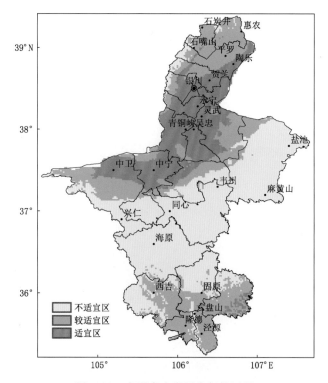

图 4.11　宁夏春小麦适宜气候区划

春小麦的适宜种植区包括引黄灌区的利通区、青铜峡市、中宁县、灵武市、银川市辖区、永宁县、贺兰县、平罗县等地区,该区域光照资源丰富,热量条件适中,耕作水平较高,干热风和青干灾害较其他地区少,产量处于高而稳定水平。

春小麦的较适宜种植区包括引黄灌区的大武口区、惠农区、平罗县的部分地区,以及中部干旱带的北部地区、南部山区大部地区。该区域光照资源丰富,热量条件适中,但耕作技术水平比适宜区低,夏季气温较高,干热风发生次数较多;银川以北灌区春小麦主要灌浆期的 6 月温度偏高,月平均最高气温在 28 ℃左右,往往因高温而影响春小麦灌浆。中南部的大片区域,年降水量在 350 mm 以上,但不足 400 mm,不能完全满足春小麦生长发育的需求,往往因干旱影响产量。

春小麦的不适宜种植区包括盐池县、同心县大部分地区以及利通区、灵武市、沙坡头区、中宁县的山区。该区光照资源丰富,但年降水量在 300 mm 以下,土壤干旱严重,产量低而不稳,除有灌溉条件的水浇地以及土壤水分条件较好地区以外,不宜种植春小麦。

（3）水稻区划

宁夏水稻种植在引黄灌区可不考虑水分因素。结合宁夏气候条件,影响水稻产量的主要热量指标为全生育期的积温,表征水稻全生育期的总体热量条件;7 月最低气温表征水稻遭受冷害尤其是障碍型冷害的可能性,8 月平均气温表征水稻能否正常齐穗。水稻气候区划指标和水稻适宜气候区划分别见表 4.4 和图 4.12。

表 4.4　宁夏水稻气候区划指标

分区名称	≥10 ℃积温(℃·d)	8月平均气温(℃)	7月平均最低气温(℃)
适宜种植区	≥3200	≥20	≥17
较适宜种植区	2800~3200	18~20	15~17
不适宜种植区	<2800	<18	<15

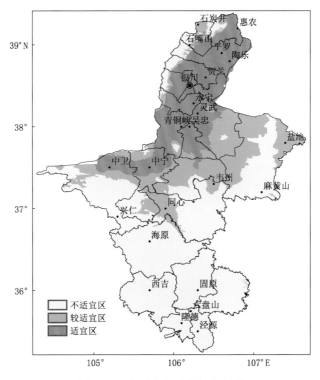

图 4.12　宁夏水稻适宜气候区划

水稻的适宜种植区主要分布在引黄灌区大部分地区,包括惠农区南部、平罗县、贺兰县、银川市辖区、永宁县、灵武市、利通区、青铜峡市等县(区、市)的大部,以及中宁县、沙坡头区沿黄河流域等地区。该区域热量资源适中,耕作水平高,≥10 ℃的积温在 3200 ℃·d 以上,水稻生长发育关键的 7 月和 8 月气温较高,安全齐穗率高,低温冷害轻,产量高且稳定,是水稻生产的适宜区。

水稻的较适宜种植区主要分布在惠农区以北,引黄灌区南部及中部干旱带北部一带,该区域≥10 ℃的积温在 2800~3200 ℃·d,7 月和 8 月气温较适宜区低,且灌溉较适宜区困难,是水稻生产的较适宜区。

水稻的不适宜种植区主要分布在水分无法满足的大面积非灌溉区域,无法种植水稻。

(4)玉米区划

玉米区划主要考虑≥10 ℃的积温和≥0 ℃的降水量。温度是影响玉米生长的主要气象因子,但降水不足也是影响宁夏中南部山区玉米产量的重要因子。玉米气候区划指标和玉米适宜气候区划分别见表 4.5 和图 4.13。

表 4.5　宁夏玉米气候区划指标

分区名称	≥0 ℃降水量(mm)	≥10 ℃积温(℃·d)
适宜种植区	≥500	≥2500
较适宜种植区	350~500	2100~2500
不适宜种植区	<350	<2100

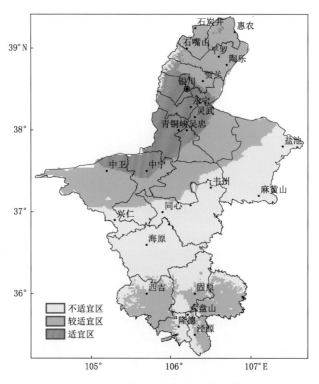

图 4.13　宁夏玉米适宜气候区划

　　玉米的适宜种植区主要分布在引黄灌区的中部。该区域热量资源丰富,≥10 ℃的积温在2500 ℃·d 以上,优越的灌溉条件使该区域产量高且稳定,是宁夏的玉米高产区。

　　玉米的较适宜种植区主要分布在引黄灌区的北部和南部的中宁县、沙坡头区、灵武市、利通区北部地区,以及中部干旱带靠近灌区的扬黄灌区、南部山区西吉县、彭阳县、原州区南部及隆德县北部。这些地区热量条件与降水条件配合不够协调,热量好的地区,降水不足500 mm,而降水超过 500 mm 的地区积温不足 2500 ℃·d,因此,玉米的生长发育受到一定影响,采取地膜覆盖种植玉米,可一定程度提高产量,但经常遭受旱灾或出现热量不足生育期延长等现象,是种植玉米的较适宜区。

　　玉米的不适宜种植区主要分布在宁夏北部无灌溉条件的地区、中部干旱带大部地区及南部的月亮山—南华山—六盘山沿线的山区及隆德县、泾源县阴湿区。中北部地区热量资源丰富,但水分条件极差,无法满足玉米正常生长,南部地区海拔较高,热量条件不足,即使水分条件好也无法保证玉米能正常收获,是玉米种植的不适宜区。

（5）枸杞区划

枸杞区划不但要考虑产量，还要考虑品质，一般认为，≥10 ℃为枸杞萌发的温度，≥10 ℃的积温是枸杞所需热量条件，在灌溉条件下，降水偏多，枸杞黑果率高，品质差。枸杞气候区划指标和枸杞适宜气候区划分别见表 4.6 和图 4.14。

表 4.6　宁夏枸杞气候区划指标

分区名称	年降水量（mm）	≥10 ℃积温（℃·d）
适宜种植区	≤200	≥3200
较适宜种植区	200～280	2800～3200
不适宜种植区	>280	<2800

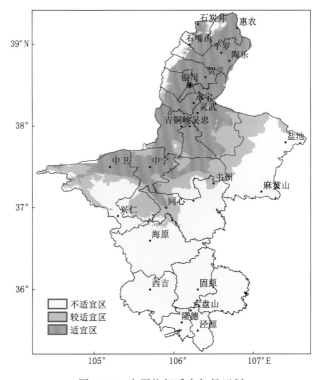

图 4.14　宁夏枸杞适宜气候区划

枸杞的适宜区包括引黄灌区大部。该地区热量资源丰富，气温稳定通过 10 ℃的积温一般在 3300～3600 ℃·d，期间的持续日数一般≥170 d。降雨日数少，有黄河灌溉，枸杞产量高、品质优，是枸杞生长最优区。

枸杞的较适宜区包括沙坡头区南部和南部黄河南岸地区、灵武市东部、利通区南部山地、中宁县南部山地及清水河下游地区。该地区热量资源丰富，气温稳定通过 10 ℃的积温一般在 3000～3300 ℃·d，期间的持续日数一般在 160 d 以上，气象条件与最优区类似，但 6 月下旬容易遭受干热风，夏果期降水量也比最优区大，产量、品质与最优区类似。

枸杞不适宜种植区包括海原县南部、西吉县、隆德县、泾源县、彭阳县大部及同心县的韦州镇、麻黄山镇和盐池县等地区。该地区气温稳定通过 10 ℃的积温一般在 2600 ℃·d 以下，热量不足,虽然枸杞幼果期不发生干热风,但采果期比灌区推迟 10 d 以上,遇到雨季,且降水量较大,枸杞黑果严重,品质差,不宜发展枸杞种植。

(6)酿酒葡萄区划

将 7—8 月水热系数、7—9 月≥10 ℃的积温两个因子作为宁夏全区酿酒葡萄气候区划指标(表 4.7),酿酒葡萄适宜气候区划见图 4.15。

表 4.7　宁夏酿酒葡萄气候区划指标

分区名称	7—9 月≥10 ℃积温(℃·d)	7—8 月水热系数
适宜种植区	≥1400	≤0.8
较适宜种植区	1300~1400	0.8~1.6
不适宜种植区	<1300	>1.6

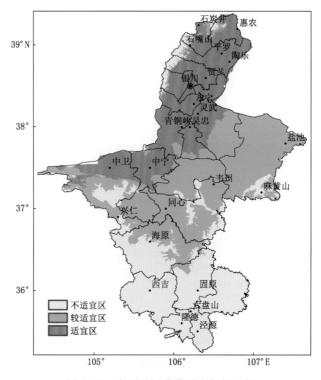

图 4.15　宁夏酿酒葡萄适宜气候区划

酿酒葡萄的适宜区主要集中在贺兰山东麓及灌区大部分地区。该区域光热充足,降水稀少,昼夜温差大。7—8 月≥10 ℃的积温在 1400 ℃·d 以上,7—8 月水热系数低于 0.8,果实成熟期降水稀少,一般中晚熟酿酒品种均可以充分成熟。该区域由于降水量低于 200 mm,发展酿酒葡萄需要有灌溉条件。冬季严寒,需要埋土越冬。

酿酒葡萄的较适宜区包括中部干旱带的盐池县、同心县、中卫市香山乡、中宁县山区、灵武市山区、海原县北部和原州区北部地区。该区域光热条件好,7—8 月≥10 ℃的积温 1300~1400 ℃·d,7—8 月水热系数为 0.8~1.6,果实成熟期降水较少,酿酒葡萄可以获得较好品质,适宜发展,但生长季较短,热量有限,种植中晚熟品种热量略显不足,气候风险较大。大部分地区降水量在 400 mm 以下,需要有良好的灌溉条件。

酿酒葡萄的不适宜区包括固原市大部、六盘山、月亮山、罗山和贺兰山等山地。这一带热量条件不足,7—8 月≥10 ℃的积温低于 1300 ℃·d,最热月平均气温在 14.2~20.4 ℃,降水量大,日照不足,无霜期短,大部分地区热量条件不能满足酿酒葡萄品质形成需要。

(7)马铃薯区划

以 7 月平均气温、8 月平均最高气温作为马铃薯区划的主要指标。此外,中南部山区 7 月降水量也同时作为该区域的一个因子,引黄灌区因灌溉便利,区划时不考虑降水因素。马铃薯气候区划指标和马铃薯适宜气候区划分别见表 4.8 和图 4.16。

表 4.8　宁夏马铃薯气候区划指标

分区名称	7 月平均气温(℃)	7 月降水量(mm)	8 月最高气温(℃)
适宜种植区	≤20	≥65	≤24
较适宜种植区	20~23	45~65	24~28
不适宜种植区	>23	<45	>28

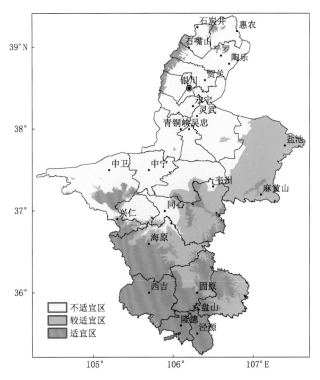

图 4.16　宁夏马铃薯适宜气候区划

马铃薯的适宜区包括西吉县、隆德县、泾源县全部、海原县大部、彭阳县北部、六盘山、月亮山、罗山和贺兰山等山地。该区域年降水量一般在 400 mm 以上,7 月平均气温≤20 ℃,8 月平均最高气温≤24 ℃,气温适宜,高温天气少,温度和降水适中,有利于马铃薯淀粉的积累,是马铃薯生长的优质产区。

马铃薯的较适宜区主要分布在灵武市山区、中卫市山区、中宁县山区、同心县、盐池县、海原县北部、原州区北部。该区域部分地区降水较少,水分条件不能充分满足马铃薯生长发育的需要,部分地区7—8月气温较高,不利于马铃薯淀粉积累,该区域可适当种植,不可大面积发展。

马铃薯的不适宜区主要分布在引黄灌区和中部干旱带北部,夏季气温偏高,对马铃薯形成大薯不利。

4.2　风能资源

随着工业化进程的加快,人类活动对环境的影响愈加显著,世界范围内化石能源消耗量与日俱增,环境问题逐渐成为人们关注的焦点。在此背景下,世界各国均十分重视寻求传统化石能源的替代能源,相继制定了新能源方面的发展规划和支持政策。中国政府2005年公布的《可再生能源法》中明确将包括太阳能、风能在内的可再生能源列入国家能源发展的优先领域。

风能是自然资源的一部分,是地球上"取之不尽,用之不竭"的气候资源之一,是清洁能源、可再生资源。远在几千年前,人们就已经开始利用风力资源。古代中国、波斯、埃及、荷兰等都有悠久的风车使用历史,风力是当时人们生产、生活、航海等活动的重要动力。后来风力的利用逐渐被化石能源所取代。随着人类能源消耗的增加,常规能源日益枯竭,化石能源对环境的污染,风能利用再次为人们所重视。目前,风能作为地球上储量巨大的能量资源,已经成为常规能源重要的替代和补充方式。

4.2.1　风能资源计算方法

风功率密度计算方法如下:

空气密度直接影响风能的大小,在同等风速条件下,空气密度越大风能越大。空气密度计算公式为:

$$\rho = \frac{1.276}{1 + 0.00366t} \cdot \frac{p - 0.378e}{1000} \tag{4.2}$$

式中,ρ 为空气密度(kg/m³);p 为气压(hPa);t 为气温(℃);e 为水汽压(hPa)。

平均风功率密度由下式计算:

$$\overline{D_{WP}} = \frac{1}{2n} \sum_{i=1}^{n} \rho \cdot v_i^3 \tag{4.3}$$

式中,$\overline{D_{WP}}$ 为设定时段的平均风功率密度(W/m²);n 为设定时段内的记录数;v_i 为第 i 记录风速值(m/s);ρ 为空气密度。

风能有效小时数:统计出的测风序列中风速在3～25 m/s 的累计小时数。

4.2.2　风能资源的时空分布

(1)风功率密度空间分布

宁夏全区存在三条风资源丰富带,分别位于北部的贺兰山脉,中部香山—罗山—麻黄山一带,南部山区的西华山—南华山—六盘山区(图4.17)。随着海拔升高,风功率密度逐渐增大。宁夏三条风资源丰富带上的大部分地区,年平均风功率密度在 70 m 高度上普遍大于

$250 \ \mathrm{W/m^2}$,100 m 高度上普遍在 $350 \ \mathrm{W/m^2}$ 以上。

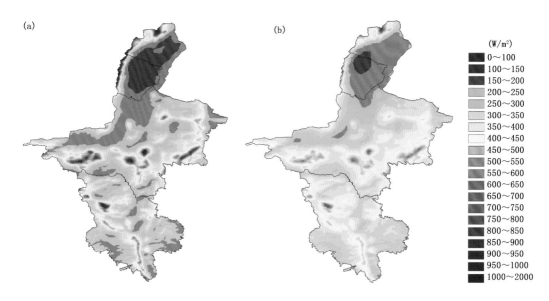

图 4.17 宁夏 70 m(a)、100 m(b)高度年平均风功率密度的空间分布

(2)风功率密度时间分布

总体来看,宁夏全区各月都存在上述三条风能资源较丰富带。风功率密度的季节变化特点也与本地区风速的季节变化规律相似,呈现"春冬大、夏秋小"的特征(图 4.18)。三条风能资源较丰富带 70 m,100 m 高度上平均风功率密度,春季分别在 350 $\mathrm{W/m^2}$、400 $\mathrm{W/m^2}$ 以上,且以 3 月最大,在 400~700 $\mathrm{W/m^2}$;夏季和秋季均分别在 200 $\mathrm{W/m^2}$、250 $\mathrm{W/m^2}$ 以上;冬季分别在 250 $\mathrm{W/m^2}$、300 $\mathrm{W/m^2}$ 以上。

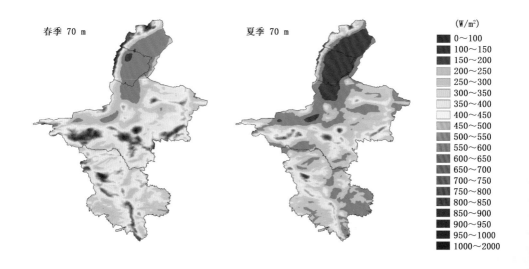

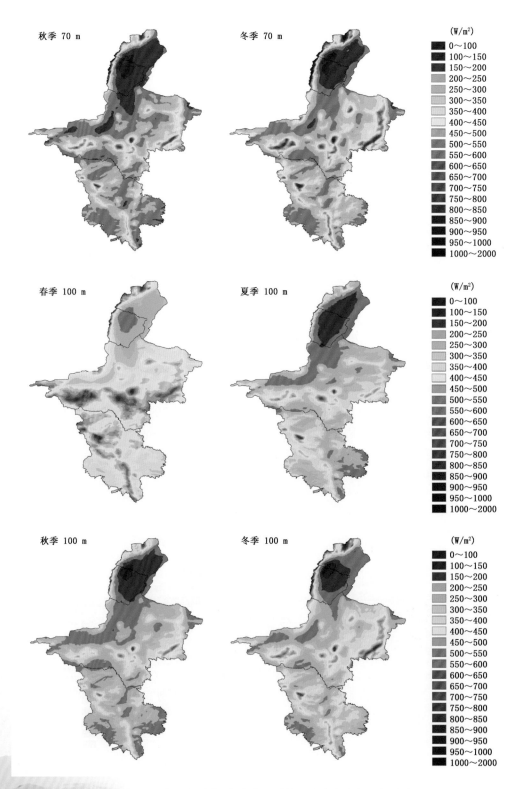

图 4.18　宁夏各季节、各高度上平均风功率密度的空间分布

（3）风能有效小时数空间分布

全区各地 70 m 高度的风能有效小时数在 5751～7775 h，高值区位于中北部的青铜峡—灵武—红寺堡一带，有效风能小时数均超过 7000 h，低值区位于西部的中卫—兴仁一带，在 5700～6100 h，其他地区普遍在 6600～7000 h。

（4）风向及风能分布

全区 70 m 高度上，北部多以西北风和东北风为主，风能较大的方向主要是西北向；中南部西北风和西南风多，风能分布与风向基本相同，中南部地区风速要比北部小一些。具体来看，北部地区 70 m 高度上以西北风—西北偏西风及东北风—东北偏东风的频率最大，频率超过 14%，而风能频率以西北偏西方向—西北方向为主，频率超过 37%。中部地区 70 m 高度以西南偏南风以及西北—西北偏西风的频率最大，频率均超过 10%，风能频率与风向频率一致，频率超过 17%。南部地区 70 m 高度上以西南—西南偏南风的频率最大，频率超过 10%，风能频率以西南—西南偏南以及西北偏北方向为主，频率也均超过 10%（图 4.19）。

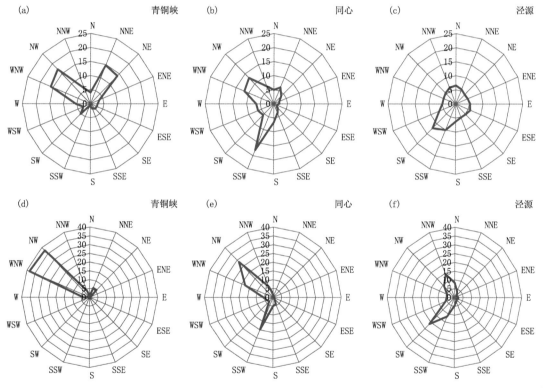

图 4.19　宁夏各地风向、风能频率玫瑰图（%）
（a～c）青铜峡、同心、泾源风向玫瑰图，（d～f）青铜峡、同心、泾源风能玫瑰图

4.2.3　风能资源区划

（1）风能资源区划指标

国家发展和改革委员会印发的《全国风能资源评价技术规定》《GBT 18710—2002　风电场风能资源评估方法》中风能区划指标如表 4.9 所示。

表 4.9　风能区划指标(70 m)

符号	分区	年有效风功率密度(W/m²)
Ⅰ	风能丰富	＞200
Ⅱ	风能较丰富	150～200
Ⅲ	风能一般	50～150
Ⅳ	风能贫乏	＜50

（2）风能资源区划

根据风能区划指标,宁夏全区风能资源大体可划分为两个区域:其中,贺兰山脉、香山—罗山—麻黄山、西华山—南华山—六盘山区部分地区属Ⅰ类风能丰富地区,年有效风功率密度在200 W/m² 以上,其他地区年有效风功率密度在 150～200 W/m²,属Ⅱ类区域。

（3）可装机容量分布

宁夏全区可装机容量大值区主要分布在中部干旱带沿香山—罗山—麻黄山东西向的一条横带里,该区域内大部分地区装机密度系数达 4～5 MW/km²。另外,南部山区沿西华山—南华山—六盘山从北到南的一条纵带区域可装机容量也较大,其大部分地区装机密度系数在2～3 MW/km² 以上。贺兰山区虽然风速较大,但是由于山坡陡峭,适于开发风电场的区域范围并不大,只是在贺兰山脉的南端和北端少部分区域适于开发风电场(图 4.20)。

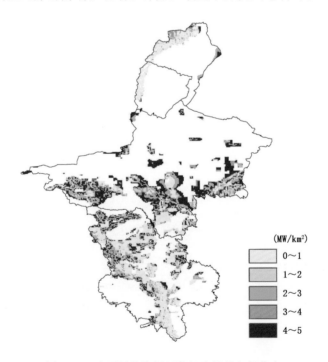

图 4.20　宁夏风能资源可装机容量的空间分布

宁夏大部地势开阔,地面植被较少,为全国风速分布的高值区之一,且闲置土地面积大,具有丰富的潜在开发价值。全区 70 m 高度有效风功率密度大于 400 W/m² 的技术可开发面积和开发量分别为 3044 km² 和 1011 万 kW;大于 300 W/m² 的技术可开发面积为 4417 km²,技术可开发量为 1555 万 kW；大于 250 W/m² 的技术可开发面积为 5790 km²，技术可开发量为 2011 万 kW；大于 200 W/m² 的技术可开发面积为 6246 km²，技术开发量为 2780 万 kW（表 4.10）。

表 4.10　宁夏 70 m 高度处风能技术可开发量与开发面积表

	≥400 W/m²	≥300 W/m²	≥250 W/m²	≥200 W/m²
技术可开发量（万 kW）	1011	1555	2011	2780
技术可开发面积（km²）	3044	4417	5790	6246

4.3　太阳能资源

太阳能是地球表面最主要的能量来源，是"取之不尽、用之不竭"的可再生绿色能源，被看成是未来可再生能源利用的重要方向之一。世界各国都在大力发展太阳能产业，例如美国、德国、日本等发达国家早在 20 世纪 90 年代就已经开始实施"百万屋顶光伏计划"，意大利 1998 年开始实行"全国太阳能屋顶"计划。我国太阳能产业起步较晚，但近几年发展很快。至 2006 年，我国太阳能热水器年产量达到 1800 万 m²，保有量达到 9000 万 m²，居世界首位；2010 年来，我国光伏发电产业发展迅猛，全国各地相继建成了大量光伏电站，截至 2018 年，全国光伏发电装机量达到 1.74 亿 kW，其中，集中式电站 12384 万 kW，分布式光伏 5061 万 kW（国家能源局网站）。

宁夏太阳总辐射较高、日照时数较长，是我国太阳能资源较为丰富的地区之一，全区太阳能可开发容量约为 1750 万 kW。由于宁夏地广人稀，拥有未利用的荒漠化土地资源 73.3 万 hm²，牧草地 226.7 万 hm²，电力基础设施条件好，发展光伏发电优势明显。全区太阳能光伏利用起步较晚，但发展很快。自 2012 年成为我国第一个新能源综合示范区后，光伏发电产业突飞猛进，已成为当地经济发展的新增长点。截至 2018 年，已有光伏电站装机容量 762 万 kW，光伏累计装机容量 816 万 kW，装机容量占全国总装机容量的 4.68%（国家能源局网站）。伴随着电网技术、功率预报技术的进步以及光伏产品成本的降低，太阳能的利用将越来越广泛。

4.3.1　太阳总辐射计算方法

太阳能资源通常采用年太阳总辐射表示。由于太阳总辐射观测站点少，资料缺乏，一般采用气候学公式进行推算（翁笃鸣，1964）。本书利用银川和固原 2 个太阳辐射观测站多年的辐射资料，以及 24 个气象观测站实际日照资料，采用中华人民共和国国家标准《GB/T 31155—2014　太阳能资源等级　总辐射》推荐的方法计算太阳总辐射（全国气象防灾减灾标准化技术委员会，2014）。

4.3.2　太阳辐射时空分布

（1）年太阳辐射空间分布

宁夏全区各地年太阳总辐射在 5195～6344 MJ/m²，大部分地区高于 5800 MJ/m²，中北部高于南部山区，高值区和低值区分别位于兴仁（6344 MJ/m²）和六盘山（5195 MJ/m²）；中北部大部高于 6000 MJ/m²；南部山区各地年太阳总辐射均低于 5800 MJ/m²（图 4.21）。

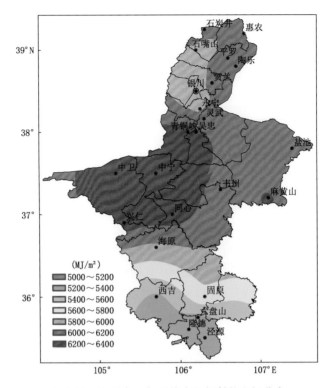

图 4.21　宁夏各地年平均太阳辐射的空间分布

（2）太阳总辐射季节分布

全区春、夏、秋三季太阳总辐射分布特征基本一致，中北部大于南部，且大值区位于灵武至同心一带，总体上夏季＞春季＞秋季＞冬季（图 4.22）。

春季各地太阳总辐射为 1596～1898 MJ/m²，南北相差 300 MJ/m² 左右。引黄灌区北部、灵武、青铜峡、利通区、沙坡头、中宁、兴仁、同心、麻黄山为高值区，均在 1850 MJ/m² 以上，其中，青铜峡最高为 1898 MJ/m²；南部山区为春季太阳总辐射的低值中心，且随着东北—西南走向太阳总辐射逐渐减少，西吉、隆德、泾源等地均低于 1650 MJ/m²，其中，六盘山区最低只有 1596 MJ/m²；其他各地为 1650～1850 MJ/m²。

夏季各地太阳总辐射在 1629.7～2143 MJ/m²，南北相差 500 MJ/m² 左右。海原及以北各地均在 2000 MJ/m² 以上，高值区位于灵武、青铜峡、利通区、沙坡头区、中宁、兴仁、同心地区，其中，中宁最高为 2143 MJ/m²；南部山区同样为夏季的低值中心，西吉、隆德、泾源均低于 1800 MJ/m²，其中，六盘山区最低为 1629.7 MJ/m²；其他各地均在 1800～2000 MJ/m²。

秋季太阳总辐射在 1034～1322 MJ/m²，南北相差近 200 MJ/m² 左右。中部干旱带以北区域、兴仁、同心为高值区，在 1300 MJ/m² 以上，其中，兴仁最高为 1322 MJ/m²，其他各地均在 1200 MJ/m² 以上；南部山区均低于 1100 MJ/m²，其中，西吉最低为 1033.6 MJ/m²；其他各地在 1100～1200 MJ/m²。

冬季太阳总辐射在 850～1052 MJ/m²，明显低于春、夏、秋三季。在空间上总体呈"中间高南北低"分布，中部与南部、北部分别相差 160 MJ/m²、200 MJ/m² 左右。高值区在同心、兴仁一带，其中，兴仁最高；低于 900 MJ/m² 的低值区有两个，一个是永宁以北地区，其中，银川最低为 850 MJ/m^2;另一个低值区是西吉及南部的六盘山区,隆德最低为 894.8 MJ/m^2。

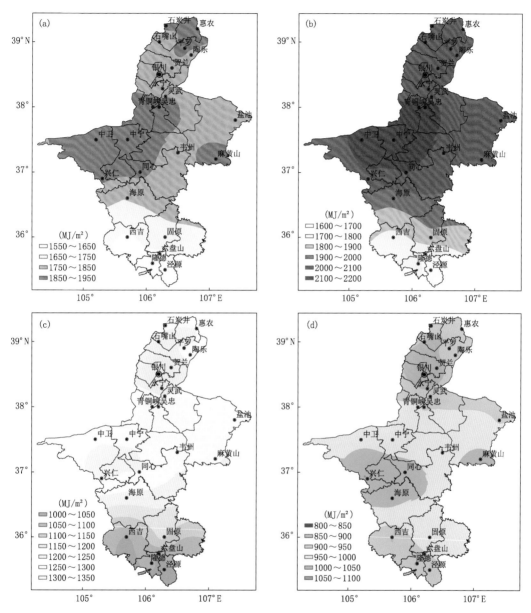

图 4.22 宁夏各地四季太阳总辐射的空间分布
(a)春季;(b)夏季;(c)秋季;(d)冬季

4.3.3 太阳能资源区划

太阳能资源区划依据中华人民共和国气象行业标准《QX/T 89—2008 太阳能资源评估方法》(表 4.11)进行评估(中国气象局政策法规司,2008)。

表 4.11　太阳能资源丰富程度等级表

太阳总辐射年总量	资源丰富程度
≥1750 kW·h/(m²·a) 或≥6300 MJ/(m²·a)	资源最丰富
1400~1750 kW·h/(m²·a) 或 5040~6300 MJ/(m²·a)	资源很丰富
1050~1400 kW·h/(m²·a) 或 3780~5040 MJ/(m²·a)	资源丰富
<1050 kW·h/(m²·a) 或<3780 MJ/(m²·a)	资源一般

　　宁夏全区各地年太阳能总辐射量均超过了 5040 MJ/(m²·a),达到了"资源很丰富"级别。其中,兴仁附近的太阳能资源属于"资源最丰富"等级(图 4.23)。

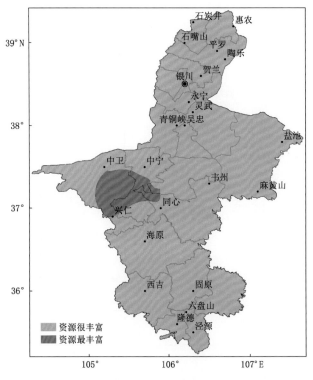

图 4.23　宁夏太阳能资源丰富程度评估分级区划

4.3.4　太阳能资源稳定程度评估

　　根据中华人民共和国国家标准《GB/T 31155—2014　太阳能资源等级　总辐射》(全国气象防灾减灾标准化技术委员会,2014)和《气候可行性论证技术指南系列之:区域太阳能资源精细化评估技术指南》(中国气象局预报与网络司,2014),依据全年月总辐射量的最小值与最大值的比值(稳定度系数 R_w)大小,可将太阳能资源稳定度分为四个等级(表 4.12)。

表 4.12　太阳能资源稳定程度等级表

等级名称	分级阈值	等级符号
很稳定	$R_w \geqslant 0.47$	A
稳定	$0.36 \leqslant R_w < 0.47$	B
一般	$0.28 \leqslant R_w < 0.36$	C
欠稳定	$R_w < 0.28$	D

注:R_w 表示稳定度系数。

　　宁夏全区太阳能资源稳定度系数平均为 0.41,各地变化范围为 0.35~0.49,低值区在大武口区,高值区位于泾源和六盘山。其中,引黄灌区银川以北大部在 0.36 及以下,其他地区在 0.37~0.40;中部干旱带在 0.41~0.48;南部山区在 0.44~0.49(表 4.13)。因此,宁夏全区大部地区太阳能资源为稳定及以上程度,适于进行太阳能资源的开发利用。

表 4.13　宁夏各地太阳能资源稳定程度表

地点	石炭井	大武口区	惠农	贺兰	平罗	利通区	银川	陶乐	青铜峡	永宁	灵武	沙坡头区
R_w	0.38	0.35	0.36	0.36	0.37	0.38	0.36	0.37	0.39	0.37	0.39	0.40
地点	中宁	兴仁	麻黄山	盐池	海原	同心	原州区	西吉	隆德	六盘山	韦州	泾源
R_w	0.40	0.45	0.43	0.41	0.47	0.43	0.48	0.45	0.44	0.49	0.42	0.49

4.4　旅游气候资源

　　旅游资源主要分为自然风光和人文景观两类,其中,自然风光旅游资源与气候资源密切相关,直接受到气候条件的制约,二者的结合称为旅游气候资源(邹旭恺,2003)。宁夏地处我国地质、大地构造、地貌和区域自然环境的过渡及交汇地带。独特的地理位置在漫长的地质历史演化和复杂的自然条件作用下,形成显著的气候差异,塑造了复杂多样的自然景观,造就了雄浑壮丽的山河,使自然旅游资源丰富多彩、景点众多、类型多样,分布广泛,代表性强(李陇堂,2000)。宁夏的旅游资源得天独厚,在全国 10 大类 95 种基本类型的旅游资源中,宁夏就拥有 8 大类 46 种,占全国基本类型的 48.4%。具有地方代表性的一类旅游资源为古塔、古岩画、古城堡、古长城、陵墓和沙漠类旅游资源;二类为湖泊、河流、森林、古遗址、峡谷、城市广场以及特色民俗类旅游资源。在两沙(沙湖、沙坡头)、两山(贺兰山、六盘山)、一河(黄河)、一城(银川市)的空间格局基础上,正在拓展银川市大旅游圈、中卫市大旅游圈和六盘山大旅游圈,将形成银川市、中卫市、六盘山 3 大旅游板块,成为宁夏旅游的增长级,在旅游产品空间结构上进行优化。宁夏的沙湖和沙坡头把"沙""水"巧妙组合,具有代表性,特别是沙坡头的草方格压沙坡治沙奇迹,形成了巨大的"草网沙障""翠笼沙滩"和独树一帜的沙生植物园等景观(薛晨浩 等,2014);沙湖景区荣获"中国十大魅力湿地""中国十大生态旅游景区"等殊荣,沙坡头景区荣获第十九届亚洲旅游金旅奖。六盘山既是丝绸之路北道的重要通道,也是西北气候奇特的地区。上述特色景观成为宁夏自然旅游资源中最具特色的自然风光。

　　气候旅游资源作为构成某一地区地理环境和旅游景观的主要因素,对其他旅游资源的形成往往起着十分重要的作用。因此,许多自然景观与人文景观的观赏都必须借助一定的气候背景。联合国世界旅游组织(UNWTO)在 2007 年举办的"第二届全球变暖与旅游大会"上强调"气候变化是对旅游业可持续发展和 21 世纪千年发展目标构成最严重威胁的因素"。宁夏南北跨越三个气候区，南部半湿润气候区的六盘山区常年无夏，凉而不寒，润而不湿，气候清爽，具备人体最舒适的气候环境，避暑旅游优势媲美"中国凉都"六盘水。宁夏平原得益于贺兰山的阻挡及黄河水的灌溉，同时毗邻沙漠的地理位置，拥有融合江南之秀及大漠雄浑的奇观，夏季具备水乡的秀美，却无江南的闷热，被《纽约时报》评为全球必去的 46 个旅游目的地之一。

对于旅游来说，选择适宜的气候条件、季节是必须要考虑的重要因素之一。而人体感度的舒适度是用于直接判定气候条件适宜与否的因素。人体对气温、湿度、风、气压的感度的变化和季节有密切关系，又和地域的气候条件密不可分。本书采用人体舒适度指数分析宁夏旅游气候资源。

4.4.1 旅游气候舒适度指数

4.4.1.1 计算方法及舒适度等级划分

人体舒适度指数是根据人体与大气环境之间的热交换而制定的生物气象指标，体现了人体对空气温度、湿度、风等要素的感受。当温度在 23～25 ℃、相对湿度 70%、风速 2 m/s 时，人体最舒适。旅游时，人体产生热量后，最舒适的体感温度为 22～24 ℃，舒适为 20～22 ℃ 或 24～25 ℃，较舒适为 18～20 ℃ 或 25～28 ℃。湿度影响人的热代谢和水盐代谢。当气温适中时，湿度的变化对人体作用较小，当气温偏高或偏低时，会对人体的冷热感觉产生影响，"燥热""闷热""干冷""湿冷"等感觉实际上就是不同湿度作用的效果。当气温超过 28 ℃ 时，人体通过出汗散发热量保持体温恒定，当气温低于 17 ℃ 时，人体通过产生热和减少热散失保持体温恒定。环境湿度对人体的影响与气温紧密相关，高温高湿对人体的热平衡是不利的，高温时，人体依赖蒸发散热维持热平衡，湿度过高，妨碍汗液的挥发，加剧热感，导致热平衡失调，体温升高，心跳加快，脉搏明显加快；气温较低时，湿度过大，身体的热辐射被空气中水汽吸收，导热增大，加快身体散热，人体感觉更冷。人体对风的感觉和气温有关，静风或风速过小，人体热量和汗液难以向大气输送，风力每增加 1 级，体感温度降低 1 ℃，气温低时，风加强热传导和对流，加快散热，降低体感温度。一般将人体舒适度指数分为 9 个级别（表 4.14），通常使用人体舒适度指数（ssd）和改进的人体舒适度指数（kssd）两种计算方法，本书选用 kssd，计算方法如下：

$$kssd = 1.8t - 0.55(1.5t - 26)(1 - \frac{r}{100}) - \frac{3.2v}{2} + 32 \tag{4.4}$$

式中，t 为气温（℃），r 为相对湿度（%），v 为风速（m/s）。

表 4.14 人体舒适度指数等级划分

等级	级别	说明
1	kssd≤25	寒冷，感觉很不舒服，有冻伤危险
2	25＜kssd≤38	冷，大部分人感觉不舒服
3	38＜kssd≤50	凉，少部分人感觉不舒服
4	50＜kssd≤55	凉爽，大部分人感觉舒服
5	55＜kssd≤70	舒适，绝大部分人感觉舒服
6	70＜kssd≤75	暖和，大部分人感觉舒服
7	75＜kssd≤80	热，少数人感觉很不舒服
8	80＜kssd≤85	炎热，大部分人感觉很不舒服
9	85≤kssd	酷热，感觉不舒服

4.4.1.2　舒适度季节特征

分析表明,宁夏全区各地各月舒适度指数范围在 16～67(表 4.15)。

从季节分布特征来看,各季平均舒适度指数在 26.2～61.8,其中,冬季最小,总体属于较冷等级,大部分人感觉不舒服。夏季最大,总体属于舒服等级,绝大部分人感觉舒服。春、秋两季指数在 38～50,属于较凉的等级范围,少部分人感觉不舒服。

冬季各月各地舒适度指数在 16～32,仅 1 月绝大部分地区舒适度指数小于 25,属于寒冷、很不舒服等级,2 月宁夏各地属于冷、感觉不舒服等级,12 月除固原的南部山区及陶乐、兴仁属于寒冷等级外,其他地区基本属于冷、大部分人感觉不舒服等级。

春季各月各地舒适度指数在 23～58,其中,3 月除同心、兴仁以南地区属于冷、大部分人感觉不舒服等级外,其他地区属于凉、少部分人感觉不舒服等级;4 月各地几乎都处于凉、少部分人感觉不舒服等级;5 月宁夏各地进入凉爽—舒适、大部分人感觉舒服等级。

夏季各月各地舒适度指数在 44～67,整个夏季各月除了六盘山仍属于凉、少数人感觉不舒服等级外,其他地区都处于凉爽—舒适、大部分人感觉舒适等级,具有避暑旅游优势。

秋季各月各地舒适度指数在 24～58,9 月除了六盘山地区属于凉的等级外,其他地区属于凉爽—舒适、大部分人感觉舒服等级,10 月除六盘山外,其他各地进入凉、少部分热感觉不舒服等级;11 月各地进入冷、大部分人感觉不舒服等级。

可见,宁夏 5—9 月,大部分地区都处于凉爽—舒适等级,大部分人感觉舒服,适宜旅游。

表 4.15　宁夏各地各月舒适度指数值

站点	1 月	2 月	3 月	4 月	5 月	6 月	7 月	8 月	9 月	10 月	11 月	12 月
石炭井	24.8	30.0	38.2	47.4	54.3	60.2	63.5	61.5	54.5	45.4	35.3	26.9
大武口区	25.8	32.4	41.4	50.6	57.7	63.7	67.2	65.2	57.7	48.0	36.7	27.4
惠农	23.9	29.9	39.1	48.3	55.9	61.9	65.6	63.7	56.1	46.6	34.8	25.8
贺兰	23.8	30.1	39.5	49.2	56.9	63.0	66.6	64.6	56.8	47.0	35.0	25.4
平罗	23.9	30.1	39.2	48.9	56.7	62.7	66.4	64.5	56.7	46.9	34.9	25.4
利通区	25.8	31.4	40.3	49.8	57.1	62.9	66.4	63.3	55.8	46.7	35.7	27.6
银川	24.0	30.5	39.8	49.4	57.0	63.1	66.6	64.6	56.8	47.2	35.6	26.0
陶乐	22.8	29.1	38.8	48.6	56.4	62.0	66.1	64.1	56.3	46.3	33.6	24.2
青铜峡	25.8	31.2	39.8	49.4	56.7	62.7	66.1	64.0	56.3	47.0	36.0	27.5
永宁	24.5	30.7	39.7	49.3	56.7	62.7	66.4	64.4	56.5	47.1	35.7	26.3
灵武	23.8	29.9	39.1	48.9	56.5	62.4	65.9	63.9	55.8	45.7	34.5	25.6
沙坡头区	24.7	30.6	39.7	49.0	55.9	61.7	65.1	62.9	55.5	46.5	35.5	26.6
中宁	25.6	31.5	40.4	49.7	56.3	62.0	65.4	63.5	56.2	47.0	35.9	27.5
兴仁	21.3	27.2	36.4	45.4	52.3	57.9	61.1	59.3	52.1	42.8	31.7	23.5
盐池	24.0	29.1	38.5	47.5	54.8	60.6	64.0	62.1	54.6	45.5	34.6	26.0
麻黄山	23.4	27.0	35.1	44.0	51.0	56.9	60.1	58.2	50.9	42.9	32.9	25.2
海原	26.0	29.3	36.5	44.8	51.3	56.9	60.1	58.3	51.2	43.9	35.0	28.3
同心	25.1	30.5	39.5	48.3	55.0	60.7	62.8	62.1	55.0	45.4	35.4	27.0
原州区	23.2	27.1	35.2	44.2	51.3	56.9	60.0	58.2	50.6	42.0	32.8	25.4
韦州	27.0	31.5	39.6	48.1	54.7	60.6	63.8	61.8	54.7	46.1	36.9	29.3
西吉	21.3	26.1	34.6	43.2	50.2	55.8	59.2	57.7	50.3	41.4	31.4	23.2
六盘山	15.8	16.9	22.9	31.7	38.3	44.1	47.1	45.7	38.9	31.2	24.0	18.7
隆德	22.6	26.5	34.1	42.5	49.1	54.5	57.8	56.4	49.2	40.6	31.6	24.6
泾源	23.9	26.2	33.4	42.2	48.9	C54.4	57.6	55.9	48.5	40.5	32.5	26.3

注:阴影颜色对应表 4.14 中的人体舒适度等级颜色。

4.4.2 旅游资源分布及气候优势

4.4.2.1 沙漠

宁夏沙漠旅游资源的最大特色是沙水合一,主要分布在两个区域,一个是属于鄂尔多斯沙地的河东沙地,另一个是贯穿中卫境内的阿拉善地区的腾格里沙漠。境内的沙漠多以新月形和沙丘链为主,沙丘迎风坡微凸而平缓,延伸较长,背风坡微凹而陡,流动性不大,但也不缺乏高大的沙丘。较早开展滑沙项目的沙坡头景区,被《中国国家地理》评为"中国最美的五大沙漠"之一。境内良好的沙漠形态及相对稳定性,为开发沙区资源提供了良好基础。

中卫沙坡头旅游区,位于宁夏中西部,黄河经流而过,属于引黄灌区。该区域气候特点是春暖宜人,秋高气爽,夏季虽有酷暑天气(日最高气温≥35 ℃),但持续日数少。对宁夏沙坡头、甘肃鸣沙山、新疆塔克拉玛干沙漠等沙漠旅游区的日最高气温、最低气温、正午时的最高气温平均值进行对比分析发现,沙坡头景区的正午最高气温平均值比鸣沙山和塔克拉玛干沙漠分别低1.7 ℃和4.3 ℃,正午不适宜旅游时段(>33 ℃)要远比鸣沙山和塔克拉玛干沙漠短,旅游的适宜期更长(薛晨浩 等,2014)。

对沙漠旅游区风资源的分析表明,中国沙漠地区风速在空间上存在"北大南小"的特点,年平均风速在1.8~2.4 m/s。风速有4个大值中心,分别位于新疆、内蒙古、甘肃的边境线附近及青海的西南部;在时间上,中国沙漠区春季风速最大,只有夏至秋初的时间内比较适合旅游活动。对春季沙尘暴天气研究表明,卫宁平原发生天数较少且次数和强度明显低于新疆、甘肃、内蒙古西部沙漠地区。总体来看,宁夏适宜开展沙漠旅游的季节较长,且在适宜开展旅游活动的季节段中,当日之内旅游活动适宜度一般早晚比正午时段高。

从区域气候上来讲,宁夏沙漠地区开发旅游的适宜季节要长于新疆、甘肃等省(区),适宜开展沙漠旅游活动的季节为夏季和秋季,在5—9月,且光照时间也长,光照强度适中。

4.4.2.2 湿地

湿地生态旅游是以湿地生态旅游资源及其生态环境景观为主要观赏对象,宗旨是让人们在认识湿地、享受湿地资源和景观的同时,提高湿地生态环保意识,使湿地旅游延伸为绿色旅游。宁夏湿地类型丰富多样,拥有典型的湿地生态旅游景观和湿地动植物资源(全小虎 等,2007)。根据宁夏第二次湿地资源调查数据,全区湿地资源总面积为20.72万 hm²,占国土面积的4%左右。湖泊湿地的永久性淡水湖大多分布在银川平原地区,主要由水面、沼泽、草甸等构成,水源来自黄河灌溉区的主要干渠与地下水的补充。季节性淡水湖主要分布在银川平原和卫宁平原的引黄灌溉区内,毛乌素沙地也有少量分布。永久性和季节性咸水湖面积极小,仅占湖泊湿地面积的3.9%,主要分布在毛乌素沙地的盐池、灵武一带。库塘湿地主要分布在固原各河流的中上游地区,但现在水库数量与面积均有不同程度的减少。

全区湿地资源中,仅银川市三区两县一市的范围内,就有湿地4万 hm²,包括湖泊湿地、河流湿地两大类,面积在1 hm²以上的湿地就有400多块,呈现出极为少见的"塞上江南"湿地景观。此外,宁夏湿地是西北内陆干旱半干旱地区湿地的典型代表之一,有着独具特色的典型原生的湿地生态旅游资源景观和极为丰富的湿地动植物资源。位于银川平原的沙湖(5A级景区),把"沙"、"水"巧妙组合,既有大漠风光的豪放气度,又有江南水乡的温柔秀丽。湿地的景观边缘效应成为各生态系统的物种良好的繁衍和栖息地,使其生物种类繁多,生物资源丰富多样,极具有代表性。从旅游舒适度上讲,该地区属温带大陆性气候,四季分明,地势平坦,灌溉水源充足,水域广阔,阴雨天气少。夏季日最高气温≥30 ℃的暑热连续日数大多少于 7 d,≥35 ℃的炎热天气罕见,≥40 ℃的酷热天气从未出现,最热月的日较差在 12~14 ℃,部分地区达 16 ℃,是全国日较差高值区之一,极少出现闷热天气,是适合舒适旅游的地区。

4.4.2.3　山地

宁夏山地旅游主要以贺兰山、六盘山两大山系的自然景观及生态景观为主。

贺兰山脉又称阿拉善山,是我国西北第一大南北走向的山脉。以山脊分水岭为界,准南北走向,长 270 km,宽 20~40 km。贺兰山具有比较完整的山地生态系统、自然风光和人文景观。植被垂直带变化明显,有高山灌丛草甸、落叶阔叶林、针阔叶混交林、山地草原等多种类型。植物有青海云杉、山杨、白桦、油松、蒙古扁桃等 665 种,其中,分布于海拔 2400~3100 m 阴坡的青海云杉纯林带郁闭度大,是贺兰山区最重要的林带。动物有马鹿、獐、盘羊、金钱豹、青羊、石貂、蓝马鸡等 180 余种。位于滚钟口风景区北部的苏峪口国家森林公园,距银川市约 40 km,是贺兰山的主要旅游景区,林区森林面积达 16675 hm²,林海连绵,树种繁多,一年四季葱茏茂密。贺兰山岩画是中国游牧民族的艺术画廊,五彩斑斓,形态各异、栩栩如生。在南北长约 200 km 的贺兰山腹地,有 20 多处遗存岩画,被列为全国重点文物保护单位。贺兰山同时也是重要的佛教圣地,北麓有北寺(福因寺),南缘是南寺(广宗寺),寺庙依山而建,参差错落,松柏常青,晨钟暮鼓。1992 年经国家批准建立了国家级自然保护区,1995 年纳入人与生物圈自然保护区网。

贺兰山区地形起伏较大,气流遇山抬升明显,山区降水量明显增大。山中茂密的森林,是很好的水分调节器,其林下丰富的腐殖质层,又是很好的蓄水层,可以减少地表径流,降低流速,增加土壤蓄水量,起到蓄水保土的作用,有着巨大的水源涵养功能。贺兰山具有冬季严寒,夏季温凉,降水偏多,年日较差小等独特的山地气候特征。降水量由山麓的 200 mm 逐渐增大到山顶 400 mm 以上。年平均气温山下为 8 ℃左右,山顶为 -1 ℃。无霜期较短,山下 180 d 左右,山顶只有 124 d。海拔 2100 m 以上无夏季,春秋相连,夏季气候宜人,是避暑旅游的好地方。得益于独特的气候、地理环境,贺兰山东麓酿酒葡萄和宁夏枸杞品质卓越,享誉海内外,成为宁夏对外宣传的"紫色名片"和"红色名片"。

六盘山地处宁夏南部固原市,是南北走向的狭长石质山地,长约 240 km,是陕北黄土高原和陇西黄土高原的界山,及渭河与泾河的分水岭,曲折险峻。自东向西山顶面形成 3 个海拔高度(2000 m、2300~2400 m、2800~2900 m)的阶梯状,位于西安、银川、兰州三省会城市所形成的三角地带中心,是丝绸之路北道的重要通道,也是西北气候奇特的地区。主峰在宁夏原州区、隆德境内,海拔 2928 m。山的东南是老龙潭名胜,为泾水源头之一。六盘山有丰富的动植物资源,有国家珍稀动物 30 多种;此外,还分布有丰富的河流以及黄土地貌和丹霞地貌,以及六盘关寨、民俗村、长征纪念馆等景点,是旅游、休闲度假、探险、漂流、科考的理想之地;六盘山区光热资源较少,冬少严寒,夏无酷暑,凉爽宜人,其得天独厚的气候资源,有"春去秋来无盛夏"之说,自古以来便是避暑游览的胜地。

第5章　气象灾害风险区划

5.1　气象灾害风险基本概念

对自然灾害的风险,不同的学科背景或者不同的研究角度有不同的理解。正如美国风险学会(1981年)所述,这些理解不太可能取得完全统一。虽然对于"风险"没有统一的严格定义,但是其基本意义是相同或相近的,其中,都包含有类似的关键词:"损失"的"可能性(期望值)"。采用联合国人道主义事务局的定义,"自然灾害风险是特定地区在特定的时间内由于灾害的打击所造成的人员伤亡、财产破坏和经济活动中断的预期损失"。按照这个定义,自然灾害风险是相对于人类社会而言的(章国材,2014)。

气象灾害风险是指气象灾害发生及其给人类社会造成损失的可能性(李世奎,1999;高庆华 等,2007)。气象灾害风险形成的要素主要有4个方面:致灾体的危险性要素、承灾体的价值要素、承灾体的脆弱性要素和防灾减灾要素(张钛仁 等,2014)。通过开展气象灾害风险管理,可以为政府及相关部门防御决策提供依据,为制定气象灾害工程和非工程措施、防御方案、防御管理等提供基础性支撑,是政府制定规划和项目建设开工前需要充分评估的一项重要内容,可最大程度地减轻气象灾害可能带来的风险。

5.2　风险区划指标

气象灾害风险区划指在对孕灾环境敏感性、致灾因子危险性、承载体易损性和防灾抗灾能力等因子定量分析的基础上,为了反映气象灾害风险分布的地区差异性,根据风险度的大小,将风险区划为若干个等级。其函数可表示为:

气象灾害风险 $= f$(危险性、敏感性、易损性、防灾抗灾能力)

孕灾环境指气象危险性因子、承灾体所处的外部环境条件,如地形地貌、水系、植被分布等。孕灾环境敏感性指受气象灾害威胁的所在地区外部环境对灾害或损害的敏感程度。在同等强度的灾害情况下,敏感程度越高,气象灾害所造成的破坏损失越严重,气象灾害的风险也越大。

致灾因子指导致气象灾害发生的直接因子,如干旱、暴雨、冰雹、低温、大风等。致灾因子危险性指气象灾害异常程度,主要是由气象致灾因子活动规模(强度)和活动频次(概率)决定的。一般致灾因子强度越大,频次越高,气象灾害所造成的破坏越大,损失越严重,气象灾害的风险也越大。

承灾体指气象灾害作用的对象,是人类活动及其所在社会中各种资源的集合。承灾体易损性指可能受到气象灾害威胁的所有人员和财产的伤害或损失。承灾体的性质和结构基本决定其受灾的易损性。人口和财产越集中,易损性越高,可能遭受的潜在损失越大,气象灾害风险越大。

防灾抗灾能力指可能受灾区对气象灾害的抵御和恢复程度,包括应急管理能力、减灾投入资源准备等。防灾抗灾能力越高,可能遭受的潜在损失越小,气象灾害的风险越小。

5.2.1　数据资料

(1)气象资料

所采用的资料包括宁夏回族自治区 24 个气象观测站逐年暴雨日数、冰雹日数、大风日数、雷暴日数、连阴雨日数、霜冻日数、干旱日数和沙尘暴日数。

(2)经济社会资料

数据来自《宁夏统计年鉴》(宁夏回族自治区统计局 等,2001—2019),选用以县(市)为单元的行政区域土地面积、总人口、耕地面积、国民生产总值(GDP)等数据。气象灾害数据来源于《中国气象灾害大典·宁夏卷》及宁夏回族区自治区民政部门 1981—2018 年灾情资料。

5.2.2　方法

归一化方法:为了消除指标量纲和数量级的差异,对每个指标进行归一化处理,公式如下:

$$D_{ij} = 0.5 + 0.5 \times \frac{A_{ij} - \min_j}{\max_j - \min_j} \tag{5.1}$$

式中,D_{ij} 是第 j 个因子的第 i 个指标的归一化值,A_{ij} 是第 j 个因子的第 i 个指标值,$\min_j$ 和 $\max_j$ 分别是第 j 个因子的最小值和最大值。

自然断点分级法:自然断点分级法是用统计公式来确定属性值的自然聚类。公式的功能就是减少同一级中的差异,增加级间的差异。考虑到宁夏地域面积偏小,本章把评价指标全部划分为三级。

本书中气象灾害风险区划主要考虑致灾因子危险性、承灾体易损性和防灾减灾能力 3 种影响因子,暴雨、雷暴、霜冻、冰雹、大风、高温等灾害,主要以地势作为孕灾环境敏感性因子,在此基础上进行分析评价。

(1)致灾因子危险性区划

将各气象站的危险性指数作为致灾因子,将各致灾因子标准化后,根据加权综合法得到致灾因子危险性指数;利用 GIS(地理信息系统)中自然断点法将其按 3 个等级分区划分(高风险区、中风险区、低风险区),绘制致灾因子危险性指数区划图。

(2)承灾体易损性区划

气象灾害造成的损失大小一般取决于发生地的经济、人口密度程度。根据社会经济统计数据(以县为单元的行政区域土地面积、GDP、年末总人口以及耕地面积)得到地均 GDP、人口密度、耕地面积 3 个易损性评价指标;对各指标进行标准化,采用专家打分法为其赋权重,根据加权综合法得到综合承灾体易损性指数;利用 GIS 中自然断点法将综合承灾体易损性指数按 3 个等级分区划分(高易损区、中易损区、低易损区),绘制致灾因子危险性指数区划图。同心以南为承灾体的低易损区,青铜峡、利通区、沙坡头区、中宁、盐池为中易损区,其他地区为高易损区(图 5.1)。

(3)防灾抗灾能力区划

除干旱外其他灾害的防灾抗灾能力主要考虑经济社会的发展,采用人均 GDP 作为指标。利用 GIS 中自然断点法将防灾减灾能力指数按 3 个等级分区划分(高防灾抗灾能力区、中防灾抗灾能力区、低防灾抗灾能力区),绘制防灾抗灾能力区划图。宁夏防灾抗灾能力从南向北依次增强,盐池以北为高防灾抗灾能力区,沙坡头区、中宁、韦州、麻黄山为中等防灾抗灾能力区,其他地方为低防灾抗灾能力区(图 5.2)。

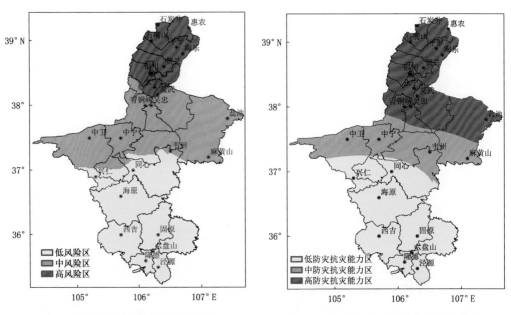

图 5.1　宁夏承灾体易损性的空间分布　　　　图 5.2　宁夏防灾抗灾能力的空间分布

(4)气象灾害风险区划

根据专家打分法,致灾因子危险性、承灾体易损性和防灾抗灾能力所涉及的因子分别给予以下的权重系数,具体计算公式如下:

$$FDRI = (VH^{wh})(VS^{ws})(1 - VR)^{wr} \tag{5.2}$$

式中,FDRI 为灾害风险指数,用于表示风险程度,其值越大,则灾害风险程度越大;VH、VS、VR 的值分别表示风险评价模型中的致灾因子危险性、承载体易损性和防灾抗灾能力各评价因子指数,wh、ws 和 wr 分别为各评价指数的权重。

5.3　气象灾害风险区划

5.3.1　气象干旱

基于综合气象干旱指数(CI)对宁夏全区 3—10 月气象干旱风险进行区划。干旱致灾因子危险性由干旱强度和干旱频率共同决定,致灾因子风险指数计算方法如式(5.3)(李红英 等,

2014)：

$$Q_I = \mathrm{DI} \times P \tag{5.3}$$

式中，Q_I 为干旱致灾因子风险指数，DI 为干旱强度，干旱等级包括轻旱、中旱、重旱和特旱，分别对应干旱等级为 2、3、4、5（具体方法见 3.2.2），DI 为干旱强度达到 2 以上的等级之和，P 为干旱频率，计算公式如下：

$$P = \frac{n}{N} \times 100 \tag{5.4}$$

式中，n 为发生干旱事件的年数，N 为总年数，为 58。

气象干旱承灾体易损性用标准化处理后的人均 GDP，引黄灌区有黄河水灌溉，赋值为 1。

由于宁夏降水量由南到北减少，引黄灌区大部年降水量不足 200 mm，降水日数少，几乎每年都有不同程度气象干旱，干旱日数都在 210 d 以上，10 年中有 7～9 年都会出现阶段性季节干旱。因此，从气象干旱致灾因子危险性看，由南到北增大，南部山区为低风险区，中部干旱带其他地区为中风险区，引黄灌区为高风险区。

引黄灌区由于有黄河水灌溉，抗灾能力强，因此，虽然降水量小，但基本无风险，原州区、隆德和泾源虽然抗灾能力低，但因其致灾因子风险低，因此其综合风险属于中风险，中部干旱带及西吉属于高风险区（图 5.3）。

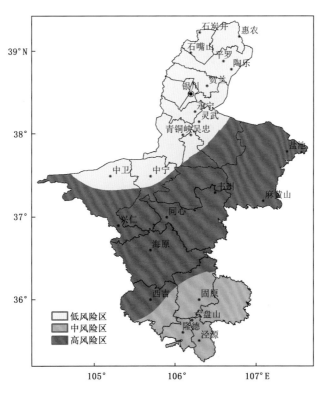

图 5.3　气象干旱风险区划

5.3.2 暴雨

暴雨灾害风险区划以多年平均暴雨日数和日极端最大降水量作为致灾因子,权重系数均为0.5。采用暴雨洪涝灾害风险评估模型计算各地暴雨洪涝灾害风险指数,利用 GIS 中自然断点分级法将风险指数按3个等级分区划分(高风险区、中等风险区、低风险区),并基于 GIS 绘制暴雨洪涝灾害风险区划图。

暴雨致灾因子高危险地区主要位于泾源、隆德、原州区、盐池、贺兰山区等,这些地区不但暴雨频次高,而且量级大。中危险区位于石嘴山市、贺兰、银川、海原、西吉等地;其他地区均为低危险地区。暴雨灾害风险与此分布相似,贺兰山沿山的高风险区主要是由于其地形引起的强降水所造成,南部山区的高风险区主要由于多发的暴雨、强降水天气、对应的复杂地形以及弱的抗灾能力综合影响的结果(图5.4)。

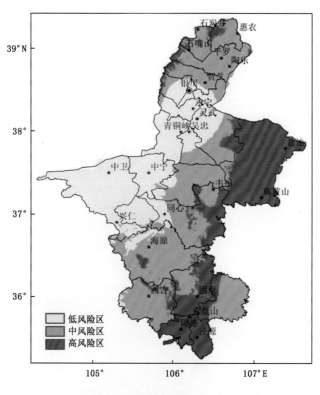

图5.4　暴雨灾害风险区划

5.3.3 霜冻

霜冻灾害风险区划选取各地多年平均霜冻日数作为致灾因子。

霜冻灾害的高风险地区分布在沙坡头区以南及引黄灌区北部,包括大武口区、石炭井、惠农、陶乐、平罗、兴仁、海原、原州区、西吉、隆德、泾源、六盘山区、韦州、麻黄山等地区,这些地区霜冻频次高,抗灾能力弱;中部干旱带其他地区及引黄灌区的灵武、沙坡头区等为中风险区,引黄灌区其他大部为低风险区(图5.5)。

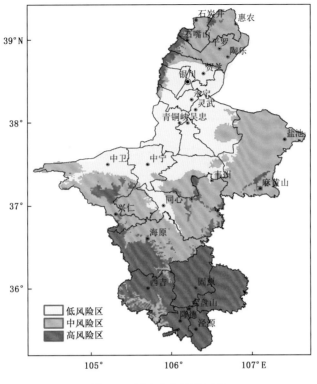

图 5.5　霜冻灾害风险区划

5.3.4　连阴雨

连阴雨灾害风险区划选取各地多年平均连阴雨总日数作为致灾因子。

连阴雨高风险地区分布在兴仁以南大部地区,这些地区连阴雨出现频率高,抗灾能力弱;引黄灌区大部连阴雨日数少,抗灾能力强,因此风险低;中部干旱带大部介于引黄灌区和南部山区之间(图 5.6)。

5.3.5　冰雹

冰雹灾害风险区划选取各地多年平均冰雹日数作为致灾因子。

冰雹灾害高风险地区分布在海原、西吉、隆德、泾源和贺兰山沿山,石炭井、麻黄山、原州区为中风险区,其他地区为低风险区(图 5.7)。

5.3.6　大风

大风灾害风险区划选取各地多年平均大风日数作为致灾因子。

大风灾害风险高风险地区分布在贺兰山和六盘山山区,惠农、平罗、海原、西吉、隆德为中风险区,其他地区为低风险区(图 5.8)。

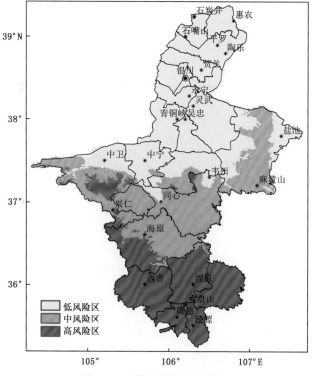

图 5.6　连阴雨灾害风险区划

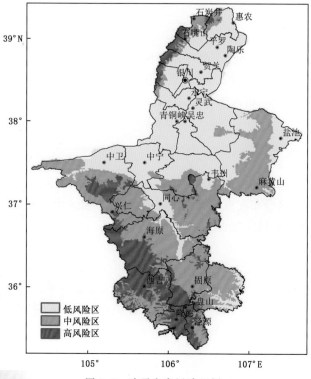

图 5.7　冰雹灾害风险区划

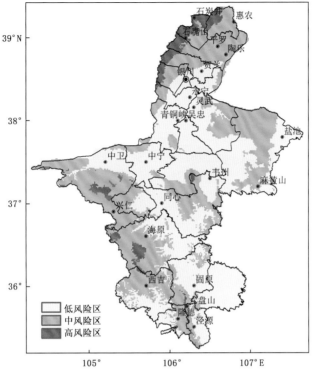

图 5.8 大风灾害风险区划

5.3.7 沙尘暴

沙尘暴灾害风险区划选取各地多年沙尘暴的日数作为致灾因子。

宁夏沙尘暴致灾因子及沙尘暴灾害的高风险区位于盐池、同心、兴仁、沙坡头区及引黄灌区北部,其他地区为中低风险区(图 5.9)。

5.3.8 雷暴

雷暴灾害风险评估选取各地多年平均雷暴日数作为致灾因子。

从雷暴致灾因子危险性看,全区雷暴呈现"山地多、川区少、南北多、中部少"的地域分布特征。雷暴致灾因子的高风险区位于海原以南的山区及贺兰山附近,中风险区集中在中部干旱带大部及大武口区、惠农和石炭井,引黄灌区其余大部为低风险地区。雷暴灾害风险由南向北逐渐递减,也呈现"山地高、川区低、南北高、中部低"的地域分布特征,雷暴高风险区集中在同心以南及贺兰山附近地区,尤其海原、西吉及六盘山附近高风险区分布较广,沙坡头区南部、中宁南部为中风险区,盐池以北为低风险区(图 5.10)。

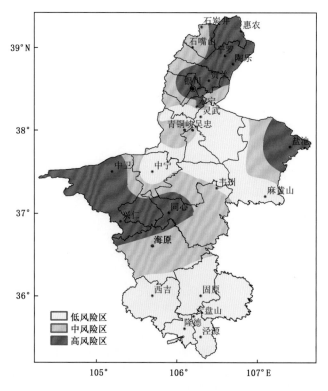

图 5.9　沙尘暴灾害风险区划

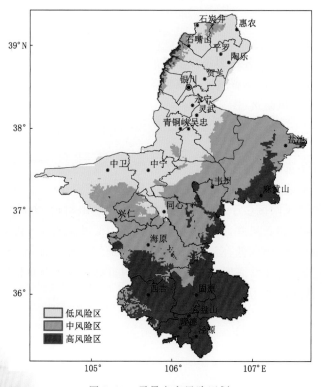

图 5.10　雷暴灾害风险区划

5.3.9　高温

高温(日最高气温≥35 ℃)灾害的致灾因子主要考虑高温发生的可能性和高温灾害的危害程度。将高温发生的概率(高温出现年数/总年数)作为高温发生可能性指标,其中,日最高气温不低于 35 ℃的年份定义为一个高温出现年。将期间高温日数和日最高气温作为高温严重程度(即高温强度)指标。高温日数和日最高气温权重系数均为 0.5,高温发生概率和高温强度的权重系数 0.4、0.6(邵步粉 等,2014)。

从高温致灾因子危险性看,宁夏高温致灾因子的高风险区位于引黄灌区大部及同心,青铜峡、盐池、沙坡头为中风险区,海原为低风险区,南部山区各地为无风险区。因此,宁夏高温高风险区位于盐池以北的大部分地区,灵武、盐池南部、同心东部、海原南部为中风险区,海原南部至南部山区的过渡带为低风险区,南部山区各地无风险(图 5.11)。

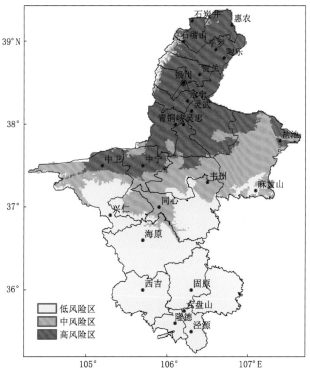

图 5.11　夏季高温灾害风险区划

第6章　气候变化及其影响

6.1　古气候变化

6.1.1　历史时期气候变化

根据《宁夏通志》，中国历史时期的气候变化，一般认为可以追溯到冰后期的温暖时期。根据宁夏现有的考古及史料，可以划分出明显的四个温暖时期和四个寒冷时期。

公元前 5000 年至公元前 2000 年，相当仰韶文化到殷墟时期，是第一个温暖期。据宁夏考古资料，灵武水洞沟一带，在中全新世温带落叶阔叶树种出现高峰，针叶树种消失，并能生长化香属、栗属、山核桃属等亚热带落叶乔木，水生植物香蒲繁盛、湖沼发育，表明气候温暖而湿润。与此同期，宁夏南部为森林草原，大片森林覆盖着固原市的南部和西部，隆德县沙塘页和子一带还生长有亚热带动物竹鼠，说明当时六盘山西南坡为温湿的气候条件。宁夏南部出土有大量新石器时代文物，如隆德沙塘北螈村与页和子村分别出土的仰韶文化的遗址，出土有石斧、石锄、石锛、石刀及彩陶等农业生产工具，表明在这个暖湿时期，宁夏南部的原始居民已经开始从事原始农业生产活动。公元前 4000 至公元前 2000 年，相当于仰韶文化的中晚期，在隆德县凤岭、西吉县城郊和海原县贾埔等地的"马家窑文化"的各个类型和"齐家文化"表明，这个温暖期一直在持续。

公元前 2000 年前后，在彭阳、西吉、海原等地"齐家文化"的原始居民的住所及粮窖中已有防潮隔湿的措施，说明这个时期的气候相当潮湿。宁夏北部的气候环境虽不及南部湿润，但却为畜牧业的发展提供了良好的自然环境条件。考古发现，分布在宁夏平原黄河两岸，公元前 3000 年前后的"细石器文化"表明，这一带的原始居民过着以畜牧为主的狩猎、采集经济生活，尚未形成以原始农业为主的经济形态。

但该暖期并不是一直持续的。自公元前 2000 年至公元前 1200 年，相当夏初至殷墟时期，据地质考古资料，该时期在宁夏水洞沟西面曾一度出现针叶林树种增加，阔叶树明显减少，有一个变干变凉的过程。这对于宁夏南部形成不久的原始农耕部落十分不利，使得难以维持水平很低的原始农业，为了生存只得向南迁徙去寻找适合农耕的地方。气候干凉对草场环境影响相对较小，有可能使一些饲养牲畜较多的部落脱离定居的农业生活，而逐渐演变为游牧部落。大约夏末商初，生活在宁夏及其邻近地区的许多游牧部落，在适宜的气候及草场环境下，迅速发展壮大，并逐渐联合组成一个强大的游牧部落集团，史称"鬼方方""猃狁"，他们与殷商武丁发生三年战争，阻挠南部农耕民族的北扩。

　　公元前 1000 年至公元前 850 年,相当于西周时期,是第一个寒冷期。宁夏南北各地为"西戎"各部落居地,其中,以固原一带的"义渠戎"最为强大。他们"所居无常,依随水草,地少五谷,以产畜为业",过着游牧生活,并与以农业经济为主的周人经常发生战争,互有胜负。《诗经·出车》"昔我往矣,黍稷方华。今我来思,雨雪载途"记述了公元前 800 年周宣王征伐今天平凉、固原一带义渠戎时,周朝战士从关中地区到六盘山沿途所见到的物候景观,关中地区种的是生长期较短的糜子一类作物,很能说明西周时期的冷湿气候特点。从墓葬考古得知,当时戎族居民的经济生活主要是畜牧。

　　公元前 770 年至公元初,相当于春秋至秦汉时期,是第二个温暖期。由于气候转暖,雨水增多,为宁夏农业生产的发展提供了极为有利的时机。公元前七世纪,从西戎中分化出来的先秦,以关中地区为中心已经从游牧经济转变成农业经济为主的社会,发展得十分强大,而广泛分布在宁夏南部的西戎部落,一直以游牧为主,经济相对落后,秦国先后花了 300 余年,兼并了宁夏南部的西戎诸部落,于公元前 327 年至公元前 272 年在宁夏南部设置郡县,修筑长城,以防止北方匈奴和北逃的戎族残余势力南犯,并且很快把农业从关中平原北推到今天西吉、固原、彭阳的秦长城边。近年从原州区头营和彭阳县古城出土有先秦铜鼎,鼎上分别刻有"成阳一斗三升"和"平二斗一升乌氏"铭文,这种量器是农业社会的用具,表明到了战国时期宁夏南部地区农业生产的复兴和发展。

　　秦汉时期宁夏气候暖湿还有以下史实:当时的"朝那"(今固原)有"湫渊",周围 40 里[*],湖水清澈,水位稳定,被视作神湖,秦汉时期设有神祠,每年要进行隆重的祭祀,说明当时年降水量相当充沛而稳定。据唐《元和郡县图志》记载,"湫渊"到了唐代,周围只有 7 里了,并认定系秦汉之后降水减少而缩小了。至明代,"湫渊"进一步缩小,成为现在固原东南部的"东海子"这小湖泊了。

　　公元初到 6 世纪,相当于东汉、三国至魏晋南北朝时期,是第二个寒冷时期。宁夏乃至整个西北遇到前所未有的寒冷和干旱,自然灾害不断发生,如公元 17 年 8 月王莽铸作威斗的那天,"大寒,百官人马有冻死者"。公元 26 年的大寒,使赤眉起义军在向安定(今固原以南)、北地(今吴忠以北)挺进时,遇到大雪,冻死者很多。

　　公元 6 世纪后期,宁夏气候出现回暖趋势,北周武帝于公元 574 年将外地居民 2 万户迁移到赫连勃勃时建立的丽子园(今银川)设立怀远郡怀远县,随后又将江南陈国的百姓迁移到灵州一带。这些江南移民,文化素质较高,农业技术较先进,使这片久经荒芜的塞上土地,农业重新得到发展,"塞北江南"美称从此而始。

　　公元 7 世纪至 10 世纪,相当于隋唐时期是第三个温暖时期。宁夏有大量温暖湿润气候的记述。王昌龄(698—756 年)的"蝉鸣空桑林,八月萧关道"诗句,富有物候意义,蝉鸣的声音现在宁夏几乎很少听到,说明当时宁夏同心、固原一带秋天之炎热,特别是冬天暖和才能使蝉的幼虫越冬。李益(748—827 年)的"绿柳著水草如烟,旧是胡儿饮马泉",描述了当时盐州(今盐池县一带)有着绿草如茵的植被环境,同今天固原南部半阴湿区的植被环境颇为接近,绝不是今天的荒漠草原景观。

　　唐代,宁夏平原已种植有大量水稻,水稻较其他旱作农业需更长的生长期,需要更好的光热条件,说明当时这些气候条件在宁夏都充分具备。由于气候温暖,宁夏农业发展很快,人口

---

　　[*]　1 里＝500 米(m),下同。

迅速增长,人民逐渐富足起来。755 年安禄山叛唐时,正是由于朔方、灵州的农业发展,有着"兵食齐备,士马全盛"的物质基础,才可能使唐肃宗在灵州即位,使宁夏成为唐朝复国中兴的一个基地。

公元 11 世纪至 12 世纪,相当于北宋和西夏时期,是第三个寒冷时期。在这个冷期中,降水量锐减,境内一些地区生态环境恶化,农业生产受到很大的影响。同心、盐池至甘肃环县一带,在唐代原来可以农耕的土地,由于干旱少雨,已变成"七百里旱海"。993 年宋朝陕西转运副使郑文宝修筑清远军城(今环县西北)时,因近地无水,要从数百里外去运水植树。野马和野马皮是盐州、灵州的地方特产,一向是宁夏地方官员给朝廷的贡品。

公元 11 世纪、12 世纪,正是宋朝与西夏军事对抗的时期,从战争双方的战略思想和军事部署中,都反映出当时气候寒冷的特点。1040 年秋,宋朝名将范仲淹任延州知州时,在给宋仁宗上疏中不主张在正月从邮延路起兵对西夏发动进攻,理由之一是"塞外雨雪,暴露僵仆,使贼乘之,必伤所众",又说"初春盛寒,宋军士气愈怯"。欧阳修在"三事上言"中提到由于秋天的连阴雨,给前线宋军的后勤装备运输造成极度困难,结果是"边州已寒,冷服尚滞于路",均说明当时为春寒而回暖迟,秋多阴雨而冷得早的冷期气候特点。如 1081 年的宋、夏灵州之战,西夏就利用农历十一月的严寒气候,引黄河之水,灌淹包围灵州的宋军,一举反败为胜,说明了宁夏初冬之严寒。

西夏立国后,由于人民生活和战争的需要,对粮食生产十分重视,进行了许多农田水利建设来发展农业,农业经济已占主要地位。由于气候条件不利,农业收成不稳定,以致粮食不能自给。据不完全统计,西夏割据 200 余年中,严重的旱灾和饥荒发生了 18 次,特别是战争不断,使人民大量逃亡,军队不能集给,甚至出卖子女给辽国和西蕃。

公元 13 世纪,相当于西夏末年至元代,是第四个温暖期。但这个温暖期在宁夏既有较暖的年份和时段,也有寒冷气候表现的时段。如 1208 年,"中国与金地荒歉者甚多,惟西夏国及北方稻麦皆大熟",水稻熟年的基本气候条件是在其生长期内有足够的温度保证,说明气候比较温暖。但在 1227 年,也就是西夏灭亡的一年出现"夏国春寒,马饥人瘦,兵不堪战",1228 年金国"以陕西大寒,赐军士柴炭银有差。"出现了连续两年比较寒冷的时段。只有在元朝立国初期一些年代里(1260—1290 年)宁夏有温暖气候的表现,但仍出现了如 1271 年平凉、会宁、兰州一带的"七月霜杀稼"和 1317 年夏天"六盘山陨霜杀稼五百余顷*"的寒冷期灾害。

公元 14 世纪至 19 世纪,相当于明、清时期是第四个寒冷时期。宁夏在明代寒冷干燥气候表现十分明显,从明代史料记载中可以看出,当时宁夏的无霜期比较短,严寒出现得早,持续时间也长;如 14 世纪至 16 世纪宁夏南北早霜冻多次发生在农历七月或八月前半月,1533 年平凉府在"芒种"节气还出现晚霜灾害,接着又在农历七月出现早霜灾害。在农事季节发生大雨雪而死人畜,如 1588 年农历八月十九"守夏大雪,积地尺许,军士冻伤"。1618 年农历四月二十二"开城大雨雪,冻死军马千余匹和牧军 25 名"。

明代,宁夏是一个以军屯经济为主的地区,由于气候变冷,影响了宁夏农作物的生长周期。1405 年明成祖批准宁夏总兵官何福关于"宁夏旱田再艺,水田唯一艺,且种水田费力多而获利少,乞屯种罢水田,惟种旱田"的建议,把水田改成旱田可以种植多种旱作农作物,是适应气候变冷改变种植方法的一种措施。

---

* 1 顷=100 市亩=6.6667 公顷(hm²),下同。

　　明、清冷期中,宁夏气候并不一直保持寒冷,18世纪中叶气候一度回暖,降水量增加,如贺兰山前的插汉拖辉至石嘴山黄河边的大片平坦土地,一向是个自然牧区。雍正四年(1726年)清朝政府经过调查,认为这里"其土肥润,籽种皆发生;其地尚暖,易引水灌溉",就决定招民开垦,并新设新渠、宝丰二县,使平罗至惠农一带的农业很快发展起来。至此,整个银川平原农业区连成一片。

　　18世纪中后期到19世纪初期,宁夏气候又转为寒冷,如1775年农历十月,宁夏出现"霜花雪绺历旬乃止"。1827年农历十月初八,平凉、固原一带一场大雪,积雪深度普遍达到七八寸*至一尺**余,都是历史上少见的。

　　明、清时期气候总的趋势是寒冷,在宁夏所表现出来的气候灾害,最严重和最频繁的是干旱,宁夏历史上灾情最重、影响最大的"万历大旱""崇祯大旱""乾隆大旱""光绪大旱"等均发生在这个时期里。

　　从宁夏历史时期气候变化例证看出,暖期和冷期的气温变化,除了生产力很低的原始农业时期外,都不足以影响人类的农牧业生产活动。对农牧业利弊的关键是是否有湿润条件相配合,温暖时期又有充足的降水,无疑对农业生产的稳定和发展起促进的作用,即使在寒冷期,如有充足的降水,对农牧业的发展也是有利的。如果没有湿润条件,不论是暖期还是冷期,都会酿成严重的干旱灾害,制约农牧业生产的发展和人民生活的稳定。

6.1.2　近600年气候变化

　　根据研究600年来冷暖变化特征表明,从1400年以来的600多年中,是中国历史时期以来最近的一次寒冷期,对应欧洲的现代小冰期,是中国5000年来的一次最明显的气候波动。但在这个寒冷期中,寒冷的年数不是均匀分布的,其中,最冷的时段有三次:

　　第一次,明成化六年(1470年)至明正德十五年(1520年)。

　　第二次,明万历四十八年(1620年)至清康熙五十九年(1720年)。

　　第三次,清道光二十年(1840年)至清光绪十六年(1890年)。

　　尤以第二次时段的1650—1700年为最。

　　其间有两次相对温暖的时期,即1550—1600年和1770—1830年,气温振幅在0.5~1.0℃。上一个冷期与下一个冷期或上一个暖期与下一个暖期之间的平均间隔100年左右,每次冷暖期的平均持续时间约50年。

　　进入20世纪后,中国气温变化与北半球气温变化趋势基本一致,即前期变暖,20世纪40年代中期以后变冷,70年代中期以来又见回升。近百年来宁夏气温变化趋势表明,30年代以前宁夏北部年平均气温波动比较小,从30年代初开始,进入明显上升阶段,40年代中期达最高,以后气温又开始下降,50年代中期到60年代中期气温又有些回升,从80年代初开始,又进入显著上升阶段。这和我国大范围气温变化趋势基本上是一致的。

　　分析600年来旱涝变化特征表明,宁夏从明代起史料增多,对旱涝灾害及因自然灾害引起的饥荒、赈恤等记载较详。若将旱涝等级分为5级,即1级为大涝年,2级偏涝或涝年,3级为正常年,4级偏旱或旱年,5级为大旱年。则从明洪熙元年(1425年)至1990年的566年旱涝

---

　　*　1寸=3.33厘米(cm),下同。

　　**　1尺=33.33厘米(cm),下同。

序列看出,全区偏旱年或旱年出现了 283 次,占 50%;大旱年出现了 40 次,占 7%;如果把所有偏旱年、旱年及大旱年加在一起,占 57%,大致平均不到两年要发生一次旱灾。正常年出现了 130 次,占 23%。偏涝年或涝年出现了 102 次,占 18.1%;大涝年出现了 11 次,占 1.9%;涝年加在一起占 20%,即每 5 年有一个涝年。大旱年约 14 年一遇,大涝年约 50 年一遇。表明宁夏发生旱灾的机率远大于涝灾。

如以 50 年为一时段进行分析,可以看出在 1425—1649 年的 225 年中,宁夏一直处在干旱的时段,旱年占了 58%,涝年只占 13.2%,严重的大旱出现了 18 次,历史上记载最惨重的明朝万历大旱(1581—1590 年)、崇祯大旱(1634—1643 年)均出现在这个时段。1650—1799 年的 150 年中,是一个比较湿润的时期,涝年年数明显增加,占 33%,旱年占 41%。1800—1990 年的 190 年中,又逐渐恢复为干旱时段,特别是 1850—1899 年的 50 年中,旱灾发生了 38 次,其中,有 4 次是大旱,宁夏南部发生的同治大旱(1866—1868 年)、光绪大旱(1899—1901 年)就出现在这一时段。20 世纪的前 50 年里,宁夏出现 8 次大旱,1928—1930 年甘肃、宁夏两省(区)的连续特大干旱,灾情极其惨重。进入 20 世纪 50 年代,相对湿润,60 年代以来又进入旱段,其中,1962 年、1973 年、1982 年和 1987 年均发生了严重的干旱。

宁夏 600 年来的旱涝阶段性变化分布,同中国北方地区(35°N 以北)各个世纪干旱指数变化十分一致,前 3 个世纪的干旱指数均高于后 3 个世纪。

对 1470—1989 年的旱涝序列作 20 年滑动平均分析,可以发现宁夏旱涝的阶段性特征比较明显,大体可划出 8 个旱涝阶段。其旱段顶峰年份分别出现在 1500 年、1535 年、1590 年、1639 年、1720 年、1765 年、1875 年和 1928 年前后 8 个。涝段深谷年份分别在 1515 年、1554 年、1610 年、1670 年、1740 年、1830 年和 1920 年前后等 7 个。旱段和涝段的持续时间不均衡,旱段平均持续年数为 28 年,涝段为 40 年。最长持续年数,旱段为 63 年,涝段为 90 年;最短持续年数旱段为 8 年,涝段为 11 年。在任何 1 个旱涝时段中,其旱涝现象不是始终不变的,而是旱段中有涝年、涝段中也有旱年,并且都是以旱年为主。

宁夏自 19 世纪 80 年代起的 100 多年来降水量变化经历了四个主要阶段:1881—1898 年、1932—1968 年为多雨阶段,1899—1931 年、1969 年至今为少雨阶段。1899—1931 年是宁夏近百年时间尺度上最为干旱少雨的一个阶段,各年降水量普遍偏少,其中,42.4% 的年份降水偏少,21.2% 的年份降水严重偏少,尤其是在 20 世纪 20 年代降水严重偏少且持续时间长。1932—1968 年是近百年时间尺度上降水量最多的阶段,有 39.5% 的年份降水偏多,13.0% 的年份极端偏多,近百年来年降水量最多的几年(1964 年、1961 年、1949 年和 1967 年)都出现在这个时段。1969 年至今是干旱少雨阶段,平均降水量比 1899—1931 年多 5.7%。降水偏少和严重偏少出现的频率略低于 1899—1931 年,持续时间同样低于 1899—1931 年。因此,1969 至今干旱少雨的程度远不如 1899—1931 年严重,总的来说降水还是偏少的,降水变率较大,出现了几个极端干旱少雨年(1982 年、1980 年、1987 年和 1972 年)。其中,1982 年是近百年来宁夏降水最少的一年。

6.2　近百年气候变化

宁夏采用仪器观测气象资料始于 1951 年,1961 年开始大面积布设气象观测站。1951 年前的降水量资料和气温距平资料是利用贺兰山树木年轮指数和宁夏北部降水量与气温的相关关系进行拟合得到的,称之为代用资料。因此,分析近百年气候变化所采用的气象资料有器测资料和代用资料两部分构成。

6.2.1　气温变化

从宁夏近百(1916—2018 年)年气温距平的 5 年滑动平均曲线来看(图 6.1),20 世纪 30 年代中期之前,宁夏是一个正常略偏暖的时期,30 年代中期到 50 年代中期处于一个典型的偏暖时期,从 50 年代中期到 90 年代初期处于一个较长的典型偏冷时期。从 90 年代中期至今处于典型偏暖时期,尤其是 2013 年至今始终处于一个气温偏高时段。

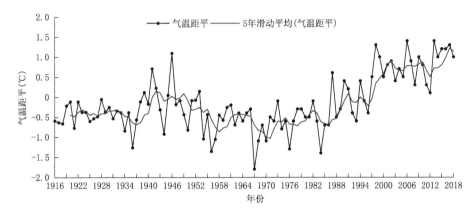

图 6.1　宁夏近百年气温距平及 5 年滑动平均曲线

6.2.2　降水变化

近百年来宁夏降水量变化经历了几个明显的时段。其中,20 世纪 30 年代之前是典型的干旱时期,从 30 年代到 60 年代后期,是相对湿润的时期;70 年代初期到 21 世纪初期,再次处在一个相对干旱的时段;2010 年至今,受全球气候和区域气候变化的影响,宁夏再次处于一个降水偏多的时段(图 6.2)。

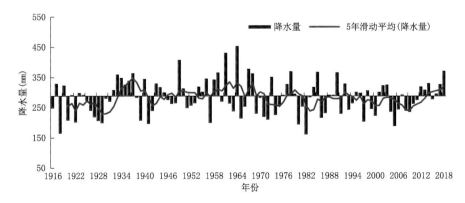

图 6.2　宁夏近百年降水量及 5 年滑动平均曲线

　　从降水量和气温距平的对应关系上看,20世纪30年代之前宁夏气候处于一个相对干冷的时期;30年代以后气候逐渐变暖变湿,一直持续到50年代中期;50年代中期以后,随着气温下降、降水偏多,气候处于一个典型的冷湿阶段,这种状况一直持续到60年代末期;70年代以后气温缓慢升高,气候进入一个相对冷干的时期;从80年代中期到21世纪初期气温再次明显回升,降水量总体上增加不多,气候处于一个暖干时期;2010年至今宁夏气温明显偏高,降水偏多,进入一个较为暖湿的时段。

6.3　近50多年气候变化

6.3.1　气温

(1)平均气温

　　在全球气候变暖的背景下,1961—2018年宁夏年平均气温表现为一致的升高趋势,全区年平均气温升温率为0.37 ℃/10a(通过0.05显著性水平检验),高于全国平均气温升温率;近30年(1989—2018年)宁夏变暖更加明显,升温率达0.42 ℃/10a,特别是1996年之后快速上升,为1961年以来最暖的时段(图6.3)。各地升温率在0.24～0.58 ℃/10a,中北部地区略高于南部山区,利通区为全区升温幅度最大的地区(图6.4)。

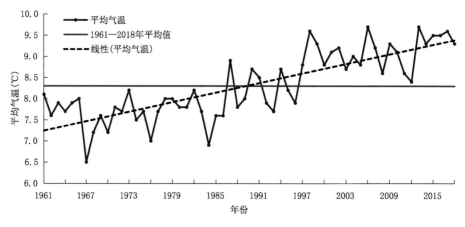

图6.3　宁夏年平均气温年际变化

　　就季节升温率而言,冬季和春季突出,分别为0.46 ℃/10a和0.43 ℃/10a,其次为秋季和夏季,分别为0.31 ℃/10a和0.30 ℃/10a,各季节升温趋势均通过了0.05显著性水平检验。

(2)平均最高气温

　　宁夏1961—2018年全区年平均最高气温上升幅度略低于平均气温上升幅度,升温率为0.34 ℃/10a(通过0.05显著性水平检验),尤其近30年变暖更加明显,升温率为0.48 ℃/10a(图6.5)。各地升温率在0.24～0.53 ℃/10a,其中,引黄灌区大部地区在0.35 ℃/10a以上,中南部大部在0.3 ℃/10a左右,利通区为全区升温幅度最大的地区(图6.6)。

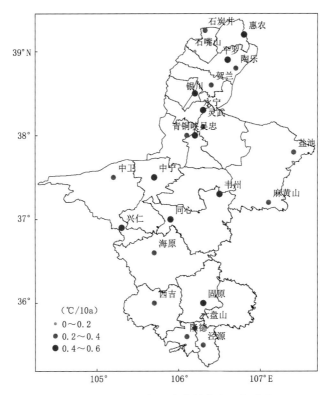

图 6.4　宁夏平均气温变化趋势的空间分布

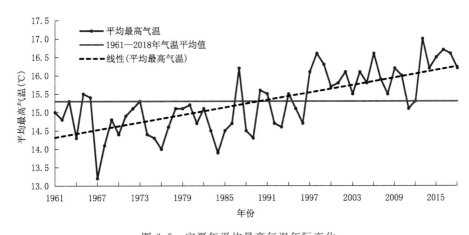

图 6.5　宁夏年平均最高气温年际变化

就季节升温率而言,与年平均气温不同,春季升温最显著,升温率为 0.39 ℃/10a,其次为秋季和冬季,均为 0.35 ℃/10a,夏季最小,为 0.27 ℃/10a,各季节升温趋势均通过了 0.05 显著性水平检验。

(3)平均最低气温

宁夏全区年平均最低气温上升幅度大于年平均气温和最高气温的上升幅度,每 10 年上升 0.47 ℃(通过 0.05 显著性水平检验);近 30 年增暖趋势略微增加,升温率为 0.49 ℃/10a(图

6.7)。各地升温率在 0.14～0.73 ℃/10a,北部地区略大于中南部地区,利通区升温幅度最大(图 6.8)。

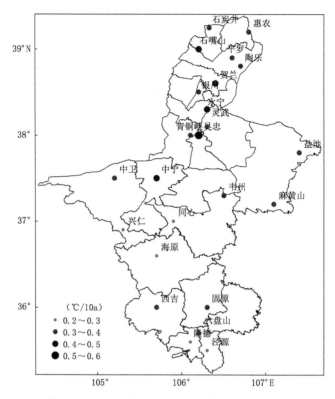

图 6.6　宁夏平均最高气温变化趋势的空间分布

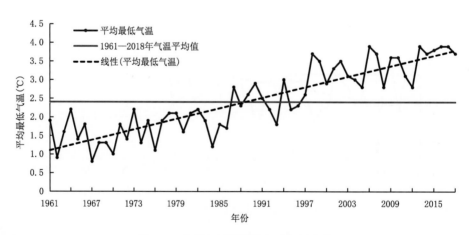

图 6.7　宁夏年平均最低气温年际变化

就季节升温率而言,不同于年平均气温和最高气温,春季升温最显著,升温率为 0.49 ℃/10a,其次为夏季和冬季,分别为 0.43 ℃/10a 和 0.46 ℃/10a,秋季最小,为 0.31 ℃/10a,各季节升温趋势均通过了 0.05 显著性水平检验。

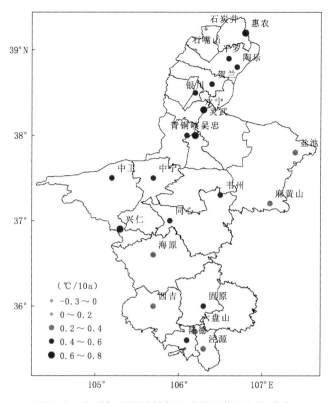

图 6.8　宁夏年平均最低气温变化趋势的空间分布

6.3.2　降水

宁夏全区平均年降水量没有显著的升降变化趋势,但近期有明显增加趋势,尤其 2012 年以来除 2015 年略偏少外,其他年份均较多年平均降水量偏多(图 6.9)。降水年际变率大,最多的 1964 年,宁夏全区平均降水量为 453.0 mm,最少的 1982 年仅为 161.7 mm,最多年是最少年的 2.8 倍。

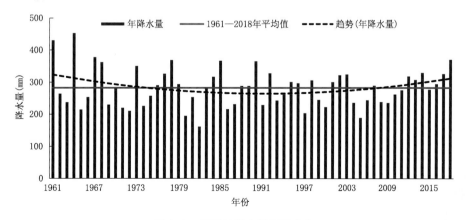

图 6.9　宁夏年降水量年际变化

春、夏、秋三季降水量总体呈微弱的减少趋势,每10年分别减少0.1 mm、1.1 mm和1.6 mm,而冬季降水量呈略微增加趋势,每10年增加0.7 mm。近年来春、秋、冬季降水均有所增加,特别是秋季降水明显增多,2007年以来大部分年份较多年平均降水量偏多。

各地降水量变化存在差异,引黄灌区大部呈增加趋势,增加幅度在3 mm/10a以下,中南部大部地区呈减少趋势,每10年减少2.0~11.6 mm,尤其隆德减少趋势最大(图6.10)。

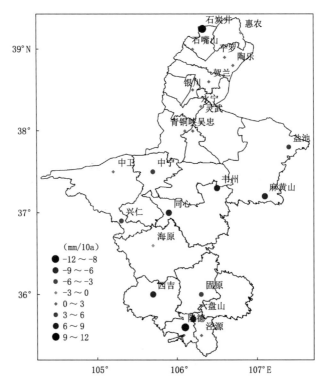

图6.10　宁夏年降水量变化趋势的空间分布

6.3.3　气候暖湿化特征

1961—2018年宁夏全区年平均气温呈现显著的升高趋势,平均每10年上升0.37 ℃,升温速率高于西北地区(0.30 ℃/10a)、全国(0.23 ℃/10a)和全球(0.12 ℃/10a)同期升温速率,自1997年以来,大部分年份气温偏高。1961—2018年年降水量没有显著的变化,2005年之前年降水量呈减少趋势,2006年以来有明显增多趋势,尤其2012年以来平均年降水量317.8 mm,较多年平均偏多12%,略多于20世纪60年代(310.8 mm),是近6个年代际中降水最多的时段,气候呈现暖湿化趋势。在此背景下,降水强度增强,中雨及以上日数偏多。

尽管近年来宁夏气候出现暖湿化趋势,但2011年以来的降水量也只与20世纪60年代相当,大部地区仍然处在干旱或半干旱气候范围。目前的变湿趋势只是量的变化,不足以改变基本气候状态,宁夏仍是温凉干旱的气候环境,在可预期的时期内也不可能变为温暖湿润气候。此外,由于宁夏气候变暖十分显著,而且变暖速度还在不断加快,这会引起无效蒸发明显增大,降水增加的部分变湿效应会被无效蒸发增加抵消,所以变湿程度会比我们想象的要小得多。宁夏降水变化具有明显的波动性和不确定性,即使在变暖变湿的趋势中也会有少雨干旱的年份或低温寒冷的年份,并且目前这种变湿趋势能够持续多久和维持在什么样的范围也还很难下定论。

6.3.4　等雨量线变化

200 mm 等降雨量线是干旱区与半干旱区的分界线,400 mm 等降雨量线是半湿润和半干旱区的分界线,同时也是海绵城市建设对年降雨量的要求。1961 年以来,宁夏 200 mm 和 400 mm 等雨量线均有南移—北移的变化过程。

(1)200 mm 等雨量线

在 20 世纪 60 年代,200 mm 等雨量线位于中卫—银川一带,银川以北未达 200 mm 的地区其降水量也在 186～197 mm。之后,随着降水的减少,200 mm 等雨量线逐渐南移,在 20 世纪 70—80 年代,引黄灌区仅有中宁降水量在 200 mm 以上,其他地区均低于 200 mm。至 90 年代和 21 世纪初,引黄灌区降水量全部低于 200 mm,但由于 2005 年以来降水量的增加,使得 21 世纪前 10 年各地降水量较 20 世纪 90 年代略多。2011 年以来,200 mm 雨量线明显北移,引黄灌区仅北部的惠农、平罗和陶乐未达 200 mm,但平罗和陶乐降水量也达 199 mm,最少的惠农也有 177 mm(图 6.11a)。

(2)400 mm 等雨量线

在 20 世纪 60 年代,400 mm 等雨量线位于海原—麻黄山一带;20 世纪 70 年代至 21 世纪前 10 年四个年代,400 mm 等雨量线的变化主要出现在西段,其中,在 20 世纪 70 年代,仅有原州区、隆德、泾源和六盘山降水量在 400 mm 以上,海原、麻黄山、西吉降水量降至 378 mm 以下;在 20 世纪 80 年代到 21 世纪前 10 年,西吉降水量分别为 423 mm、383 mm 和 365 mm,而原州区、隆德、泾源和六盘山降水量仍然在 400 mm 以上;2011 年以来,400 mm 等雨量线再次明显北移,几乎接近 20 世纪 60 年代(图 6.11b)。

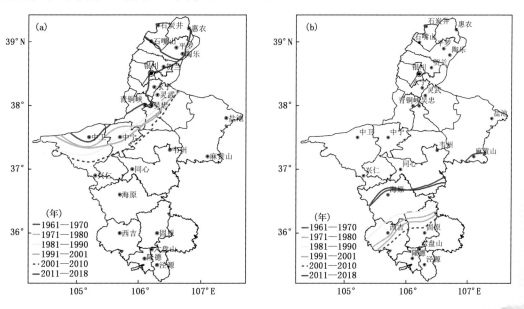

图 6.11　等雨量线年代际变化

(a)200 mm;(b)400 mm

6.3.5　主要极端天气气候事件及气象灾害变化

6.3.5.1　极端高温事件

采用极端高温指数(表 6.1)分析极端高温事件的变化趋势。

从宁夏全区各地极端高温指数的变化趋势来看,均呈现一致的显著上升趋势,且引黄灌区各指数上升幅度大于中南部,高温天气增多,强度增强。

(1)极端最高气温

宁夏全区平均极端最高气温上升幅度为 0.4 ℃/10a,其中,引黄灌区、中部干旱带和南部山区平均极端最高气温上升幅度分别为 0.41 ℃/10a、0.20 ℃/10a 和 0.19 ℃/10a(除南部山区外,均通过 0.05 显著性水平检验)(图 6.12)。各地极端最高气温均呈上升趋势,12 个站通过了 0.05 显著性水平检验,其中,永宁和利通区超过 0.6 ℃/10a,中南部大部地区增温幅度在 0.2 ℃/10a 以下(图 6.13a)。

(2)高温日数

宁夏高温主要出现在中北部,平均高温日数每 10 年增加 0.98 d,通过了 0.05 显著性水平检验;1995 年之后,高温日数明显增多,大部分年份在平均值以上,且年际变率增大,最多年平均 8.9 d,最少年 0.7 d(图 6.14)。各地高温日数增加幅度在 0.5 d/10a 以上,其中,利通区、永宁、沙坡头区增加幅度在 1.5 d/10a 以上(图 6.13b)。

(3)暖昼日数

宁夏全区平均暖昼日数增加幅度为 7.1 d/10a。其中,引黄灌区增加幅度为 8.5 d/10a,各地变化幅度在 6.8～10.9 d/10a,永宁、利通区最大;同高温日数一样,1995 年之后,暖昼日数明显增多,仅有 1 年少于多年平均值(图 6.15);中南部大部地区暖昼日数增加幅度为 4.1～7.2 d/10a(图 6.13c)。全区各地增加幅度均通过了 0.05 显著性水平检验。

表 6.1　极端高温指数定义

指数	定义
极端最高气温(TXx)(℃)	年内各月日最高气温中的最高值
高温日数(d)	日最高气温≥35 ℃的日数
暖昼日数(TX90p)(d)	日最高气温高于 90% 分位数的日数

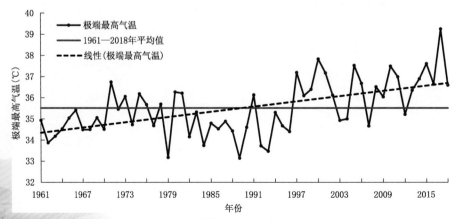

图 6.12　宁夏引黄灌区极端最高气温年际变化

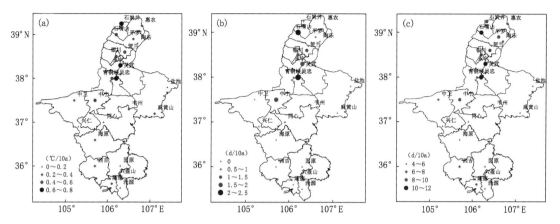

图 6.13　宁夏极端高温指标变化趋势的空间分布
(a)TXx;(b)高温日数;(c)TX90p

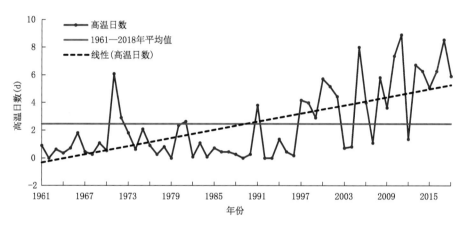

图 6.14　宁夏引黄灌区高温日数年际变化

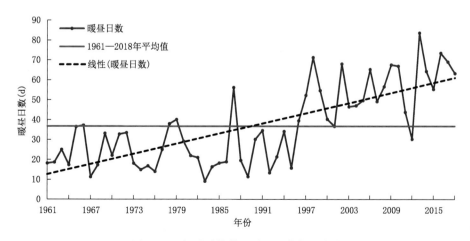

图 6.15　宁夏引黄灌区暖昼日数年际变化

6.3.5.2 极端低温事件

采用极端低温指数(表6.2)分析宁夏全区极端低温事件的变化特征。同时分析寒潮及主要低温冷冻害事件的变化,包括水稻低温冷害和酿酒葡萄越冬期低温冻害事件。

(1)极端最低气温

极端最低气温呈现一致的上升趋势。宁夏全区平均极端最低气温上升幅度为 0.45 ℃/10a(图6.16),各地上升幅度为 0.21～0.78 ℃/10a(图6.17a),大部地区极端最低气温上升幅度大于极端最高气温上升幅度。从区域看,引黄灌区、中部干旱带和南部山区上升幅度分别为 0.5 ℃/10a、0.4 ℃/10a 和 0.4 ℃/10a,均通过了 0.05 显著性水平检验。

(2)低温日数

大部地区低温日数呈减少趋势,总体上北部减少幅度大于中南部。宁夏全区平均低温日数减少幅度为 0.7 d/10a(图6.18),各地减少幅度为 0.1～2.8 d/10a(图6.17b),有 13 个站通过了 0.05 显著性水平检验,兴仁减少幅度最大。从区域看,引黄灌区、中部干旱带和南部山区减少幅度分别为 0.7 d/10a、0.8 d/10a 和 0.6 d/10a。

(3)冷夜日数

大部地区呈减少趋势,总体上北部减少幅度大于中南部。宁夏平均冷夜日数减少幅度为 8.4 d/10a(图6.19),各地减少幅度在 0.9～12.4 d/10a,利通区最大,灵武最小(图6.17c),大部地区通过了 0.05 的显著性水平检验。从区域看,引黄灌区、中部干旱带和南部山区减少幅度分别为 9.0 d/10a、7.4 d/10a 和 8.1 d/10a。

表6.2 极端低温指数定义

指数	定义
年极端最低气温(TNn)(℃)	年内各月日最低气温中的最低值
年低温日数(d)	日最低气温≤−15 ℃的日数
年冷夜日数(TN10p)(d)	日最低气温低于10%分位数的日数
冬季冷昼日数(d)	冬季日最高气温低于10%分位数的日数
冬季冷夜日数(d)	冬季日最低气温低于10%分位数的日数

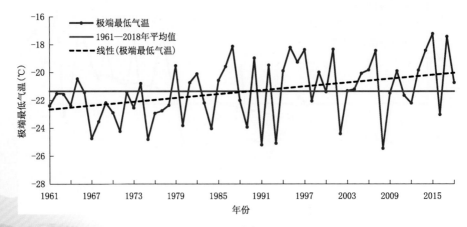

图6.16 宁夏极端最低气温年际变化

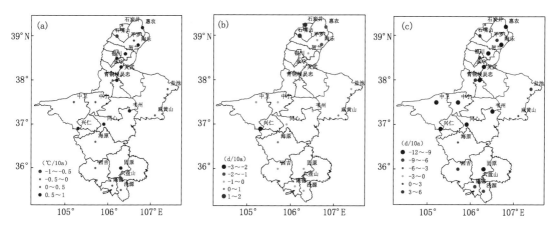

图 6.17　宁夏极端低温指标变化趋势的空间分布

(a)TNn；(b)低温日数；(c)TN10p

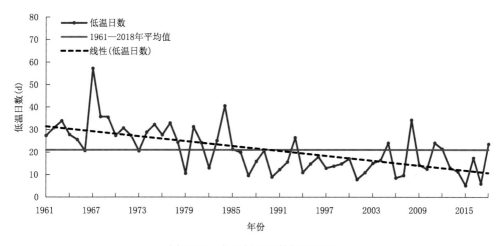

图 6.18　宁夏低温日数年际变化

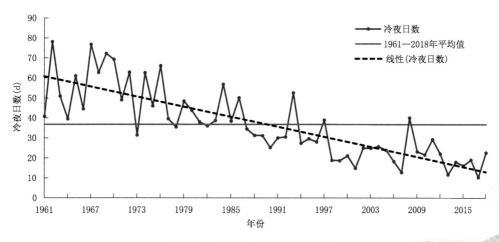

图 6.19　宁夏冷夜日数年际变化

（4）冬季冷昼和冷夜日数

1961/1962—2017/2018 年冬季（12 月至次年 2 月），冷昼与冷夜日数均呈现明显的减少趋势，冷夜日数减少幅度大于冷昼日数减少幅度，减少趋势分别为 1.6 d/10a 和 2.9 d/10a（王璠等，2020）。从年代际变化看，冷昼日数和冷夜日数在 20 世纪 60 年代均为最多，全区年平均日数分别达 23.0 d 和 17.7 d，2011 年以来均为最少，分别仅为 4.9 d 和 5.8 d，较 20 世纪 60 年代减少 79% 和 67%（图 6.20，图 6.21）。

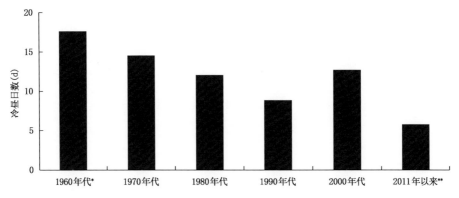

图 6.20　宁夏冬季冷昼日数年代际变化

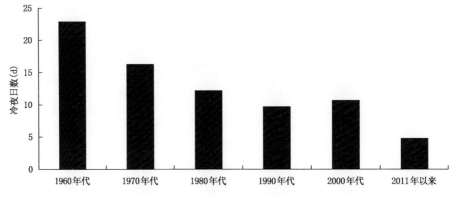

图 6.21　宁夏冬季冷夜日数年代际变化

（5）霜冻

在气候变暖背景下，宁夏大部分地区初霜日期推迟，终霜日期提前。初霜日期推迟幅度为 0.6~4.6 d/10a，其中，引黄灌区大部及中部干旱带的兴仁、南部山区的固原在 2.0 d/10a 以上（图 6.22a）；终霜日期提前幅度为 0.9~4.9 d/10a（图 6.22b）。

宁夏全区春季各地霜冻日数呈显著减少趋势，减少幅度为 0.1~1.1 d/10a，中部干旱带的兴仁最大，引黄灌区的灵武最小（图 6.23a）。秋季霜冻日数大部地区呈减少趋势，减少幅度为 0.02~0.6 d/10a，有 11 个站通过了 0.05 显著性水平检验（图 6.23b）。总体上，各地春季霜冻日数减少幅度大于秋季霜冻日数的减少幅度。

---

* 为方便制图，1960 年代表示 20 世纪 60 年代，其余类推，全书同。

** 为方便制图，2011 年以来表示 2011—2018 年，全书同。

春季和秋季宁夏全区平均霜冻日数同样均呈减少趋势,减少幅度分别为 0.4 d/10a 和 0.26 d/10a(图 6.24);其中,春季引黄灌区、中部干旱带和南部山区减少幅度分别为 0.3 d/10a、 0.4 d/10a 和 0.6 d/10a,秋季各区域减少幅度均为 0.3 d/10a(除秋季南部山区外,其他均通过 了 0.05 显著性水平检验)。

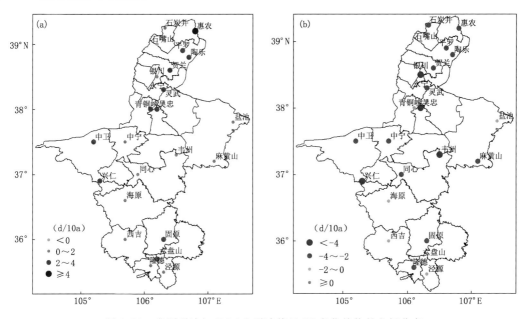

图 6.22　宁夏霜冻初日(a)和霜冻终日(b)变化趋势的空间分布

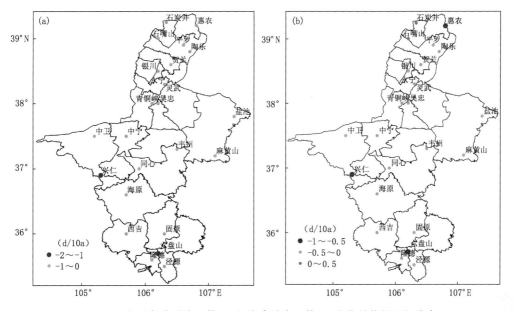

图 6.23　宁夏春季霜冻日数(a)和秋季霜冻日数(b)变化趋势的空间分布

(6)寒潮

随着全球变暖,宁夏不同强度寒潮总次数均有减少趋势,且以 24 h 寒潮减少幅度最大。

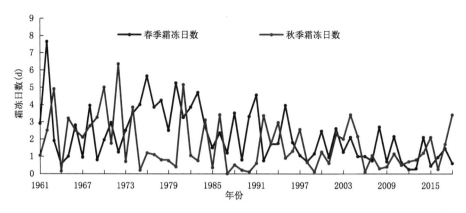

图 6.24　宁夏霜冻日数年际变化

寒潮总次数减少幅度为 5.6 站次/10a(图 6.25),其中,24 h 寒潮减少幅度为 4.5 站次/10a,
其次为 48 h 寒潮,为 1.2 站次/10a,而 72 h 寒潮略有增加,增加幅度为 0.2 站次/10a。

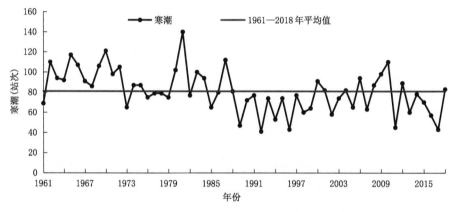

图 6.25　宁夏寒潮次数年际变化

强寒潮总次数减少幅度为 2.1 站次/10a(图 6.26),其中,24 h 强寒潮减少幅度为 2.0 站次/10a,
其次为 48 h,为 0.5 站次/10a,72 h 强寒潮仍为增加趋势,增加幅度为 0.4 站次/10a。

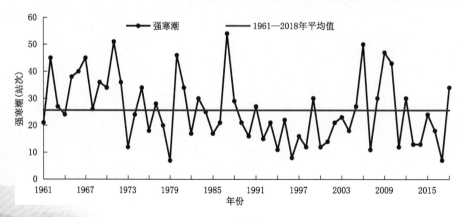

图 6.26　宁夏强寒潮次数年际变化

超强寒潮总次数减少幅度为 0.7 站次/10a(图 6.27),24 h、48 h、72 h 超强寒潮次数均为减少趋势,其中,24 h 超强寒潮减少幅度为 0.6 站次/10a,48 h 和 72 h 超强寒潮减少幅度不足 0.1 站次/10a。

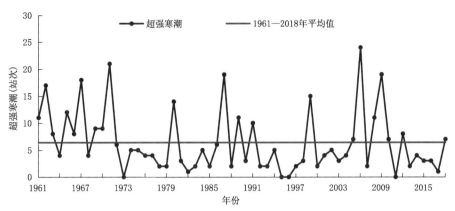

图 6.27 宁夏超强寒潮站次数年际变化

从年代际变化看,不同强度寒潮次数变化趋势相似,20 世纪 60—90 年代为减少趋势,其中,寒潮年平均 99 站次减少至 65 站次,强寒潮从年平均 34 站次减少至 17 站次,超强寒潮从年平均 10 站次减少至 4 站次。2000 年以后有所增加,尤其强寒潮和超强寒潮在 2000 年以来达到第二高值(图 6.28~图 6.30)。

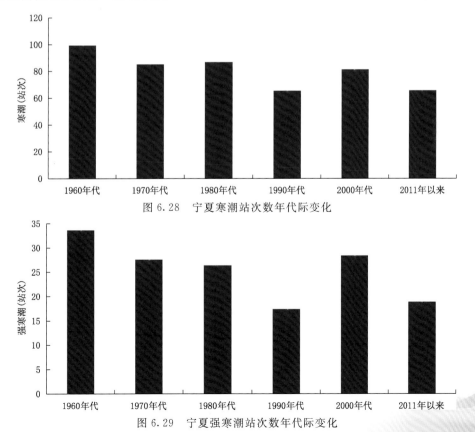

图 6.28 宁夏寒潮站次数年代际变化

图 6.29 宁夏强寒潮站次数年代际变化

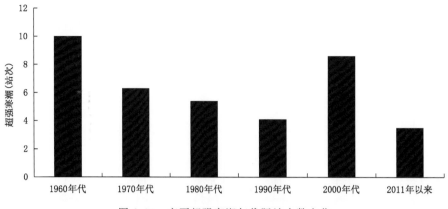

图 6.30　宁夏超强寒潮年代际站次数变化

（7）水稻低温冷害

宁夏水稻不同生育期低温冷害均呈减少趋势，其中，苗期（图 6.31）和灌浆期（图 6.32）低温冷害减少最显著，减少幅度分别为 1.1 站次/10a 和 0.9 站次/10a，通过了 0.05 显著性水平检验；孕穗期和抽穗期低温冷害减小幅度较小。苗期低温冷害在 1996 年之前 10 站次以上的有 5 年，其中，1971 年、1976 年、1977 年和 1992 年稻区均发生低温冷害；1997 年之后，除 2004 年

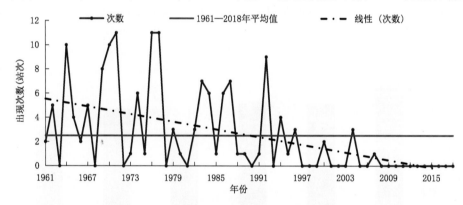

图 6.31　宁夏水稻苗期低温冷害站次数年际变化

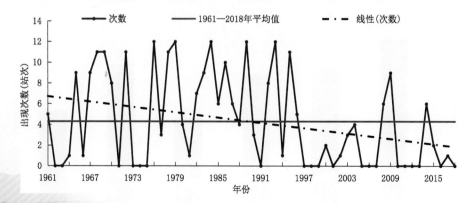

图 6.32　宁夏水稻灌浆期低温冷害站次数年际变化

6 站次外,其他年份处于平均值以下,且 2008 年以来未发生过苗期低温冷害事件。孕穗期在 1996 年之前 6 站次以上的年份有 19,1997 年以来仅 2009 年发生 9 站次,有 8 年发生 1~6 站次,其他年份未出现低温冷害。

6.3.5.3　极端降水事件

本书以强降水日数、降水强度、日最大降水量为年极端降水指数(表 6.3)分析宁夏极端降水变化特征。

(1)强降水日数

宁夏引黄灌区大部、中部干旱带的盐池和南部山区的泾源中雨日数呈增加趋势,增加幅度为 0.01~0.22 d/10a,其中,泾源增加幅度最大;银川、陶乐及中南部其他地区呈减少趋势,减少幅度为 0.06~0.49 d/10a,其中,麻黄山减少幅度最大(图 6.33a)。全区大部地区大雨日数呈增加趋势,但增加幅度小,均不足 0.2 d/10a(图 6.33b)。全区各地暴雨日数变化趋势较小,变化幅度均不足 0.1 d/10a。

总体上,全区平均中雨日数、大雨日数和暴雨日数均无明显变化趋势,但具有阶段性变化趋势。其中,中雨日数 2005 年之前有减少趋势,且年际变率大,2005 年以后有所增加,年际变率减小,2017 年和 2018 年达到 1961 年以来第 7 和第 6 高值。大雨日数 2011 年之前有减少趋势,之后有所增加,其中,2012 年和 2018 年分别达到 2.8 d 和 3.1 d,为 1961 年以来第 4 和第 3 高值。暴雨日数大部分年份不足 2 d,变化趋势很小(图 6.34)。

(2)降水强度

宁夏全区大部地区降水强度呈增大趋势,增加幅度为 0.01~0.27 mm/(d·10a),银川以北地区增加幅度较大,在 0.15 mm/(d·10a)以上,最大增加幅度在石炭井(图 6.33c)。

全区平均降水强度呈微弱增加趋势,20 世纪 70 年代和 80 年代年际变率大,且大部分年份小于多年平均值,60 年代和 90 年代之后年际变率较小(图 6.35)。

(3)日最大降水量

引黄灌区的贺兰、利通区、灵武、中宁,中部干旱带的兴仁和南部山区的隆德日最大降水量呈减少趋势,减少幅度在 0.74~2.94 mm/10a,隆德减少趋势最大;其他地区日最大降水量呈增加趋势,增加幅度为 0.09~3.13 mm/10a,银川增加趋势最大(图 6.33d)。

总体上,全区平均日最大降水量无明显变化趋势,但存在较为明显的阶段性变化特征,1982 年之前呈减少趋势,且年际变率较大,1983 年以来日最大降水呈增加趋势,其中,1983—2000 年年际变率较小,但 2001 年以后年际变率又增大(图 6.36)。

表 6.3　极端降水指数定义

指数	定义
中雨日数(d)	日降水量≥10 mm 的日数
大雨日数(d)	日降水量≥25 mm 的日数
暴雨日数(d)	各地日降水量≥50 mm 的日数
降水强度(mm/d)	年降水量与降水日数(日降水量≥0.1 mm)比值
日最大降水量(mm)	年(月)最大 1 日降水量

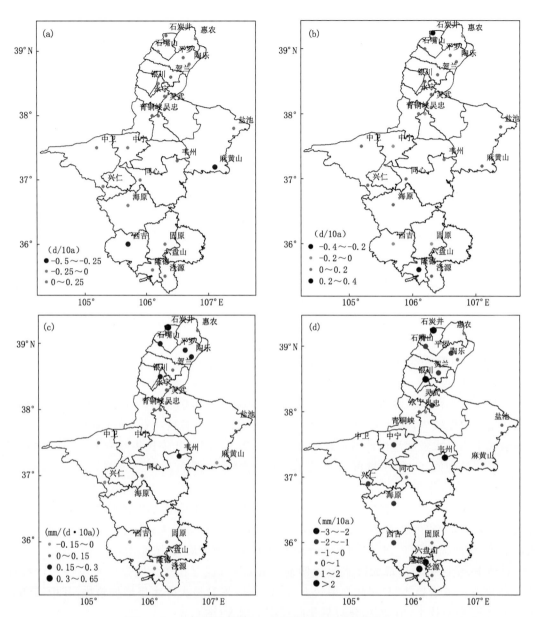

图 6.33　宁夏中雨日数(a)、大雨日数(b)、降水强度(c)、
日最大降水量(d)变化趋势的空间分布

（4）夏季极端降水

对各地夏季逐日降水量按升序排序,取日降水量≥0.1 mm 的样本序列的第 95 个百分位的日降水量,定义为极端降水的阈值,当某站日降水量超过该阈值时,表明该站出现了一个极端降水日;当某日有一站以上出现极端降水时,则该日定义为一个极端降水日(张冰 等,2018)。

宁夏全区夏季极端降水阈值自北向南递增,引黄灌区为 19.8～21.9 mm,中部干旱带为 21.8～27.1 mm,南部山区为 23.4～28.8 mm。

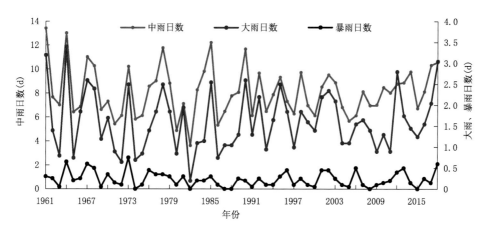

图 6.34　宁夏降水日数年际变化

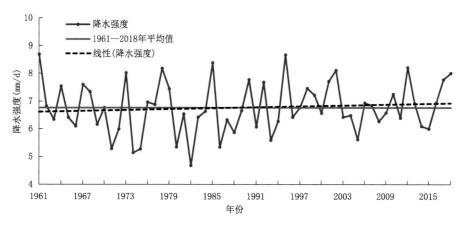

图 6.35　宁夏降水强度年际变化

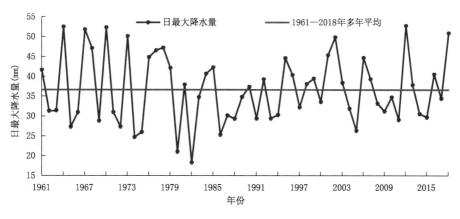

图 6.36　宁夏日最大降水量年际变化

宁夏全区大部地区夏季极端降水日数呈增加趋势,增加幅度为 0.01～0.22 d/10a,大武口区增加幅度最大(图 6.37)。全区平均极端降水日数无明显变化趋势,但 1982 年之前呈减少趋势,且变率相对较大;1983—2003 年为增加趋势,年际变率减小;2004—2011 年,为夏季极端降水日数最少时段;2012 年以来有所增加,其中,2018 年为 1961 年以来第 3 多值(图 6.38)。

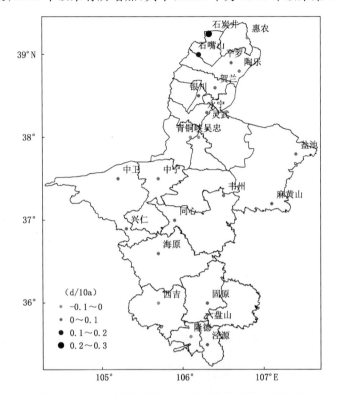

图 6.37　宁夏夏季极端降水日数变化趋势的空间分布

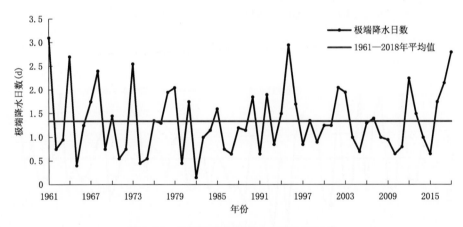

图 6.38　宁夏夏季极端降水日数年际变化

（5）连阴雨(雪)过程及降水量

宁夏全区年及四季连阴雨(雪)过程次数及降水量总体变化趋势不明显,但具有明显的阶段性变化特征(图 6.39a～e)。2000 年以前,春、夏、秋三季及年连阴雨过程次数和降水量均呈减小趋势,且年际变化幅度大;2000 年以来出现逐渐增加趋势,且年际变化幅度减小,以 4 d 以下连阴雨(雪)过程增加幅度最大;冬季变化趋势相反。可见,2000 年以来宁夏连阴雨(雪)过程次数增加,强度增强。

连阴雨(雪)过程年总次数具有明显的年代际特征(图 6.39f),20 世纪 80 年代至 21 世纪前 10 年以偏少为主,20 世纪 60 年代和 2011 年以来偏多,尤其 2011 年以来达到最高值。

从各季节来看,春季,20 世纪 60 年代和 80 年代偏多,其他年代偏少,其中,20 世纪 60 年代偏多幅度为 7.7 站次/a;70 年代明显偏少,偏少幅度为 5.9 站次/a。

夏季,20 世纪 70 年代和 2011 年以来偏多,分别偏多 5.2 站次/a 和 6.1 站次/a,其他年代均偏少,其中,20 世纪 80 年代偏少幅度达到 5.3 站次/a。

秋季,20 世纪 80 年代和 90 年代偏少,其他年代均偏多,其中,2011 年以来最多,偏多幅度达 7.4 站次/a,20 世纪 90 年代最少,偏少幅度达 11.3 站次/a,10 年中有 8 年均偏少。

冬季,20 世纪 80 年代及 21 世纪前 10 年以来偏多,其他年代偏少,其中,2011 年以来最多,偏多幅度为 2.8 站次/a,20 世纪 60 年代最少,偏少幅度为 4.8 站次/a。

可见,2011 年以来,冬、夏、秋季连阴雨(雪)过程次数均达到年代最大。

从全年连阴雨(雪)过程平均降水量年代际特征看,与过程次数有所不同,20 世纪 60—90 年代逐年代减少,21 世纪以来增加,其中,60 年代偏多最多,偏多幅度为 10.0%,其次 2011 年以来偏多 8.4%,20 世纪 90 年代偏少最多,偏少幅度为 12.5%。从各季节看特征不同,其中,60 年代冬季降水量异常偏少,偏少幅度达 54.5%,其他季节均偏多;90 年代各季节均偏少(图 6.39g)。

宁夏全区全年 4 d 以下连阴雨(雪)过程占全部过程的 72.1%,其发生站次与降水量的变化和连阴雨过程具有一致的先减后增变化趋势,1995—2000 年连阴雨出现站次数和降水量均较少,2000 年后小幅增加。其中,春季 4 d 以下连阴雨过程每 10 年减少 1.0 站次,而冬季每 10 年增加 1.2 站次;从年代际看,2011 年以来,除春季外,其他季节均为年代最大值,尤其秋季偏多达 7.4 站次/a(图 6.40a~f)。

从全年 4 d 以下连阴雨(雪)过程平均降水量年代际特征看,与过程次数有所不同,20 世纪 60 年代、70 年代和 2011 年以来偏多,其他年代均偏少,其中,20 世纪 60 年代最多,偏多幅度为 6.6%,80 年代偏少最多,偏少幅度为 7.0%。从各季节看特征各不同,总体上,60 年代除冬季降水量异常偏少,其他季节均偏多;在 80 年代或 90 年代达到年代最小值,之后有所增加,尤其秋季达到年代最大值(图 6.40g)。

宁夏全区全年 5~7 d 连阴雨过程增加幅度为 0.6 站次/10a,尤其 2000 年以来增加趋势明显。主要以冬季增加贡献最大,增加幅度为 1.3 站次/10a,夏季无明显变化趋势,秋季和春季分别减少 0.4 站次/10a 和 0.2 站次/10a。2011 年以来冬季达到年代最大值,夏季和秋季均为第 2 高值。除冬季外,其他季节连阴雨(雪)过程降水量逐渐减少(图 6.41a~f)。

从全年 5~7 d 连阴雨(雪)过程平均降水量年代际特征看,与过程次数有所不同,降水量呈减少趋势,20 世纪 60 年代和 70 年代偏多,其他年代均偏少,其中,70 年代最多,偏多幅度为 14.3%,90 年代偏少最多,偏少幅度为 8.7%。从各季节特征看,总体上,仅秋季呈增多趋势,其他季节均为减少趋势(图 6.41g)。

宁夏全区 8 d 以上连阴雨(雪)发生站次较少,主要出现在夏季和秋季,总体上,年及夏季和秋季 8 d 以上连阴雨(雪)过程次数和过程降水量均在 2005 年以来有所增加。其中,1968 年、1977 年、2007 年 8 d 以上的连阴雨过程出现站次数异常偏多,偏多幅度达到 13 站次以上(图 6.42)。

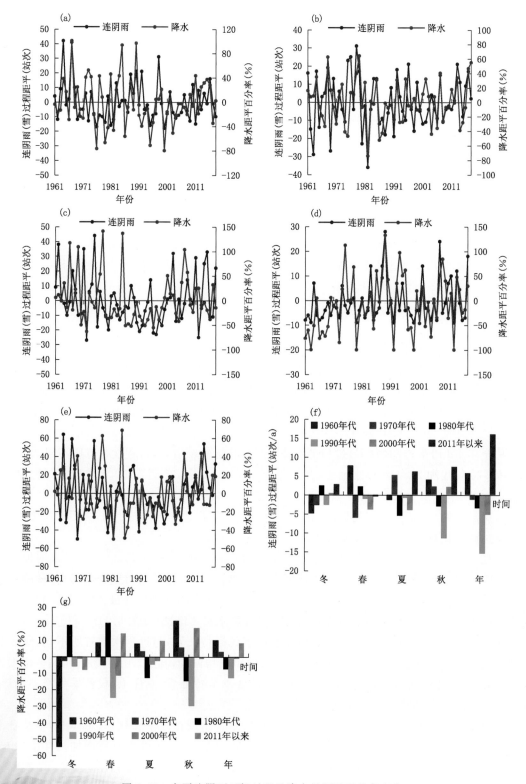

图 6.39　宁夏连阴雨(雪)过程及降水量距平百分率变化

(a)春季;(b)夏季;(c)秋季;(d)冬季;(e)年;(f,g)年代

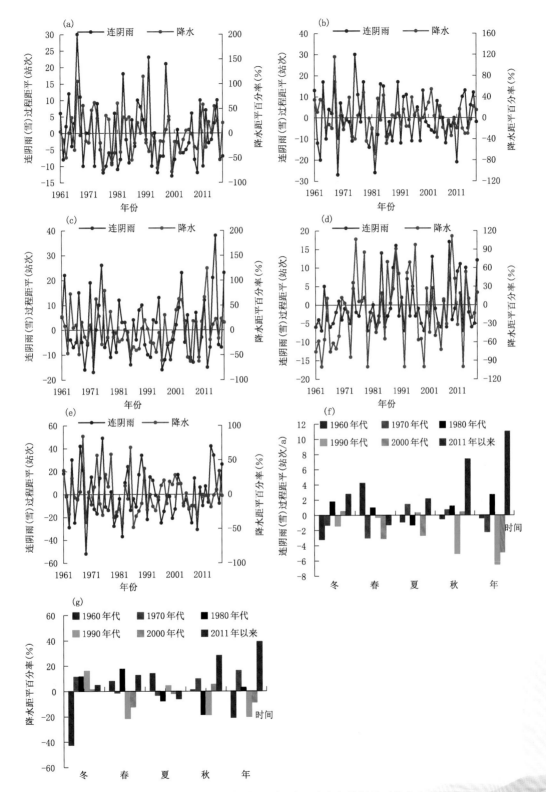

图 6.40　宁夏 4 d 以下连阴雨(雪)过程及降水量距平百分率变化

(a)春季；(b)夏季；(c)秋季；(d)冬季；(e)年；(f,g)年代

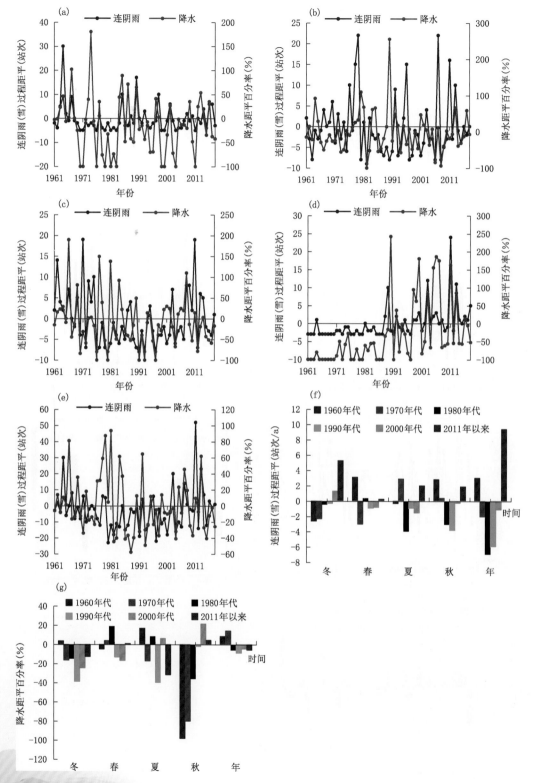

图 6.41　宁夏 5～7 d 连阴雨(雪)过程及降水量距平百分率变化

(a)春季；(b)夏季；(c)秋季；(d)冬季；(e)年；(f,g)年代

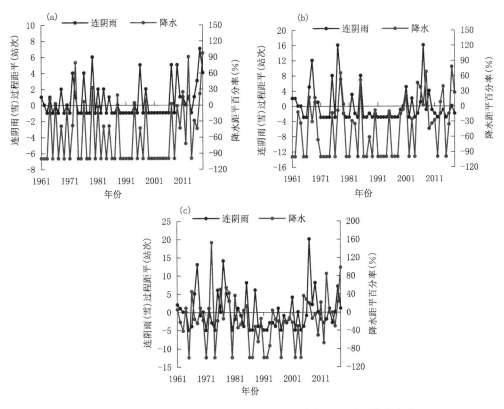

图 6.42　宁夏 8 d 以上连阴雨(雪)过程及降水量距平百分率变化
(a)夏季；(b)秋季；(c)年

6.3.5.4　干旱

(1)干旱日数

贺兰以北、沙坡头区至盐池一带、南部山区干旱总日数呈减少趋势,减少幅度为 0.4～3.3 d/10a,泾源减少幅度最大,其他地区干旱总日数呈增加趋势,增加幅度为 0.3～8.4 d/10a,同心增加幅度最大(图 6.43a)。

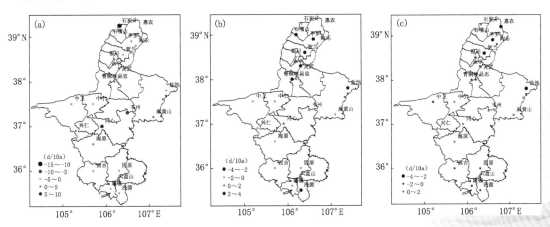

图 6.43　宁夏干旱总日数(a)、重旱日数(b)、特旱日数(c)变化趋势的空间分布

全区大部重旱日数呈减少趋势,减少幅度为 0.3~3.0 d/10a,其中,贺兰减少趋势最大(图 6.43b)。

引黄灌区大部、南部山区大部及盐池特旱日数呈减少趋势,减少幅度为 0.1~3.0 d/10a,其中,贺兰减少趋势最大;其他地区呈增加趋势,增加幅度为 0.2~1.9 d/10a(图 6.43c)。中部干旱带的同心干旱总日数、重旱日数和特旱日数均呈增加趋势。

宁夏全区平均干旱总日数、重旱日数、特旱日数均无明显变化趋势,但自 2006 年之后,随着降水量增加,不同等级干旱日数均呈减少趋势,较之前分别减少 8.4%、25.0%和 18.2%(图 6.44);尤其在 2011 年以来达到年代最低值(图 6.45)。

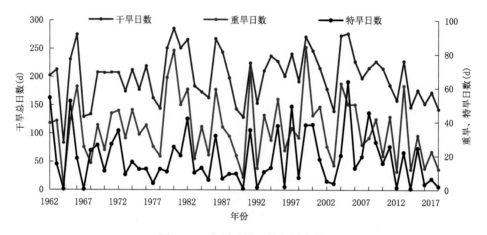

图 6.44   宁夏干旱日数年际变化

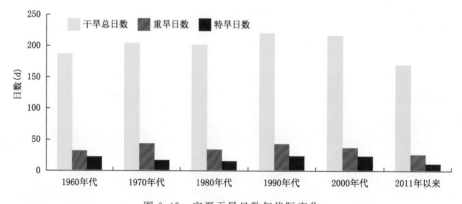

图 6.45   宁夏干旱日数年代际变化

(2)干旱强度

与干旱日数变化趋势不同,干旱总强度和重旱强度在大部地区呈增强趋势,其中,全区各地干旱总强度增强趋势为 0.9~14/10a,贺兰增强幅度最大(图 6.46a);盐池和同心重旱强度为减弱趋势,减弱幅度分别为 1.1/10a 和 8.2/10a,其他地区均为增强趋势,增强幅度为 0.7~5.7/10a,其中,平罗增强幅度最大(图 6.46b);特旱强度引黄灌区大部地区及盐池、原州区、隆德和泾源呈增强趋势,增强幅度为 0.1~9.7/10a,其中,贺兰幅度最大,其他地区呈减弱趋势,减弱幅度为 5.4~0.2/10a,麻黄山减弱幅度最大(图 6.46c)。

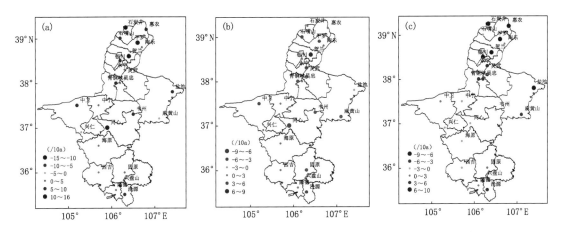

图 6.46 宁夏干旱总强度(a)、重旱强度(b)、特旱强度(c)变化趋势的空间分布

宁夏全区平均干旱总强度、重旱强度和特旱强度总体上变化趋势不明显,与干旱日数变化相同,2006 年之后,均呈减弱趋势,较之前分别减弱 13.1％、24.9％和 18.1％(图 6.47),2011 年以来达到年代最低值(图 6.48)。总体上,中部干旱带的同心干旱日数增加明显,但强度减弱明显,其他大部地区干旱日数虽然减少,但干旱强度增大。

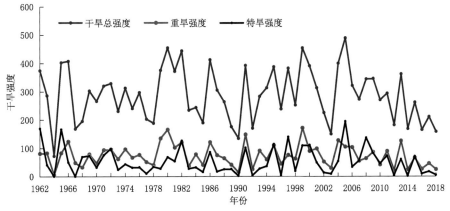

图 6.47 宁夏干旱强度年际变化

(注:由于综合气象干旱指数计算需要前 30 d 和 90 d 资料,因此,该图从 1962 年开始)

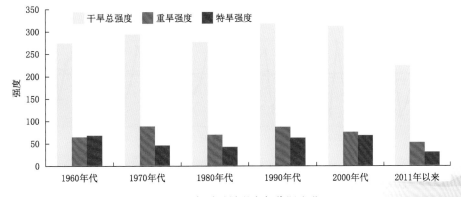

图 6.48 宁夏干旱强度年代际变化

（3）最长持续干旱日数

宁夏中北部大部地区最长持续干旱日数呈增加趋势,增加幅度为 0.3～2.2 d/10a,但南部山区各地呈减少趋势,减少幅度为 0.3～1.2 d/10a(图 6.49)。全区平均最长连续无降水日数呈增加趋势,增加幅度为 0.86 d/10a;年际变率在 1990 年之后明显增大,尤其 1995—2005 年持续日数长且年际差异大,最长的 1999 年和 2004 年分别达 85 d、79.6 d,分别为 1961 年以来最长和次长,而 2003 年只有 38.8 d,为 1961 年以来第 4 短;2006 年以来大部分年份较多年平均值偏短,且年际变率减小(图 6.50)。

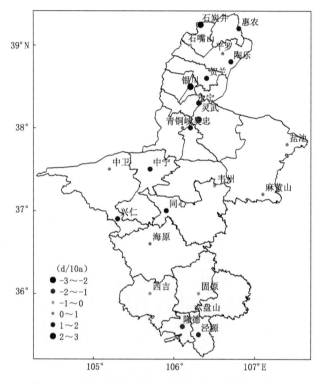

图 6.49　最长连续无降水日数变化趋势的空间分布

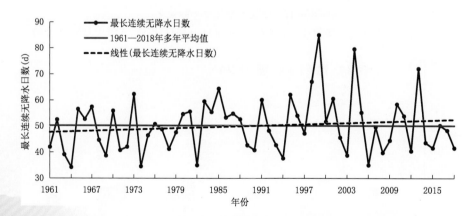

图 6.50　宁夏最长连续无降水日数年际变化

6.3.5.5 大风

宁夏全区平均大风日数呈显著减少趋势,减少幅度为 2.3 d/10a。春季和秋季减小趋势最大,均为 0.7 d/10a,夏季和秋季减小趋势较小,分别为 0.5 d/10a 和 0.4 d/10a(图 6.51)(均通过 0.05 显著性水平检验)。全区大部地区大风日数呈减少趋势,引黄灌区和南部山区减少幅度大于中部干旱带,其中,惠农减少幅度最大(图 6.52)。

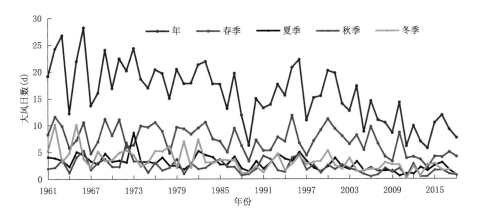

图 6.51 宁夏大风日数年际变化

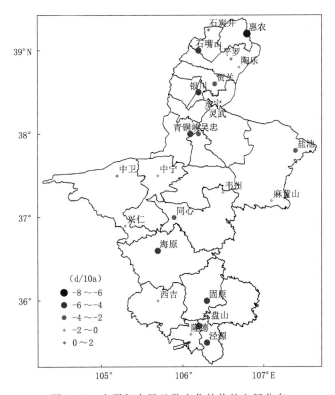

图 6.52 宁夏年大风日数变化趋势的空间分布

6.3.5.6　冰雹

宁夏全区大部地区冰雹日数均呈显著减少趋势,减少幅度为 0.1~0.8 d/10a。其中,引黄灌区大部分地区减少幅度小于 0.2 d/10a,南部山区大部减少幅度在 0.4~0.8 d/10a,中部干旱带减少幅度在 0.2~0.4 d/10a,银川减少幅度最小,泾源最大(图 6.53)。

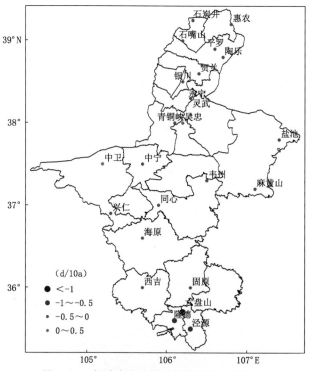

图 6.53　宁夏冰雹日数变化趋势的空间分布

宁夏全区平均冰雹日数减少幅度为 0.23 d/10a(通过 0.05 显著性水平检验)。历年冰雹日数均不足 2.5 d,1984 年最多,达 2.4 d;在 1988 年前后发生突变,突变前年平均冰雹日数为 1.3 d,突变后为 0.5 d,且突变前冰雹日数年际变率大于突变后,2018 年宁夏全区各地均无冰雹发生(图 6.54)。

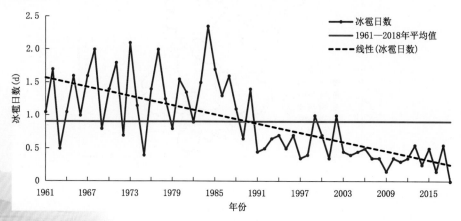

图 6.54　宁夏冰雹日数年际变化

6.3.5.7　沙尘

宁夏扬沙、浮尘、沙尘暴日数均呈显著减少趋势,但阶段性特征略有不同。全区平均沙尘日数减少幅度为 17.9 d/10a(通过 0.05 显著性水平检验);1988 年前大部分年份在 40 d 以上,较多年平均值偏多,平均为 64.8 d;1989 年之后均较多年平均值偏少,平均仅为 16.1 d(图 6.55)。从区域分布看,中北部大部地区减少趋势在 15 d/10a 以上,利通区减少幅度最大;南部山区减少趋势在 10 d/10a 以下,原州区减少幅度最大(图 6.56)。

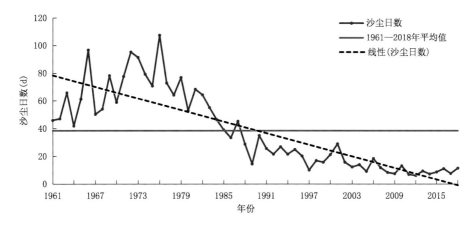

图 6.55　宁夏年沙尘日数年际变化

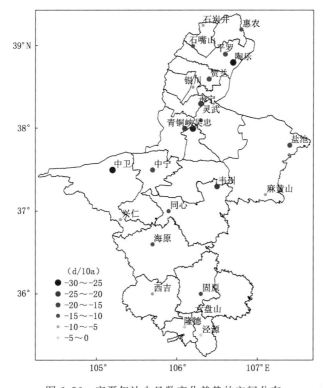

图 6.56　宁夏年沙尘日数变化趋势的空间分布

（1）扬沙

宁夏全区平均扬沙日数减少幅度为 8.2 d/10a。1961—1982 年,扬沙日数在波动中增加,大部分年份在 40 d 以上;从 1983 年开始显著减少,大部分年份较多年平均值少,尤其 1990 年之后,扬沙日数基本维持在 20 d 以下(图 6.57)。

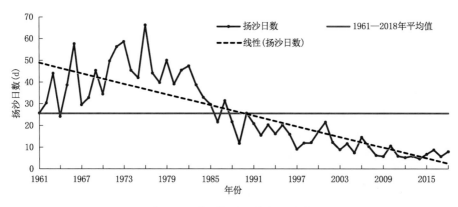

图 6.57　宁夏扬沙日数年际变化

（2）浮尘

宁夏全区平均浮尘日数减少幅度为 9.4 d/10a。1961—1979 年,浮尘日数变化在波动中增多;1980 年开始显著减少,尤其 1991 年以来基本维持在 10 d 以下,较多年平均日数明显偏少(图 6.58)。

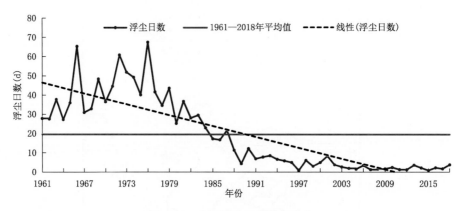

图 6.58　宁夏浮尘日数年际变化

（3）沙尘暴

宁夏全区平均沙尘暴日数减小幅度为 2.0 d/10a。1961—1984 年,沙尘暴日数变化较平稳且基本维持在平均值以上,大部分年份超过 8 d;1985 年开始急速下降,仅有 1 年较多年平均值偏多,尤其自 2002 年以来维持在 2 d 以下(图 6.59)。

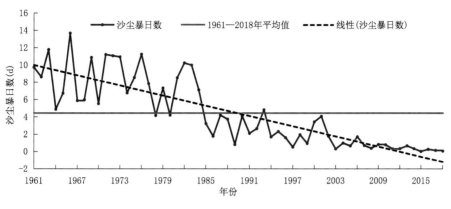

图 6.59　宁夏沙尘暴日数年际变化

6.3.6　气象灾害及衍生灾害损失变化

宁夏全区每年因气象灾害及衍生灾害带来的经济损失严重,主要由干旱、冰雹、低温冷冻害及洪涝造成。2000—2004 年,灾害损失不足 5 亿元,2004 年之后急剧增大,尤其在 2004—2014 年有 9 年均超过 15 亿元(图 6.60)。总体上,随着气候暖湿化,干旱带来的损失减小,由冰雹及洪涝灾害造成的损失在增大。

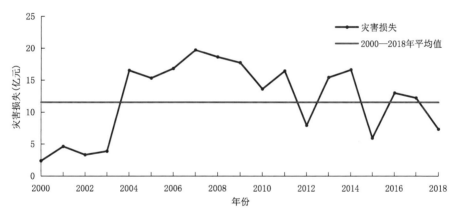

图 6.60　气象灾害及衍生灾害损失年际变化

(1)干旱

干旱灾害每年使宁夏遭受的经济损失最大,占灾害气象损失的 50%～60%。2005 年之前,损失相对较小,不足 5 亿元,2005—2011 年,大部分年份高于 10 亿元,此后干旱损失减少,大部分年份不足 5 亿元(图 6.61)。

(2)洪涝

洪涝灾害损失呈增加趋势,2012 年之前大部分年份低于 3 亿元,2012 年以来,随着极端降水事件的增多增强,灾损增大,尤其 2013 年达 5 亿元(图 6.62)。

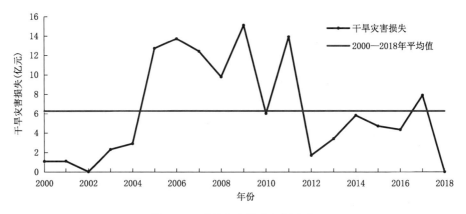

图 6.61　干旱灾害损失年际变化

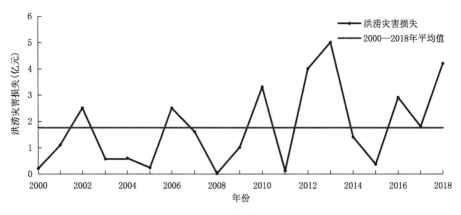

图 6.62　洪涝灾害损失年际变化

（3）冰雹

冰雹灾害损失呈增加趋势，2007 年之前，大部年份低于 1 亿元，此后明显增加，大部分年份超过 1.5 亿元，尤其是 2014 年达 5.9 亿，2016 年次之，为 4.63 亿（图 6.63）。

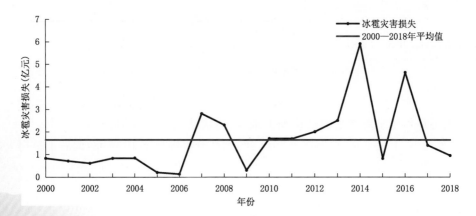

图 6.63　冰雹灾害损失年际变化

（4）低温冷冻害

低温冷冻害损失相对变化不大，大部分年份低于 1 亿元，其中，2008 年最多，达 5.7 亿元，其次为 2013 年，为 4.5 亿元（图 6.64）。

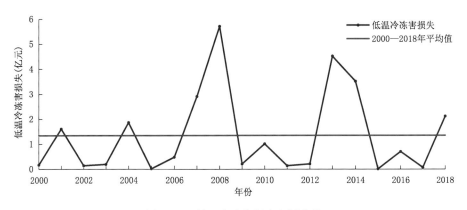

图 6.64　低温冷冻害损失年际变化

6.4　未来气候变化情景预估

基于不同情景的气候预估是历次 IPCC 评估报告的核心内容之一，其结果可展现不同政策选择所带来的气候影响及社会经济风险，是政府决策的重要科学依据（周天军 等，2019；张丽霞 等，2019）。利用 6 个综合评估模型（IAM）、基于不同的共享社会经济路径（SSP）及最新的人为排放趋势，第六次国际耦合模式比较计划（CMIP6）提出了新的预估情景，并将其列入 CMIP6 模式比较计划，称之为情景模式比较计划（ScenarioMIP）。简单而言，ScenarioMIP 的气候预估情景是不同 SSP 与辐射强迫的矩形组合。SSP 描述了在没有气候变化或者气候政策影响下，未来社会的可能发展，SSP1、SSP2、SSP3、SSP4 和 SSP5 分别代表了可持续发展、中度发展、局部发展、不均衡发展和常规发展 5 种路径。ScenarioMIP 基于不同 SSP 可能发生的能源结构所产生的人为排放及土地利用变化，采用 IAM 生成定量的温室气体排放、大气成分和土地利用变化，即生成基于 SSP 的预估情景。其中，SSP2-4.5 表示中等强迫情景，2100 年辐射强迫稳定在 4.5 W/m^2。

本书基于 ScenarioMIP SSP2-4.5 中的 20 个气候模式的不同初值和参数化方案的模式数据（共 29 个），在检验评估模式预测性能的基础上，采用多模式集合平均方法，对宁夏 2021—2099 年气候进行预估（多年平均值为 1981—2010 年）。

6.4.1　气温变化趋势预估

（1）气温时间演变趋势分析

根据 CMIP6 模式的预估结果综合分析得出，在 SSP2-4.5 情景下，到 21 世纪末，宁夏全区各地年平均气温总体将呈现上升趋势，升温幅度在 1.0～3.3 ℃（图 6.65）。

如图 6.66 所示，宁夏四季气温也呈现一致的上升趋势，其中，夏季升温最为明显，幅度在

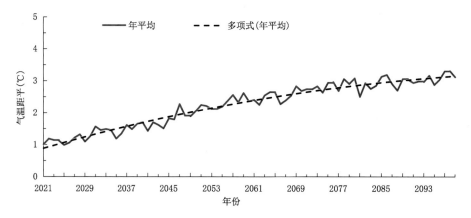

图 6.65　在 SSP2-4.5 排放情景下模拟的宁夏 21 世纪年平均气温距平变化

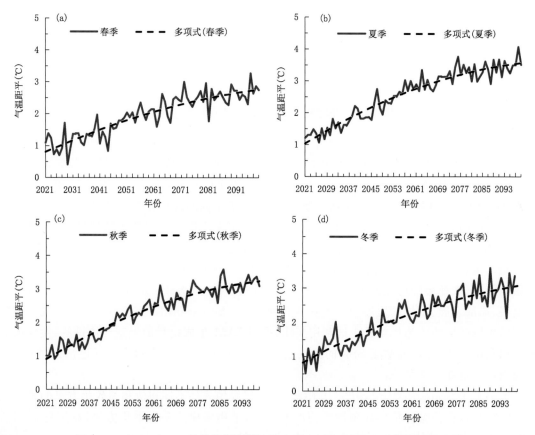

图 6.66　在 SSP2-4.5 排放情景下模拟的宁夏 21 世纪季节平均气温距平变化
（a）春季；（b）夏季；（c）秋季；（d）冬季

1.1～4.1 ℃；其次是秋季（0.9～3.6 ℃）、冬季（0.5～3.6 ℃），而春季（0.4～3.3 ℃）升幅相对
最小。

（2）气温空间分布变化趋势

在 SSP2-4.5 排放情境下，预计未来 30 a（2021—2050 年），宁夏全区各地年平均气温均有

所升高,升温幅度在 1.4~1.5 ℃,中北部升高幅度大于南部(图 6.67)。从季节来看,四季气温均升高,大部分地区都升温 1.0 ℃以上。其中,夏季和秋季升温最为明显,大部分区域都超过 1.5 ℃,冬季和春季升幅相对较小(图 6.68)。

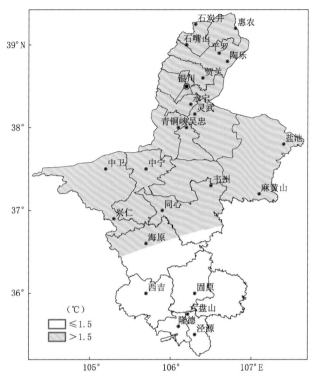

图 6.67　在 SSP2-4.5 排放情景下模拟的宁夏 2021—2050 年平均气温距平空间分布

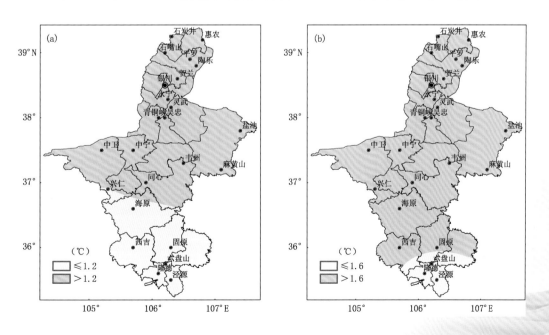

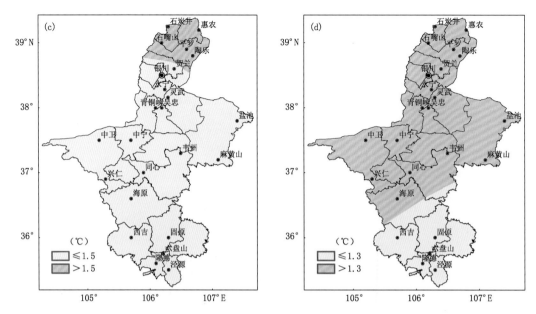

图 6.68　在 SSP2-4.5 排放情景下模拟的宁夏 2021—2050 年四季平均气温距平空间分布
(a)春季；(b)夏季；(c)秋季；(d)冬季

6.4.2　降水变化趋势预估

(1)降水时间演变趋势分析

根据模式的预估结果综合分析得出，到 21 世纪末，宁夏的年降水量总体将呈现出增多态势(图 6.69)，年际变化幅度在 −19%～59%。从季节分布来看，相较于夏季、冬季，春季和秋季降水有明显的增多趋势(图 6.70)；其中，冬季降水变化幅度最大，为 −39%～209%；其次是春季(−35%～97%)和秋季(−54%～88%)；夏季降水变化幅度相对较小，在 −42%～71%。

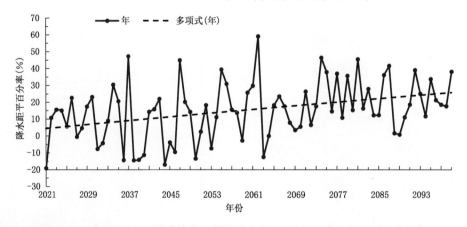

图 6.69　在 SSP2-4.5 排放情景下模拟的宁夏 21 世纪年降水距平百分率变化

(2)降水空间分布变化趋势

在 SSP2-4.5 排放情景下，从区域分布来看，预计未来 30 年(2021—2050 年)，宁夏全区各地年降水量均有所增多，增多幅度在 5%～13%(图 6.71)。如图 6.72 所示，除了秋季降水在

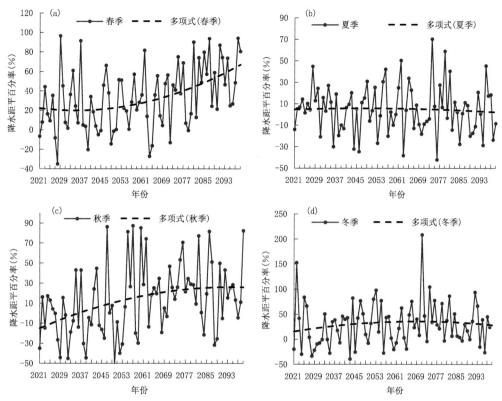

图 6.70　在 SSP2-4.5 排放情景下模拟的宁夏 21 世纪季节降水距平百分率变化

(a)春季；(b)夏季；(c)秋季；(d)冬季

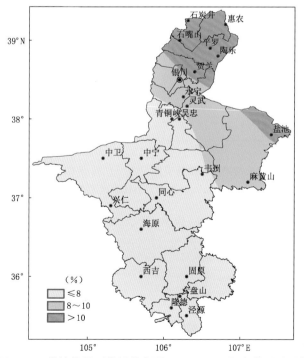

图 6.71　在 SSP2-4.5 排放情景下模拟的宁夏 2021—2050 年降水距平百分率空间分布

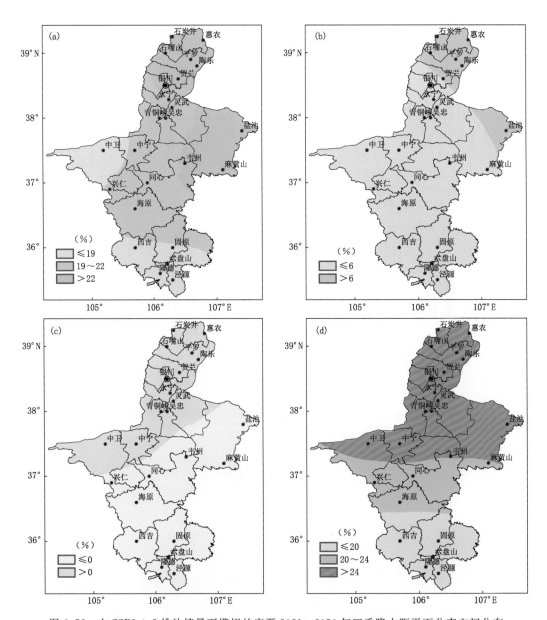

图 6.72　在 SSP2-4.5 排放情景下模拟的宁夏 2021—2050 年四季降水距平百分率空间分布
(a)春季;(b)夏季;(c)秋季;(d)冬季

中部干旱带和南部山区可能出现偏少外,春季、夏季、冬季降水都呈现全区一致偏多;其中,冬季和春季偏多幅度较大,分别在 16%~29%、17%~25%;而夏季和秋季降水变化幅度分别在 2%~12%、-9%~5%。

6.4.3　气候变化预估的不确定性

目前,用于未来气候变化预估的主要工具是全球和区域气候模式。全球和区域气候模式提供有关未来气候变化,特别是大陆及其以上尺度的气候变化的可靠的定量化估算,具有相当高的可信度。

气候变化预估的不确定性主要包括 4 个方面：(1)用于气候研究和模拟的资料的不足和不确定性：例如海洋、极地、沙漠等地区的气象观测站点分布稀疏，有些观测站点资料连续性差，且存在观测误差；(2)对气候系统过程与反馈认识的不确定性：气候系统包括大气圈、水圈、冰冻圈、岩石圈和生物圈，无论从描述气候系统的物理量的空间分布和时间变化上讲，还是从气候系统中发生的过程类型上讲，气候系统都是非常复杂和高度非线性的，目前对气候系统的认识依然不足；(3)气候模式的不确定性：例如对云的表述，这种局限性导致预测的气候变化在量级、时间以及区域细节上存在不确定性，导致模式预测结果包含有相当大的不确定性，其中，降水预测的不确定性比温度更大；(4)未来温室气体排放情景方面存在的不确定性，包括温室气体排放量估算方法、政策因素、技术进步和新能源开发方面的不确定性。

6.5　气候变化的影响

6.5.1　对农业的影响

6.5.1.1　对农业气候资源的影响

(1)稳定通过 0 ℃的初、终日及日数

通常认为稳定通过 0 ℃的日数为适宜农耕期，以此评估喜凉作物生长季的长短。

宁夏全区稳定通过 0 ℃的初日提前趋势明显(图 6.73)。从区域分布看，引黄灌区提前幅度最小，中部干旱带次之，南部山区提前最多，提前幅度分别为 1.11 d/10a、1.82 d/10a 和 1.96 d/10a。

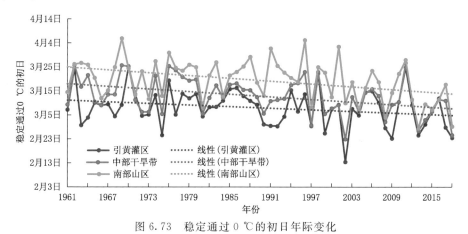

图 6.73　稳定通过 0 ℃的初日年际变化

从年代际变化看，宁夏全区稳定通过 0 ℃的平均初日从 20 世纪 60 年代的 3 月 14 日分别提前到 70 年代的 3 月 13 日、80 年代的 3 月 12 日、90 年代的 3 月 11 日和 2011 年以来的 3 月 7 日；引黄灌区、中部干旱带和南部山区 2011 年以来较 20 世纪 60 年代分别提前了 5 d、9 d 和 12 d(图 6.74)。

稳定通过 0 ℃的终日有推后的趋势(图 6.75)。从地域分布看，南部山区推后的幅度最大，中部干旱带次之，引黄灌区最少。引黄灌区、中部干旱带、南部山区稳定通过 0 ℃的终日推迟幅度分别为 0.88 d/10a、2.17 d/10a、2.30 d/10a。引黄灌区提前的幅度大于推后的幅度,中南部地区推后的幅度大于提前的幅度。

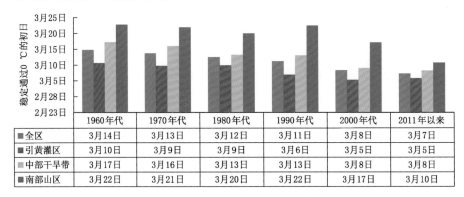

	1960年代	1970年代	1980年代	1990年代	2000年代	2011年以来
■全区	3月14日	3月13日	3月12日	3月11日	3月8日	3月7日
■引黄灌区	3月10日	3月9日	3月9日	3月6日	3月5日	3月5日
■中部干旱带	3月17日	3月16日	3月13日	3月13日	3月8日	3月8日
■南部山区	3月22日	3月21日	3月20日	3月22日	3月17日	3月10日

图 6.74   稳定通过 0 ℃的初日年代际变化

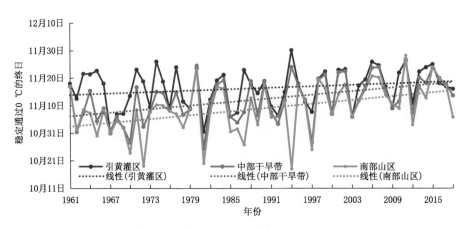

图 6.75   稳定通过 0 ℃的终日年际变化

从年代际变化看,宁夏全区稳定通过 0 ℃平均终日从 20 世纪 60 年代到的 11 月 14 日推后到 70 年代的 11 月 14 日,80 年代又略提前至 11 月 11 日,此后一直推后,到 2011 年以来已推后至 11 月 18 日。引黄灌区、中部干旱带和南部山区三个区域 2011 年以来较 20 世纪 60 年代推后 6～13 d(图 6.76)。

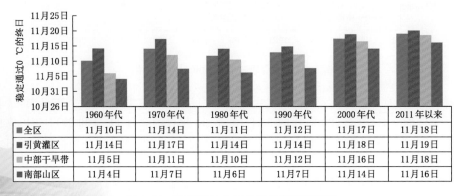

	1960年代	1970年代	1980年代	1990年代	2000年代	2011年以来
■全区	11月10日	11月14日	11月11日	11月12日	11月17日	11月18日
■引黄灌区	11月14日	11月17日	11月14日	11月14日	11月18日	11月19日
■中部干旱带	11月5日	11月11日	11月10日	11月12日	11月16日	11月18日
■南部山区	11月4日	11月7日	11月6日	11月7日	11月14日	11月16日

图 6.76   稳定通过 0 ℃的终日年代际变化

由于稳定通过 0 ℃ 的初日提前、终日推后，使得期间的日数增加趋势明显（图 6.77）。引黄灌区、中部干旱带、南部山区稳定通过 0 ℃ 的日数增加幅度分别为 2.0 d/10a、4.0 d/10a 和 4.3 d/10a（表 6.4）。

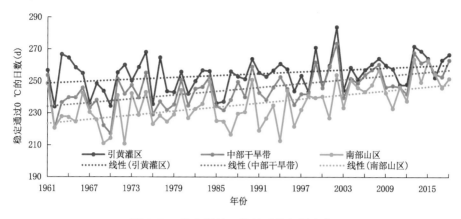

图 6.77　稳定通过 0 ℃ 的日数年际变化

表 6.4　稳定通过 0 ℃ 的日数随时间变化趋势方程

区域	拟合方程	决定系数
引黄灌区	$y=0.20x+248.5$	0.103
中部干旱带	$y=0.40x+233.7$	0.349
南部山区	$y=0.43x+223.0$	0.313

注：式中 y 为稳定通过 0 ℃ 的日数（d），x 为年序。

宁夏全区平均稳定通过 0 ℃ 的日数由 20 世纪 60 年代的 242 d 增加到 70 年代的 246 d，80 年代有所减少（245 d），此后持续增加，到现阶段增加到 258 d；引黄灌区稳定通过 0 ℃ 的日数年代际变化特点与全区平均日数一致，但南部山区 90 年代略有回落，中部干旱带持续增加，各区域 2011 年以来较 20 世纪 60 年代增加 20～26 d（图 6.78）。

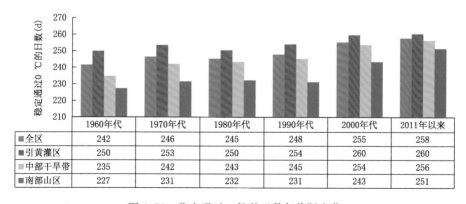

	1960年代	1970年代	1980年代	1990年代	2000年代	2011年以来
全区	242	246	245	248	255	258
引黄灌区	250	253	250	254	260	260
中部干旱带	235	242	243	245	254	256
南部山区	227	231	232	231	243	251

图 6.78　稳定通过 0 ℃ 的日数年代际变化

（2）稳定通过 10 ℃ 的日数

≥10 ℃ 的日数为喜温作物生长季的长短。

稳定通过 10 ℃的初、终日特点与稳定通过 0 ℃的初、终日特点相似。引黄灌区、中部干旱带、南部山区初日提前趋势分别为 1.2 d/10a、1.2 d/10a 和 1.0 d/10a,终日推后趋势分别为 1.6 d/10a、1.5 d/10a 和 1.8 d/10a,期间日数增加趋势分别为 2.7 d/10a、3.3 d/10a 和 2.8d/10a,其随时间的变化趋势方程见表 6.5。

宁夏 2011 年以来稳定通过 10 ℃的全区平均日数比 20 世纪 60 年代延长了 15 d 左右,其中,引黄灌区、中部干旱带和南部山区分别延长 15 d,17 d 和 10 d(图 6.79,图 6.80)。

表 6.5 稳定通过 10 ℃的日数随时间变化趋势方程

区域	拟合方程	决定系数
灌区	$y=0.27x+168.2$	0.206
中部干旱带	$y=0.33x+148.7$	0.290
南部山区	$y=0.28x+126.2$	0.155

注:式中 y 为稳定通过 10 ℃的日数(d),x 为年序。

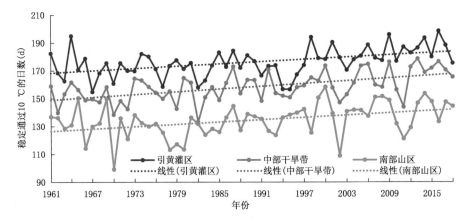

图 6.79 稳定通过 10 ℃的日数年际变化

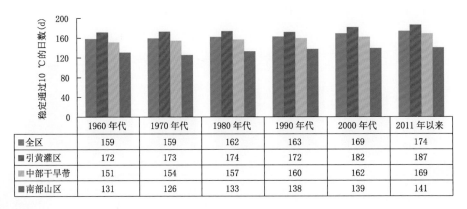

	1960 年代	1970 年代	1980 年代	1990 年代	2000 年代	2011 年以来
全区	159	159	162	163	169	174
引黄灌区	172	173	174	172	182	187
中部干旱带	151	154	157	160	162	169
南部山区	131	126	133	138	139	141

图 6.80 稳定通过 10 ℃的日数年代际变化

(3)无霜期

由于春季霜冻终日提前,秋季霜冻初日推迟,宁夏各地无霜期延长。全区平均每 10 年延长 4.5 d,其中,引黄灌区大部地区每 10 年延长 3.2～7.2 d,中部干旱带每 10 年延长 2.0～6.4 d,南部山区每 10 年延长 1.4~5.3 d(图 6.81)。2011 年以来引黄灌区平均达到 190 d,较 20 世纪 60 年代多 20.6 d;中部干旱带达到 180 d,较 60 年代多 16.4 d;南部山区达到 163.8 d,较 60 年代多 17.3 d。

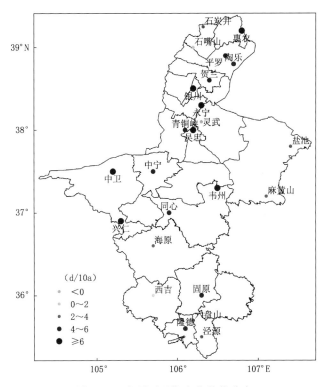

图 6.81　宁夏无霜期变化趋势分布

(4)积温

宁夏各地稳定通过 0 ℃的积温呈波动增加的趋势。其中,引黄灌区增加最为明显,其次为中部干旱带和南部山区,其增加幅度分别为 95.1 ℃·d/10a、93.3 ℃·d/10a 和 75.4 ℃·d/10a(表 6.6,图 6.82)。

表 6.6　稳定通过 0 ℃的积温随时间变化趋势方程

区域	拟合方程	决定系数
引黄灌区	$y=9.51x+3648$	0.652
中部干旱带	$y=9.33x+3246$	0.666
南部山区	$y=7.54x+2608$	0.560

注:式中 y 为稳定通过 0 ℃的积温(℃·d),x 为年序。

从年代际变化看,宁夏全区稳定通过 0 ℃的平均积温从 20 世纪 60 年代到 2011 年以来持续增加,2011 年以来达到最大值,为 3882.8 ℃·d。目前宁夏全区≥0 ℃的积温比 20 世纪 60 年代增加了 445.7 ℃·d,其中,引黄灌区增加了 430.7 ℃·d,中部干旱带增加了 458.8 ℃·d,南部山区增加了 346.7 ℃·d(图 6.83)。

稳定通过 10 ℃的积温也同样呈波动增加的趋势,三个区域增加幅度从大到小依次为引黄灌区、中部干旱带和南部山区,增加趋势分别为 90.1 ℃·d/10a、86.8 ℃·d/10a 和 64.9 ℃·d/10a(表 6.7,图 6.84)。

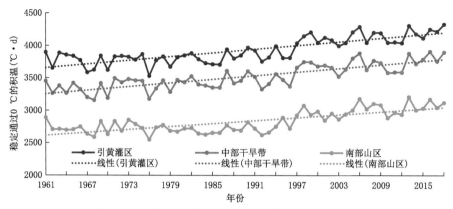

图 6.82　作物生育期内稳定通过 0 ℃的积温年际变化

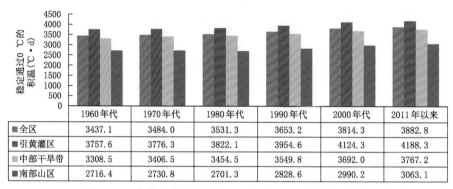

图 6.83　作物生育期内稳定通过 0 ℃的积温年代际变化

表 6.7　稳定通过 10 ℃的积温随时间变化趋势方程

区域	拟合方程	决定系数
引黄灌区	$y=9.01x-14502$	0.494
中部干旱带	$y=8.68x-14350$	0.487
南部山区	$y=6.488x-10764$	0.311

注:式中 y 为稳定通过 10 ℃的积温(℃·d), x 为年序。

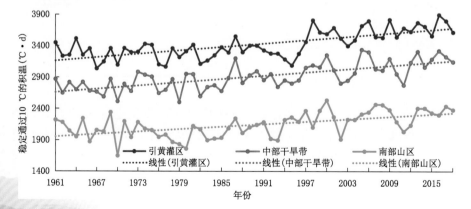

图 6.84　作物生育期内稳定通过 10 ℃的积温年际变化

宁夏全区稳定通过 10 ℃的平均积温从 20 世纪 60 年代的 2891.5 ℃·d,持续增加到现阶段的 3315.1 ℃·d;引黄灌区和中部干旱带 2011 年以来较 20 世纪 60 年代分别增加 434.3 ℃·d 和 424.1 ℃·d,南部山区增加 241.1 ℃·d(图 6.85)。

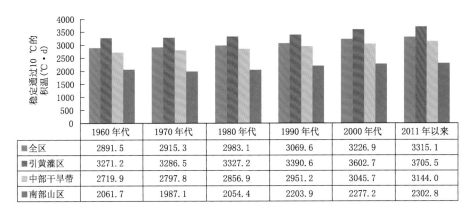

	1960 年代	1970 年代	1980 年代	1990 年代	2000 年代	2011 年以来
■全区	2891.5	2915.3	2983.1	3069.6	3226.9	3315.1
■引黄灌区	3271.2	3286.5	3327.2	3390.6	3602.7	3705.5
□中部干旱带	2719.9	2797.8	2856.9	2951.2	3045.7	3144.0
■南部山区	2061.7	1987.1	2054.4	2203.9	2277.2	2302.8

图 6.85　作物生育期内稳定通过 10 ℃的积温年代际变化

(5)降水量

≥0 ℃的降水量波动非常大,总体上 20 世纪 60 年代以来呈减少趋势,但并不显著,引黄灌区、中部干旱带和南部山区减少幅度分别为 1.3 mm/10a、5.5 mm/10a 和 2.2 mm/10a(表 6.8,图 6.86);减少趋势明显时段出现在 21 世纪前 10 年以前,近期降水增加趋势显现,2011 年以来,三个区域及全区平均降水量已接近 20 世纪 60 年代,出现暖湿化倾向(图 6.87)。

表 6.8　稳定通过 0 ℃的降水量随时间变化趋势方程

区域	拟合方程	决定系数
灌区	$y=-0.1254x+390.35$	0.0045
中部干旱带	$y=-0.5462x+1305.2$	0.0462
南部山区	$y=-0.2221x+785.24$	0.0042

注:式中 y 为稳定通过 0 ℃的降水量(mm),x 为年序。

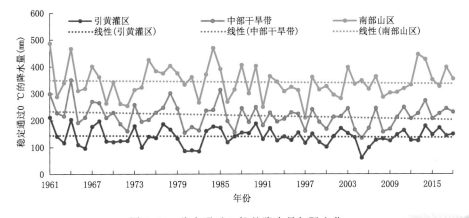

图 6.86　稳定通过 0 ℃的降水量年际变化

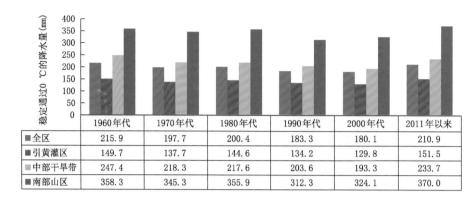

	1960年代	1970年代	1980年代	1990年代	2000年代	2011年以来
■全区	215.9	197.7	200.4	183.3	180.1	210.9
■引黄灌区	149.7	137.7	144.6	134.2	129.8	151.5
中部干旱带	247.4	218.3	217.6	203.6	193.3	233.7
■南部山区	358.3	345.3	355.9	312.3	324.1	370.0

图 6.87　稳定通过 0 ℃的降水量年代际变化

　　稳定通过 10 ℃的降水量与稳定通过 0 ℃的降水量变化趋势相似,在波动中呈弱的减少趋势,且减少趋势更加不显著,幅度也更小。引黄灌区、中部干旱带和南部山区减少幅度分别为0.5 mm/10a、2.9 mm/10a 和 1.6 mm/10a(图 6.88),其随时间的变化趋势方程见表 6.9。宁夏稳定通过 10 ℃的全区平均降水量 20 世纪 60 年代为 162.4 mm,此后下降到 70 年代的157.4 mm,80 年代有所回升,为 160.8 mm,随后下降到 90 年代的 150.5 mm 和 21 世纪前 10年的 145.7 mm,现阶段降水增加趋势显现,三个区域及全区平均降水量已接近 20 世纪 60 年代(图 6.89)。

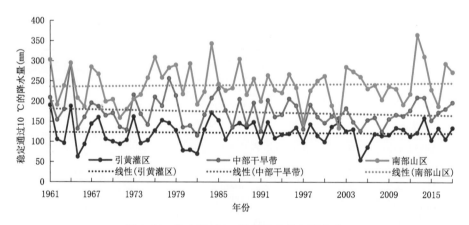

图 6.88　稳定通过 10 ℃的降水量年际变化

表 6.9　稳定通过 10 ℃的降水量随时间变化趋势方程

区域	拟合方程	决定系数
引黄灌区	$y = -0.0569x + 234.91$	0.0011
中部干旱带	$y = -0.2884x + 746.95$	0.0199
南部山区	$Y = 0.1613x - 80.644$	0.0034

注:式中 y 为稳定通过 10 ℃的降水量(mm),x 为年序。

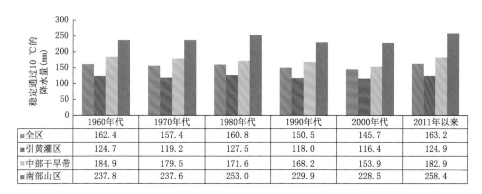

图 6.89 稳定通过 10 ℃的降水量年代际变化

（6）日照时数

宁夏全区各地稳定通过 0 ℃的日照时数呈增加趋势，其中，引黄灌区、中部干旱带和南部山区增加幅度分别为 19.0 h/10a、41.1 h/10a 和 39.7 h/10a（表 6.10，图 6.90）。

表 6.10 稳定通过 0 ℃的日照时数随时间变化趋势方程

区域	拟合方程	决定系数
引黄灌区	$y = 1.9020x - 1598.7$	0.0819
中部干旱带	$y = 4.1137x - 6184.8$	0.2232
南部山区	$y = 3.9744x - 6347.6$	0.2347

注：式中 y 为稳定通过 0 ℃的日照时数（h），x 为年序。

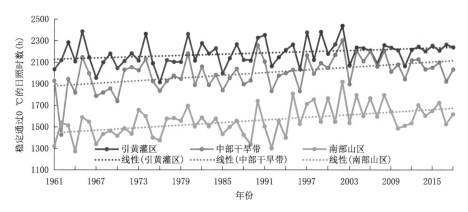

图 6.90 稳定通过 0 ℃的日照时数年际变化

20 世纪 60 年代全区平均日照时数最少，为 1919.1 h，之后持续增加至 21 世纪前 10 年的 2102.8 h，现阶段有所回落，为 2062.8 h，处于居中偏高的水平；三个区域日照时数年代际变化特征与全区平均日照时数变化特征相似（图 6.91）。

宁夏全区各地稳定通过 10 ℃的日照时数呈明显增加趋势。其中，中部干旱带增加趋势最显著，增加幅度也最大，引黄灌区次之，南部山区变化幅度缓慢。引黄灌区、中部干旱带和南部山区增加幅度分别为 24.0 h/10a、30.2 h/10a 和 20.7 h/10a（表 6.11，图 6.92）。

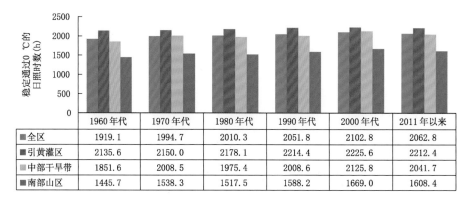

区域	1960 年代	1970 年代	1980 年代	1990 年代	2000 年代	2011 年以来
全区	1919.1	1994.7	2010.3	2051.8	2102.8	2062.8
引黄灌区	2135.6	2150.0	2178.1	2214.4	2225.6	2212.4
中部干旱带	1851.6	2008.5	1975.4	2008.6	2125.8	2041.7
南部山区	1445.7	1538.3	1517.5	1588.2	1669.0	1608.4

图 6.91　稳定通过 0 ℃的日照时数年代际变化

表 6.11　稳定通过 10 ℃的日照时数随时间变化趋势方程

区域	拟合方程	决定系数
引黄灌区	$y=2.4031x-32.4.4$	0.1636
中部干旱带	$y=3.0242x-4669.2$	0.1855
南部山区	$y=2.0698x-3184.5$	0.0915

注:式中 y 为稳定通过 10 ℃的日照时数(h), x 为年序。

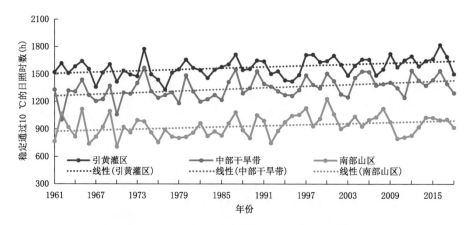

图 6.92　稳定通过 10 ℃的日照时数年际变化

　　宁夏全区年平均稳定通过 10 ℃的日照时数从 20 世纪 60 年代的最低值(1330.0 h),持续增加到现阶段 1468.2 h;各区域略有不同,引黄灌区在 70 年代和 90 年代稍有回落,中部干旱带在 80 年代稍有回落,南部山区在 70 年代和 2011 年以来稍有回落,2011 年以来三个区域比 20 世纪 60 年代分别多 125.6 h、151.1 h 和 45.3 h(图 6.93)。

　　气候变暖使春播作物播种期提早,越冬作物播种期推迟;喜热、喜温作物全生育期延长,越冬作物全生育期缩短;同时也导致宁夏作物品种的熟性由早熟向中晚熟发展、多熟制向北推移和复种指数提高。水资源不足是影响宁夏农业生产的主要原因,而气候变暖又在很大程度上加剧了水资源短缺。

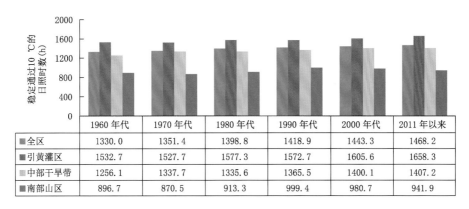

图 6.93 稳定通过 10 ℃ 的日照时数年代际变化

	1960 年代	1970 年代	1980 年代	1990 年代	2000 年代	2011 年以来
■ 全区	1330.0	1351.4	1398.8	1418.9	1443.3	1468.2
■ 引黄灌区	1532.7	1527.7	1577.3	1572.7	1605.6	1658.3
□ 中部干旱带	1256.1	1337.7	1335.6	1365.5	1400.1	1407.2
■ 南部山区	896.7	870.5	913.3	999.4	980.7	941.9

6.5.1.2 对农作物需水量的影响

分析宁夏春小麦、冬小麦、玉米、马铃薯、酿酒葡萄、谷子、枸杞等作物生育期平均需水量可以看出,宁夏全区各类作物需水量均存在波动中有增加的趋势(表 6.12),增加幅度最大的为枸杞,为 8.6 mm/10a,增幅最小的是谷子,为 4.4 mm/10a,其他作物需水量的增加幅度在 4.8~7.2 mm/10a(表 6.12,图 6.94)。

表 6.12 宁夏主要农作物需水量随时间变化趋势方程

作物	拟合方程	决定系数
春小麦	$y = 0.51x - 619.49$	0.1768
冬小麦	$y = 0.72x - 969.77$	0.2141
玉米	$y = 0.58x - 601.72$	0.1142
马铃薯	$y = 0.57x - 598.88$	0.1125
谷子	$y = 0.44x - 439.93$	0.0929
枸杞	$y = 0.86x - 1034.6$	0.1805
酿酒葡萄	$y = 0.48x - 483.05$	0.1246

注:式中 y 为作物需水量(mm),x 为年序。

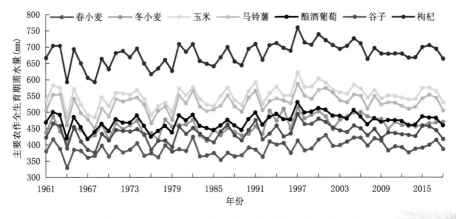

图 6.94 宁夏主要农作物全生育期需水量年际变化

宁夏全区平均春小麦需水量增加幅度为 5.1 mm/10a,20 世纪 80 年代最低,为 376.6 mm,从 90 年代开始始终维持较高的水平,21 世纪前 10 年最高,为 409.0 mm,现阶段略有减少,为 393.1 mm。其中,引黄灌区增加幅度最大,为 6.0 mm/10a,其次为中部干旱带和南部山区,分别为 4.8 mm/10a 和 2.9 mm/10a(图 6.95);引黄灌区和中部干旱带始终维持在较高水平,年代际平均值在 380 mm 以上,南部山区需水量较小,在 296.9~334.0 mm(图 6.96)。

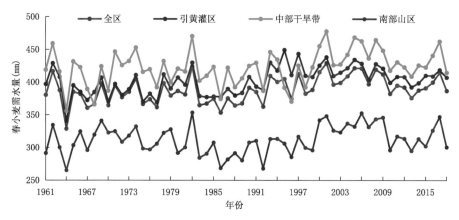

图 6.95　宁夏不同农业区春小麦全生育期需水量年际变化

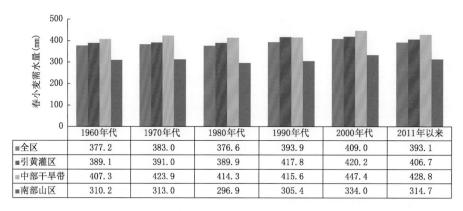

	1960年代	1970年代	1980年代	1990年代	2000年代	2011年以来
■全区	377.2	383.0	376.6	393.9	409.0	393.1
■引黄灌区	389.1	391.0	389.9	417.8	420.2	406.7
■中部干旱带	407.3	423.9	414.3	415.6	447.4	428.8
■南部山区	310.2	313.0	296.9	305.4	334.0	314.7

图 6.96　宁夏春小麦全生育期需水量的年代际变化

宁夏全区平均冬小麦需水量增加幅度为 7.2 mm/10a,其中,20 世纪 60 年代最低,为 439.5 mm,90 年代最高,为 481.5 mm,现阶段需水量为 463.3 mm,属于偏高水平。中部干旱带增加幅度最大,为 8.2 mm/10a,其次为引黄灌区 7.2 mm/10a,南部山区增幅最小,为 5.9 mm/10a(图 6.97);引黄灌区和中部干旱带始终维持在较高水平,年代际平均值在 460 mm 以上,南部山区在 342.8~387.1 mm(图 6.98)。

宁夏全区平均玉米需水量增加趋势为 5.8 mm/10a,其中,20 世纪 60 年代最低,为 531.7 mm,90 年代最高,为 573.6 mm,现阶段为 552.0 mm,属于偏高水平。引黄灌区增加幅度最大,为 6.8 mm/10a;中部干旱带次之,为 6.0 mm/10a;南部山区最小,为 2.9 mm/10a(图 6.99);其中,引黄灌区年代际平均值在 563.4~608.8 mm,中部干旱带在 551.8~603.8 mm,南部山区在 423.0~446.1 mm(图 6.100)。

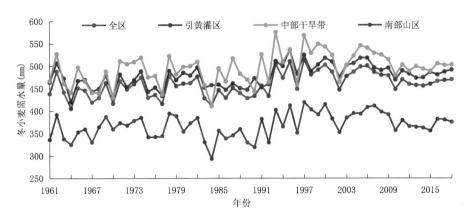

图 6.97　宁夏不同农业区冬小麦全生育期需水量年际变化

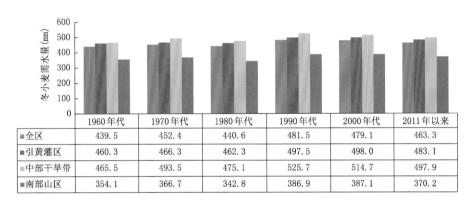

	1960 年代	1970 年代	1980 年代	1990 年代	2000 年代	2011 年以来
■全区	439.5	452.4	440.6	481.5	479.1	463.3
■引黄灌区	460.3	466.3	462.3	497.5	498.0	483.1
■中部干旱带	465.5	493.5	475.1	525.7	514.7	497.9
■南部山区	354.1	366.7	342.8	386.9	387.1	370.2

图 6.98　宁夏不同农业区冬小麦全生育期需水量年代际变化

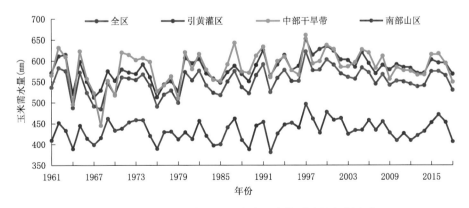

图 6.99　宁夏不同农业区玉米全生育期需水量年际变化

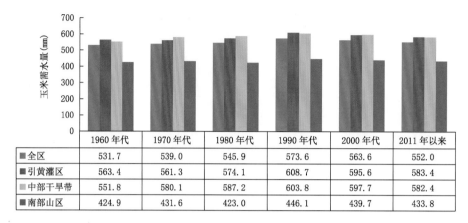

	1960 年代	1970 年代	1980 年代	1990 年代	2000 年代	2011 年以来
■ 全区	531.7	539.0	545.9	573.6	563.6	552.0
■ 引黄灌区	563.4	561.3	574.1	608.7	595.6	583.4
■ 中部干旱带	551.8	580.1	587.2	603.8	597.7	582.4
■ 南部山区	424.9	431.6	423.0	446.1	439.7	433.8

图 6.100　宁夏不同农业区玉米全生育期需水量的年代际变化

　　宁夏全区平均马铃薯需水量增加趋势为 5.7 mm/10a,从 20 世纪 60 年代的 504.3 mm 持续增加到 90 年代的最高值 573.6 mm,之后开始逐渐下降到现阶段的 525.1 mm。中部干旱带增加幅度最大,为 8.0 mm/10a;引黄灌区次之,为 6.2 mm/10a;南部山区增幅最小,为 4.5 mm/10a(图 6.101);其中,引黄灌区年代际平均值在 472.6～517.4 mm,中部干旱带在 573.9～638.3 mm,南部山区在 475.9～515.7 mm(图 6.102)。

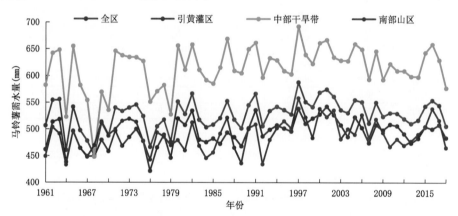

图 6.101　宁夏不同农业区马铃薯全生育期需水量年际变化

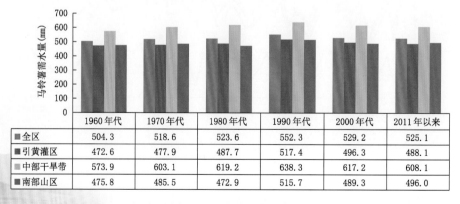

	1960 年代	1970 年代	1980 年代	1990 年代	2000 年代	2011 年以来
■ 全区	504.3	518.6	523.6	552.3	529.2	525.1
■ 引黄灌区	472.6	477.9	487.7	517.4	496.3	488.1
■ 中部干旱带	573.9	603.1	619.2	638.3	617.2	608.1
■ 南部山区	475.8	485.5	472.9	515.7	489.3	496.0

图 6.102　宁夏不同农业区马铃薯生育期需水量的年代际变化

谷子需水量始终处于较低水平,同时有弱的增加趋势。全区平均需水量增加趋势为 4.4 mm/10a,其中,引黄灌区、中部干旱带、南部山区增加趋势分别为 5.2 mm/10a、4.4 mm/10a 和 2.3 mm/10a(图 6.103)。20 世纪 60 年代全区平均需水量为 421.1 mm,随后逐渐上升到 90 年代的最高值 454.6 mm,之后逐渐下降到现阶段的 437.4 mm;其中,引黄灌区年代际平均值在 440.7～475.5 mm,中部干旱带在 418.1～460.1 mm,南部山区在 374.0～394.0 mm(图 6.104)。

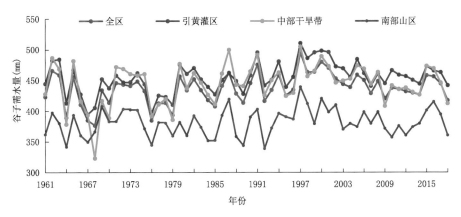

图 6.103　宁夏不同农业区谷子全生育期需水量年际变化

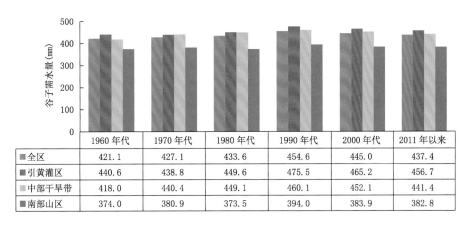

	1960 年代	1970 年代	1980 年代	1990 年代	2000 年代	2011 年以来
■全区	421.1	427.1	433.6	454.6	445.0	437.4
■引黄灌区	440.6	438.8	449.6	475.5	465.2	456.7
中部干旱带	418.0	440.4	449.1	460.1	452.1	441.4
■南部山区	374.0	380.9	373.5	394.0	383.9	382.8

图 6.104　宁夏不同农业区谷子生育期需水量的年代际变化

引黄灌区、中部干旱带及南部山区北部种植枸杞。枸杞需水量较多,且递增趋势明显。全区平均需水量增加幅度为 8.6 mm/10a;其中,中部干旱带增幅最高,为 9.7 mm/10a,引黄灌区和南部山区比中部干旱带增幅小,分别为 8.2 mm/10a 和 8.1 mm/10a(图 6.105)。20 世纪 60 年代全区平均需水量为 650.7 mm,随后逐渐上升到 90 年代的最高值(713.6 mm),之后逐渐下降到现阶段的 675.5 mm;其中,引黄灌区年代际平均值在 660.9～722.4 mm,中部干旱带在 648.9～720.2 mm,南部山区在 537.6～576.1 mm(图 6.106)。

引黄灌区酿酒葡萄需水量增加趋势比较明显,增加幅度为 5.4 mm/10a,中部干旱带呈弱的增加趋势,增加幅度为 1.4 mm/10a(图 6.107)。全区平均增加幅度为 4.8 mm/10a,20 世纪 60 年代全区平均需水量为 456.9 mm,随后逐渐上升到 90 年代的最高值(497.8 mm),之后逐

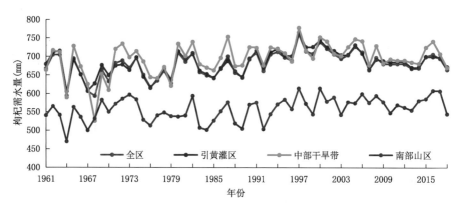

图 6.105　宁夏不同种植区枸杞全生育期需水量年际变化

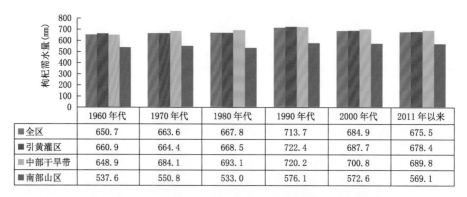

	1960 年代	1970 年代	1980 年代	1990 年代	2000 年代	2011 年以来
■全区	650.7	663.6	667.8	713.7	684.9	675.5
■引黄灌区	660.9	664.4	668.5	722.4	687.7	678.4
中部干旱带	648.9	684.1	693.1	720.2	700.8	689.8
■南部山区	537.6	550.8	533.0	576.1	572.6	569.1

图 6.106　宁夏不同种植区枸杞生育期需水量的年代际变化

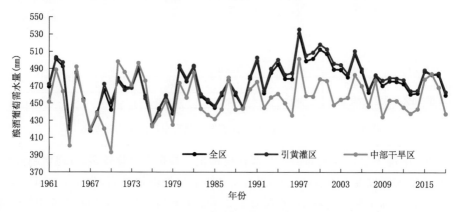

图 6.107　宁夏不同种植区酿酒葡萄全生育期需水量年际变化

渐下降到现阶段的 468.5 mm；其中，引黄灌区年代际平均值在 461.6～503.8 mm，中部干旱带在 432.0～461.9 mm（图 6.108）。

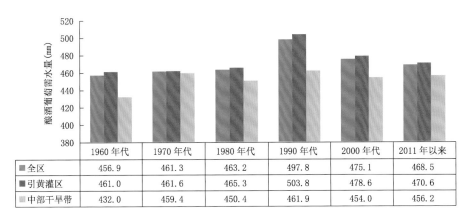

图 6.108　宁夏不同种植区酿酒葡萄生育期需水量的年代际变化

	1960 年代	1970 年代	1980 年代	1990 年代	2000 年代	2011 年以来
■ 全区	456.9	461.3	463.2	497.8	475.1	468.5
■ 引黄灌区	461.0	461.6	465.3	503.8	478.6	470.6
□ 中部干旱带	432.0	459.4	450.4	461.9	454.0	456.2

　　由于气候变暖,热量资源增加,各类作物的需水量不同程度的呈现增加的趋势。从地域分布看,引黄灌区和中部干旱带增加幅度较大,南部山区较小。从不同作物需水量看,增加幅度从小到大依次为谷子、酿酒葡萄、春小麦、马铃薯、玉米、冬小麦、枸杞。

6.5.1.3　对农业种植结构的影响

　　宁夏全区 1961—2018 年粮食种植面积的年代际变化表明(图 6.109),粮食作物播种面积逐渐增加,其中,秋粮面积扩大了 60%。夏粮面积明显减小。

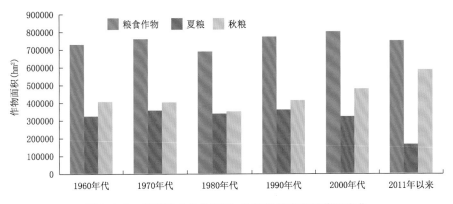

图 6.109　宁夏粮食作物和夏、秋粮种植面积年代际变化

　　从夏秋作物单产的年代际变化来看(图 6.110),夏粮单产由 20 世纪 60 年代平均 955 kg/hm² 上升到 2011 年以来的 2961 kg/hm²。秋粮单产由 60 年代平均 892 kg/hm² 上升到 5231 kg/hm²,增长 5 倍以上,原因之一为气候变暖使喜温作物的可利用生长季延长,稳定通过 10 ℃的积温明显增多,有利于秋粮作物单产的提高。压夏增秋使宁夏粮食作物单产水平平均每 10 年提高 800～1200 kg/hm²。

　　从不同粮食作物种植面积比例的年代际变化来看(图 6.111),气候变化与农业结构的改变有很大的关系。20 世纪 60 年代,宁夏全区主要粮食作物以夏秋杂粮为主,占粮食播种面积的 53.5%,冬春小麦占比 32.8%,水稻、马铃薯占比均在 6.0%以下。

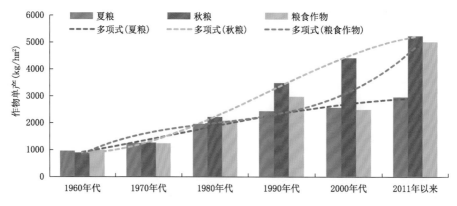

图 6.110　宁夏粮食作物和夏、秋粮单产年代际变化

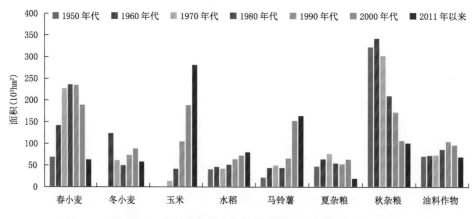

图 6.111　宁夏主要粮食作物种植面积的年代际变化

20 世纪 70 年代开始种植玉米,小杂粮和小麦占比增加,水稻、马铃薯面积较稳定;80 年代小麦上升为宁夏种植面积最大的作物。

20 世纪 90 年代,干旱灾害频繁,小麦面积占比下降至 39.8%,玉米面积扩大到 13.5%,小杂粮进一步缩减到 22.2%,水稻、马铃薯分别扩大至 8.2% 和 8.4%。

进入 21 世纪后,玉米和马铃薯的面积显著增大,小麦和小杂粮面积进一步减少。21 世纪前 10 年玉米扩至 23.4%,马铃薯扩至 19.0%,而小麦压减至 34.5%,其中,春小麦面积大幅压减,冬小麦基本维持,水稻面积略压减。2011 年以来,随着气候变暖和降水量的增加,加上玉米单产水平的提高,面积扩大至 37.5%,上升为宁夏第一大作物。马铃薯作为山区抵御干旱的脱贫主栽作物和主食化发展方向,面积扩大至 21.8%,而单产水平相对较低的小麦和小杂粮均压减至 13.4%,水稻略上升至 10.6%。这种种植结构的变化与近期重视酿酒葡萄、枸杞、冷凉蔬菜和设施温棚等经济作物的发展关系很大。

从历年各种作物的产量水平变化来看(图 6.112),玉米单产由 20 世纪 70 年代的 2541 kg/hm² 上升至 2011 年以来的 7498 kg/hm²,上升了 2 倍;春小麦由 20 世纪 60 年代的 2080 kg/hm² 升至近期的 4370 kg/hm²,上升了 1.1 倍;水稻单产 80 年代以来维持在 8108～8402 kg/hm²,比 60 年代上升了 2 倍以上;马铃薯和小杂粮单产水平较低,增幅较小,目前比 60 年代分别增加了 1.5 倍和 0.1 倍。

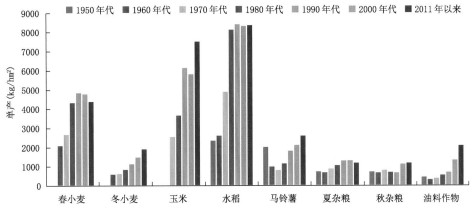

图 6.112　宁夏主要粮食作物单产的年代际变化

　　总体来看,气候变化是导致宁夏粮食作物种植结构调整的一个主要诱因。随着气候变暖,热量资源增多,对喜温作物的生产十分有利。宁夏由不种玉米,到玉米种植面积和产量均处于第一位,水稻虽然耗水量较大,但因低洼田不适宜种植其他作物,且生态需水和盐碱地治理的需要,面积和产量基本稳定。小麦因单产水平不高,种植面积经历了前 40 年的增加和近 20 年的压减,产量占比逐渐退居第四位。马铃薯和小杂粮处于相对次要的地位,一般在旱灾频繁的年代,作为抗旱的替代作物发展较多,但近年来随着气候变化,宁夏降水量增多,加上地膜覆盖和节水灌溉技术的提高,大量农田用于种植玉米,马铃薯和小杂粮种植面积明显减少,在总产中的贡献下降明显,由 20 世纪的主粮地位退居二线(陈东升 等,2012;戴全章,2013;杨建国等,2005)。

　　由于气候变暖,热量资源增加,使喜热、喜温作物的生长发育速度加快,营养生长阶段提前,全生育期延长。对于灌区农业而言,有利于其发展喜热、喜温的优质特色农业。但对于雨养农业区来说,降水减少导致粮食减产,对农业生产带来一系列不利影响。因此,需要通过调整农业种植制度和结构,合理安排农作物的布局来适应气候变化,保证农作物品质和产量(王连喜 等,2008)。

6.5.1.4　对主要农作物的影响

　　由于地貌复杂和气候特殊性等多重因素的影响,宁夏气候变化对全球气候变暖的响应更为敏感,受气候变化的影响更加复杂。因此,对强烈依赖于气候生态条件的农业生产而言,其受气候变化的影响也更加显著。

　　(1)对小麦的影响

　　研究表明,气候变化对小麦发育进程产生重要影响。气温上升将加快小麦生理发育速度,发育历期缩短,进而影响干物质的积累。而降水变化对小麦发育进程影响较为复杂,对不同的农业区及不同的生育阶段作用也不尽相同。气候变暖后,小麦气候产量下降速度明显,达 5.59 g/m²,减产幅度在 30%~60%。就宁夏引黄灌区而言,气候变暖对小麦单产的贡献率为 -2.6%;中南部山区小麦气象产量呈波动减产趋势,1983 年以前以减产年居多,1983—1994 年以增产年为主,1995—2011 年小麦气象产量逐年下滑,2012 年到现阶段单产回升幅度不大,气候条件总体不利于小麦生产(杨勤,2006)。

（2）对水稻的影响

自 20 世纪 50 年代初以来，宁夏全区水稻面积的发展和单产的提高都高于全国平均水平，单产由 50 年代初的 2334 kg/hm² 左右提高到现阶段的 8000 kg/hm² 以上，这主要得益于品种的多次更新和栽培技术的极大改进，但气候变暖带来的有利条件也是重要因素之一。气候变暖，降低了水稻对温度变化的敏感性，为高产品种的引进创造了条件，但随着气候暖湿化，稻瘟病发生可能会加重，单产变率增大，年际差异变大，出现了高产但不稳产的现象。宁夏水稻主要产于引黄灌区，气候变暖对水稻单产贡献为 2.5%。但是，在气候变暖的情况下，随着偏晚熟水稻品种的大面积推广，虽然低温冷害次数减少，但其发生强度并不一定会减小，在同等低温冷害年景条件下，造成的减产损失在加大（王连喜 等，2013；武万里，2008；张强 等，2010）。

（3）对玉米的影响

2000 年以来，引黄灌区玉米生长期的气候明显变暖，但没有超过玉米生长发育的适宜温度范围，气候变暖对玉米单产的贡献率为 4.5%。气候变暖为高产玉米品种的引进创造了条件，使单产变率减小，保证了高产稳产。然而气候变化却使玉米气象产量呈减产趋势，平均每 10 a 减产 0.4%，1975—1980 年、1984—1999 年为两个增产时段，2000 年以来至目前减产年份居多。因此，气候变暖不利于旱作玉米的生产，需增加灌溉才能保证在热量资源不断增加的有利条件下增产（陈璐，2016；刘玉兰 等，2011）。

（4）对马铃薯的影响

南部山区是马铃薯的主要产区。马铃薯全生育期对产量影响较大的气候因子为最高气温和降水量，尤其播种—发棵期平均气温和降水量、孕蕾—膨大期降水量、块茎膨大期平均气温和最高气温、收获期降水量对马铃薯产量形成具有显著影响。气候变暖使播种期提前 5~10 d，出苗提早 13 d，开花期提前 8~10 d，停止生长期推迟，生长季延长 15 d 左右；全生育期稳定通过 10 ℃积温有增加趋势，霜冻减少，有利于马铃薯生产。气候暖湿化使马铃薯产量年际波动明显超过小麦和玉米，但无明显增减趋势（李剑萍 等，2009；孙芳 等，2008）。

（5）对枸杞的影响

枸杞是宁夏最著名的特色产品，具有喜光、耐干旱、耐盐碱、抗逆性极强等特点。每年 4 月上中旬气温稳定通过 10 ℃时，枸杞老眼枝发芽、展叶，10 月中旬气温稳定降至 10 ℃以下，秋果采摘基本结束。随着气候变暖，生长季热量资源的增加，使枸杞的萌芽、现蕾、开花和成熟均提早，秋季落叶推迟，枸杞生长季延长，特别是 1995 年以后增加明显，从而使枸杞可采摘批次增多。由于稳定通过 0 ℃的降水趋于减少，空气相对湿度趋于降低，有利于增加枸杞粒重，增加果长，形成大果，利于提升枸杞夏果品质。枸杞生长期内的平均气温上升，积温、日照增多，降水量减少，有利于总糖增加，提升口感。枸杞多糖的形成对光照反应特别敏感，枸杞多糖含量与年平均日照时数呈明显正相关，枸杞生长季日照时数呈增多趋势，对提高枸杞的多糖含量十分有利，对宁夏发展高端枸杞十分有利（马力文 等，2009；刘静 等，2004）。

（6）对酿酒葡萄的影响

气温稳定通过 10 ℃的持续日数延长，使得酿酒葡萄的可能生长季表现为显著延长趋势。提高了晚熟品种的成熟度及优质品质形成的保证率，有利于品种多样化。但是在气候变暖背景下春季气温偏高，酿酒葡萄放条期提前，之后遭遇霜冻的风险增大；秋季气温偏低概率大，连阴雨增多，种植极晚熟品种后遭受霜冻的风险依然不容忽视（王素艳 等，2017；郑广芬 等，2016）。7—8 月平均气温的升高，不利于酿酒葡萄优良品质的形成。贺兰山东麓酿酒葡萄成熟采收期降水量在 20 世纪 90 年代末期发生突变,突变后降水增多 88%,是突变前的 1.4~1.7 倍,气候暖湿化倾向导致酿酒葡萄糖分降低,含酸量升高,糖酸比下降,对酿酒葡萄优良品质的形成有一定不利影响,尤其是极端的降水往往会大幅度降低葡萄酒的品质(张晓煜 等,2014;王华 等,2010;郑广芬 等,2016)。

6.5.1.5　对农业灾害和病虫害的影响

宁夏历史上气象灾害发生频繁、类型多,几乎每年都有影响范围、程度不同的旱、涝、风、雹等,给国民经济的稳定和发展造成极为不利的影响。

在全球变暖的背景下,宁夏旱灾指数在波动中上升,干旱的影响加重,成为宁夏粮食作物产量的最主要灾害(马力文 等,2001);近年来随着降水的增加,旱灾损失减小。

冰雹发生次数有明显减少趋势,但冰雹影响的程度和范围有所增大。

虽然冻霜日数减少,无霜期日数增加,霜期缩短,但冷冻害对粮食作物产量的影响不仅与灾害的发生时间和发生区域有关,也与作物的生育期及作物种植的地理位置有关。尤其随着气候变暖,春季霜冻日数近年来有所增加,从而造成较大损失。

尽管大风日数有减少趋势,但随着设施农业中种植的经济作物价值的不断增高,大风对设施农业造成的经济损失也有所增加。

由于气温升高,特别是冬季气温升高使目前大多数农作物的病虫害呈发展趋势。冬季气温偏高,不仅增加了农田土壤水分蒸发,影响作物安全越冬,还使越冬病虫卵蛹死亡率降低,存活数量上升,导致病虫害增加;同时农作物害虫迁入期提前、危害期延长,可能导致农药施用量增加 20% 以上,甚至加倍。更为严重的是多种主要作物的迁飞型害虫比现在分布更广、危害更大,加大了防治难度。另外,气温升高会使目前一些受温度限制的害虫活动范围扩大,某些病虫的分布区域可能扩大,同时还使一些病虫害发生的起始时间提前,使多代害虫繁殖代数增加,一年中危害时间延长,从而影响农业生产。气候暖湿化还有可能造成水稻稻瘟病、马铃薯晚疫病、枸杞炭疽病、酿酒葡萄霜霉病、灰霉病、小杂粮根腐病等喜湿病害增加和蔓延,对作物生长不利。

因此,要选育耐高温、耐干旱、抗病虫害、抗冷冻害以及具有高效光合作用的作物优良品种,并密切注意各种灾害的发生、发展,及时防治。

6.5.2　对旅游气候资源的影响

(1)对旅游适宜度的影响

采用 4.4.1 节中应用的人体舒适度指数分析气候变化对宁夏旅游适宜度的影响。

宁夏冬长夏短,随着气候变暖,风速减小,人体舒适度增加(图 6.113)。各地年平均舒适度指数增加幅度 0.2~1.5/10a,均通过了 0.05 的显著性水平检验,其中,石炭井增幅最小,韦州最大。尤其 1998 年以来人体舒适度指数增加显著,全区年平均舒适度指数较之前增加了 7%;虽然等级上未发生明显变化,仍然为"偏冷"等级,但由以前的接近"冷"变化为更加接近"较舒服"等级。春季和秋季增加明显,夏季增加幅度最小,1998 年之后增加幅度分别为 9%、7% 和 4%,春季和秋季舒适性更高,而夏季由于高温日数增多,舒适度指数增加幅度最小。

(2)对适宜旅游日数的影响

大部分地区适宜旅游的较舒适—最舒适等级的总日数明显增加,适宜旅游季延长。其中,中卫以南大部及北部的惠农、利通区、银川增加幅度在 3.0 d/10a 以上,其他地区增加为 0.5~

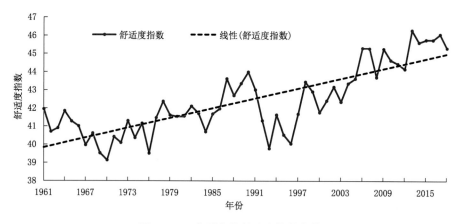

图 6.113　宁夏人体舒适度指数变化

2.1 d/10a(图 6.114)。全区平均增加 3.2 d/10a,1998 年以前为 138.7 d,之后增加到 150.5 d,增加了 11.8 d,增幅 8.5%,大部分年份在 145 d 以上(图 6.115a)。

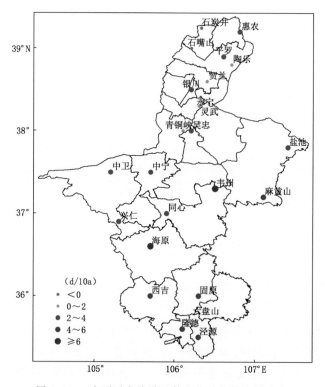

图 6.114　宁夏适宜旅游日数变化趋势的空间分布

从季节分布看,以春季(4—5 月)增加最为明显,大部地区增加幅度 1.0~4.1 d/10a,通过了 0.05 显著性水平检验;全区平均增加 2.1 d/10a,1998 年之后增加了 35.8%,其中,4 月由 5 d 增加到 10 d,5 月由 19 d 增加到 23 d(图 6.115b)。夏季引黄灌区大部地区减少,减少幅度 0.2~6.2 d/10a,中南部为明显增加趋势,增加幅度 0.8~1.8 d/10a;全区平均略有减少,减少幅度 0.8 d/10a,其中,各月在 1998 年前后都在 23~27 d(图 6.115c)。秋季(9—10 月),大部地区增加幅度在 1.2～2.6 d/10a,全区平均增加 1.6 d/10a,1998 年之后增加了 24.8%,其中,9 月由 22 d 增加到 25 d,10 月由 6 d 增加到 10 d(图 6.115d)。

总体上看,气候变暖使得宁夏气候舒适性总体增加,适宜旅游日数增多,旅游季延长。

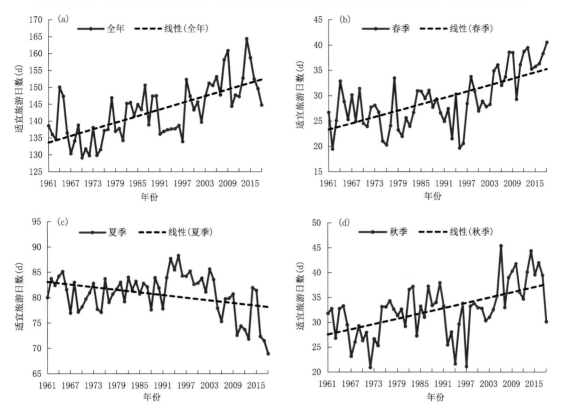

图 6.115　宁夏适宜旅游日数年际变化
(a)全年;(b)春季(4—5 月);(c)夏季;(d)秋季(9—10 月)

6.5.3　对自然植被的影响

年降水量和春季气温对宁夏自然植被生态质量的影响较大。2000 年以来,宁夏降水量增多,春季气温升高,归一化植被指数(NDVI)有明显增加趋势。尤其在 2011 年以来,随着降水量的增加,NDVI 指数基本维持在多年平均值以上,在降水最多的 2018 年,NDVI 指数达到最高,降水最少的 2011 年和次少的 2015 年,NDVI 指数分别为第 2 低值和最低值(图 6.116)。

自然植被生态质量也呈现明显上升趋势,尤其在 2012 年以来,仅降水较少的 2015 年略低于多年平均值,其他年份均高于多年平均值,降水最多的 2018 年达到最大(图 6.117)。

6.5.4　对能源的影响

随着气候变暖,风速减小,宁夏风能资源呈减少趋势。太阳能资源南北变化趋势不同,北部引黄灌区呈持续显著减少趋势,银川测站太阳总辐射 1961 年以来减少达 120 MJ/(m²·10a)(图 6.118a),1986 年以来减少趋势为 130 MJ/(m²·10a);南部山区太阳总辐射呈增加趋势,原州区测站 1986 年以来增加趋势为 44 MJ/(m²·10a)(图 6.118b)。

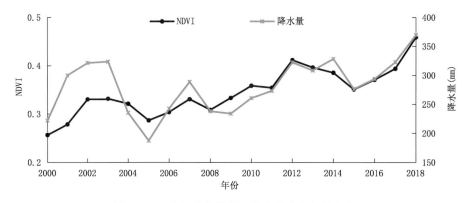

图 6.116　宁夏自然植被指数和降水量年际变化

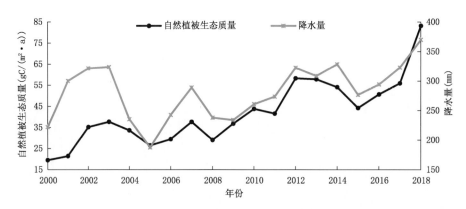

图 6.117　宁夏自然植被生态质量和降水量年际变化

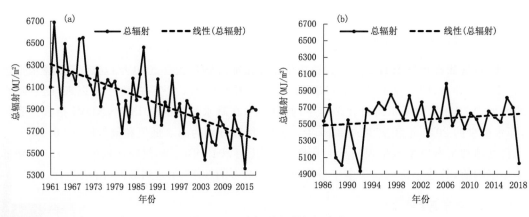

图 6.118　太阳总辐射年际变化

(a)银川；(b)原州区

6.5.5　对冬季采暖能耗的影响

（1）对采暖初终日及采暖期长度的影响

根据中华人民共和国标准《GB 50736—2012　民用建筑采暖通风与空气调节设计规范》，采用 5 d 滑动平均法，以日平均气温稳定≤5 ℃的开始日期和结束日期作为采暖初日和终日，采暖初日和终日期间的日数作为采暖期。

随着气候变暖，宁夏全区各地采暖初日均有缓慢推后趋势，采暖终日有提前趋势，采暖期长度缩短。其中，引黄灌区、中部干旱带和南部山区采暖初日每 10 年分别推迟 1.0 d、1.1 d 和 1.4 d，采暖终日每 10 年分别提前 2.8 d、2.4 d 和 2.5 d（图 6.119），采暖期长度每 10 年分别缩短 3.8 d、3.5 d 和 3.9 d（图 6.120）。

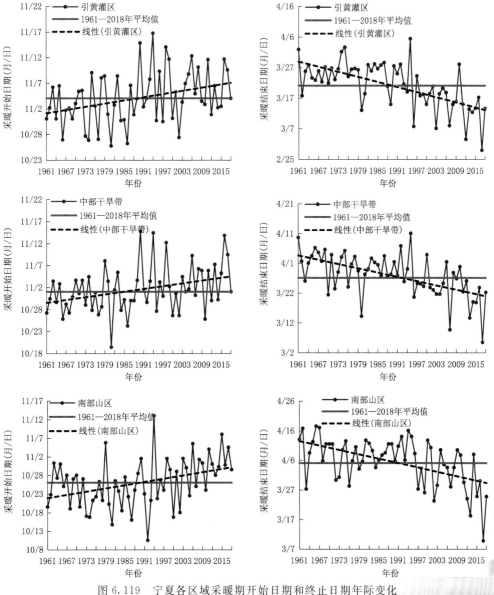

图 6.119　宁夏各区域采暖期开始日期和终止日期年际变化

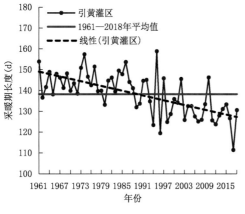
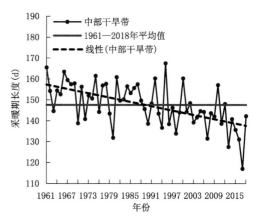

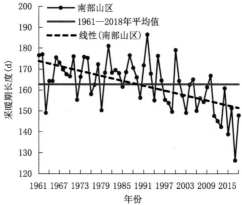

图 6.120　宁夏各区域采暖长度年际变化

（2）对采暖能耗的影响

采用采暖度日法表征采暖强度，反映采暖期的能源消耗高低。

宁夏全区各地采暖强度呈现一致的降低趋势（图 6.121），各区域及全区平均采暖强度降低幅度均为 65 ℃·d/10a 左右。从年代际变化看，逐年代持续降低，引黄灌区、中部干旱带和南部山区 2011 年以来较 20 世纪 60 年代分别降低了 24.4％、22.8％和 21.7％，全区平均采暖强度降低了 23.4％。若每 1 ℃·d 耗能量相同，可见气候变暖，采暖期缩短，非常有利于减少冬季采暖能耗，具有很好的节能效应。

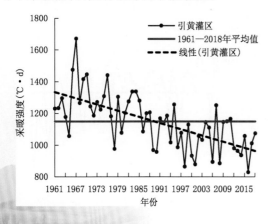
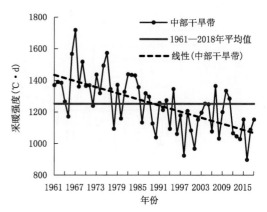

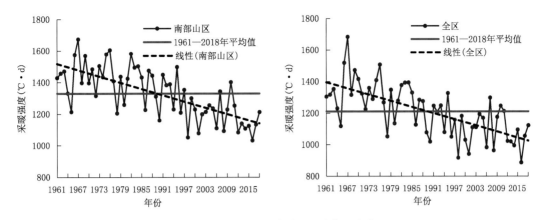

图 6.121　宁夏各区域采暖强度年际变化

第7章 气候异常成因

随着科技的进步和认识的深入,传统的"气候"概念逐渐被气候系统所取代。气候系统是由大气圈、水圈、岩石圈、冰冻圈和生物圈5个圈层及其之间相互作用组成的一个高度复杂的开放系统,能够决定气候形成、气候分布和气候变化。气候系统在自身动力、热力和外部强迫作用下不断地随时间发生变化,形成了具有不同时空尺度的气候特征及变化规律。本章主要阐述影响宁夏气候的主要因子及其机理,并探讨了气候预测指标和模型。

7.1 气候的形成原因

7.1.1 地形及地理环境的影响

地理环境是决定气候的重要因子,直接影响着接受太阳辐射的分布和大气环流特征,进一步支配着气象要素场的分布。宁夏深居内陆,远离海洋,处在东亚夏季风的西北边缘区,来自西太平洋经我国东南部的暖湿气流,到宁夏后水汽已大量减少。与此同时,宁夏位于青藏高原西北侧,受高原阻挡影响,来自孟加拉湾经过中南半岛的西南气流只能沿着青藏高原东侧经云南和四川北上进入宁夏,但是由于长距离运输和秦岭等山脉的阻挡,水汽到达宁夏时也已经大幅度减少。何金海等(2005)、钱正安等(2018)研究指出,偏南风的水汽输送是宁夏等西北地区东部水汽的主要来源。宁夏的地理位置和青藏高原大地形决定了宁夏降水呈"南多北少"空间分布格局,由南到北依次为半湿润区、半干旱区、干旱区。宁夏地势从西南向东北逐渐降低,呈阶梯状下降,落差近1000 m,受此影响,气温呈"南低北高"的空间分布特征。

宁夏境内的贺兰山、六盘山等对气温、降水也有局地影响。贺兰山、六盘山年平均气温均低于2.0 ℃,而山下的银川与原州区,年平均气温分别为9.3 ℃和6.8 ℃。由山下到山顶的温度垂直递减率,贺兰山东坡为0.53 ℃/100m,六盘山东、西坡分别为0.49 ℃/100m、0.58 ℃/100m。由于越山气流下沉而产生的焚风效应,导致贺兰山东坡的年平均气温高于西坡,紧靠东坡的大武口,焚风效应更为明显,年平均气温比西坡的巴音浩特高2.4 ℃。此外,山间盆地、谷地较开阔地带容易引起冷空气的堆积而造成霜冻,六盘山下的隆德、泾源处在四周环山的谷地,有利于冷空气的堆积,易发生霜冻。

由于贺兰山和六盘山迎风坡对气流的抬升作用,导致两山及毗邻地区的降水量大(王凌梓等,2018;陶林科 等,2014;宁贵财 等,2015;杨侃 等,2020)。贺兰山年平均降水量429.8 mm,≥0.1 mm年降水日数达90 d,而贺兰山东麓引黄灌区各地年平均降水量均在200 mm以下,年均降水日数仅有45 d左右。暖湿气流北上越过六盘山时,地形抬升造成的降水更为明显,迎风坡的六盘山、泾源、隆德年降水量 520.7～644.8 mm,年降水日数 110～130 d,而处在背风坡的原州区年降水量为 464.1 mm,年降水日数为 95 d。

受地形影响,宁夏各地风速存在差异,地形较高的山区,平均风速较大,六盘山年平均风速为 6.0 m/s,而宁夏平原年平均风速则大多在 2.5 m/s 以下。宁夏主导风向受地形影响较大,宁夏北部的西侧为贺兰山,东侧为桌子山,中间是黄河河谷,地势相对较低,由于这种大地形的狭管效应,形成了一个南北方向的大风通道,因此,宁夏平原多偏北风和偏南风;南部因受六盘山的影响,是东南暖湿空气进入宁夏的大通道,盛行东南风和偏南风。

7.1.2　大气环流影响

大气环流反映了大气运动的基本状态,是各种不同尺度的天气系统发生、发展和移动的背景环境,大尺度环流异常可导致降水及气温的异常。掌握大气环流基本规律,是了解气候异常和气候变化形成机制的关键一环。宁夏地处中纬度,全年主要受西风环流影响,但在下半年也受夏季风环流边缘影响。由于青藏高原的存在,西风环流行经青藏高原时,受到青藏高原地形及其不同季节所产生的热力、动力的影响,就会发生分支、绕流的现象。冬季西风急流过青藏高原时,会分成南北两支。夏季南支急流消失,促使副热带系统夏季风北上,从而使宁夏进入雨季。青藏高原还阻挡了底层冷、暖空气的南北交换,使大气环流的流场、温度场、降水分布发生变化,从而促使包括宁夏在内的高原东北侧更具有冬季干冷、夏季干热的大陆性气候特色。本节主要分析各季大气环流的主要系统及其对宁夏气候的影响。

采用的位势高度场及海平面气压场资料来自美国国家环境预报中心(NCEP)/美国国家大气研究中心(NCAR)联合制作的 NCEP/NCAR 高度场等月均值资料(2.5°×2.5°);气候态取为 1961—2018 年。

(1)冬季

冬季北半球中高纬度地区对流层 500 hPa 高度场上盛行以极地为中心沿纬圈的西风环流,东亚中高纬为一脊一槽形势,其中,东亚大槽位于鄂霍次克海向较低纬度的日本及中国东海倾斜,脊位于乌拉尔山以东至贝加尔湖之间,脊的强度比槽要弱得多。东亚大槽是东亚大气环流的主要特征,是对流层中上部常定的西风大槽,系海陆分布及青藏高原大地形对大气运动产生热力和动力影响的综合结果。在海平面气压场上,受海陆热力差异和青藏高原大地形影响,东亚大槽前部和后部分别是强大的阿留申低压和西伯利亚高压(冯建民,2012;朱乾根 等,2010;鲍文中,2018)(图 7.1)。

冬季宁夏位于东亚大槽后部,受西北气流控制,盛行东亚冬季风,地面上受西伯利亚高压控制,造成冬季干旱少雨雪。

(2)春季

春季 500 hPa 高度场上,亚洲中高纬度仍然为一脊一槽形势,脊区位于乌拉尔山至巴尔喀什湖附近地区,强度较弱;东亚大槽减弱向东移至 160°E 以东;低纬度地区副热带高压增强。与冬季海平面气压场相比,春季印度低压和太平洋高压生成并逐渐增强,西伯利亚高压和阿留申低压逐渐减弱,东亚形成 4 个活动中心并存的局面(图 7.2)。

控制宁夏的西伯利亚高压向西北退缩,中心气压降低,冬季风势力减弱。宁夏气温开始回升,冷暖空气活动频繁,大气不稳定性显著增大,使得宁夏降水开始增多,但是总量仍然较少,气候比较干燥,多春旱发生;同时,西风带上槽脊的空间尺度和强度减小,多移动性系统,造成大风、强降温或寒潮天气。

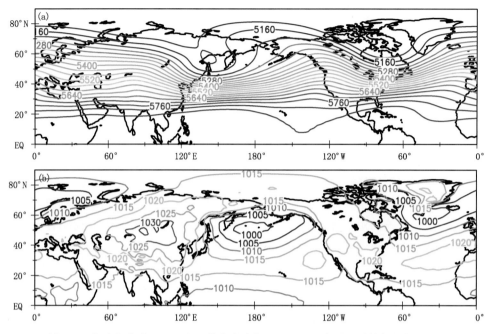

图 7.1　冬季北半球(a)500 hPa 位势高度场(gpm)、(b)海平面平均气压场(hPa)

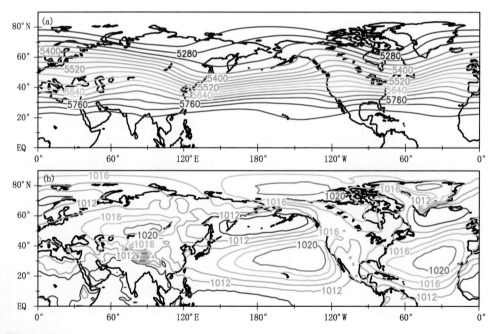

图 7.2　春季北半球(a)500 hPa 位势高度场(gpm)、(b)海平面平均气压场(hPa)

（3）夏季

夏季 500 hPa 高度场上,北半球西风带明显北移,等高线变稀,35°N 以北虽仍然为偏西气流控制,但环流比较平直,强度比冬季显著减弱。东亚大槽移到了堪察加半岛以东地区,在贝加尔湖附近地区则新出现了一个浅槽,从而构成了夏季欧亚中高纬度两槽两脊的形势;与此同时,太平洋副热带高压加强并北移(图 7.3)。地面上,西伯利亚高压变为热低压,称作亚洲低压,阿留申低压已完全消失,冰岛低压显著填塞。两大洋上的副热带高压,即太平洋高压和大西洋高压大幅度增强,几乎完全占据了北太平洋与北大西洋。夏季西太平洋副热带高压西部的偏南气流可以从海面上带来充沛的水汽,并输送到锋区的低层,在副高的西北部边缘地区形成暖湿气流输送带,向副高北侧的锋区源源不断地输送高温高湿气流。当西风带有低槽或低涡移经锋区上空时,在系统性上升运动和不稳定能量释放所造成的上升运动的共同作用下,使充沛的水汽凝结而在西北地区东部产生大范围的强降水。因此,夏季宁夏易出现雷雨大风、短时暴雨、冰雹、强对流等灾害性天气(冯建民,2012;朱乾根 等,2010;鲍文中,2018)。

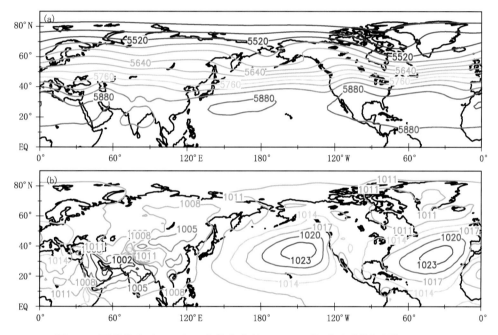

图 7.3　夏季北半球 500 hPa 位势高度场(a,gpm)、海平面平均气压场(b,hPa)

（4）秋季

秋季 500 hPa 高度场上,乌拉尔山以东至贝加尔湖之间的平均脊(新疆脊)和东亚大槽逐渐明显,西太平洋副热带高压势力明显减弱并东退,西风带明显南移,欧亚大陆东部高度显著下降。表现为西伯利亚高压和阿留申低压两个冬季活动中心的建立和发展,以及太平洋高压和亚洲低压两个夏季活动中心的减弱和消亡(冯建民,2012;朱乾根 等,2010;鲍文中,2018)(图 7.4)。

青藏高原阻碍了初秋浅薄冷空气南下,使之不能很快爬上高原,高原上空的暖高压得以维持,这有利于高原东部和东侧雨季的延长,使宁夏南部常出现秋雨连绵的天气气候特征。由于秋季冷空气势力逐渐加强,暖湿气流明显减弱,因此,宁夏易出现大风、沙尘暴、连阴雨、冰雹等灾害性天气。

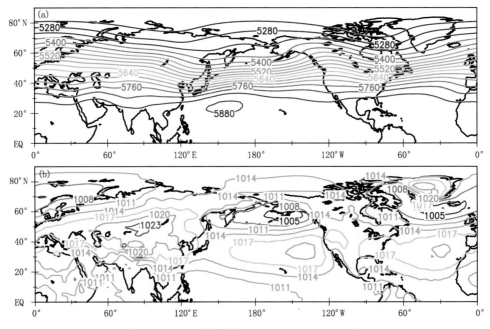

图 7.4　秋季北半球 500 hPa 位势高度场(a,gpm)、海平面平均气压场(b,hPa)

7.2　气候异常年大气环流特征

7.2.1　降水异常年大气环流特征

（1）春季

宁夏春季降水异常偏多年、偏少年如表 7.1 所示。

表 7.1　宁夏春季降水异常年

偏多年	偏少年
1964 年、1967 年、1985 年、1991 年、1990 年、1998 年	1962 年、1979 年、1995 年、2000 年、2001 年、2008 年

图 7.5 是春季降水异常年 500 hPa 高度距平场的合成。当降水异常偏多时，北半球中高纬度乌拉尔山高压脊偏弱，以 100°E 为东西界限，高度场距平总体呈"西低东高"的异常分布，负、正异常中心分别位于巴尔喀什湖、日本海地区，且正异常显著，东亚东岸呈"北低南高"，东亚大槽浅，青藏高原及其东南部地区异常不明显，低纬度孟加拉湾为弱的正异常，西南暖湿气流相对活跃，一定程度上可将暖湿气流输送北上；宁夏处于"西低""东高"交汇处，具有充足的水汽来源和冷空气(图 7.5a)。当降水异常偏少时，亚洲中高纬度高度场距平自西向东呈"西高东低"异常分布，正、负异常中心分别位于西西伯利亚及我国东北至日本海一带，东亚东岸为"北高南低"分布型，东亚大槽深，高原附近为弱的负异常，宁夏受西北干冷气流控制明显(图 7.5b)。

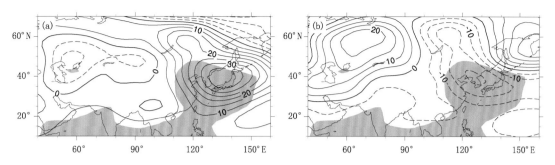

图 7.5　宁夏春季降水异常偏多(a)/少(b)年 500 hPa 高度场异常分布(gpm)

(黑色实线(虚线)表示正(负)异常,灰色填色部分表示降水异常年差异通过 0.05 显著性水平检验,下同)

(2)夏季

宁夏夏季降水异常偏多、偏少年如表 7.2 所示。

表 7.2　宁夏夏季降水异常年

偏多年	偏少年
1961 年、1964 年、1968 年、1979 年、1995 年、2018 年	1965 年、1971 年、1974 年、1982 年、2005 年、2015 年

图 7.6 是夏季降水异常年 500 hPa 高度距平场的合成。当降水异常偏多时,亚洲中纬度地区高度场也呈"西低东高"分布,但异常程度较春季弱,"高""低"值中心位置与春季不同,乌拉尔山以东为大范围负异常,我国华北至日本一带为正异常,西太平洋副热带高压偏北、偏强,印度低压有所北抬,低压南侧西南气流与来自西太平洋的东南气流同时向西北内陆输送水汽,青藏高原东北侧为弱的负异常,易出现高原低涡和切变线,使得宁夏降水偏多(图 7.6a)。当降水异常偏少时,亚洲中东部—西北太平洋沿海的中高纬至低纬度地区高度场距平从北到南呈"正—负—正"分布,北部较大范围的正异常自巴尔喀什湖向东延伸至鄂霍次克海,宁夏被异常正高度场控制;中纬度负异常区域范围较小,主要位于我国华北至日本海一带,西太平洋副热带高压偏南、偏弱,异常中心位于西太平洋之上。需要注意的是,当经向环流发展成阻塞形势,特别是贝加尔湖或鄂霍次克海阻高的形成,会导致中纬度西风经向度增大,副高位置偏南更为明显,易造成宁夏长时间少雨(图 7.6b)。

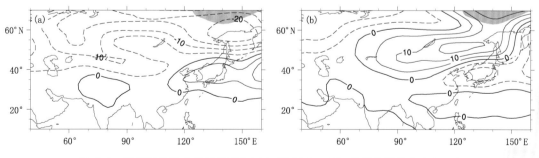

图 7.6　宁夏夏季降水异常偏多(a)/少(b)年 500 hPa 高度场异常分布(gpm)

(3)秋季

宁夏秋季降水异常偏多、偏少年如表 7.3 所示。

表 7.3　宁夏秋季降水异常年

偏多年	偏少年
1961 年、1962 年、2001 年、2011 年、2014 年、2015 年	1972 年、1984 年、1986 年、1988 年、1991 年、1997 年

　　图 7.7 是秋季降水异常年 500 hPa 高度距平场的合成。当降水异常偏多时,亚洲中高纬度高度场距平呈"西低东高"分布,环流经向度较大,西侧乌拉尔山及巴尔喀什湖一带为显著负异常,东侧正异常则主要位于我国东北,环流形势场利于冷空气阶段性活跃,宁夏位于正高度场底部,来自太平洋的水汽充足,造成宁夏秋季多雨(图 7.7a)。当降水异常偏少时,亚洲中高纬度巴尔喀什湖附近为高度距平正异常区,我国东北及日本海一带为负异常,高度场距平呈"西高东低"分布特征,东亚大槽建立早,低纬度孟加拉湾地区为弱的正距平,印缅槽偏弱,水汽条件较差,宁夏上游高空盛行偏北气流,干旱少雨(图 7.7b)。

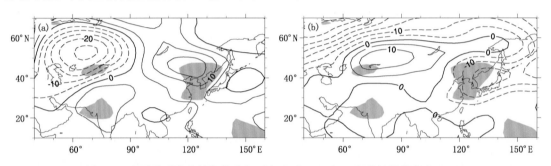

图 7.7　宁夏秋季降水异常偏多(a)/少(b)年 500 hPa 高度场异常分布(gpm)

(4)冬季

宁夏冬季降水异常偏多、偏少年如表 7.4 所示。

表 7.4　宁夏冬季降水异常年

偏多年	偏少年
1988/1989 年、1989/1990 年、1992/1993 年、2007/2008 年、2015/2016 年、2016/2017 年	1965/1966 年、1966/1967 年、1979/1980 年、1985/1986 年、1962/1963 年、1998/1999 年

　　图 7.8 是冬季降水异常年 500 hPa 高度距平场的合成。当降水异常偏多时,亚洲中高纬度高度场经向度较大,乌拉尔山以东至巴尔喀什湖为大范围高度负距平,以 80°E 为界,贝加尔湖以西至我国东北、日本一带均为正高度异常,中高纬呈"西低东高"的异常分布(图 7.8a)。

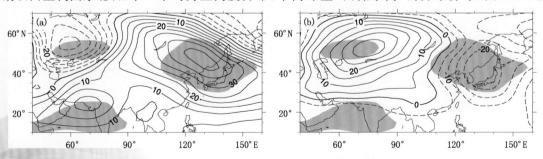

图 7.8　宁夏冬季降水异常偏多(a)/少(b)年 500 hPa 高度场异常分布(gpm)

当降水异常少时,环流异常型与多雨年呈反相分布,中高纬度西伯利亚及我国西部地区为正高度异常覆盖,冷高压加强,新疆高压脊明显,东侧日本海一带为负异常,关键环流区呈"西高东低"分布,宁夏高空处于干冷的西北气流控制之下(图 7.8b)。

7.2.2　气温异常年大气环流特征

(1)春季

宁夏春季气温异常偏高、偏低年如表 7.5 所示。

表 7.5　宁夏春季气温异常年

偏高年	偏低年
2004 年、2008 年、2009 年、2013 年、2014 年、2018 年	1962 年、1970 年、1975 年、1976 年、1988 年、1996 年

图 7.9 是春季气温异常年 500 hPa 高度距平场的合成。当气温偏高时,亚洲中高纬度自北向南位势高度距平呈"西北低东南高"的异常分布,即乌拉尔山阻高偏弱,冷空气较弱,巴尔喀什湖至贝加尔湖以南为正异常覆盖,宁夏上空由正高度异常控制,有利于气温异常偏高(图7.9a)。当气温异常偏低时,环流形势与气温异常偏高年相反,亚洲中高纬度自北向南呈"西北高东南低"的异常分布,乌拉尔山阻高偏强,冷空气活动相对活跃,我国大部为负高度距平控制,宁夏位于负异常中心附近,气温明显偏低(图 7.9b)。

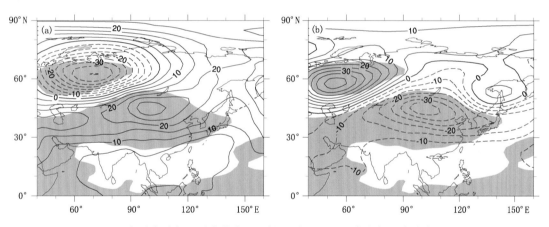

图 7.9　宁夏春季气温异常偏高(a)/低(b)年 500 hPa 高度场异常分布(gpm)

(2)夏季

宁夏夏季气温异常偏高、偏低年如表 7.6 所示。

表 7.6　宁夏夏季气温异常年

偏高年	偏低年
2005 年、2006 年、2011 年、2012 年、2016 年、2018 年	1964 年、1968 年、1976 年、1979 年、1984 年、1992 年

图 7.10 是夏季气温异常年 500 hPa 高度距平场的合成。当气温异常偏高时,亚洲中高纬度气流相对平直,环流经向度较弱,不利于高纬度冷空气南下扩散,中纬度地区为正距平区,大陆高压强盛,副热带高压略偏强(图 7.10a)。当气温异常偏低时,中高纬度自西向东呈"负—正—负"异常分布型,但高度场正异常较弱,且范围小,中心位于贝加尔湖以北 65°N 附近,负

异常中心分别位于乌拉尔山和东西伯利亚,中纬度地区大范围被负高度场控制,副热带高压偏弱,冷空气不断且易于南下,使得宁夏气温偏低(图 7.10b)。

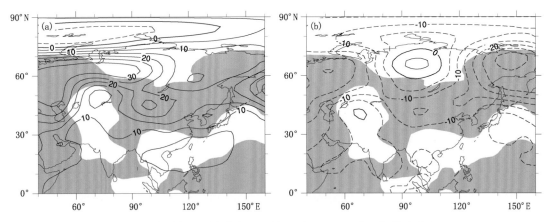

图 7.10　宁夏夏季气温异常偏高(a)/低(b)年 500 hPa 高度场异常分布(gpm)

(3)秋季

宁夏秋季气温异常偏高、偏低年如表 7.7 所示。

表 7.7　宁夏秋季气温异常年

偏高年	偏低年
1998 年、2006 年、2014 年、2015 年、2016 年、2017 年	1966 年、1967 年、1970 年、1976 年、1981 年、1985 年

图 7.11 是秋季气温异常年 500 hPa 高度距平场的合成。当气温异常偏高时,极地至欧亚中高纬度地区自西北向东南高度场距平呈"正—负—正"分布,负异常位于乌拉尔山以东至东西伯利亚,我国上空为高度场正异常且异常中心位于宁夏上空,冷空气较弱且大陆高压强,有利于气温偏高(图 7.11a)。当气温异常偏低时大气环流分布与异常偏高分布相反,极地至欧亚中高纬度地区自西北向东南高度场距平呈"负—正—负"分布,亚洲中高纬乌拉尔山至东西伯利亚高度距平均为正,阻塞高压偏强,巴尔喀什湖至贝加尔湖以南的中纬度地区为负距平,特别是我国北方大部负异常较强,来自高纬度的冷空气源源不断地向南输送,使得气温异常偏低(图 7.11b)。

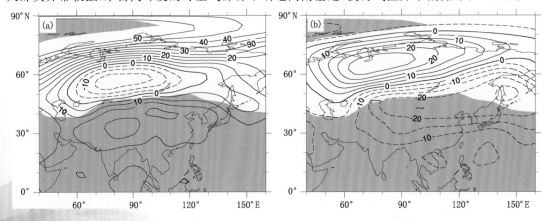

图 7.11　宁夏秋季气温异常偏高(a)/低(b)年 500 hPa 高度场异常分布(gpm)

（4）冬季

宁夏冬季气温异常偏高、偏低年如表 7.8 所示。

表 7.8　不同时段内宁夏冬季气温异常年

偏高年	偏低年
1998/1999 年、2000/2001 年、2001/2002 年、2006/2007 年、2008/2009 年、2016/2017 年	1963/1964 年、1966/1967 年、1967/1968 年、1976/1977 年、1983/1984 年、2007/2008 年

图 7.12 是冬季气温异常年 500 hPa 高度距平场的合成。当气温异常偏高时,亚洲地区自高纬度向中低纬度高度场距平呈"正—负—正"分布,新地岛上空为正高度场距平,极涡稳定于极地,亚洲中高纬度为负距平,乌拉尔山阻高明显偏弱,60°N 以南大范围由正异常控制,能够阻挡冷空气南下,宁夏位于正异常中心附近,气温异常偏高(图 7.12a);海平面气压场上,西伯利亚地区为负距平,西伯利亚高压明显偏弱,贝加尔湖以南气压均偏强,冷空气偏弱,冬季气温偏高(图 7.12c)。当气温异常偏低时,500 hPa 高度场异常特征与偏高年基本相反,自北向南高度场距平呈"负—正—负"的分布特征,80°N 以北基本为负距平,极涡偏强南下,50°~80°N 正异常显著,我国为大范围的负异常控制,经向度增强,冷空气南下频繁(图 7.12b);海平面气压场上,除青藏高原地区,整个欧亚海平面气压场为正异常,西伯利亚高压显著偏强,使得宁夏冬季气温异常偏低(图 7.12d)。

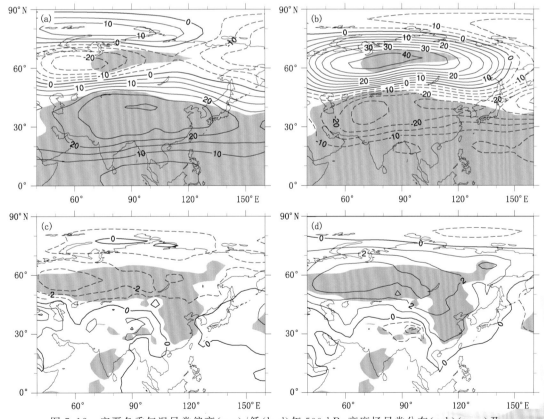

图 7.12　宁夏冬季气温异常偏高(a,c)/低(b,d)年 500 hPa 高度场异常分布(a,b)(gpm)及
海平面气压场分布(c,d)(hPa)异常

7.3　海温异常对降水的影响

占地球表面71%的海洋,其表面温度异常是全球气候异常重要的外强迫影响因子,海洋通过潜热、感热、长波辐射和蒸发等方式向大气输送热量和水汽,从而影响气候。宁夏虽然深处内陆,但其气候异常也受到海洋温度变化的影响,尤其热带太平洋、热带印度洋、北大西洋海温对宁夏降水都有显著的影响,也是宁夏短期气候预测中的重要强信号。本节主要介绍热带太平洋 ENSO、热带印度洋海盆模 IOBM、北大西洋三极子 NAT 对宁夏降水异常的影响及其机理。

7.3.1　热带印度洋海盆模对宁夏降水的影响

热带印度洋作为东亚夏季风的上游水汽源地,对西北地区东部这一东亚夏季风边缘区的气候也有显著影响。早期研究发现,印度洋海温与中国西北地区东部降水呈显著正相关(徐小红 等,2000);孟加拉湾—赤道印度洋中西部海温异常与中国西北地区汛期降水呈显著负相关(晏红明 等,2001);中国西北地区东部极端降水事件的多少与热带印度洋海温存在显著的关系(江志红 等,2009)。

热带印度洋海温年际异常存在两个显著模态,第一模态为海盆模态(IOBM),第二模态为偶极子模态(IOD)。热带印度洋偶极子被发现(Saji et al.,1999;Webster et al.,1999)后,很多研究揭示了其对气候的影响,但是作为热带印度洋海温异常的第一模态(海盆模)一直被认为只是对热带太平洋 ENSO 的被动响应模态,其对气候的积极影响只是到了近十几年才被关注(Schott et al.,2009)。Annamalai 等(2005)、Watanabe 等(2003)、Lau 等(2005)指出了热带印度洋海盆模的"电容器"效应,认为 ENSO 对热带印度洋实施了"充电",海盆模正是 ENSO"充电"的结果,海盆模被"充电"以后对冬、春季气候有显著影响。杨建玲(2007)的研究延拓了 Annamalai 等(2005)关于印度洋"电容器"效应的内涵,将海盆模的影响延拓到了夏季,发现热带印度洋海盆模作为对 ENSO 的响应模态,可以从 ENSO 次年春季持续到夏季,而此时 ENSO 通常已经消亡,热带印度洋海盆模在西南季风的放大作用下,可以引起印度季风、东亚季风、南亚高压和西太平洋副热带高压的显著异常(杨建玲 等,2008;Yang et al.,2007,2009,2010;Xie et al.,2009),近年来新的研究发现,使得对热带印度洋海温异常影响气候变化有了新的认识。在以上研究基础上,杨建玲等(2015a,2015b,2017)深入研究了热带太平洋 ENSO、热带印度洋海盆模对中国西北地区东部降水的影响及其机理。本书采用相同的研究方法进一步研究揭示热带印度洋海盆模对宁夏降水的影响及其机理。

(1)热带印度洋海温与宁夏降水的关系及其年代际演变

宁夏降水与热带印度洋海温异常存在明显的年代际变化特点,1976 年北半球气候突变之前,热带印度洋海温和宁夏降水的相关不显著。1977 年以来,热带印度洋海温和宁夏降水关系较突变以前显著增强,3月和5月降水异常与同期、前期热带印度洋海温持续呈显著正相关,3月降水异常与超前0~2个月的海温相关显著,而5月降水则与超期0~6个月的海温相关显著(图 7.13)。由于热带印度洋海温与热带太平洋 ENSO 相关显著,因此研究热带印度洋影响气候时,经常要扣除 ENSO 信号,在扣除 ENSO 信号后3月降水与热带印度洋海温的相关不显著,5 月降水与热带印度洋海温有显著持续相关关系。

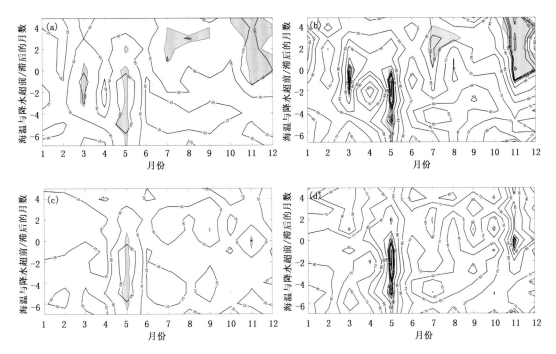

图 7.13　1977 年以来热带印度洋海温与宁夏降水之间 MCA 第一模态协方差平方(SC)和方差贡献
(SCF)((a)(b)为未扣除 ENSO 信号的 SC、SCF,(c)(d)为扣除 ENSO 信号后的 SC、SCF。纵轴正值代表
降水超前于海温,负值代表滞后于海温;阴影区表示通过 0.05 显著性水平检验)

　　1977 年以来,扣除 ENSO 信号后,5 月降水与同期和超前 1~5 个月热带印度洋海温的相
关系数在 0.461~0.572,通过了 0.05 显著性水平检验,当海温超前 5 月降水 2 个月,即 3 月海
温与降水的相关系数最大(图 7.14)。

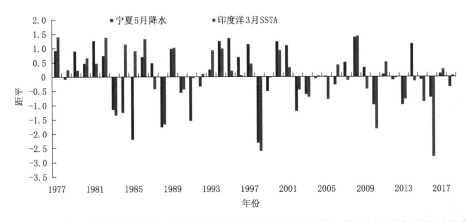

图 7.14　1977 年以来热带印度洋 3 月海温与宁夏 5 月降水 MCA 第一模态结果的标准化时间序列
(正值代表热带印度洋暖海温和降水异常偏多)

宁夏 5 月降水和 3 月热带印度洋海温的相关系数总体呈增大趋势,在 1977 年由不显著增强为显著并维持至今,而且在 1986 年以来两者相关又有一次显著增强,这种相关性的显著增强与 20 世纪 70 年代中后期以来热带印度洋海温的作用加强和全球变暖有关(图 7.15)。

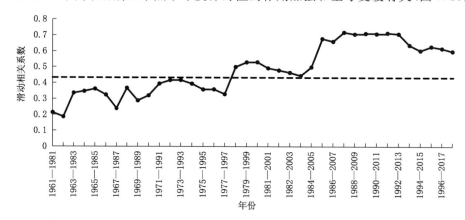

图 7.15　热带印度洋 3 月海表温度异常(SSTA)与宁夏 5 月降水 MCA 结果时间序列 21 年
滑动相关系数(虚线为 0.05 显著性水平检验临界值)

(2)海盆模影响降水的分布模态

热带印度洋海温对宁夏 5 月降水的影响表现为典型的全海盆符号一致分布模态(图 7.16a),而且具有很好的持续性,这与以前研究发现的海盆模具有“电容器”效应一致(Yang et al.,2007,2010),海盆模可以从冬、春季一直持续到夏季,对春、夏季欧亚范围大气环流和气候异常都有显著影响。前期冬、春季持续异常的热带印度洋海盆模影响后期宁夏 5 月的降水,也是热带印度洋海盆模“电容器”效应的一种具体体现。热带印度洋海盆模暖(冷)对宁夏 5 月降

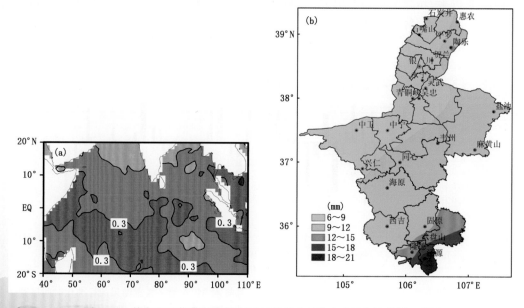

图 7.16　前期 3 月热带印度洋海温与宁夏 5 月降水 MCA 结果第一模的
海温同向(a,单位:℃)和降水异向(b)空间回归分布

水的影响一致,即宁夏降水一致偏多(少)(图 7.16b),且南部山区异常较明显。同期和超前 1～5 个月的 SSTA 与 5 月降水异常回归的空间分布模态也具有很好的持续性,空间相关系数在 0.90 以上。

(3)海盆模影响降水的大气环流异常成因

热带印度洋暖海盆模可以在亚欧地区大气中引起类似"Matsuno-Gill Pattern"(Matsuno,1966;Gill,1980)的响应(图 7.17),在印度洋到亚欧地区对流层中上层形成"正—负—正"异常波列,宁夏位于新疆—巴尔喀什湖负异常中心和东亚地区正异常中心之间,处于"西低东高"环流形势下,这种分布形势正是宁夏降水异常偏多的典型环流形势,而且从低层到高层异常值随高度升高而增大,异常最大值在对流层高层。印度洋海盆一致变暖模态是通过引起宁夏上空"西低东高"的环流异常变化,从而影响宁夏降水异常。

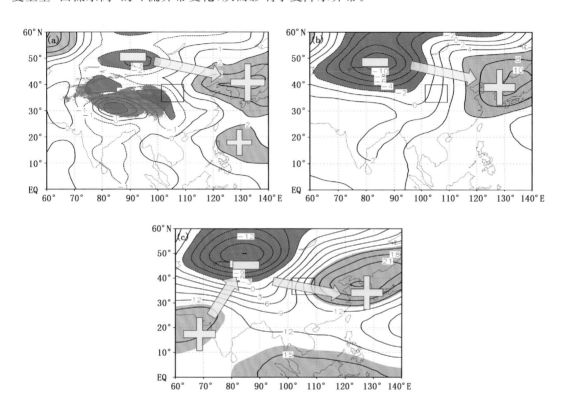

图 7.17　热带印度洋 3 月海温与宁夏 5 月降水 MCA 结果的海温时间序列与 850 hPa(a)、500 hPa(b)、200 hPa(c)高度场的回归分布(红方框区域代表宁夏区域(下同))(gpm))

对应高层高度场"正—负—正"的异常波列分布,在欧亚范围内高层 200 hPa 水平风场为 3 个明显的反气旋、气旋、反气旋环流异常中心(图 7.18),新疆—巴尔喀什湖区域为异常气旋性环流,中国东部沿海上空为异常反气旋性环流,对流层高层我国华北到西北地区东部宁夏为气流异常辐散区,低层西北地区东部处于异常偏南、偏东气流中,处于气流异常辐合区。

从日本以南的海洋到我国华北至西北为异常上升运动区域,西北地区东部的宁夏位于该异常上升气流的西北部(图 7.19),相应的在西北地区东部的宁夏也为水汽场异常大值中心(图 7.20),这些条件都有利于降水异常偏多。

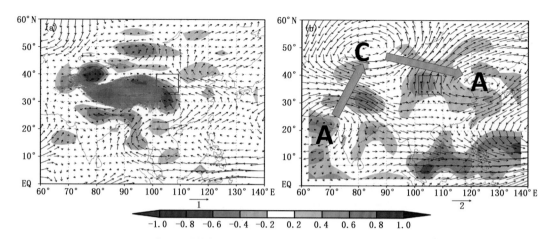

图 7.18　印度洋 3 月海温与 5 月对流层 850 hPa(a)、200 hPa(b)水平风场(矢量,单位:m/s)及
其辐合辐散(彩色区,单位:10^{-6} s^{-1})的回归分布(正值表示辐散,负值表示辐合)

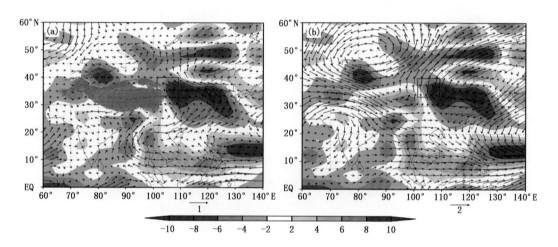

图 7.19　热带印度洋 3 月海温与 5 月 500 hPa 垂直运动场(彩色区,单位:10^{-3} m/s)叠加了 850 hPa(a)
和 200 hPa(b)水平风场(矢量,单位:m/s)的回归分布(彩色区正值表示垂直下降运动,负值表示垂直上升运动)

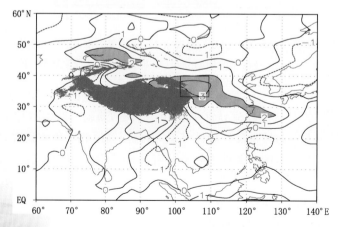

图 7.20　热带印度洋 3 月海温与 5 月 850 hPa 相对湿度的回归分布(%)

（4）海盆模影响降水的物理过程和机理模型

春季 5 月热带印度洋暖海盆模，作为赤道附近的热源会引起大气的类似"Matsuno-Gill Pattern"响应（图 7.21），在热源东侧引起大气开尔文波（Kelvin Wave），西侧引起罗斯贝波（Rossby Wave），异常响应在大气对流层高层表现最明显。高层的响应在青藏高原西南侧形成异常高压，并在北半球沿中纬度向下游传播形成遥相关波列，宁夏位于遥相关波列在东亚地区异常中心的西部，高层形成高度场正异常，风场表现为异常反气旋环流，气流辐散，低层为异常气旋型环流，气流辐合，并形成上升运动和水汽异常大值中心，使得宁夏降水偏多。数值模式模拟试验很好地验证了观测分析结果（杨建玲 等，2017）。

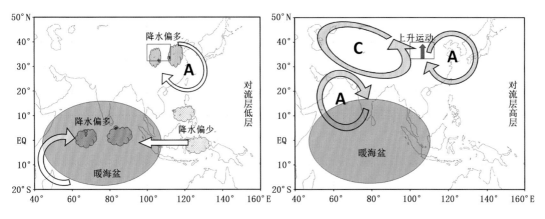

图 7.21　热带印度洋海盆模影响宁夏 5 月降水的机理模型

7.3.2　热带太平洋 ENSO 对宁夏降水的影响

热带太平洋 ENSO 是气候年际变率中的最强信号，ENSO 对全球气候有很重要的影响（Webster 等，1998），也是东亚季风年际异常的关键影响因子。ENSO 事件不同阶段对我国气候有不同的影响，ENSO 通过对东亚地区大气环流，如西北太平洋副热带高压、季风等的影响，进而影响到东亚地区的气温和降水（Huang et al.，1989；李崇银，1989；黄荣辉 等，1996；金祖辉 等，1999；龚道溢 等，1999；Wang 等，2000；杨修群 等，2002；翟盘茂 等，2016）。ENSO 对西北地区东部降水也有很重要的影响，朱炳瑗等（1992）发现，厄尔尼诺（El Niño）当年中国西北地区东部 3—9 月降水量总体偏少，次年降水总体偏多，El Niño 成为中国西北地区东部干旱的一个强信号，谢金南等（2000）认为上述相关具有年代际变化。李耀辉等（2000a，2000b）指出 ENSO 循环与西北夏季的干湿、冷暖有密切关系，中国西北地区东部是整个中国西北地区对 ENSO 响应最强烈的区域。以下将详细分析 ENSO 对宁夏降水的影响及其可能的机制。

（1）ENSO 影响宁夏降水的关键时段和海温分布模态

1981 年以来，ENSO 发生、发展、峰值、消亡期等不同发展阶段与对宁夏不同时段的降水有不同的影响，ENSO 当年 10 月、峰值期 1 月、次年春季各月降水对 ENSO 的响应比较显著，其中，4 月降水对 ENSO 的响应为南北降水趋势相反的 EOF 第二模态（EOF2），其他月份均为全区一致的 EOF 第一模态（EOF1）。

10 月降水与同期 10 月、前期 9 月赤道中、东太平洋海温呈显著负相关，显著相关的空间

分布型是典型的 ENSO 海温异常分布模态(图 7.22),当赤道中东太平洋发生暖事件 El Niño
(冷事件拉尼娜(La Niña)),对应当年 10 月宁夏全区降水偏少(偏多)概率大。

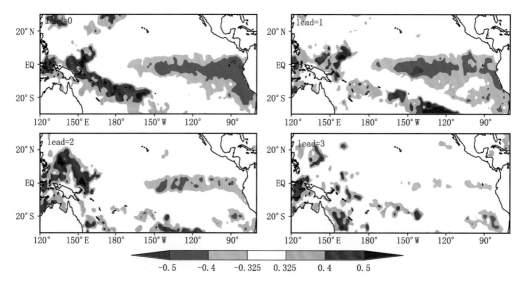

图 7.22　宁夏 10 月降水 EOF1 时间系数与超前 0~3 个月的热带太平洋海温相关分布
(Lead 表示海温超前降水的月份,0、1、2、3 分别为同期、超前 1 个月、2 个月、3 个月,
彩色区域通过 0.05 显著性水平检验,下同)

　　1 月降水与同期 1 月、前期 10—12 月赤道中、东太平洋海温呈持续显著负相关,显著相关
的空间分布型也为典型的 ENSO 海温异常分布模态(图 7.23),当赤道中东太平洋发生暖事件
El Niño(冷事件 La Niña),对应 ENSO 峰值期 1 月宁夏全区降水偏少(偏多)概率大。

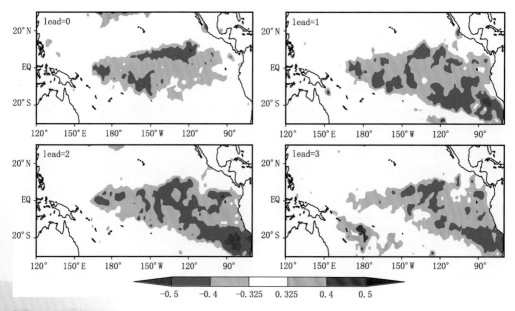

图 7.23　宁夏 1 月降水 EOF1 时间系数与超前 0~3 个月的热带太平洋海温相关分布

　　春季 3 月降水与同期 3 月、前期 10 月至次年 2 月热带中东太平洋海温呈持续显著正相关，持续时间长达 6 个月以上，相关的海温分布型也为典型的 ENSO 海温异常分布模态，相关系数较大的区域位于热带太平洋中部（图 7.24）。当赤道中东太平洋发生暖事件 El Niño（冷事件 La Niña），对应 ENSO 次年 3 月宁夏全区降水偏多（偏少）概率大。与其他时段相比，热带中东太平洋海温与 3 月降水的相关系数和显著区域都最大，相关持续时间最长。

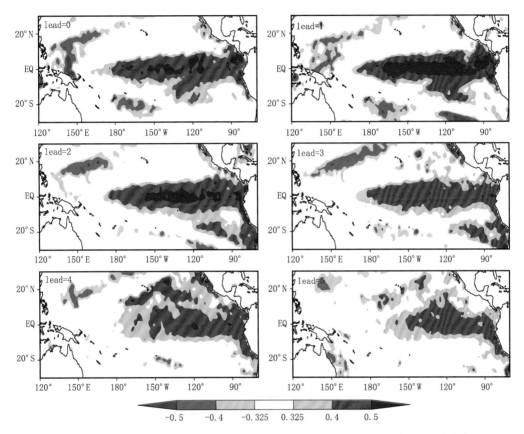

图 7.24　宁夏 3 月降水 EOF1 时间系数与超前 0～5 月的热带太平洋海温相关分布

　　4 月降水 EOF 第二模态与超前 0～7 个月与赤道东太平洋海温异常相关显著（图 7.25），结合宁夏 4 月降水 EOF2 空间分布，对应前期秋、冬季赤道东太平洋海温异常偏暖（冷），对应宁夏降水异常北少南多（北多南少）。

　　5 月降水与同期和超前 1 个月的热带太平洋海温相关不显著（图 7.26），而与超前 2～8 个月的海温有显著相关，相关系数大小和显著区域小于 3 月。这种降水与同期和超前 1 个月的海温相关不显著，而与超前 2 个月以上的海温相关显著，说明 ENSO 与次年 5 月降水的显著相关并不是太平洋海温异常的直接影响，而是已研究证明的通过热带印度洋海盆模的"电容器"效应而实现的，是印度洋海盆模在 ENSO 影响西北地区东部降水的过程中，发挥了"电容器"的效应，延续了 ENSO 的影响信号，实际上 ENSO 次年春季海温异常在 4 月大都已迅速减弱消亡。

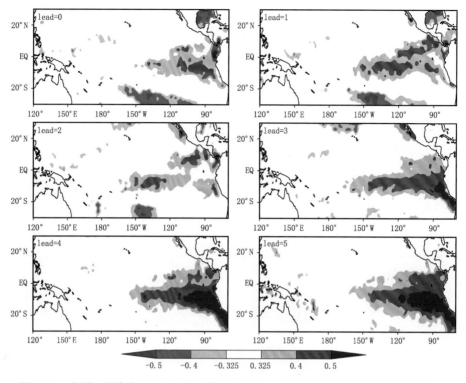

图 7.25　宁夏 4 月降水 EOF2 时间系数与超前 0～5 个月的热带太平洋海温相关分布

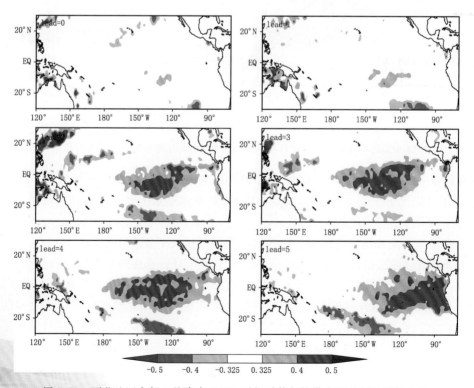

图 7.26　西北地区东部 5 月降水 EOF1 时间系数与热带太平洋海温相关分布

（2）ENSO 影响宁夏降水的年代际变化

太平洋 ENSO 不同发展阶段和宁夏降水的关系存在显著的年代际变化特征。

热带太平洋 ENSO 与 10 月降水 EOF1 时间系数的关系在 1984 年以前呈波动变化,1985 年以来两者相关显著,相关关系经历了先增大后减小的 V 字型变化,在 1995—2015 年关系最好,但近 21 年(1997—2018 年)两者相关系数突然减小为不显著(图 7.27)。

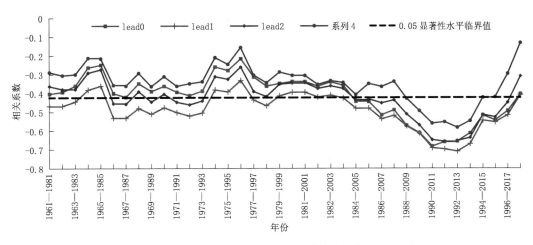

图 7.27　宁夏 10 月降水 EOF1 时间系数与超前 0～3 个月
热带太平洋海温 Nino3.4 区指数 21 年滑动相关

热带太平洋海温与 1 月降水 EOF1 时间系数的关系发生了明显的年代际变化,从弱的不显著正相关变为显著负相关,1983 年以来为显著负相关,1985—2018 年两者关系最好,近年来相关有所减弱,但仍通过了 0.05 显著性水平检验,与超前 1～3 个月,即前期 10—12 月 Nino3.4 区海温相关较好(图 7.28)。

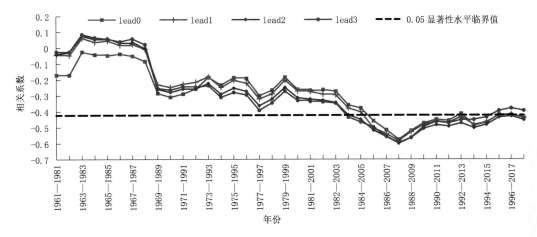

图 7.28　宁夏部 1 月降水 EOF1 时间系数与超前 0～3 个月
热带太平洋海温 Nino3.4 区指数的 21 年滑动相关系数

　　热带太平洋海温与 3 月降水 EOF1 时间系数的相关自 1961 年以来总体呈增大大趋势,两者从负的弱相关逐渐变为稳定显著正相关,20 世纪 90 年代以来变为持续显著高相关,且呈明显阶段性增大趋势,与超前 1～6 个月,即前期 9 月至次年 2 月 Nino1 区、Nino2 区、Nino1＋2 区、Nino3 区、Nino3.4 区关系都很显著,与 Nino3 区相关最好(图 7.29)。

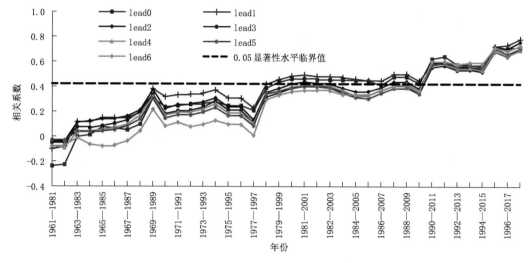

图 7.29　宁夏 3 月降水 EOF1 时间系数与超前 0～6 个月的
热带太平洋海温 Nino3 区指数的 21 年滑动相关系数

　　热带太平洋 ENSO 与 4 月降水 EOF2 时间系数的相关在 1977 年发生了突变,1977 年之前不显著,1977 年以来由不显著突变为显著正相关,而且海温超前降水 2～6 个月关系最好,与赤道太平洋偏东部区域的 Nino1 区、Nino2 区、Nino1＋2 区、Nino3 区指数的相关较好(图 7.30)。

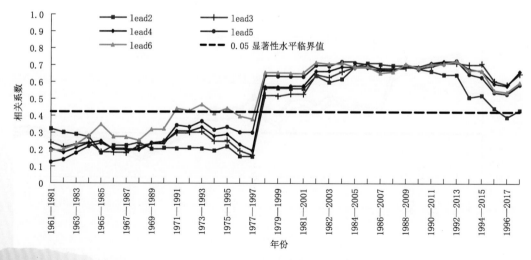

图 7.30　宁夏 4 月降水 EOF2 时间系数与超前 2～6 个月的
热带太平洋海温 Nino1 区指数的 21 年滑动相关系数

热带太平洋海温与 5 月降水 EOF1 时间系数的相关自 1961 年以来呈增大趋势,从相关很弱逐渐变为显著正相关,分别在 1977 年和 1984 年发生了两次显著的突然增大,具有显著的年代际变化特征,海温超前降水 2 个月以上时相关更显著。与赤道太平洋偏东区域的 Nino1 区、Nino2 区、Nino1+2 区、Nino3 区指数的相关较好(图 7.31)。

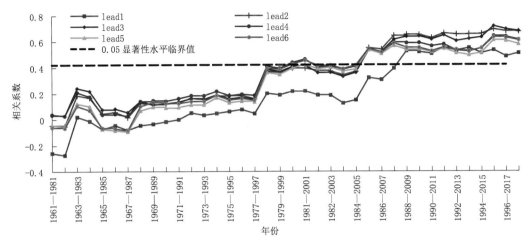

图 7.31　宁夏 5 月降水 EOF1 时间系数与超前 2~6 个月的
热带太平洋海温 Nino3 区指数的 21 年滑动相关系数

春季降水 EOF1 时间系数和 ENSO 的相关关系也存在明显的年代际变化特征,两者相关总体呈增大趋势,1984 年以前相关不显著,之后呈显著正相关,与超前 1~6 个月的赤道太平洋偏东区域的 Nino1 区、Nino2 区、Nino1+2 区、Nino3 区指数稳定呈显著正相关,近年来增大趋势明显,高相关系数超过 0.7 以上(图 7.32)。

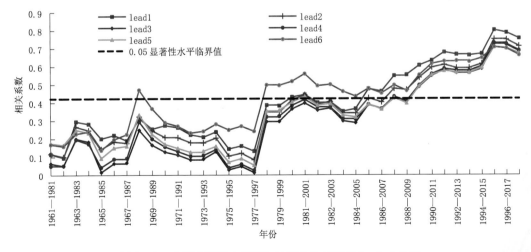

图 7.32　宁夏春季降水 EOF1 时间系数与超前 1~6 个月的
热带太平洋海温 Nino3 区指数的 21 年滑动相关

（3）不同分布型 El Niño 事件对宁夏春季降水的影响

2000 年以来热带中东太平洋发生的大多数 El Niño 事件不同于传统的 El Niño 事件,其发生时,赤道中太平洋(165°E～140°W)出现大范围异常偏暖,并自西向东扩展,被称为中部型 El Niño(Central Pacific El Niño,简称 CP-El Niño 或 El Niño Modoki)(Kao et al.,2009；Ashok et al.,2007；Lee et al.,2010),中部型 El Niño 对全球气候的影响与传统东部型的影响有显著不同(Taschetto et al.,2009；Weng et al.,2007；王钦 等,2012；谭红建 等,2012；袁良等,2013；袁媛 等,2012)。不同分布型 El Niño 事件对宁夏春季降水的影响也存在差异(李欣等,2016)。

春季降水与前期冬季 Nino3 区指数(东部型 El Niño 指数)间的 11 年滑动相关整体表现为较稳定的正相关关系(7.33a,b),其中,在 1992 年前后发生了突变,达到显著正相关。春季降水与前期夏季 EMI 指数(中部型 El Niño 指数)的 11 年滑动相关系数在 1976 年前后由正转向负(图 7.34c,d),且在 1986 年以后,负相关通过了 0.05 的显著性水平检验。可见,前期冬季东部型 El Niño 事件有利于次年宁夏降水偏多,前期夏季中部型 El Niño 事件则相反。

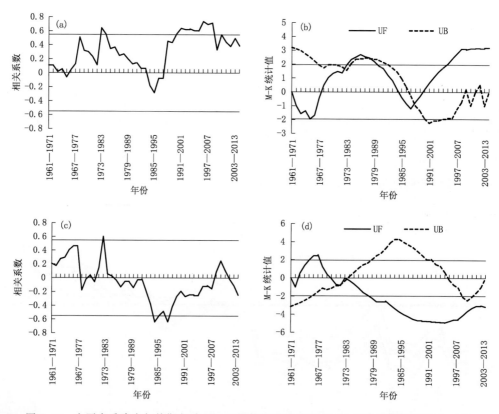

图 7.33　宁夏春季降水与前期冬季 Nino3 指数和夏季 EMI 的 11 年滑动相关系数(a,c)及
对应的 M-K 检验(b,d)(直线为 0.05 显著性水平检验临界值)

东部型 El Niño 事件次年春季,宁夏银川以南大部地区降水偏多概率超过 60%,其他各地降水不超过 40%；大部地区偏多概率比常年偏多概率大 10% 以上,尤其南部山区增大 40%～60%(图 7.34a)。

中部型 El Niño 事件次年春季,除盐池、原州区、隆德、泾源降水偏多概率为 50%,其他地区<40%;大部地区偏多概率较常年春季降水偏多概率减小 3%~20%(图 7.34b)。

混合型 El Niño 事件次年春季,同心以北大部地区降水偏多概率超过 60%,且偏多概率比常年春季降水偏多概率大 10%~60%(图 7.34c)。

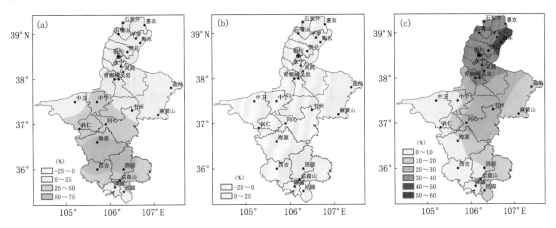

图 7.34　不同分布型 El Niño 事件次年宁夏春季降水偏多概率与常年
春季降水偏多概率差值

东部型 El Niño 事件次年春季 500 hPa 高度距平场上(图 7.35a),欧亚中高纬度地区呈现"负—正—负—正"分布,在黑海附近为负距平中心,乌拉尔山附近为正距平中心,贝加尔湖为负距平中心,日本海附近为另一个正距平中心,对应宁夏典型多雨型"西低东高"形势。结合对

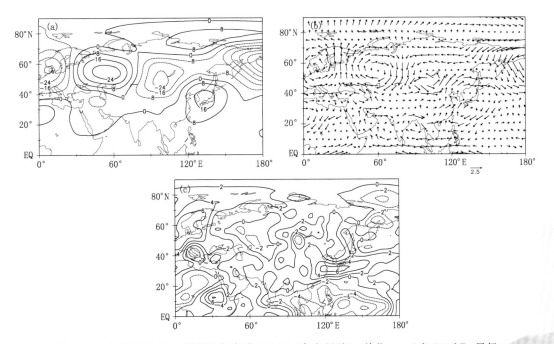

图 7.35　东部型 El Niño 事件次年春季 500 hPa 高度距平(a,单位:gpm)和 700 hPa 风场
(b,单位:m/s)及相对湿度距平场(c,单位:%)分布

应 700 hPa 风场及相对湿度距平场来看(图 7.35b,c),东部型 El Niño 事件次年春季,青藏高原南侧偏南风分量较大,青藏高原东南侧相对湿度升高明显,有利于水汽向宁夏输送,易出现降水偏多。

中部型 El Niño 事件次年春季 500 hPa 高度距平场上(图 7.36a),欧亚范围内中高纬度呈现"负—正—负"的分布型,乌拉尔山及其以西为负距平中心,贝加尔湖为正距平中心,另一负距平中心位于日本海,在对宁夏春季降水影响较明显的关键区,有与东部型 El Niño 事件次年春季 500 hPa 高度距平正好呈相反的分布;700 hPa 风场上及相对湿度距平场(图 7.36c,e),青藏高原南侧以偏西风分量为主,青藏高原东南侧相对湿度较低,不利于宁夏春季出现降水,易出现干旱。而在混合型 El Niño 事件次年,春季 500 hPa 高度距平场上(图 7.36b),欧亚范围内中高纬度地区呈现"正—负—正"的分布型,在对宁夏春季降水影响较明显的关键区分布与中部型 El Niño 事件次年分布相反,类似于东部型 El Niño 事件次年分布,高原东侧偏南风分量较大,河西至河套北部有明显高湿区(图 7.36d,f),均有利于宁夏春季降水偏多。

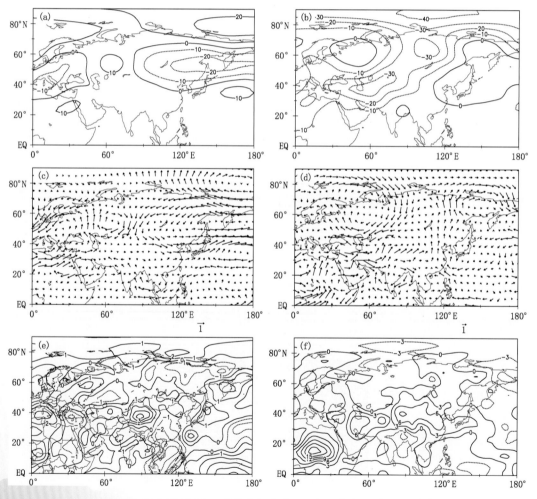

图 7.36　中部型、混合型 El Niño 事件次年春季 500 hPa 高度距平(a、b,单位:gpm)和
700 hPa 风场(c、d,单位:m/s)及相对湿度距平场(e、f,单位:%)分布

（4）热带印度洋海盆模在 ENSO 影响宁夏降水的"电容器"效应

热带印度洋海盆模作为对 ENSO 的响应模态，在 ENSO 次年春季达峰值位相，即为"充电"过程。海盆模可以从春季持续到夏季，此时 ENSO 一般已经消亡。海盆模在春季持续到夏季的过程中影响亚洲季风区气候，即所谓"放电"过程；海盆模在 ENSO 影响亚洲季风区气候中发挥了接力作用，即"电容器"效应（Yang et al.，2007）。在这个过程中，热带印度洋海盆模对宁夏 5 月降水有直接的显著影响，热带太平洋 ENSO 对 5 月降水的影响是通过热带印度洋海盆模"电容器"效应而实现，热带太平洋 ENSO 对 3 月和 4 月的降水异常有显著的直接影响（图 7.37）。

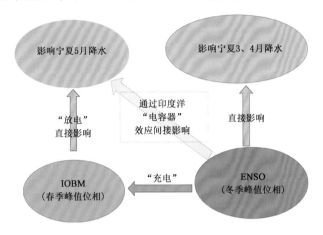

图 7.37　热带印度洋海盆模影响宁夏降水异常的"电容器"效应

7.3.3　赤道太平洋海温对宁夏夏季降水的影响

（1）赤道中西太平洋海温对宁夏 7 月降水的影响

进入 21 世纪以来，赤道中西太平洋海温对宁夏 7 月降水的影响显著，尤其前期 3 月海温影响更大，赤道西（0°～20°N，120°～140°E）、中（5°S～5°N，160°E～160°W）太平洋海温与 7 月降水分别呈显著负、正相关（图 7.38）（张雯 等，2019）。两个区域的海温差值指数 $I_{\text{WE-SST}}$，与 7 月降水的相关系数达 0.6，表明当赤道太平洋出现"西暖中冷"分布时，宁夏 7 月易出现降水偏多，反

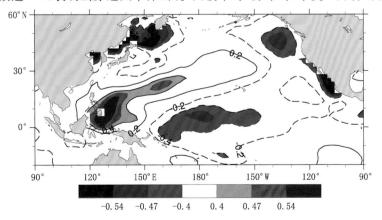

图 7.38　2001—2018 年宁夏 7 月降水与前期 3 月太平洋海温
相关系数分布（填色区通过 0.1 显著性水平检验）

之降水偏少的可能性更大。I_{WE-SST}为正的 9 年中，降水偏多频率为 56%；I_{WE-SST}为负值的 9 年中，偏少频率达 89%，表明海温异常影响的不对称性，"西冷中暖"对降水偏少的指示意义更明显。

　　I_{WE-SST}异常偏高年 500 hPa 高度距平场上（图 7.39a），欧亚中纬度乌拉尔山附近为弱的正距平，巴尔喀什湖附近为负高度距平，中国华北、东北至日本北部表现为弱的负高度距平，低纬度孟加拉湾—中南半岛—菲律宾为显著负异常，除乌拉尔山无显著异常外上述高度距平场特征与宁夏典型降水偏多年相似。中国江淮一带至日本南部为正高度距平，鄂霍次克海附近及中低纬度西太平洋均为负高度距平，表现出明显的东亚—太平洋（EAP）型遥相关（黄荣辉 等，1988，1994）。I_{WE-SST}异常偏低年，环流形势与I_{WE-SST}异常偏高年几乎相反（图 7.39b），这种形势更有利于副热带高压偏南偏强，雨带易出现在中国南方。

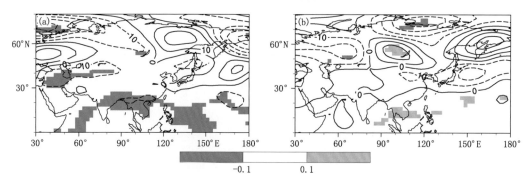

图 7.39　I_{WE-SST}异常偏高年（a）、偏低年（b）7 月 500 hPa 高度距平场（gpm）
（填色区通过 0.1 显著性水平检验）

　　I_{WE-SST}异常偏高年 700 hPa 距平风场上（图 7.40a），中国东北至日本北部为气旋，日本西南侧为反气旋，中心位于 30°N 附近，副热带西太平洋为大范围气旋性异常，日本西南侧反气旋南侧的气流与西太平洋气旋性异常北侧的气流交汇形成较强偏东风，配合有一条明显的水汽输送带，向中国南方不断输送水汽，而其中，有一股弱的水汽继续向北输送，与源自中国东北异常气旋西北侧南下到达华北转为偏东的气流汇合，宁夏为偏东、偏南风，水汽条件良好。I_{WE-SST}异常偏低年与异常偏高年分布相反，宁夏处于干燥的西风异常控制下，不利于降水形成。

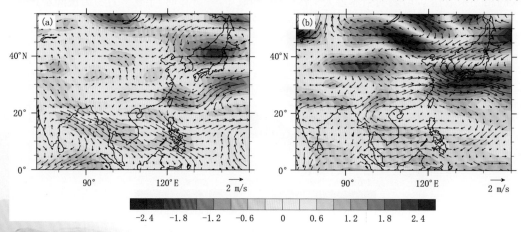

图 7.40　I_{WE-SST}异常偏高年（a）、偏低年（b）7 月 700 hPa 距平风场（单位：m/s）及
水汽通量距平（单位：g/(s・Pa・m)）

(2)海温对夏季极端降水的影响

宁夏 6 月极端降水日数与当年 4—6 月菲律宾附近海温存在稳定的显著正相关,且在 5 月相关最好(张冰 等,2018)(图 7.41),当春季开始菲律宾附近暖池增暖时,有利于宁夏 6 月出现极端降水事件。8 月极端降水日数与当年 5—8 月赤道东太平洋附近海温存在一稳定的显著负相关区,高相关区位于 Nino3 区,且在 8 月相关最好(图 7.42),即当春、夏季发生 La Nina 事件时,有利于宁夏 8 月极端降水事件的发生。

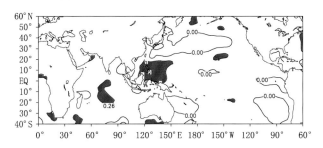

图 7.41　宁夏 6 月极端降水日数与 5 月海温相关系数分布

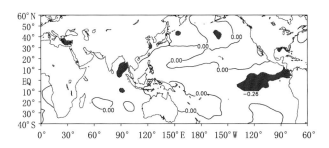

图 7.42　宁夏 8 月极端降水日数与 8 月海温相关系数分布

菲律宾附近暖池增暖时,有利于 6 月 500 hPa 高度场形成华北—西太平洋偶极型分布,华北暖性高压及副热带太平洋上低值系统生成,其主要异常在华北地区,我国 40°N 以南青海湖以东地区受偏南风控制,水汽输送路径偏北,为宁夏 6 月极端降水事件的发生提供了有利的气候背景。菲律宾附近海温异常偏低年,我国 30°N 以北为西风,宁夏缺乏充足的水汽来源,极端降水事件偏少(图 7.43a)。

当 La Nina 事件出现时,有利于 8 月 500 hPa 高度场形成西伯利亚—蒙古—副热带遥相关,其主要异常在副热带西太平洋上,有利于热带地区高度场偏低,印缅槽加强(图 7.43b)。500 hPa 高度距平场上(图 7.43c),我国呈现西低东高分布型,宁夏处在华北一带暖性高压西侧边缘的偏南气流里,这也是宁夏出现暴雨的典型环流分布型;而厄尔尼诺年则相反(图 7.43d)。La Nina 年 700 hPa 水汽通量图上,贝加尔湖底部气旋性环流增强(图 7.43e),不断有来自贝加尔湖底部的冷空气分裂南下影响宁夏,而西太平洋也存在反气旋性环流异常,宁夏处在反气旋西侧的偏南气流中,水汽通量较常年偏大;从水汽通量散度图上看(图 7.43g),宁夏南部处在水汽通量散度距平负值中心区的附近,表明水汽辐合较常年偏强,有利于强降水天气的形成。厄尔尼诺年,宁夏附近存在西风和偏北风异常,水汽通量小于常年值,水汽辐散较常年偏强,既缺乏来自北方的强冷空气,也缺乏南方的暖湿气流(图 7.43d,f,h),不利于极端降水事件的发生。

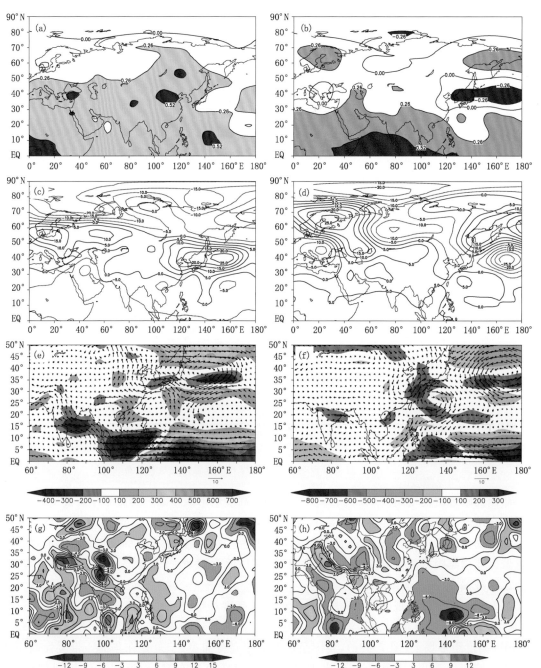

图 7.43　6 月(a)和 8 月(b)关键区海温与 500 hPa 高度场相关分布及拉尼娜年(c,e,g)和
厄尔尼诺年(d,f,h)8 月 500 hPa 高度(gpm)、700 hPa 水汽通量(g/(m·hPa·s))、
水汽通量散度(10⁻⁵ g/(m²·hPa·s))合成距平

7.3.4　北大西洋海温对宁夏降水的影响

北大西洋海表面温度的变化与北大西洋涛动(NAO)密切相关,在月和季节内尺度上北大
西洋热带外海温的分布由上方大气驱动(Delworth et al.,2000),Bjerknes(1964)发现北大西

洋海温随大气变化而变化,其冬季主要模态"三核型"(亦称"三极子"(NAT))表层海温异常即为大气强迫海洋的结果,后来的很多研究证实了这一点(Cayan,1992a,1992b;Delworth et al.,2000;Zhou et al.,2000)。北大西洋三极子海温异常能够对随后大气产生正反馈作用(Kushnir et al.,2002;Sutton et al.,2001;Peng et al.,2002),Rodwell 等(1999)指出大西洋海温的强迫作用对区域性气候异常有重要作用。Latif 等(2004)从年代际气候异常的可预测性角度,讨论了大西洋海温作为前期强迫因子的作用。Wang 等(2004)研究证实海盆尺度的北大西洋海温异常,能够明显影响到欧亚大陆的气候变化。很多研究表明,北大西洋三极子海温异常能够激发欧亚型波列,影响东亚季风区气候(杨修群 等,1992;武炳义 等,1999;Wu et al.,2009;Zuo et al.,2013;李栋梁 等,2017;李忠贤 等,2019)。容新尧等(2010)认为北大西洋海温异常能够通过开尔文波(Kelvin Wave)和埃克曼(Ekman)效应影响中国南海和孟加拉湾反气旋。Ham 等(2013)和 Hong 等(2014)研究认为,热带大西洋北部海温异常可以影响西部太平洋副热带高压。最近有研究(任宏昌 等,2017;袁媛 等,2017)发现北大西洋海温异常对中国夏季降水有显著影响。因此,北大西洋海温异常可以通过影响大气环流而对我国气候有重要影响。北大西洋海温异常对宁夏、西北地区东部降水异常有显著影响(杨建玲 等,2020;王鹏翔 等,2020)。

(1)北大西洋海温异常与宁夏降水的关系

北大西洋海温异常与宁夏 4 月、6 月和 8 月降水异常有持续显著相关性(杨建玲 等,2020)。4 月降水 EOF1 时间系数与北大西洋海温的同期显著相关的区域类似于马蹄形海温异常模态或三极子模态(图 7.44),超前 0～3 个月的显著相关区域主要位于西部中纬度区域和东部高纬度区域,即北大西洋三极子正位相,有利于 4 月降水偏多,反之偏少。

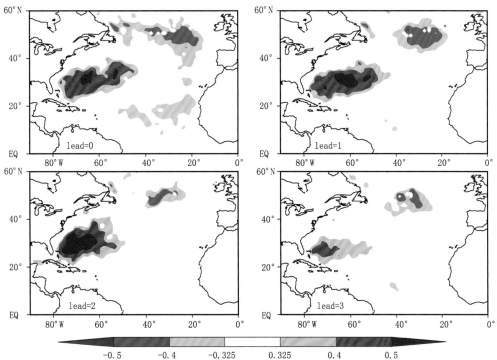

图 7.44　宁夏 4 月降水 EOF1 时间系数与北大西洋海温相关分布(海温超前降水 0～3 个月)

(阴影区表示通过了 0.05 显著性水平检验)

　　6月降水 EOF2 时间系数与北大西洋超前0～5个月海温异常存在持续显著相关,海温异常形态也表现为典型的马蹄形或三极子模态(图 7.45),超前0～2个月北大西洋西部中间区域和外围区域显著相关都通过了 0.05 显著性水平检验,而超前3～5个月时,中间区域不显著,显著区域集中在外围。总体上,当同期和前期1—5月北大西洋三极子正位相,有利于 6 月降水北少南多,反之负位相有利于北多南少,且南部山区降水对北大西洋海温异常响应更显著。

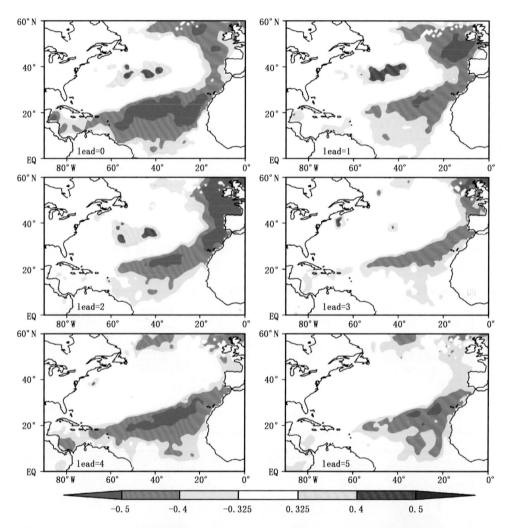

图 7.45　宁夏6月降水 EOF2 时间系数与北大西洋海温相关分布(海温超前降水0～5个月)
(阴影区表示通过了 0.05 显著性水平检验)

　　宁夏 8 月降水 EOF1 时间系数与北大西洋超前0～7个月海温异常存在持续显著相关,海温异常形态表现为南、北两块显著区域,对应北大西洋海温马蹄型外围或者三极子的南北两极(图 7.46),超前3～6个月,即前期 2—5 月相关更好,通过了 0.05 显著性水平检验的相关区域更大。当同期和超前1～7个月北大西洋北部区域以及南部区域海温负异常,有利于 8 月降水偏多,反之偏少。

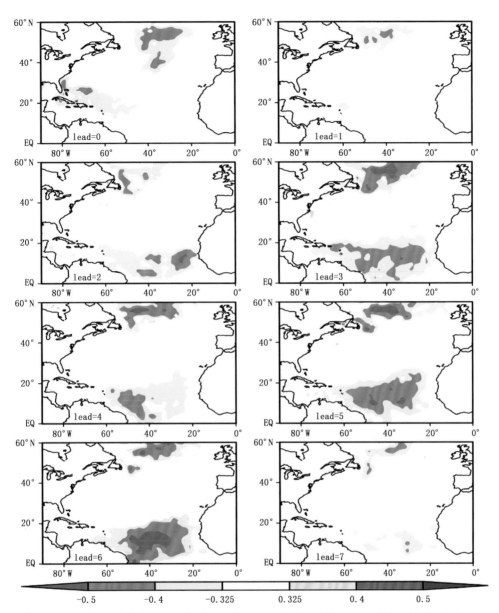

图 7.46　宁夏 8 月降水 EOF1 时间系数与北大西洋海温相关分布(海温超前降水 0～7 个月)

(阴影区表示通过了 0.05 显著性水平检验)

(2)北大西洋海温对宁夏降水影响的年代际变化

利用北大西洋海温三极子指数研究其与宁夏 4 月、6 月和 8 月降水相关的年代际演变。宁夏 4 月降水 EOF1 时间系数与 NAT 的关系自 1961 年以来表现为明显的波动变化(图 7.47),大部分时段关系不显著,1997 年以来相关显著。

宁夏 6 月降水 EOF2 时间系数与 NAT 的相关系数总体呈增大趋势,1981 年以来两者关系显著正相关并较稳定维持,1994 年以来相关系数有所减小(图 7.48)。

宁夏 8 月降水 EOF1 时间系数与北大西洋海温三极子指数的相关系数总体也呈增大趋势,1989 年以来大多时段相关显著,通过了 0.05 显著性水平检验(图 7.49)。

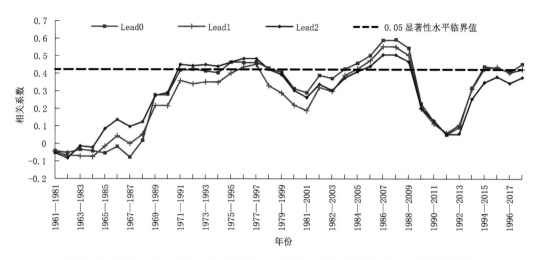

图 7.47　宁夏 4 月降水 EOF1 时间系数与超前 0～2 个月 NAT 的 21 年滑动相关

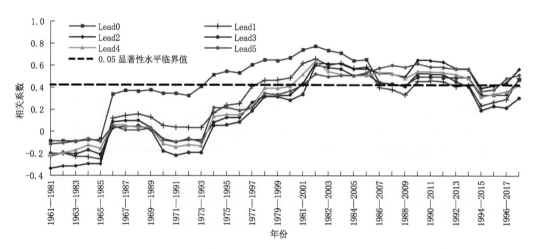

图 7.48　宁夏 6 月降水 EOF2 与超前 0～5 个月的北大西洋三极子指数的 21 年滑动相关

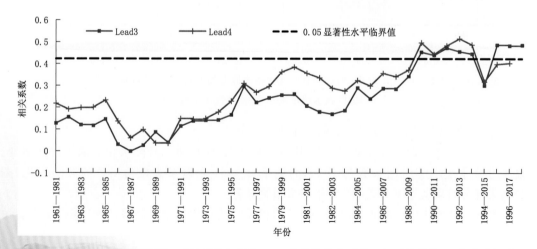

图 7.49　宁夏 8 月降水 EOF1 时间系数与超前 3～4 个月的北大西洋三极子指数的 21 年滑动相关

（3）北大西洋海温异常引起的大气环流异常分析

4 月北大西洋海温三极子异常时,500 hPa 高度场上在北大西洋区域表现为典型的南北"跷跷板"NAO 异常分布(图 7.50),同时在欧亚大范围从地中海到日本海存在一显著波列,异常波列的中心分别位于地中海东部、巴尔喀什湖以及东北亚,在西太平洋甚至延伸至菲律宾以东地区,宁夏正好位于巴尔喀什湖和东北亚地区异常中心之间,三极子正(负)异常对应宁夏受"西低东高"("西高东低")异常环流影响,有利于 4 月降水异常偏多(少)。北大西洋海温三极子异常超前 4 月降水 1～3 个月时,这种大气异常波列仍然存在,尤其是在东北亚的异常中心持续显著。

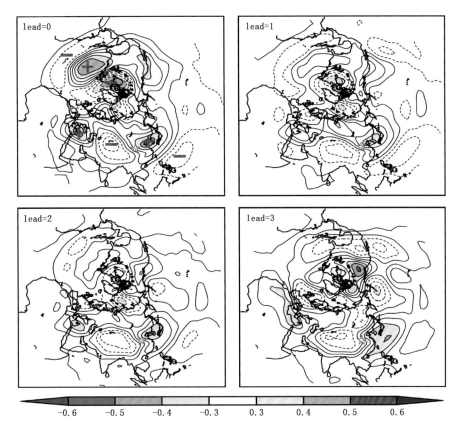

图 7.50　超前 0～3 个月北大西洋海温三极子指数与 4 月北半球 500 hPa 高度距平的相关分布
（小五角星表示的位置为宁夏所在区域,下同）

北大西洋海温三极子异常时,对应的 6 月 500 hPa 大气环流异常分布型与 4 月相比(图 7.51),在北大西洋区域基本一致,只是中心位置的异常值有所不同,北大西洋北部和南部的异常更明显,而中纬度异常有所减小,欧亚中高纬度地区的异常波列依然存在,但是其异常中心的位置的大小都有所改变,亚洲地区的异常范围表现为东西向的扁平结构,从南向北为"负一正一负"异常波列。大西洋三极子正位相异常时,6 月宁夏南部处在东亚异常反气旋西南边缘的异常区域,有利于降水偏多。

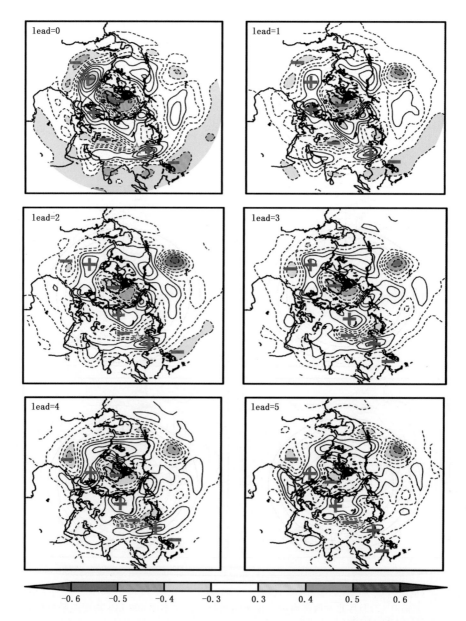

图 7.51　超前 0～5 个月北大西洋三极子指数与 6 月北半球 500 hPa 高度距平的相关分布

　　北大西洋海温三极子异常时,对应 8 月 500 hPa 大气环流异常分布型(图 7.52),在北大西洋区域和欧洲中高纬度与 4 月和 6 月相似,仍为典型的 NAO 分布及纬向波列分布,另外在东亚的经向波列比 6 月更明显,北大西洋海温三极子正位相,宁夏处在"南低北高"和"西低东高"异常环流共同影响下,有利于降水偏多,反之偏少。因此,北大西洋海温三极子异常通过欧亚中高纬度纬向波列和东亚经向波列共同对宁夏 8 月降水造成显著影响。

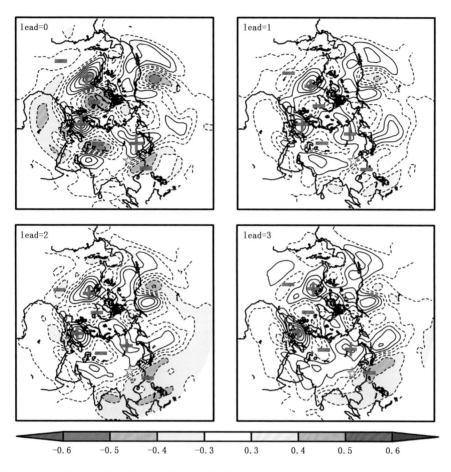

图 7.52 超前 0～3 个月北大西洋三极子指数与 8 月北半球 500 hPa 高度距平的相关分布

7.4 海冰的影响

海冰占海洋面积的 7%，由于其对太阳辐射的高反射率、低导热率、大的热惯性，以及在驱动深海环流中的作用而影响气候系统。海冰对大气环流的影响主要表现在对一些气候型或大气活动中心上，这些气候型中的低压系统部分扩展到极地地区因而受到冰雪覆盖的影响。这种低压系统一旦发生变化，整个气候型将随之变化，然后通过遥相关关系把这种极区的影响向其他地区扩展，造成了大范围大气环流的变化。研究表明，北极海冰对宁夏气温、降水也产生显著影响。

7.4.1 对降水量的影响

2—3 月巴伦支海海冰面积和宁夏 5 月降水量、4—5 月格陵兰海海冰面积和宁夏 9 月降水量的原值及增量的关系都发生了显著变化，且随着时间推移，增量之间的正相关关系更加显著

(图 7.53,图 7.54)。其中,2—3 月巴伦支海海冰面积距平百分率增量和宁夏 5 月降水距平百分率增量之间 21 年滑动相关系数从 1991 年以来均通过了 0.05 显著性水平检验(图 7.55),符号一致率为 71%,尤其降水减少对海冰减少响应更加敏感,13 年海冰减少年有 10 年降水量减少。4—5 月格陵兰海海冰面积距平百分率和宁夏 9 月降水距平百分率的 21 年滑动相关系数从 1988 年开始(除最近的 21 年)均通过了 0.05 显著性水平检验,符号一致率为 71%,尤其 1990—2009 年,仅有 1 年不一致(图 7.56)。

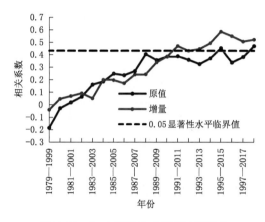

图 7.53 2—3 月巴伦支海海冰面积和
5 月降水 21 年滑动相关系数

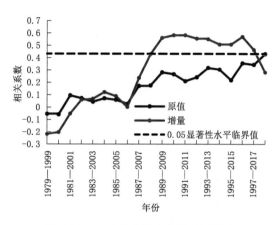

图 7.54 4—5 月格陵兰海海冰面积和
9 月降水 21 年滑动相关系数

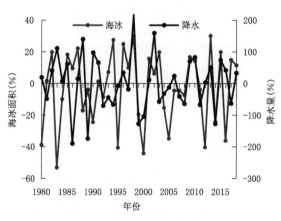

图 7.55 2—3 月巴伦支海海冰面积距平百分率
增量和 5 月降水距平百分率增量变化

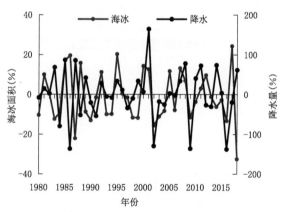

图 7.56 4—5 月格陵兰海海冰面积距平百分率
增量和 9 月降水量距平百分率增量变化

与海冰面积对 5 月和 9 月降水量的影响相反,当年春季 3—4 月楚科奇海海冰面积和宁夏 6 月降水量的关系在 1982 年之后由不显著正相关转为负相关,尤其 1990 年以来两者的 21 年滑动相关系数持续显著负相关,通过了 0.05 的显著性水平检验(图 7.57)。1990 年以来,符号相反率为 66.7%;海冰偏少的 10 年中有 6 年降水偏多,占 60%,海冰偏多的 18 年中有 13 年降水偏少,占 72%(图 7.58)。

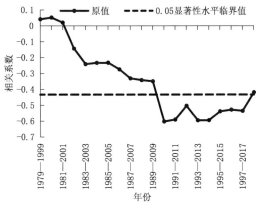

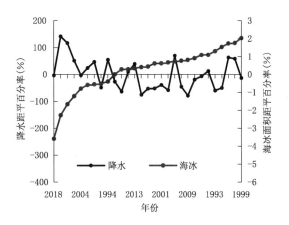

图 7.57　3—4 月楚科奇海海冰面积和
6 月降水 21 年滑动相关系数

图 7.58　3—4 月楚科奇海海冰面积距平百分率和
6 月降水距平百分率

海冰对宁夏 10 月降水量的影响与对 5 月、6 月和 9 月降水量的影响又不同,不但相关关系发生显著性变化,且由显著正相关转为负相关,尤其前期 6—7 月楚科奇海海冰和 5—6 月白令海海冰面积变化对 10 月降水量的影响变化显著,转变期在 1987—1988 年;但其增量之间的关系较原值之间的关系偏弱(图 7.59,图 7.60)。从最早的 21 年和最近的 21 年海冰面积距平百分率和降水距平百分率的符号一致率看,白令海海冰和降水符号一致率分别为 57.1% 和 42.8%,楚科奇海海冰和降水符号一致率分别为 57.1% 和 33.3%(图 7.61,图 7.62)。

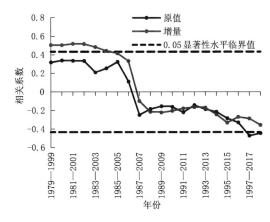

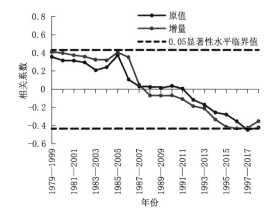

图 7.59　6—7 月楚科奇海海冰面积和 10 月
降水 21 年滑动相关系数

图 7.60　5—6 月白令海海冰面积和 10 月
降水 21 年滑动相关系数

7.4.2　对冬季气温的影响

前期秋季格陵兰海海冰密集度对宁夏冬季气温有显著影响,1961 年以来海冰密集度最低的 10 年中,有 6 年宁夏冬季平均气温偏高,其中,有 5 年偏高幅度大于 0.5 ℃;在海冰密集度最高的 10 年中,有 8 年宁夏冬季平均气温偏低,可见,海冰密集度偏高年更容易造成宁夏冬季气温的偏低(图 7.63)。

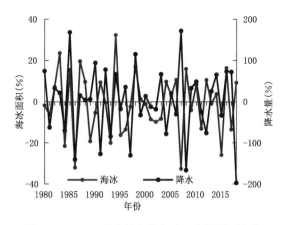

图 7.61　6—7 月楚科奇海海冰面积距平百分率
增量和 10 月降水距平百分率增量变化

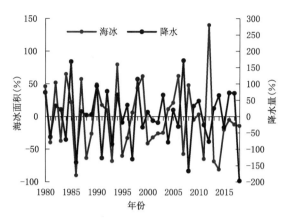

图 7.62　5—6 月白令海海冰面积距平百分率
增量和 10 月降水距平百分率增量变化

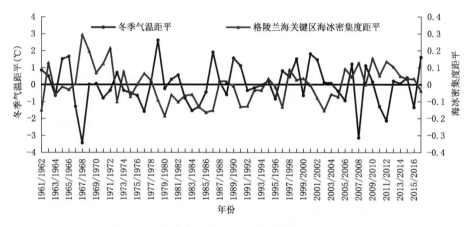

图 7.63　冬季气温距平与前期秋季格陵兰海冰密集度距平(去趋势)年际变化

　　当格陵兰海关键区海冰密集度异常偏低,东亚冬季风指数偏低,冬季风偏弱,西伯利亚高压强度偏弱。从冬季 500 hPa 高度场、海平面气压场与前期秋季格陵兰海关键区的海冰密集度序列做相关分析,可以看出,500 hPa 高度场上,在中国大陆为显著负相关,西伯利亚地区为显著正相关(图 7.64);海冰密集度偏高年,新地岛和格陵兰岛附近有显著的高压异常,西西伯利亚平原上空则有显著的位势高度负异常,该处风场差值呈现显著气旋式环流,在阿留申群岛附近位势高度正异常,即在北极—欧亚大陆—阿留申地区有一个显著的"＋—＋"位相波列形态。这种位势高度异常使得北极与欧亚大陆中高纬度地区的位势高度差减弱,中高纬度地区西风气流偏弱,减弱的西风使得经向活动加强,这有利于北极的冷空气向低纬度地区侵袭,导致欧亚大陆地区的冷冬频发,造成宁夏冬季平均气温偏低,反之亦然。海平面气压场上,在中国大陆西南地区、印度半岛以南及西北太平洋为负相关,西伯利亚地区为正相关(图 7.65),秋季格陵兰海的海冰密集度偏高,使冬季西伯利亚高压偏强,导致影响宁夏的冷空气活动频次偏多,强度偏强,有利于宁夏冬季气温偏低,反之亦然。

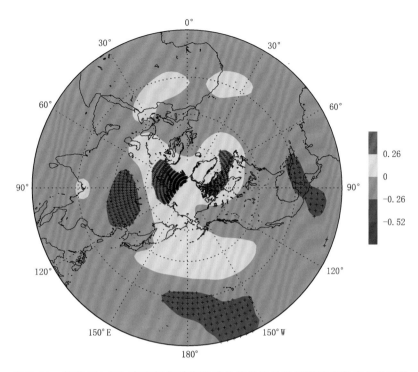

图 7.64　冬季 500 hPa 高度场与前期秋季格陵兰海关键区海冰密集度相关系数
（填色区表示通过 0.05 显著性水平检验）

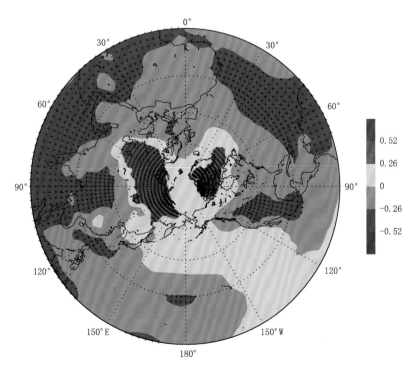

图 7.65　冬季海平面气压场与秋季格陵兰海海冰密集度相关系数空间分布
（黑色网格区表示通过 0.05 显著性水平检验）

第8章 生态环境

宁夏作为西北地区重要的生态安全屏障,维系着西北至黄淮地区气候分布和生态格局,承担着维护西北乃至全国生态安全的重要使命。宁夏地域面积虽小,但黄河流经宁夏的先天自然条件和贺兰山、六盘山、罗山的特有地理优势,使宁夏成为全国的重要生态节点、重要生态屏障、重要生态通道,凸显了稳定季风界限、联动全国气候格局、调节水汽交换、改善西北局地气候,阻挡沙尘东进、维护全国生态安全的特殊地位。

北部的贺兰山是我国一条重要的自然地理分界线,是我国河流外流区与内流区的分水岭,也是季风气候和非季风气候的分界线,是温带草原与荒漠两大类植被区域交界地带。由于贺兰山高大的山体既削弱了西北寒风的侵袭,又阻挡了腾格里沙漠流沙的东侵,使银川平原成为"塞上江南"。最南端的六盘山,是我国黄土高原西部具有代表性的温带山地森林生态系统和重要的水源涵养地,生物资源丰富多样,是"西北种质资源基因库",被誉为"黄土高原上的绿色明珠""天然氧吧""天然水塔"、避暑旅游的核心目的地。罗山、云雾山、南华山均为国家级自然保护区,植被种类多样,种质资源丰富,具备涵养水源,防风固沙作用,有效阻挡了风沙对宁夏中南部、陕西中西部、甘肃东部乃至我国中东部地区的侵袭,发挥了生态屏障的作用。

得天独厚的自然地理环境,使得宁夏境内湖泊湿地众多,截至 2018 年,宁夏有河流湿地、湖泊湿地、沼泽湿地和人工湿地面积 20.72 万 hm²。黄河贯穿宁夏中北部地区,滋润了宁夏平原,造就了良田沃野、鱼米之乡的"塞上江南"。

近年来,宁夏大规模开展国土绿化和沙化、荒漠化、小流域综合治理,在全国第一个实行全省(区)域封山禁牧,森林覆盖率明显提高,截至 2018 年,宁夏林地总面积 76.6442 万 hm²,森林覆盖率 14.6%。草地面积 208.0337 万 hm²,草地潜在风蚀量整体呈下降趋势,实际风蚀强度降低,整体风蚀情况有明显的改善。草地年防风固沙物质总量在 729.80～4120.04 万 t,防沙治沙效果显著。

8.1 山脉

宁夏主要山脉有五座,其中,最重要的为北部的贺兰山和南部的六盘山,另外罗山、云雾山、南华山等国家级自然保护区,对宁夏气候与生态环境有重大影响。

8.1.1 地形地貌

(1)贺兰山

贺兰山的地质历史长达 20 亿年,山脉根属阴山山系,位于银川平原与阿拉善高原之间,地处蒙古高原中部南缘,黄土高原西北侧,北起巴彦敖包,南至毛土坑敖包及青铜峡,西南邻近青藏高原东北部,是宁夏回族自治区与内蒙古自治区地理分界,是我国西北第一大南北走向的山脉,1988 年确立为国家级保护区。

贺兰山南北绵延 250 km,北部以花岗岩为主,由于接近乌兰布和沙漠,干旱少雨,物理风化强烈,形成球状风化地貌;贺兰山主体在贺兰山中部,山势陡峭,山体庞大,海拔较高,一般在 2000～3000 m,主峰敖包疙瘩海拔 3556 m,中部东西宽度可达 50 km;南部山势相对和缓。贺兰山东坡陡峭,山势雄伟,与银川平原垂直落差可达 2000 m,构成一道天然屏障;东坡沟道极为发育,多数自西向东延伸,呈梳篦状分布,自三关口至苦水沟有沟道 21 条,概属黄河水系的外流区,其中,最大者为大武口沟,集水面积为 574 km^2。

（2）六盘山

六盘山是中国"最年轻"的山脉之一,地处宁夏南部的黄土高原之上,呈东南—西北走向,长约 240 km,宽 30～40 km,平均海拔在 2500 m 以上,最高峰位于和尚铺以南的美高山,俗称米缸山,海拔 2942 m,山势高峻。六盘山是一个狭长山脉,是渭河与泾河的分水岭,是泾河、清水河、葫芦河的发源地。在长期内外营力作用下,形成了强烈切割的中山地貌,海拔高,相对高度超过 400 m,峡谷处悬崖峭壁极为险峻。同时,这些地势特征造成峡谷中溪流交错,水流每到陡落处便会飞泻成瀑或落地成潭,形成潭、瀑、泉、涧、溪等多种水体景观。六盘山山地东坡陡峭,西坡和缓,降水量较周围高原稍多。

（3）罗山

罗山位于宁夏同心县,呈南北走向,南北约 30 km,宽 18 km,海拔 2624.5 m 的主峰"好汉圪塔",是宁夏中部的最高峰,有效阻滞了毛乌素沙漠的南侵,是宁夏中部的绿色生态屏障,也是宁夏中部重要的水源涵养林区,被当地人们称为"母亲山",素有"荒漠翡翠"之称。1982 年罗山自然保护区成为宁夏首批省级自然保护区,2002 年 7 月设立为国家自然保护区。保护区内土壤以山地灰钙土、山地灰褐土为主;按照地质地貌的不同,可分为"西部扬黄灌区、中部干旱山区、东部旱作塬区"。

（4）南华山

南华山位于宁夏海原县南部,地处我国黄土高原西北边缘,为六盘山余脉,南靠西吉县的月亮山,西北与西华山相邻,东南接寺口子,呈东南—西北走向,长约 35 km,宽 25 km,平均海拔 2600 m,主峰马万山海拔 2955 m,仅次于贺兰山,北麓 2000 m,南麓 2200 m,相对高差 700～900 m。2014 年被确定为国家级保护区,由于海拔高度、阴坡和阳坡所接受的阳光、降水和相对湿度及植被类型的不同,形成以垂直地带性土壤灰褐土和山麓为基带土壤黑垆土为主的土壤类型。

（5）云雾山

云雾山位于宁夏固原市东北部,地处祁连山地槽东翼与鄂尔多斯台地西缘之间,居黄河流域的上游、黄土高原的中间地带。云雾山是清水河与泾河的分水岭,南北长 9 km,东西宽 4.5 km,海拔 1800～2100 m,最高峰 2148.4 m,大部分在 2000 m 以下,山脉呈南北走向。地质以石灰岩为主,其次是红沙岩,除个别山头岩石裸露外,一般山体浑圆,山坡平缓,黄土层覆盖深厚。地势南低北高,南坡平缓,北坡较陡,为黄土覆盖的低山丘陵区。2013 年被确立为国家自然保护区。

8.1.2 植被资源状况

(1)贺兰山

贺兰山自然保护区是我国中温带半干旱—干旱地区山地生态系统的典型代表,是宁夏三大天然林区之一,也是面积最大的国家级自然保护区。高等植物有 655 种,其中,国家保护植物有沙冬青等 6 种。植物群落有 11 个植被型 70 个群系。其垂直分异明显,有高山灌丛草甸、落叶阔叶林、针阔叶混交林、青海云杉林、油松林、山地草原等多种类型。可划分成 4 个植被垂直带,即海拔 1600 m 以下的山前荒漠与荒漠草原带,1600~1900 m 的山麓与低山草原带,1900~3100 m 的中山和亚高山针叶林带,3100 m 以上的高山与亚高山灌丛草甸带。贺兰山东、西坡及南、北、中段植物群落分异突出,中段以森林和中生灌丛为主,南段和北段荒漠化程度较高,森林面积很小。贺兰山东坡比西坡温暖和干燥,森林面积远小于西坡,并分布一些酸枣、虎榛子等喜暖中生灌丛。

(2)六盘山

六盘山地处温带草原区的南部森林草原地带,地带性植被为草甸草原和落叶阔叶林,主要分为温性针叶林、落叶阔叶林、常绿竹类灌丛、落叶阔叶灌丛、草原和草甸等 7 个类型。植被分布具有明显的垂直带谱,海拔 1700~2300 m 为森林草原带,主要分布着辽东栎、少脉椴、山杨、白桦等组成的落叶阔叶林及狼针茅、羊茅、草地早熟禾草甸草原和山桃灌木草原;2300~2700 m 为山地森林带,主要为温性针叶林华山松及红桦等针叶树种;2700 m 以上多为亚高山草甸,阴坡也有红桦、糙皮桦林。在山地两侧低山及河谷,开垦指数较高,植被渐差,水土流失严重。此外,几十年来保护区内进行了大面积的人工造林,造林树种有华北落叶松、油松、云杉等,其中,以华北落叶松为主。

(3)罗山

罗山原始天然植被应是典型温带森林草原,由于长期人为破坏,原始植被已被次生植被替代,现在地带性植被为干旱草原、荒漠草原和草原化荒漠(徐秀梅 等,2000)。主要为森林、草原和荒漠三大类型的生态系统,针叶纯林是保护区最稳定的森林植被群落,也是保护区森林植被演替的顶极,间有高山草原植被类别,形成高寒半干旱森林植被自然景观,是华北森林植被、蒙古草原植被和戈壁荒漠植被的交汇地带。罗山有植物资源 65 科 204 属 366 种(张占强 等,2014)。由于山体相对高差大,地形差异显著,在植被的发育和次生演替上形成了植被类型的多样性和明显的植被垂直性,主分为 5 个植被垂直带,即荒漠草原带、落叶灌丛带、落叶阔叶林带、针阔混交林带、针叶纯林带;海拔 2000 m 以下气候干燥,加之人为活动频繁和过度放牧,植被为典型的荒漠草原群落;2000~2200 m 为落叶阔叶灌丛群落;2200~2300 m 为山杨纯林,2300~2400 m 阔叶混交林和针阔混交林交错分布;2500 m 针叶混交林和针叶纯林群落交错分布(徐秀梅 等,2000)。

(4)南华山

南华山属于华北植物地区的黄土高原亚地区,与亚洲荒漠植物亚区的蒙古亚地区、青藏高原植物亚区的唐古特地区相近,其西南又逐渐过渡到青藏高原植物亚区的横断山脉植物地区。南华山处于 4 个地区(或亚区)的交界过渡地带,发育了以草原为基础、以森林灌丛为骨架的植被组合;分布着包括阔叶林、落叶灌丛、草原、草甸、沼泽、人工植被等 6 类植被型 10 个植被亚型和 31 个植被群系,同时还有国家保护植物蒙古扁桃、华北驼绒藜、青杨、短芒披碱草和发菜等,植物景观资源品质优异。

南华山物种丰富,植被类型多样,植物地理区系成分复杂,多种地理成分互相渗透汇集,过渡性显著,具有重要的科研价值。植被科属种组成分别占宁夏科属种总数的 45.0%、31.8% 和 22.2%,并且有国家级野生保护植物 3 种和列入《中国珍稀濒危保护植物名录》的 5 种,在宁夏境内是仅次于六盘山、贺兰山的又一个植物种质资源宝库(张建明,2015)。

(5)云雾山

云雾山植被可分为草原和灌丛 2 个植被型,有干草原、草甸草原、荒漠草原、中生落叶阔叶灌丛和耐旱落叶小叶灌丛 5 个植被亚型,11 个群系,42 个群丛。目前计有野生植物 51 科 131 属 182 种,有草本植物 151 种,乔灌木 31 种。有牧草饲用植物 110 种,占植物总数的 60%,药用植物 40 种,蜜源植物 20 多种。云雾山草原自然保护区植物约占我国植物科数的 17%,属数的 4%,种数的 0.7%;约占宁夏植物科数的 43%,属数的 22%,种数的 10%。在宁夏植物区系中占有重要位置。云雾山是我国建立最早的 8 个草地类自然保护区之一,也是宁夏唯一的草地类保护区。

8.1.3　生态和气候效应

(1)贺兰山

贺兰山是温带草原与荒漠两大类植被区域交界地带,具有干旱半干旱地区典型的自然综合体和较完整的自然生态系统,在我国西北地区具有举足轻重的生态意义,被列为我国 6 大生物多样性保护的热点地区之一,是六大生物多样性中心之一的阿拉善—鄂尔多斯中心的核心区域,也是我国北方地区唯一的生物多样性中心。贺兰山是我国草原与荒漠的分界线,东部为半农半牧区,西部为纯牧区。贺兰山脉与我国 200 mm 年平均等降水量线基本重合,因此,是干旱大陆性气候和半干旱大陆性气候分界线,季风气候和非季风气候的分界线。

贺兰山地形起伏较大,气流遇山抬升明显,山区降水量显著增大,有茂密的森林,是很好的水分调节器,其林下丰富的腐殖质层,又是很好的蓄水层,可以减少地表径流,降低流速,增加土壤蓄水量,起到蓄水保土的作用,有着巨大的水源涵养功能,为沿山数十万群众的生产生活提供了水源,被誉为"阿拉善的母亲山"。贺兰山具有独特的山地气候特征,海拔 2100 m 以上无夏季,春秋相连,气候宜人,为避暑旅游胜地。森林生态系统净化大气环境功能显著,提供负离子量为每年 1.426×10^{23} 个,滞纳 PM_{10} 和 $PM_{2.5}$ 颗粒物分别为 361.27 t/a 和 77.44 t/a(刘胜涛 等,2019)。

(2)六盘山

六盘山是黄土高原降水、径流最丰富的地区之一,是黄河二级支流泾河、清水河、葫芦河的发源地(高睿 等,2009),水资源直接惠及宁夏以及周边陕西、甘肃 200 多万人口。六盘山为半湿润气候区,系草原至荒漠的过渡地带,植被类型丰富,有复杂多样的动植物区和比较完整的山地生态系统,是我国黄土高原西部具有代表性的温带山地森林生态系统和重要的水源涵养地,也是境内最大的天然次生林区、动植物和水资源最富集的地区。六盘山周边地区年平均降水量超过 600 mm,年径流总量 2.1 亿 m³,有四季流水的大小河流 65 条,森林总调蓄能力为 2840 万 t,相当于径流总量的 3.5%,地下径流量的 2.0%,为泾河、清水河、葫芦河提供了充足的水源,使六盘山成为生物资源丰富多样的"西北种质资源基因库"。森林覆盖率达到 72.8%,在涵养水源、调节气候、保持生态平衡等方面起着重要作用,具有十分重要的保护和科学研究价值;得天独厚的地理和生态环境,气候舒爽,常年无夏,既不酷热干燥,也不潮湿闷热,无"中国夏都"西宁的寒,少"中国凉都"六盘水的湿,具备"最舒适"的清凉旅游气候,为避暑的核心目的地。

(3)罗山

罗山处于干旱、半干旱荒漠地带,纵贯宁夏中部,介于贺兰山和六盘山之间,与贺兰山、六盘山并称为宁夏三大天然次生林区和水源涵养林区(张占强 等,2014)。具有良好的森林生态系统,丰富的生物多样性,森林植被具有典型的过渡性、稀有性和自然性,属荒漠区域内森林生态系统类型的自然保护区。罗山四周被荒漠所围,从高空俯视,像一座被"旱海"包围的绿岛,与之相伴生的丰富的水资源同周边干旱的生态环境形成明显的反差,故有"旱海明珠,荒漠翡翠"的美称,是研究荒漠地带森林生态系统的天然实验室。由于地处宁夏中部干旱带,生态系统脆弱,但其生态区位十分重要,它涵养水源、防风固沙,为宁夏中部干旱带撑起一把生态"保护伞",是宁夏中部的水源涵养林和宁夏南部山区生态环境的有效屏障。

(4)南华山

南华山是具有我国黄土高原森林草原地带最为典型、保存最为完整的森林—草原复合生态系统类型的自然保护区,是黄土高原西部的重要生态绿岛和湿岛,也是黄土高原周边山地与青藏高原边缘带物种传播廊道上的重要节点(刘秉儒 等,2014),兼具原始性与次生性。南华山林草茂密,植被覆盖度高,6182.1 km^2 的核心植被发挥着巨大的水土保持和水源涵养功能,是干旱的海原县人畜饮水和农业用水的唯一水源(段富强 等,2006),具有显著的"氧吧"和"碳库"作用(张建明,2015)被海原人民称为"母亲山"(段富强 等,2006;雷永华,2012)。

南华山与月亮山、西华山、六盘山及宁夏北部的贺兰山逶迤相连,几座海拔 3000 m 左右的山峰和 2500 m 以上的山梁,构成了一个近乎南北走向的山链,有效阻挡了来自西北和偏西路径的风沙对宁夏中南部、陕西中西部、甘肃东部乃至我国中东部地区的侵袭,发挥了生态屏障的作用(张建明,2015)。

(5)云雾山

云雾山是我国黄土高原半干旱地区特有的干草原生态系统的典型地段,代表着黄土高原半干旱地区的典型自然特征(艾浩 等,2008),是以长芒草为建群种的草原生态系统保留最完整、原生性最强、面积最大且集中连片分布的典型区域,是黄土高原半干旱地区干草原生态系统的天然"本底"(宁夏云雾山草原保护区管理处,2011)。云雾山草原自然保护区地域虽小,但植物地理成分甚为复杂,全国 15 个分布区类型保护区均有分布,从全国乃至全球来看实属罕见(吴征镒,1983),尤其是牧草种质资源丰富,具备牧草种质资源基因库的物质和环境条件,是一个天然的"基因库",具有很高的保护、科研、生态价值,是研究黄土高原半干旱地区干草原生态系统发生、发展及其演变规律的理想场所(宁夏云雾山草原保护区管理处,2011)。

经过 20 多年的有效保护,云雾山草原生态系统步入了良性循环,草地植被覆盖度由保护前的不足 30% 提高到 95% 以上,生物多样性得到有效保护,周边地区生态环境显著好转。植被覆盖度的改善减少了草地的风蚀和沙化,有效控制了土壤养分和水分流失。由于云雾山海拔相对较高,光照充足,气候凉爽,且景如其名,云雾常绕山间,奇幻优美,是避暑旅游的理想之地(张信 等,2010)。

8.2 水资源

宁夏地处我国内陆中部偏北,距海较远,降水稀少,水资源严重短缺。人均水资源占有量仅为黄河流域的 1/3,全国的 1/12。当地地表水资源 9.49 亿 m³,地下水资源量 26.51 亿 m³。全区地表水多年平均径流量为 8.89 亿 m³(不计黄河干流),平均年径流深 18.3 mm,是黄河流域平均值的 1/3,是全国平均值的 1/15,呈现资源型、工程型、水质型缺水并存的局面。

8.2.1 河流分布

全区主要河流有黄河干流及其支流。境内黄河及其各级支流中,共有流域面积 50 km² 级以上河流 406 条,总长度 10120 km;流域面积 100 km² 及以上河流 165 条,总长度 6482 km;流域面积 1000 km² 及以上河流 22 条,总长度 2226 km;流域面积 10000 km² 及以上有 5 条,总长度 926 km(宁夏回族自治区水利厅 等,2013)。祖厉河、清水河、红柳沟、苦水河及黄河两岸诸沟位于黄河上游下段,葫芦河、泾河位于黄河中游中段,另外有黄河流域内流区(盐池)、内陆河区(石羊河下游的甘塘)。

黄河干流自中卫市南长滩入境,流经卫宁灌区到青铜峡水库,出库入青铜峡灌区至石嘴山头道坎以下麻黄沟出境,区内河长 397 km,占黄河全长 5464 km 的 7%。

祖厉河位于西吉、海原境内,宁夏区内集水面积 597 km²,由甘肃省靖远县汇入黄河。

清水河是宁夏境内直入黄河的最大一级支流,发源于固原市原州区开城乡黑刺沟脑,全长 320 km,流经原州区、西吉县、沙坡头区、中宁县、海原县、同心县、红寺堡区 7 个县(区),由中宁泉眼山汇入黄河。河源海拔 2489 m,河口 1190 m,河道平均比降 1.49‰。流域总面积 14481 km²,甘肃境内 970 km²,宁夏境内 13511 km²。流域地表径流主要来源于自然降水,由于 70% 的降水集中在 6—9 月,因此,径流主要集中在该时段,8 月径流量最大,占年径流量的 23.4%~31.7%,1 月最小。

红柳沟为直接入黄支流,发源于同心县老庄乡黑山墩,集水面积 1064 km²,河长 107 km,流经同心、中宁,由中宁鸣沙洲汇入黄河。

泾河是黄河最大一级支流渭河的第一大支流,发源于六盘山东麓,南源出于泾源县老龙潭以上,北源出于固原大湾镇,至平凉八里桥合,东流经平凉、泾川于杨家坪进入陕西长武县,再经彬县、泾阳等于西安市高陵区陈家滩注入渭河。在宁夏区内总面积 4955 km²;泾源县境内干流全长 38.9 km,主要有泾河源头各支沟、盛义河、香水河、胭脂峡等较大河流,境内流域面积 455 km²,河道落差大,河道比降 17.4‰。

葫芦河发源于西吉县月亮山,区内面积 3281 km²,干流在境内长 120 km。左岸有马连川、唐家河、水洛河等 8 条支流,右岸有滥泥河。流经宁夏西吉、原州区、隆德三县后进入甘肃省静宁、庄浪县(马忠玉,2012;安宏英 等,2011;陈玉春,2013)。

苦水河是直接入黄的另一支流,发源于甘肃省环县沙坡子沟脑,宁夏区内集水面积 4942 km²,由甘肃环县进入宁夏,经盐池、同心、利通区,由灵武市新华桥汇入黄河。

黄河右岸诸沟主要有中卫的高崖沟、灵武的大河子沟及陶乐的都思兔河,宁夏区内集水面积 9532 km²。黄河左岸诸沟包括卫宁北山南麓和贺兰山东麓各沟,主要有贺兰山东麓的花石沟、苏峪口沟、大水沟、汝箕沟、大武口沟、红果子沟等,宁夏区内集水面积 5177 km²。

8.2.2 地表水资源

宁夏水资源有黄河干流过境水量 325 亿 m³,可供宁夏利用 40 亿 m³,是宁夏主要的供水水源。水利资源地区分布不平衡,绝大部分在北部引黄灌区,中部干旱带最为缺水,不仅地表水量小,且水质含盐量高,多属苦咸或因地下水埋藏较深,灌溉利用价值较低。宁夏当地 9.49 亿 m³ 地表水资源中苦咸水占 22%,主要分布在中部的苦水河中下游、红柳沟和黄河右岸诸沟,南部的祖厉河、清水河中游及葫芦河流域。南部河系较为发达,水利资源较丰富,但其实际利用率较低。全区地表水多年平均径流量 8.89 亿 m³(不计黄河干流)。

8.2.3 地下水资源

宁夏地下水资源约 26.51 亿 m³,地区分布很不平衡,以较湿润的南部山区及平原区为多,干旱的黄土丘陵地区少,占总面积 13% 的平原区地下水量占总储存量的 63.8%,占 69% 的黄土丘陵区及低缓丘陵地区其他地下水量占总储存量的 16.2%。地下水中 17% 为苦咸水,主要分布在苦水河、黄河右岸诸沟,盐池内流区的部分地区、清水河、葫芦河等流域以及原银北灌区。宁夏全区当地实际可利用水资源量仅有 4.5 亿 m³。

8.2.4 流域年径流量变化

受全球气候变化及黄河上游地区经济社会快速发展的影响,近年自上游进入黄河宁夏段的水量总体上较之前大幅减少,从而导致宁夏出境水量不同程度地减少,入出境水量差(耗水差)有所增大,2001—2012 年比 1956—1995 年平均入境水量减少约 18%,平均出境水量减少约 23%;在西北暖湿化背景下,2001 年以来黄河干流宁夏段出入境水量有缓慢增大趋势(俞淞等,2017)。

从径流量看,清水河和泾河年径流量的年际变化较大(表 8.1)。1961—2017 年,清水河代表性水文站韩府湾的年径流量最大值(28230 万 m³)与最小值(848.6 万 m³)之比高达 33.3;清水河和泾河代表性水文站年径流变差系数(C_v)总体上随年径流量减小而增大,变化范围在 0.30~0.78,具有南小北大的变化趋势。

表 8.1　代表站年径流特征值表

流域	站点	时段	多年平均(万 m³)	最大值(万 m³)及出现年份	最小值(万 m³)及出现年份	极值比	C_v 值
清水河	韩府湾	1961—2017 年	5530.1	28230(1964 年)	848.6(2011 年)	33.3	0.78
清水河	贺堡	1971—2017 年	330.9	553(1996 年)	166.1(1975 年)	3.3	0.30
泾河	泾河源	1979—2017 年	4292.1	9986(1964 年)	1221.0(1997 年)	8.2	0.46
泾河	黄家河	1981—2017 年	975.4	3031(1996 年)	213.1(2011 年)	14.2	0.62

从各水文站年径流量的变化趋势看,除贺堡水文站(1971—2017 年)变化趋势不明显外,其他 3 站均呈明显下降趋势,韩府湾水文站(1961—2017 年)、泾河源水文站(1979—2017 年)、黄家河水文站(1981—2017 年)下降趋势分别为 169.55 万 m³/a、40.17 万 m³/a、33.12 万 m³/a。

韩府湾水文站平均年径流量为 5530.1 万 m³,20 世纪 60 年代最丰,平均为 12664 万 m³,

70 年代开始逐渐减少,90 年代出现几年连续略微增加之后再次减少,2011 年以来平均年径流量仅为 2241.3 万 m^3,较 20 世纪 60 年代减少了 82%(图 8.1)。

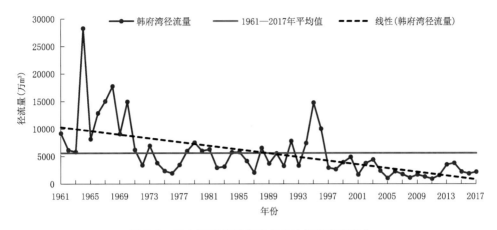

图 8.1　清水河流域韩府湾水文站年径流量变化

贺堡水文站平均年径流量为 330.9 万 m^3,从 20 世纪 80 年代至 21 世纪前 10 年大部分年份偏少,尤其 1997—2009 年年径流量为最少时期,平均为 258.3 万 m^3,仅为 20 世纪 70 年代的 74.7%,该时段也是降水最少时段;2010 年以来,径流量有所增大,平均为 397.5 万 m^3(2005 年缺数据)(图 8.2)。

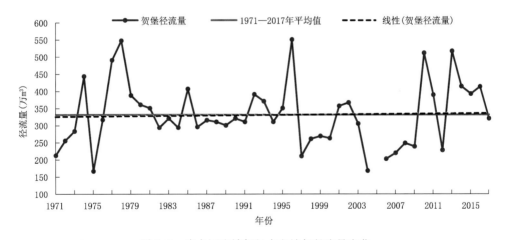

图 8.2　清水河流域贺堡水文站年径流量变化

泾河源水文站平均年径流量为 4292.1 万 m^3,20 世纪 90 年代处于明显偏少的背景,平均为 3124 万 m^3,较多年平均偏少 27%;进入 21 世纪以来有增加趋势,其中,有 8 年较多年平均值偏多(1985—1987 年缺数据)(图 8.3)。

黄家河水文站 1981—2017 年平均年径流量为 975.4 万 m^3,20 世纪 90 年代最大,平均为 1493.4 万 m^3;2005 年以来显著减少,平均仅为 388.1 万 m^3,较多年平均减少了 60%。

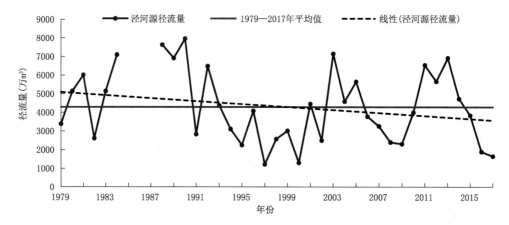

图 8.3　泾河流域泾河源水文站年径流量变化

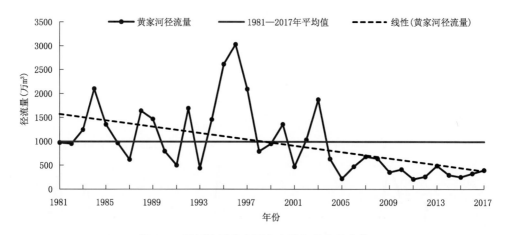

图 8.4　泾河流域黄家河水文站年径流量变化

8.2.5　空中云水资源

空中云水资源是指存在于大气中的液态水和固态水总量,是通过人工干预可以直接开发利用的水资源,主要分布在对流层大气中,集中在其中低层。大气可降水量(又称为空中水汽含量)是单位气柱中从地面到大气层顶的水汽含量,可表征降水的潜力,也是评估空中水资源的重要依据(翟盘茂 等,1997)。

利用 2009—2014 年相关资料分析表明,宁夏空中大气可降水量的分布主要受大气环流和下垫面因子等影响,具有明显的地域及季节变化特征。从空间分布来看,全区大气可降水量与年降水量的空间分布趋势一致,即呈现出从南向北递减的特征。其主要原因是南部山区位于东亚季风水汽输送带的边缘,而中部干旱带及北部受到东亚季风的影响较弱,且受到贺兰山大地形的阻挡,水汽很难到达所致。分季节来看,全区大气可降水量在夏季最大(平均在 20.7~26.7 mm)(图 8.5a),秋季次之(平均在 9.3~14.1 mm)(图 8.5b),春季平均在 6.3~10.8 mm(图 8.5c),冬季最小(平均在 2.8~4.7 mm)(图 8.5d)。

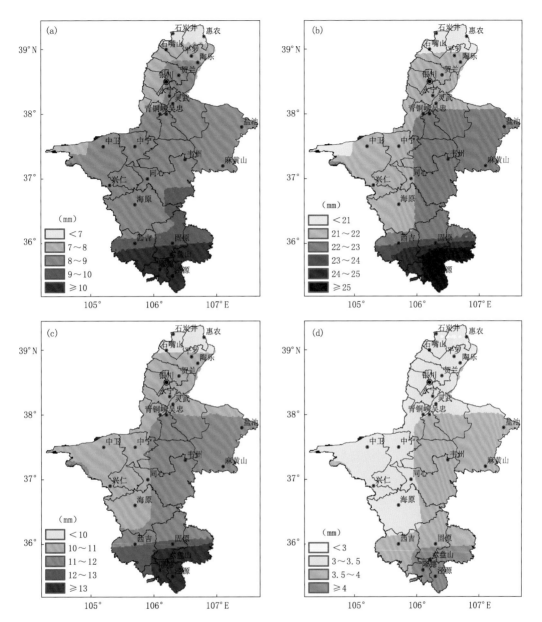

图 8.5 四季大气可降水量的空间分布(mm)

(a)春季；(b)夏季；(c)秋季；(d)冬季

从全区多年平均整层大气可降水量的年变化看，三个区域变化基本一致，都呈现出单峰型变化特征，1—7 月逐月增大，8—12 月逐月减小。北部引黄灌区、中部干旱带和南部山区 7 月大气可降水量分别达到 24.3 mm、25.9 mm 和 27.3 mm，8 月在 20 mm 以上，最小的 1 月三个区域分别仅为 2.5 mm、3.0 mm 和 3.4 mm(图 8.6)(常倬林 等，2015)。

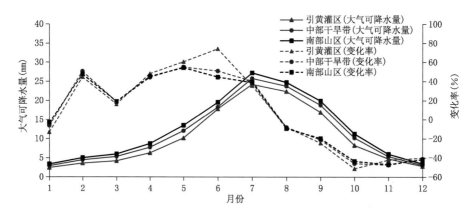

图 8.6　不同地区大气可降水量年变化及年变化率特征

8.3　土地利用

8.3.1　土地利用分布

宁夏面积约为 6.64 万 km²，其中，山地 0.82 万 km²，平原 1.39 万 km²，丘陵 1.97 万 km²。土地利用类型大致分为 7 种，即耕地、园地、林地、草地、交通运输用地、城镇村及工矿用地以及水域及水利设施用地。2018 年末，宁夏全区耕地面积 130.34 万 hm²，林地面积 76.64 万 hm²，草地面积 208.03 万 hm²，园地面积 4.81 万 hm²，交通运输用地 8.29 万 hm²，城镇村及工矿用地 27.61 万 hm²，河流及湖泊用地 3.08 万 hm²（图 8.7）（宁夏回族自治区统计局 等，2001—2019）。

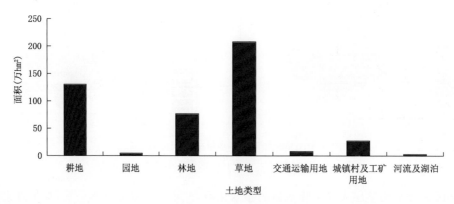

图 8.7　宁夏土地利用分布

8.3.2　土地利用格局变化

2000—2018 年，宁夏草地面积最大，平均为 226.12 万 hm²；其次为耕地面积为 118.24 万 hm²，林地、城镇村及工矿用地分别为 59.68 万 hm²、21.76 万 hm²，交通运输用地、河流及湖泊面积以及园地面积均不超过 5.0 万 hm²（表 8.2）（宁夏回族自治区统计局 等,2001—2019）。

表 8.2　宁夏土地利用结构代表年面积(万 hm²)

年	耕地	林地	草地	城镇村及工矿用地	交通运输用地	园地	河流及湖泊
2000	128.81	77.68	243.78	16.47	3.34	3.33	3.87
2001	129.03	28.88	242.41	16.63	3.63	3.34	4.82
2002	123.83	35.82	240.76	16.80	3.70	3.35	4.71
2004	110.33	59.45	229.35	17.86	1.69	3.34	4.83
2006	110.02	60.64	227.43	18.06	1.78	3.44	4.80
2007	110.63	60.64	226.72	18.36	1.81	3.43	4.86
2009	110.70	60.62	226.42	18.64	1.86	3.43	4.86
2012	110.35	60.36	233.09	21.17	4.73	3.33	4.87
2014	128.44	77.16	210.74	25.70	7.53	5.16	3.09
2015	128.92	76.97	209.95	26.33	7.71	5.11	3.09
2016	129.21	76.79	209.01	27.15	8.04	5.01	3.08
2017	129.32	76.73	208.80	27.40	8.23	5.00	3.08
2018	130.34	76.64	208.03	27.61	8.29	4.81	3.08

注:2004—2009 年交通运输用地包括铁路、公路、民用机场等;其他年份包括铁路、公路、机场和农村道路。

　　1985—2010 年宁夏土地利用主要类型的空间分布变化小,林地主要分布于北部贺兰山山区、东部盐池以及南部六盘山山区,变化不明显;草地在流域各处均有分布;建设用地主要分布于宁夏平原以及黄河和清水河沿岸;耕地主要分布于宁夏平原、清水河沿岸以及大罗山周边（李帅 等,2016）。

　　2012 年之后交通运输用地、城镇村及工矿用地面积明显增加,其余主要土地利用类型面积变化较小。2012—2018 年,除草地和河流及湖泊面积有所减少外,其余土地利用面积均有明显增大,其中,交通运输用地面积增幅最大,其次为城镇村及工矿用地。交通运输用地面积 2012 年为 4.73 万 hm²;2018 年增加到 8.29 万 hm²,较 2012 年增加了 75%。城镇村及工矿用地 2009 年为 18.64 万 hm²,2012 年增加到 21.17 万 hm²,较 2009 年增加了 14%;2018 年增加到 27.61 万 hm²,较 2012 年增加了 30%（表 8.3）。

表 8.3　宁夏 2006—2018 年土地利用面积变化比例(%)

	耕地	林地	草地	城镇村及工矿用地	交通运输用地	园地	河流及湖泊
2012 年较 2009 年变化比例	−0.3	−0.4	2.9	13.5	/	−3.0	0.3
2018 年较 2012 年变化比例	18.1	27.0	−10.7	30.4	75.2	44.7	−36.8

注:"/"表示 2012 年交通运输用地与 2009 年交通运输用地未做比较。

8.3.3　耕地资源状态

　　宁夏耕地总体质量较差,限制因子多,且地域之间表现不同,北部地区主要受土壤盐渍化、土壤排水困难的限制;中部地区受降水、土地沙化、土壤质地的限制;南部山区受降水、土壤侵蚀等因素的影响(郁光磊 等,2007)。

2018年末,宁夏耕地总面积130.34万 hm²,按利用类型分,灌溉水田面积为18.56万 hm²,占耕地总面积的14.20%;水浇地33.34万 hm²,占25.60%;旱地78.45万 hm²,占60.20%(图8.8)(宁夏回族自治区统计局 等,2001—2019)。

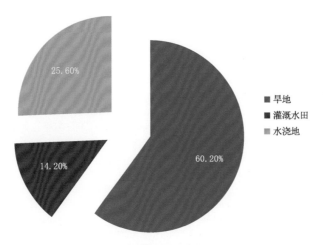

图8.8 宁夏各类耕地面积构成

2000—2018年,宁夏耕地面积平均约为117.66万 hm²,其中,灌溉水田面积平均约为8.40万 hm²,占耕地面积的7%左右,水浇地平均约为34.74万 hm²,约占30%,其余为旱地,平均面积为74.36万 hm²,占比为63%左右。

耕地面积的变化受自然、技术、经济、社会、政策等因素影响,这些因素之间既相互联系又相互制约,它们的综合作用影响了土地的利用方式,从而影响耕地面积变化。2000—2018年宁夏耕地面积每年在109.99~130.34万 hm²(图8.9),2004年之前逐年减少,由129.03万 hm²下降至110.33万 hm²;2005—2013年变化平稳,在109.99~110.71万 hm²;2014年明显增加并稳定维持在128.44万 hm²以上。其中,旱地面积多年变化趋势与耕地一致,每年在69.31~89.44万 hm²;水浇地总体变化不大,每年在31.28~36.99万 hm²,2014年之后减少

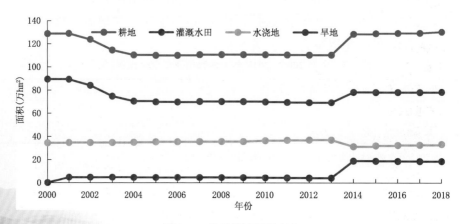

图8.9 宁夏耕地面积变化

并稳定在 31.28～33.34 万 hm²；灌溉水田 2000—2013 年面积相对较小，在 4.05～4.73 万 hm²，2014—2018 年明显增加，在 18.55～18.89 万 hm²。

经济发展水平、人口压力、农业生产技术以及农业产业结构调整是影响宁夏耕地面积变化的主要驱动力。经济发展和人口增长促使城镇化建设力度不断增大，导致耕地面积减少；农业生产技术的提高使原本未利用的荒地、滩涂、盐碱地等得到了有效开发和利用，是耕地面积增加的主要来源；此外农业结构调整也对耕地面积变化有一定程度的影响（吴霞 等，2017）。

8.3.4 土地利用变化的生态效应

（1）生态服务效应

综合考虑各种土地利用类型具有的单位面积、相对生态价值及相应面积比例，定量表征某一区域生态环境质量总体状况，计算不同时期土地利用类型的区域生态环境指数评价土地利用的生态价值（王耀宗 等，2013；马睿，2019）。

宁夏土地利用发生了显著的变化，林地面积大幅度增加，荒漠化和沙化土地面积明显减少，土地利用结构逐步向良性转化，生态环境质量有明显提高，整体生态环境向着健康方向发展，生态服务价值也发生了明显增长，其中，林地增加对总生态服务价值的贡献最大。以中部干旱带盐池为例，盐池作为典型生态过渡带，2000—2017 年，生态系统服务价值量由 69.39 亿元增长到 72.66 亿元，其中，林地的生态系统服务价值量增长最为明显，生态变差贡献率达到187.29%（马睿，2019）。

（2）碳排放效应

土地利用类型的改变是影响区域碳排放量的重要因素，土地利用类型的开发不当会影响当地碳平衡。郑永超（2020）采用宁夏的土地利用类型数据和能源消费数据，通过构建碳排放模型及计算相关指数，对宁夏不同土地利用碳排放效应进行分析表明，土地利用的碳排放量总体上呈显著增加趋势，但在 2012 年后增速变缓。2000—2002 年最大碳源是耕地，2002 年以后最大碳源是建设用地，建设用地的增加是碳排放的主要因素；最大的碳汇是林地，但林地增加的碳吸收量小于建设用地增加的碳排放量，牧草地为第二大碳汇，园地、水域、其他用地也是宁夏主要的碳汇。2012 年以后在经济发展过程中节能减排的效果显著，同时与生态的好转也有关（郑永超 等，2020）。

（3）对沙漠化的影响

宁夏 20 世纪 90 年代中期开始实行封山禁牧，2003 年在全国率先实行全区域禁牧封育，通过退耕还林、还草，禁牧圈养、防沙治沙等生态政策的执行，荒漠化和沙化土地面积双缩减。截至 2018 年，全区退化草原面积减少 42.67 万 hm²，沙化面积减少 14.0 万 hm²。

以全区沙漠化严重的中部干旱带为例（贾科利 等，2011），1978—2007 年，沙漠化面积减少了 28.17 万 hm²，占土地总面积比重由 1978 年的 27.6% 下降到 2007 年的 16.5%，降低了11%。从沙地减少速率看，平均每年以 1.3% 的速率减少，呈稳定下降趋势。从沙地构成上看，严重沙漠化土地面积呈明显减少趋势，由 1978 年的占土地总面积的 31%，减少为 2007 年的近 20%；重度沙漠化土地面积呈先增加后降低的趋势，到 2007 年为 10.88 万 hm²；中度和轻度沙漠化土地面积呈先减少后增加的趋势（表 8.4）。

表 8.4　1978—2007 年宁夏中部干旱带沙漠化土地结构

沙地类型	面积(万 hm²)				占沙地总面积比重(%)			
	1978	1987	1996	2007	1978	1987	1996	2007
严重沙漠化	21.73	14.35	14.16	8.28	31.06	25.71	28.57	19.79
重度沙漠化	11.31	21.67	13.75	10.88	16.16	38.82	27.74	26.02
中度沙漠化	15.07	7.63	5.67	9.48	21.53	13.67	11.44	22.67
轻度沙漠化	21.87	12.17	15.99	13.18	31.25	21.8	32.25	31.52
合计	69.98	55.83	49.57	41.81	100	100	100	100

　　1978—1987 年,草地向沙地转化是草地退化的主要形式之一,向沙地转化的面积为 11.61 万 hm²,占沙地发展面积的 50.6%;其次是耕地和未利用土地,两者向沙地转化了 10.93 万 hm²(表 8.5)。究其原因,一方面是 20 世纪 80 年代初期以来,为缓解人口增长和粮食供应矛盾,中部干旱带依靠有利的黄河水资源条件,开展引黄淤灌、开沟排水、种稻洗盐等农事活动,改良盐土和开发荒地,将大面积荒地、草地垦为耕地和林地;由于广种薄收、掠夺式的土地利用方式,加上人口过快增长,造成对土地的沉重压力,使耕地质量下降,在干旱少雨、多风等自然条件综合作用下,导致土地沙化加速、加重,形成恶性循环;另一方面,粗放的自由放牧方式,使面积逐渐缩小的草场上又要承载数量倍增的牲畜,导致草场因超载过牧而严重退化;此外,挖药材、铲草皮、打草等也是草场退化、沙化的重要原因。同时,大面积林地、水域和未利用土地(沼泽)向耕地转化,造成林地和湿地面积减少,在降雨减少、蒸发强烈的干旱地区,导致沙漠化的发展。

表 8.5　1978—1987 年中部干旱带土地利用类型转化(万 hm²)

土地类型	耕地	林地	草地	城镇用地	水域	未利用土地	沙地	合计
耕地	19.45	1.48	12.61	0.32	0.29	7.48	5.83	47.45
林地	3.99	1.67	1.24	0.19	0.34	2.09	0.14	9.67
草地	9.66	1.44	27.86	0.17	0.13	12.99	11.61	63.85
城镇用地	0.41	0.02	0.14	0.12	0.003	0.46	0.19	1.34
水域	0.71	0.06	0.05	0.08	1.81	0.93	0.06	3.69
未利用土地	9.85	0.53	3.27	0.27	0.38	38.32	5.10	57.72
沙地	6.93	1.01	12.55	0.08	0.27	16.06	32.90	69.98
合计	50.98	6.22	57.71	1.41	3.22	78.33	55.83	253.70

　　1987—1996 年,耕地、草地向沙地转化的面积较前一时段明显减小,但两者转化面积仍然占到沙漠化土地发展面积的近 62%(表 8.6)。主要是人类活动产生的巨大生产惯性和承载对象在极度脆弱的环境下,来不及及时调适,导致耕地和草地的退化。

表 8.6　1987—1996 年中部干旱带土地利用类型转化(万 hm²)

土地类型	耕地	林地	草地	城镇用地	水域	未利用土地	沙地	合计
耕地	27.81	1.45	10.14	0.15	0.41	7.50	2.18	50.98
林地	2.27	1.80	0.95	0.13	0.06	0.57	0.44	6.22
草地	17.9	0.83	28.25	0.26	0.29	4.54	5.65	57.71
城镇用地	0.62	0.02	0.10	0.40	0.11	0.12	0.04	1.41

续表

土地类型	耕地	林地	草地	城镇用地	水域	未利用土地	沙地	合计
水域	0.84	0.01	0.04	0.14	2.04	0.07	0.07	3.22
未利用土地	10.29	3.03	15.79	2.73	1.20	41.01	4.27	78.33
沙地	5.39	1.08	6.35	0.68	0.43	4.97	36.92	55.83
合计	65.13	8.24	61.63	5.82	4.55	58.77	49.57	253.70

到 20 世纪 90 年代中后期,受退耕还草、禁牧等国家生态环境政策调控,耕地、草地沙化面积显著减小。1996—2007 年,有 1.88 万 hm^2 耕地和草场退化为沙地,仅占沙地发展面积的 18%(表 8.7);而这一时期,有 7.06 万 hm^2 未利用土地发展为沙地,主要是在气候趋于暖干化趋势下,人类的盲目利用,导致大面积荒草地退化,为风力侵蚀创造了条件。

表 8.7 1996—2007 年中部干旱带土地利用类型转化(万 hm^2)

土地类型	耕地	林地	草地	城镇用地	水域	未利用土地	沙地	合计
耕地	48.72	0.74	6.67	7.06	0.32	0.37	1.25	65.13
林地	2.10	0.76	2.76	0.17	0.07	1.65	0.72	8.24
草地	6.56	1.89	39.95	7.26	0.30	5.03	0.63	61.63
城镇用地	0.95	0.18	0.51	2.75	0.12	0.94	0.37	5.82
水域	1.33	0.03	0.22	0.58	1.71	0.31	0.37	4.55
未利用土地	5.90	1.52	6.47	4.48	0.33	33.01	7.06	58.77
沙地	4.80	1.41	6.08	2.32	0.27	3.28	31.41	49.57
合计	70.37	6.53	62.66	24.61	3.12	44.60	41.81	253.70

从沙地的逆转来看,沙地逆转为其他土地利用类型的主要原因就是人类有意识地改变土地利用方式,将耕地、沙地等还原为林地、草地。自 20 世纪 80 年代中期以来,中部干旱带实施"三北"防护林、农田防护林、草原防护林、包兰铁路防护林建设及"盐环定"扬黄工程的建设,灌溉农业得以发展的同时,在沙地上营造乔灌混交林带,开发沙漠绿洲。1978—1987 年,沙地逆转为耕地、林地、草地的面积分别为 6.93 万 hm^2、1.01 万 hm^2 和 12.55 万 hm^2,占沙地逆转面积的 55.3%。90 年代中期以来,退耕还林、还草,禁牧圈养等生态政策的执行,人们有意识地将耕地、未利用土地向林地、草地转化;固海、红寺堡等扬黄灌溉工程建设及小流域综合治理等工程相继实施,水资源条件得到改善,使中部干旱带中部山间平原、河谷平原的荒原变成新灌区的同时,有利于阻止沙漠化发展的水域、沼泽和林地面积增加,轻度、中度沙漠化土地经治理向耕地、林地、草地转化。

由此可见,人类有意识地改变土地利用方式,使土地利用类型之间相互转化,是影响沙漠化发展或逆转的直接原因。不合理的人类活动改变了土地的适宜性,使部分耕地、草地退化,在风力的作用下转化为沙地;同时,在生态环境政策调控下,水资源条件得到改善,人们有意识地将耕地、未利用土地向林地、草地转化,合理的土地利用格局逐渐形成,有利于遏制沙漠化的扩展。

"十三五"以来,宁夏高位推动,全面落实防沙治沙责任,以生物措施、工程措施并举,防沙、治沙、用沙并重,有效遏制了荒漠化趋势。依托三北防护林、退耕还林、天然林保护等国家重点生态林业工程,推动防沙治沙建设,形成防沙治沙和生态修复新格局。

8.4　林地

8.4.1　林地资源状态

2000—2018 年,宁夏平均林地面积约为 61.45 万 hm²(宁夏回族自治区统计局 等,2001—2019),其中,有林地面积平均约为 13.37 万 hm²,占林地面积的 22% 左右,灌木林平均约为 15.57 万 hm²,约占 25%,其余为其他林地,平均约为 33.75 万 hm²,占比为 55% 左右。森林覆盖率明显增大,2012 年为 11.9%,2015 年为 12.6%,2018 年达到 14.6%。

宁夏依托"三北"防护林、退耕还林、天然林保护等国家重点生态林业工程,实施了封山禁牧、防沙治沙、湿地保护、生态移民迁出区生态修复等自治区重点生态工程,使宁夏森林资源总量有所增加,重点生态区和生态脆弱区的森林资源得到一定程度的恢复,尤其 2005 年以来林地面积保持稳中有增的状态。2000—2018 年林地面积每年在 27.68～77.16 万 hm²(图 8.10),呈增加的态势,尤其在 2000—2004 年增加迅速,由 27.68 万 hm² 增加至 59.45 万 hm²,增加了 115%。2004—2013 年林地面积在 59.45～60.65 万 hm²,2014 年以后林地面积再次明显增加,增至 76.64 万 hm² 以上。其中,有林地面积多年变化不大,2014 年以前在 11.91～12.16 万 hm²,2014 年以来增加到 16.49～16.58 万 hm²;灌木林地面积变化趋势与林地相似,2014 年以前为 5.16～10.45 万 hm²,2014 年以来增加到 31.53～31.79 万 hm²。19 年中,宁夏林地面积出现两次明显增加,主要源于灌木林和其他林地的增加。

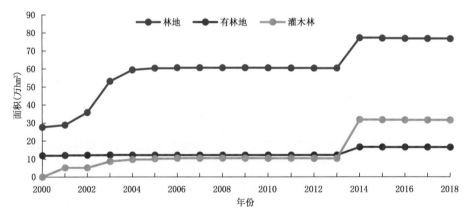

图 8.10　宁夏林地面积变化

8.4.2　碳汇功能

截至 2018 年,宁夏森林覆盖率达到 14.6%。

根据姚仁福等(2021)研究结果,1999—2018 年宁夏森林碳汇量持续增加,其中,1999—2003 年、2004—2008 年、2009—2013 年、2014—2018 年四个时段分别为 430 万 t、540 万 t、720 万 t 和 920 万 t,2014—2018 年碳汇量较 1999—2003 年增加了 114%。

　　张娥娥(2017)分析了 2015 年宁夏全区主要树种(组)的林分碳储量,结果表明占绝对优势的是软阔类,碳储量占 57.20%,其他硬阔类林分占 18.93%,落叶松林分占 8.08%,云杉林分占 7.60%,油松林分占 5.20%,其他树种碳储量均不到总碳储量的 1%(图 8.11)。全区主要树种的林分单位面积平均碳密度高于全国的平均水平,但低于全球平均水平。各树种碳密度由高到低分别为:软阔类＞云杉＞其他硬阔类＞华山松＞油松＞栎类＞针阔混交林＞柏木＞落叶松＞桦木。

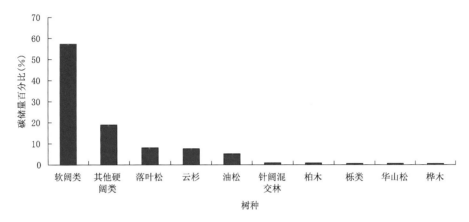

图 8.11　宁夏不同树种碳储量及百分比

8.5　草地

8.5.1　草地资源状态

　　2000—2018 年,宁夏平均草地面积约为 225.14 万 hm²(宁夏回族自治区统计局 等,2001—2019),其中,天然草地平均约为 200.90 万 hm²,占草地面积的 89% 左右;人工草地平均约为 6.20 万 hm²,约占 3%;其他草地平均为 40.38 万 hm²,占比约为 18%。草地面积每年在 208.03～243.78 万 hm²,呈减少的趋势,2014 年以前高于 233.0 万 hm²,2014 年以来大多不足 210.0 万 hm²;天然草地和人工草地面积变化规律相似,2014 年以前分别为 2.18～2.37 万 hm²、6.04～7.67 万 hm²,2014 年之后均明显减少,天然草地在 145.35～146.54 万 hm²,人工草地在 3.45～3.58 万 hm²(图 8.12)。

8.5.2　草地类型

　　宁夏全区草原以典型草原和荒漠草原为主体。在水平方向上自南向北形成了森林草原、典型草原、荒漠草原等草地类型,在垂直方向上自上而下形成了高山(亚高山)草甸、山地森林、草甸草原、典型草原等草地类型。根据综合顺序分类法分类原则,可分为暖温干旱半荒漠类、微温干旱半荒漠类、微温微干典型草原类、微温微润草甸草原类、微温湿润森林草原和落叶阔叶林草地类、微温潮湿针叶阔叶混交草地类、寒温潮湿针叶林草地类、寒温带草甸类 8 个大类

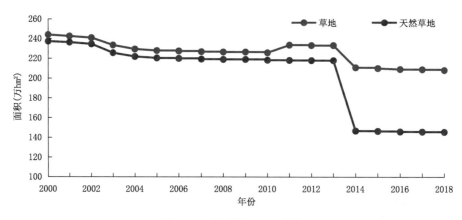

图 8.12　宁夏草地面积变化

（马红彬 等,2000）。

暖温干旱半荒漠类主要分布在吴忠以北(石嘴山市北部,永宁除外)、中宁等县(市)除引黄灌区以外的地区、同心县的北部(韦州以北),西至贺兰山麓。≥0 ℃积温在 3700～3980 ℃·d,年平均气温在 8～10 ℃,年降水量 200 mm 左右,无霜期 180～210 d。土壤主要是淡灰钙土,植被以旱生多年生草本植物占优势,但旱生半灌木在组成中也占有很大比重。

微温干旱半荒漠类主要分布在石嘴山市北部、中宁、中卫以及盐池和海原两县北部、同心县中北部等除引黄灌区以外的地区。≥0 ℃的积温在 3300～3700 ℃·d,年平均气温 6.5～8.0 ℃,年降水量 250～300 mm,无霜期 120～140 d。土壤主要是灰钙土,植被以小型旱生多年生草本植物占优势,并伴生有大量的旱生半灌木。

微温微干典型草原类主要分布在南部黄土丘陵地区,包括盐池、同心、海原等县南部和原州区、西吉、隆德等地的大部分干旱地区。≥0 ℃积温在 2600～3300 ℃·d,年平均气温 6.5～7.5 ℃,年降水量 300～400 mm,无霜期 120 d 以上。土壤以黑垆土为主,局部地区为灰钙土。植被以丛状禾草占优势,混生有一定数量的旱生杂草或灌丛。

微温微润草甸草原类零星分布在宁夏黄土高原中部。≥0 ℃积温在 2300～3700 ℃·d,年平均气温 6.5～7.0 ℃,年降水量 350～450 mm,无霜期 120 d 以上。土壤以淡黑垆土和山地草甸土为主。植被以旱生草本占优势,并有相当数量的中生草本。

微温湿润森林草原和落叶阔叶林草地类主要分布在泾源县、彭阳县、原州区南部、隆德县山区及东部、西吉县少部分地区。≥0 ℃积温在 2400～2900 ℃·d,年平均气温 5～7 ℃,年降水量 400～500 mm,无霜期 120～150 d。土壤以黑垆土和山地灰褐土为主,局部地区为山地草甸土。

微温潮湿针叶阔叶混交林草地类主要分布在六盘山的丘陵地区,贺兰山也有少量分布。≥0 ℃积温在 2300～3300 ℃·d,年平均气温 5～6 ℃,年降水量 500～650 mm,无霜期 90～100 d。土壤以山地灰褐土为主,植被主要是森林草原、草甸。

寒温潮湿针叶林草地类主要分布在贺兰山高山以及贺兰山、罗山中山的阴坡。≥0 ℃积温在 1700～2300 ℃·d,年平均气温 2～4 ℃,年降水量 600 mm 左右,无霜期不足 120 d。土壤以山地草甸土和山地灰褐土为主,植被主要是高山草甸、亚高山草甸。

寒温带草甸类主要分布在贺兰山、六盘山、马万山等山顶顶部。≥0 ℃积温 1300～1700 ℃·d，气温变化剧烈，年平均气温<1 ℃，年降水量 400 mm 以上，无绝对无霜期。土壤以山地草甸土为主，植被以冷中生植物为主，耐寒性强。

8.5.3　净初级生产力分布及其对气候变化的响应

草地净初级生产力(NPP)指草地在单位时间和单位面积所产生的有机干物质总量，不仅直接反映在自然环境条件下草地的生产能力，表征草地生态系统的质量状况，而且是判定草地生态系统碳源/汇和调节生态过程的主要因子，在全球变化和碳平衡中扮演重要作用。采用草地 NPP 分析全区 2000—2015 年草地生态效益及其对气候变化的响应(朱玉果 等，2019)。

(1)不同类型草地 NPP

不同草地类型的 NPP 差异较大，其中，山地草甸类的 NPP 多年均值最高，达到了 518.34 gC/(m² · a)，是宁夏净初级生产力最高的草地类型，主要分布在南部山区；其次是草甸草原、灌丛草甸类和低湿地草甸，NPP 多年均值分别为 331.62 gC/(m² · a)、261.93 gC/(m² · a) 和 222.73 gC/(m² · a)；其他草地类型的 NPP 多年均值在 200 gC/(m² · a) 以下，其中，宁夏中部干旱带分布广泛的荒漠草原和干草原类草地的 NPP 多年均值仅为 110.44 gC/(m² · a) 和 186.36 gC/(m² · a)。

(2)草地 NPP 的空间分布特征

全区年均草地 NPP 为 148.28 gC/(m² · a)。由于所处地理位置和气候背景不同，全区草地 NPP 分布存在较强的空间异质性，其中，NPP≤100 gC/(m² · a) 和 100～200 gC/(m² · a) 两个等级的草地面积占总草地面积的 65% 以上。年降水量在 600 mm 左右的南部山区，发育了以山地草甸和草甸草原为主的草地类型，草地覆盖度高，净初级生产力在 200～300 gC/(m² · a)，其中，六盘山、南华山等山麓地区高于 400 gC/(m² · a)。中部干旱带西北部靠近腾格里沙漠，东部为毛乌素沙地，草地类型以干草原、荒漠草原和草原化荒漠为主，草地覆盖度低，净初级生产力为 100～200 gC/(m² · a)，其中，退化较为严重的草地不足 100 gC/(m² · a)。北部引黄灌区西部的贺兰山山前平原和东部的鄂尔多斯台地边缘也发育一些荒漠草原、草原化荒漠，其草地覆盖度低，净初级生产力弱；而在灌区农田与城市用地的边缘地带则零星分布着一些低湿地草甸类及沼泽类草地，贺兰山山麓分布一些灌丛草原，其草地覆盖度高，净初级生产力强。

(3)草地 NPP 随时间的变化特征

宁夏全区平均草地 NPP 呈增长趋势，年增长量为 3.84 gC/(m² · a)；全区草地有 98% 的区域其 NPP 呈增长趋势，增长率自北向南逐渐增强，其中，年增长率在 0～5 gC/(m² · a) 的草地分布最广，占宁夏草地面积的 61%，主要分布在中部干旱带及北部贺兰山山麓和鄂尔多斯台地边缘；南部丘陵山区年增长量多在 5 gC/(m² · a) 以上。有 61% 的区域其 NPP 显著上升，包括宁夏中东部的荒漠草原、中南部的干草原类、南部的灌丛草甸和草甸草原；上升趋势不显著的区域占宁夏草地面积的 36%，主要集中在宁夏西北部的草原化荒漠类草地、荒漠草原、灌丛草原及南部的部分山地草甸；下降不显著的区域主要分布在宁夏西北部贺兰山的部分灌丛草原及少部分草原化荒漠类；显著下降的地区主要分散在宁夏北部。

(4)草地 NPP 对气候的响应

通过分析各类型草地 NPP 与气温和降水的相关关系表明，草地 NPP 与当月及前期 1～3

个月气温相关由强到弱依次是沼泽类草地、草甸草原、灌丛草原、山地草甸、灌丛草甸及低湿地草甸，且随着时间的临近相关系数增大；荒漠草原、干草原、草原化荒漠类及干荒漠类草地NPP与前1个月的相关最高，与当月及前2～3个月的相关较弱。全区各类草地NPP均与当月降水量的相关最高，其中，荒漠草原NPP与当月的降水量相关最高，其他依次为干草原、低湿地草甸、草原化荒漠类、干荒漠类、沼泽类草地、灌丛草甸、灌丛草原、山地草甸和草甸草原。

8.5.4　草地防风固沙效果

利用土壤、气象、土地利用、数字高程模型（DEM）及NDVI资料，基于RWEQ模型，定量分析2000—2015年全区草地在防风固沙以及抑制区域沙尘天气中的作用（王洋洋 等，2019）。

（1）防风固沙物质量及其时空格局

宁夏全区草地年潜在风蚀总量为1028.30～7540.50万t（表8.8）。在空间分布上，潜在风蚀强度较轻的区域主要集中在风场强度较低、降雨量较大的南部区域，北部和中部潜在风蚀较剧烈。2000—2015年草地潜在风蚀量呈现出"增加—减少—增加"的波动变化，整体呈下降趋势。

表8.8　不同年份宁夏草地生态系统风蚀量及防风固沙量

项目	项目（单位）	2000年	2005年	2010年	2015年
潜在风蚀	单位面积年最大值（kg/m²）	36.58	29.35	14.00	36.38
	单位面积年最小值（kg/m²）	0	0	0	0
	单位面积年平均值（kg/m²）	1.99	3.19	0.45	1.75
	总量（万t）	4562.59	7540.5	1028.3	3968.38
实际风蚀	单位面积年最大值（kg/m²）	19.16	23.32	9.44	22.53
	单位面积年最小值（kg/m²）	0	0	0	0
	单位面积年平均值（kg/m²）	0.87	1.42	0.12	0.58
	总量（万t）	2002.08	3318.71	269.75	1290.18
防风固沙	单位面积年最大值（kg/m²）	36.14	29.07	13.57	35.36
	单位面积年最小值（kg/m²）	0	0	0	0
	单位面积年平均值（kg/m²）	1.11	1.77	0.33	1.71
	总量（万t）	2477.28	4120.04	729.80	2601.41

宁夏全区草地年实际风蚀总量为269.75～3318.71万t（表8.8）。在空间分布上，实际风蚀强度较轻的区域主要集中分布于植被盖度较高、风场强度较低及降雨量较大的南部广大区域；中部干旱区的腾格里沙漠附近草地风蚀量较高。2000—2015年宁夏草地实际风蚀强度降低，整体风蚀情况有明显的改善。

草地单位面积年防风固沙物质量为0.00～36.14 kg/m²，且在空间分布上呈现出"中部高，南北低"的分布特点。2000—2015年，全区草地年防风固沙物质总量在729.80～4120.04万t，呈现出"增加—减少—增加"的变化特点，整体略有增加趋势；2015年防风固沙量比2000年增加了124.13万t（表8.8）。

（2）不同防风固沙等级草地防风固沙量

将草地按照防风固沙量的差异划分为"弱""较弱""中等""较强"和"强"等5个等级。

2000—2015 年全区草地防风固沙等级以"中等"和"较弱"为主，占总固沙量的 46.99%～64.76%（表 8.9）。其中，"强""较强"及"较弱"等级草地的年防风固沙量均呈现出"增加—降低—增加"的变化特点；"中等"等级的草地"先减后增"，且变化量最大，共增加了 126.72 万 t；"弱"等级的草地"先减后增"。

从不同等级草地面积看，"弱"等级的草地面积最大，占 47%～90%，且呈"减少—增加—减小"的趋势；其次为"较弱"的草地，"中等"及以上等级的草地面积则均呈增加趋势。2000—2015 年，全区较高等级草地的年防风固沙量及面积增加，较低等级草地的年防风固沙量及面积减小，整体草地固沙等级提升。

表 8.9　宁夏草地生态系统不同等级防风固沙物质量

等级	2000 年		2005 年		2010 年		2015 年	
	固沙量（万 t）	占比（%）	固沙量（万 t）	占比（%）	固沙量（万 t）	占比（%）	固沙量（万 t）	占比（%）
弱	534.75	21.59	477.04	11.58	337.71	46.27	495.38	19.04
较弱	908.74	36.68	1184.08	28.74	312.86	42.87	850.13	32.68
中等	695.66	28.08	751.86	18.25	58.3	7.99	822.38	31.61
较强	192.89	7.79	1488.72	36.13	19.99	2.74	238.73	9.18
强	145.23	5.86	218.35	5.30	0.93	0.13	194.79	7.49
总计	2477.27	100	4120.05	100	729.79	100	2601.41	100

注：防风固沙等级以防风固沙量来划分（x，单位：kg/m^2），弱：$x \leqslant 0.85$；较弱：$0.85 < x \leqslant 2.41$；中度：$2.41 < x \leqslant 5.24$；较强：$5.24 < x \leqslant 11.06$；强：$x > 11.06$。

（3）不同区域防风固沙量

2000—2015 年，中部干旱区和南部山区草地在防风固沙中发挥的作用相对较高，北部灌区则相对较低，其中，中部干旱区草地年防风固沙量占比达 49.57%～61.73%，南部山区占比为 34.13%～45.66%，北部灌区占比为 4.14%～9.19%。北部灌区草地年防风固沙物质量和平均单位面积年防风固沙量呈现出"先减后增"的趋势，2015 年年总防风固沙物质量较 2000 年减少了 67.25 万 t；中部干旱区草地和南部山区则均呈"增加—减小—增加"的趋势，2015 年年总防风固沙物质量较 2000 年分别增加了 169.10 万 t 和 22.28 万 t（表 8.10）。

表 8.10　宁夏不同区域草地生态系统防风固沙量

年份	项目（单位）	北部灌区	中部干旱区	南部山区
2000	单位面积年最大值（kg/m^2）	1.91	36.14	30.17
	单位面积年最小值（kg/m^2）	0	0	0
	单位面积年平均值（kg/m^2）	0.51	1.45	1.06
	年总固沙量（万 t）	227.70	1291.15	958.43
	占比（%）	9.19	52.12	38.69
2005	单位面积年最大值（kg/m^2）	1.79	29.06	23.65
	单位面积年最小值（kg/m^2）	0	0	0
	单位面积年平均值（kg/m^2）	0.43	2.15	2.03
	年总固沙量（万 t）	196.46	2042.37	1881.22
	占比（%）	4.77	49.57	45.66

续表

年份	项目(单位)	北部灌区	中部干旱区	南部山区
2010	单位面积年最大值(kg/m²)	0.47	13.57	11.11
	单位面积年最小值(kg/m²)	0	0	0
	单位面积年平均值(kg/m²)	0.07	0.49	0.28
	年总固沙量(万 t)	30.23	450.50	249.07
	占比(%)	4.14	61.73	34.13
2015	单位面积年最大值(kg/m²)	1.75	35.35	30.52
	单位面积年最小值(kg/m²)	0	0	0
	单位面积年平均值(kg/m²)	0.35	1.62	1.12
	年总固沙量(万 t)	160.45	1460.25	980.70
	占比(%)	6.17	56.13	37.70

8.6 湿地

8.6.1 主要湿地分布

宁夏全区有 4 类 14 型湿地,其中,自然湿地有河流湿地、湖泊湿地和沼泽湿地 3 类 11 型,人工湿地有库塘、运河输水河、水产养殖场 3 型。湿地总面积为 20.72 万 hm²,其中,自然湿地(包括河流湿地、湖泊湿地、沼泽湿地)16.95 万 hm²,占湿地总面积的 81.80%,人工湿地 3.77 万 hm²,占湿地总面积的 18.20%。

按湿地类分,有河流湿地 9.79 万 hm²,占湿地总面积的 47.25%;湖泊湿地 3.35 万 hm²,占湿地总面积的 16.17%;沼泽湿地 3.81 万 hm²,占湿地总面积的 18.38%;人工湿地 3.77 万 hm²,占湿地总面积的 18.20%(图 8.13)。

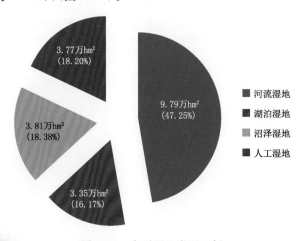

图 8.13 宁夏湿地类型比例

按湿地型分,有永久性河流湿地 3.18 万 hm²,占 15.34％;季节性或间歇性河流湿地 1.70 万 hm²,占 8.21％;洪泛平原湿地 4.91 万 hm²,占 23.70％;永久性淡水湖湿地 2.01 万 hm²,占 9.71％;永久性咸水湖湿地 0.11 万 hm²,占 0.51％;季节性淡水湖湿地 0.15 万 hm²,占 0.74％;季节性咸水湖湿地 1.08 万 hm²,占 5.22％;草本沼泽 0.92 万 hm²,占 4.43％;灌丛沼泽 0.18 万 hm²,占 0.86％;内陆盐沼 0.76 万 hm²,占 3.68％;季节性咸水沼泽 1.95 万 hm²,占 9.40％;库塘湿地 1.25 万 hm²,占 6.05％;运河、输水河湿地 0.97 万 hm²,占 4.69％;水产养殖场 1.55 万 hm²,占 7.46％(图 8.14)。

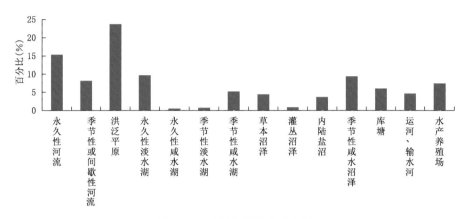

图 8.14 宁夏各湿地类型比例

目前,宁夏建立湿地类型自然保护区 4 处、国家级湿地公园 13 个,自治区级湿地公园 11 个,基本形成了以湿地型自然保护区、湿地公园为主,湿地保护小区为补充的湿地保护体系。已在毛乌素沙地边缘盐池县建立哈巴湖国家级湿地自然保护区 1 处,在青铜峡库区、沙湖和西吉震湖建立自治区(省级)湿地自然保护区 3 处;银川市鸣翠湖、阅海、黄沙古渡、鹤泉湖、宝湖,石嘴山星海湖、镇朔湖、简泉湖,吴忠市黄河、青铜峡鸟岛、中宁天湖、太阳山、固原市清水河、平罗天河湾湿地公园,被批准为国家湿地公园,湿地类型自然保护区面积占宁夏湿地总面积的 45％以上。

8.6.2 平原湖泊湿地动态演变

采用卫星遥感监测资料分析 1999—2016 年宁夏平原(105°56′～106°58′E,38°12′～39°17′N)湖泊湿地的变化(王豫 等,2018),结果表明,宁夏平原湿地面积增大,2016 年较 1999 年增加了 0.53 万 hm²,增幅为 12.39％。其中,河流湿地面积减少,2016 年较 1999 年减少了 0.20 万 hm²,减幅 19.13％;非河流湿地面积增加,2016 年较 1999 年增加了 0.74 万 hm²,增幅 23.36％(表 8.11)。

表 8.11 宁夏平原湖泊湿地面积统计

年份	河流湿地面积 (万 hm²)	非河流湿地面积 (万 hm²)	湿地总面积 (万 hm²)	河流湿地 面积变化(％)	非河流湿地 面积变化(％)	总湿地 面积变化(％)
1999	1.15	3.16	4.31	/	/	/
2005	1.06	3.25	4.32	−7.23％	2.85％	0.16％

续表

年份	河流湿地面积（万 hm²）	非河流湿地面积（万 hm²）	湿地总面积（万 hm²）	河流湿地面积变化（%）	非河流湿地面积变化（%）	总湿地面积变化（%）
2010	1.04	3.42	4.46	−2.41%	5.11%	3.25%
2013	0.98	3.78	4.76	−5.63%	10.42%	6.68%
2016	0.94	3.90	4.84	−3.86%	3.35%	1.86%

8.6.3　湖泊湿地的气候效应

通过对比分析宁夏平原修复前后地表热环境的变化表明（王豫 等，2018），湿地修复前（1999—2003 年）后（2003—2016 年）暖季次高温及高温区均主要分布在平罗、银川、大武口区等城市集中区以及贺兰山向阳面，次低温区主要分布于植被/耕地区，低温区 85% 集中在沙湖、星海湖、黄河流域及其支流等湿地周围；暖季热环境强度呈城市建筑地＞乡村/裸地＞植被/耕地＞湿地的空间分布规律。湿地修复后整个宁夏平原的中温以上等级的热场面积低于修复前，中温区面积变化最大，占比为 16.23%，高温区、次高温区、中高温区面积累计减少 7.46 万 hm²，占比达 7.82%，中低温、次低温、低温区面积累计增加 22.92 万 hm²，增加比例高达 24.05%。说明湿地对局地气候起到明显的降温作用。

湿地修复后，冷季整体温区分布提升一个等级，修复后的温区 71% 集中分布在中温及中高温区；而修复前，56% 集中分布在中温及中高温区，湿地及其周围均处于低温，植被/耕地及其周围均处于次低温区，城市建筑地及裸地周围均处于中温区。较高温度区的面积在湿地修复后有一定的下降；中温区面积变化仍最大，增加比例为 9.02%；高温区、次高温区、中高温区累计面积减少 8.56 万 hm²，占比为 8.9%；而中低温、次低温、低温区累计面积减少 333 hm²。以沙湖作为典型湿地分析其降温范围，结果表明修复前，暖季沙湖的降温效应到 1200 m 高度以后趋于平稳，最大降温可达 4.1 ℃；冷季沙湖对周围地表温度显著影响的范围为 600 m 高度，降温幅度为 0.5 ℃。进行湿地修复工程后，湿地降温效应显著提高；暖季沙湖的降温效应可延伸至 1500 m，最大降温可达 4.8 ℃；冷季降温范围为 600 m 高度，降温幅度约 0.6 ℃。

8.7　大气环境

以 2015—2018 年银川市、大武口区、利通区、沙坡头区和原州区的 $PM_{2.5}$、PM_{10}、CO、NO_2、O_3、SO_2 六种污染物监测数据分析宁夏空气质量状况。

8.7.1　大气污染物分布特征

（1）污染物浓度水平及年际变化特征

5 市（区）$PM_{2.5}$、PM_{10} 年平均浓度分别为 35～47 $\mu g/m^3$、91～114 $\mu g/m^3$，原州区最低，大武口区最高；CO 年平均浓度为 0.753～1.035 mg/m^3，银川市最高，利通区最低；NO_2 年平均浓度为 21～33 $\mu g/m^3$，银川市最高，沙坡头区最低；O_3 年平均浓度为 55～72 $\mu g/m^3$，大武口区最高，利通区最低；SO_2 年平均浓度为 11～56 $\mu g/m^3$，原州区最低，大武口区最高。整体看，原州区空气质量最好,大武口区最差(表 8.12,图 8.15)。

表 8.12 宁夏 5 市(区)不同污染物浓度年平均值

	PM$_{2.5}$(μg/m^3)	PM$_{10}$(μg/m^3)	CO(mg/m^3)	NO$_2$(μg/m^3)	O$_3$(μg/m^3)	SO$_2$(μg/m^3)
原州区	35	91	0.798	25	63	11
大武口区	47	114	0.923	30	72	56
利通区	44	104	0.753	25	55	28
银川市	44	102	1.035	33	68	41
沙坡头区	41	105	0.755	21	71	22

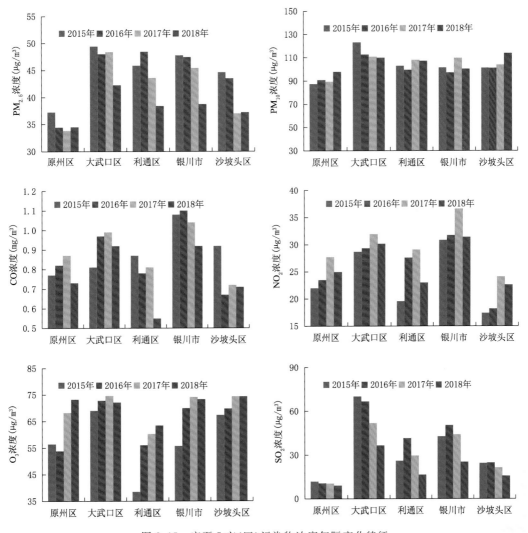

图 8.15 宁夏 5 市(区)污染物浓度年际变化特征

5 市(区)PM$_{2.5}$浓度均呈下降趋势,利通区 2016 年最高,其他各地均为 2015 年最高;大武口区、银川市和利通区均为 2018 年最低。PM$_{10}$年平均浓度变化趋势不一致,大武口区呈下降趋势,由 2015 年的 123 μg/m^3 降至 2018 年的 110 μg/m^3;银川市无明显变化趋势;利通区、沙坡头区和原州区均呈升高趋势,沙坡头区升高最明显,由 2015 年的 101 μg/m³ 升高至 2018 年的 114 μg/m³。CO 年平均浓度原州区、大武口区和银川市呈现先升高后降低的变化特征,利通区和沙坡头区呈明显下降趋势,利通区由 2015 年的 0.87 mg/m³ 降至 2018 年的 0.55 mg/m³,沙坡头区由 2015 年的 0.92 mg/m³ 降至 2018 年的 0.71 mg/m³。NO₂ 浓度均呈升高趋势,沙坡头区升高最明显,由 2015 年的 17 μg/m³ 升高至 2018 年的 23 μg/m³,其次是利通区,银川市升高幅度最小;另外,各市(区)2017 年 NO₂ 浓度均是近 4 年中最高。O₃ 浓度均呈上升趋势,利通区上升幅度最大,由 2015 年的 38 μg/m³ 升高至 2018 年的 63 μg/m³;其次是银川市,由 2015 年的 56 μg/m³ 升高至 2018 年的 73 μg/m³;大武口区升高幅度最小,仅由 2015 年的 69 μg/m³ 增加至 2018 年的 72 μg/m³。SO₂ 年均浓度普遍呈下降趋势,大武口区降幅最大,从 2015 年 70.22 μg/m³ 降到 2018 年 36.66 μg/m³;其次是银川市,原州区降幅最小,仅降低 3 μg/m³。

(2)污染物年内变化特征

各类污染物浓度基本呈冬半年高于夏半年的特征(图 8.16)。各地 $PM_{2.5}$、PM_{10}、CO、NO_2 月平均浓度变化均呈 U 型分布。其中,$PM_{2.5}$ 在 6—9 月最低,1—2 月和 11—12 月最高;PM_{10} 在 1—5 月普遍较高,6 月明显降低,8 月和 9 月降至最低点,随后逐渐上升,11 月和 12 月又达到较高水平;CO 月平均浓度高值出现在 1 月和 12 月,低值在 5—7 月;NO_2 月最高浓度多出现在 11 月和 12 月,最低浓度多出现在 7 月;O_3 月平均浓度变化特征呈倒 V 型,最高浓度均出现在 6 月和 7 月,最低浓度出现在 11 月、12 月和 1 月;SO_2 月平均浓度最高值普遍出现在 1 月,最低值多出现在 7 月。

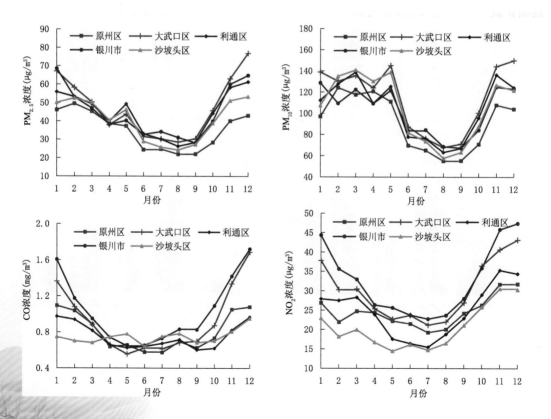

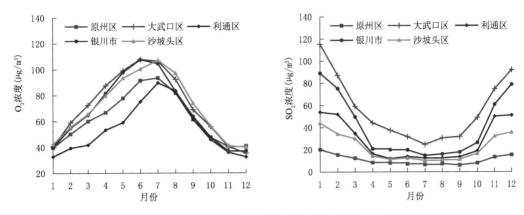

图 8.16　宁夏 5 市(区)污染物浓度月变化特征

(3)污染物日变化特征

5 市(区)除 O_3 和 SO_2 外,其他各类污染物日变化均呈双峰双谷型(图 8.17)。

10 时前后和 22 时前后 $PM_{2.5}$、PM_{10}、CO、NO_2 及 SO_2 浓度较高,06 时前后和 17 时前后 $PM_{2.5}$、PM_{10}、CO、NO_2 及 SO_2 浓度较低。5 市(区)O_3 日变化均呈单峰型,最高浓度均出现在 16 时前后,最低值均出现 08 时前后。

$PM_{2.5}$、PM_{10}、CO、NO_2 及 SO_2 的双峰双谷型日变化主要受污染物排放、气象要素变化影响。早晨随着人群活动,燃煤燃气、机动车尾气、道路扬尘等增加,且温度低对流弱,污染物不易扩散,因而造成污染物浓度在中午前后出现最高或次高峰;午后温度上升,湍流增强,污染物逐渐扩散,浓度降至最低;傍晚辐射减弱,气温下降,湍流减弱,污染物较难扩散,使得污染物浓

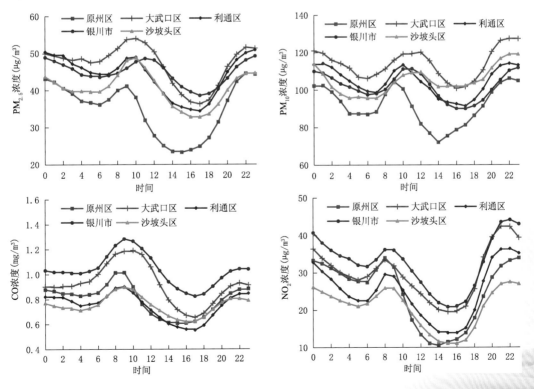

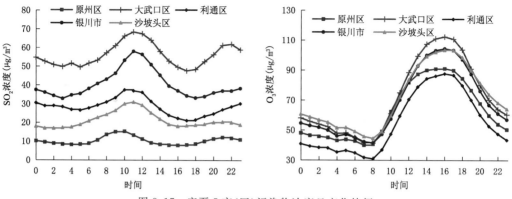

图 8.17 宁夏 5 市(区)污染物浓度日变化特征

度再次出现峰值;午夜至凌晨降低,随着污染物排放的减少,浓度逐渐减小进入低值区。O_3 单峰型日变化的形成主要是受气温、辐射等因的影响,白天气温高、辐射强,能够促进 O_3 的生成,至午后达到最高值,日落后与 NO 等污染物发生化学反应,逐渐消耗 O_3,O_3 浓度逐渐降低,至翌日清晨达最低。

(4)不同等级污染频率特征

从地域分布看,5 市(区)出现"良"的频率均最高,除原州区外,其他市(区)"轻度"污染频率均高于"优"频率。原州区"优"的频率为 10%~16%,"良"为 72%~79%,"轻度污染"为 7%~10%,"中度污染"及以上污染日数为 3%~6%;大武口区"优"的频率为 1%~5%,"良"为 59%~69%,"轻度"污染为 20%~28%,"中度"污染及以上为 6%~10%;利通区、银川市、

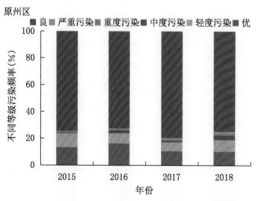

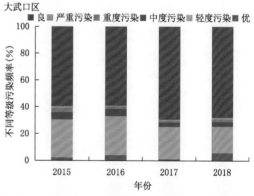

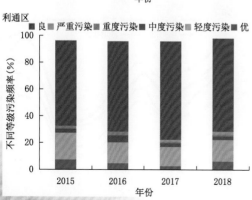

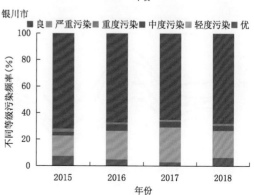

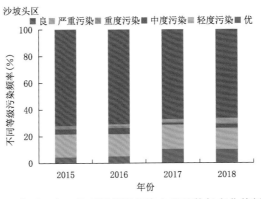

图 8.18 宁夏 5 市(区)不同等级污染出现日数年变化特征

沙坡头区"优"的频率为 3%～11%,"良"为 64%～73%,"轻度"污染为 14%～26%,"中度"污染及以上为 5%～8%(图 8.18)。

8.7.2 首要污染物日数分布

首要污染物为 PM$_{2.5}$ 的年平均日数利通区最大,为 57 d,大武口区和银川市均为 56 d,沙坡头区 46 d,原州区 31 d。首要污染物为 PM$_{10}$ 的年平均日数原州区最大,为 194 d,利通区 185 d,银川市 169 d,沙坡头区 164 d,大武口区 149 d。首要污染物为 O$_3$ 的年平均日数大武口区最大,为 124 d,沙坡头区 119 d,银川市 103 d,原州区 87 d,利通区 76 d。首要污染物为 SO$_2$ 的年平均日数大武口区最大,为 22 d,银川市 14 d,利通区 9 d,沙坡头区 3 d,原州区未出现(图 8.19)。

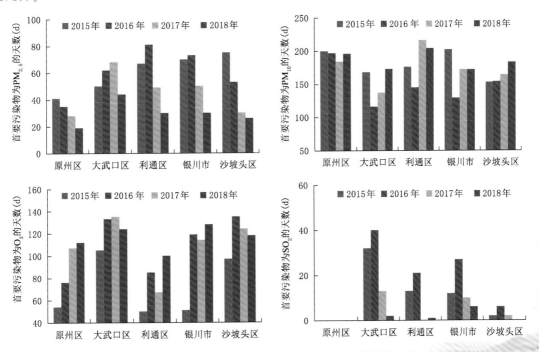

图 8.19 宁夏 5 市(区)不同首要污染物出现日数年际变化

第9章　应对气候变化行动

宁夏地区干旱少雨,土地沙化、荒漠化现象严重,森林覆盖率低,水土流失严重一直是影响生态环境治理的大问题。新中国成立以来,防沙治沙和治理水土流失,是历届党委、政府重视的头等大事。据统计,1950—2000年,宁夏累计治理水土流失面积1.15万 km^2。但由于滥挖、滥采、过度放牧、毁林开荒等人为活动,使治理成果频遭破坏,50年的治理不仅没有使水土流失面积减少,反而使之增加了1401 km^2。到2000年底,宁夏水土流失面积达3.68万 km^2,成为全国水土流失最严重的省(区)之一(李天跃 等,2007)。

全球变暖导致生态环境发生改变,为了减缓气候变化的不利影响,主动适应气候变化,宁夏实施了一系列行之有效的措施。20世纪80年代初开始实施大规模移民搬迁政策;从2002年起,全面实施封山禁牧退耕还林还草工程;在防沙治沙方面积极探索植树造林,开创了草方格、沙生植物栽培等多项新技术,实现了沙漠化逆转;充分利用风能、太阳能资源,大力发展新能源,目前已建成贺兰山、太阳山、长山头等风电场和国电宁夏太阳能公司等光伏发电企业。

宁夏适应气候变化,解决贫困问题、保护环境的一系列措施成效显著,国家发展与改革委员会把宁夏列为中国应对气候变化的"示范省"。宁夏以实际行动,为中国在全世界树立负责任的大国形象做出了积极贡献(林宣,2013)。

9.1　移民工程

9.1.1　措施及成效

自20世纪80年代初以来,宁夏实施了有组织的三次大规模移民搬迁工程,将中南部地区缺乏基本生存条件的农村群众,有计划地搬迁到资源更为丰富、有灌溉条件的地区进行开发性生产建设。从1983年开始,借助国家的"三西"农业建设项目,宁夏实施了吊庄移民措施,至2000年搬迁安置人口约34万(陈绍军 等,2013)。1998年,在国家实施"八七扶贫攻坚计划"的背景下,宁夏又启动了扶贫扬黄灌溉工程移民("1236"工程移民),工程开发的主战场红寺堡移民开发区共安置西海固地区贫困群众19.4万人(白雪军 等,2013)。2001年开始实施最大规模的易地扶贫搬迁和生态移民计划,该计划先后经历了国家易地扶贫搬迁移民(宁夏试点)、宁夏中部干旱带县内生态移民和宁夏中南部地区生态移民三个阶段,共迁出民众60.55万人,移民迁出区退出土地面积84.807万 hm^2(冯立峰 等,2014)。

在移民搬迁工作中,科学施策、因地制宜,充分考虑了适应和减缓气候变化可能带来的影响,根据迁出和迁入地的自然禀赋及环境条件,合理确定搬迁和安置模式,不搞"一刀切",实现了"搬得出、稳得住、能致富"、生态环境逐渐改善的"共赢"局面。

9.1.2　效益评估

促进了生态环境保护和改善。移民迁出后,原有土地用于生态修复,进行退耕还林、退牧还草和围栏封育。同时由于人类活动的减少,减轻了生态环境压力,使原有的林地、草地得到很好的休养生息,提高了水源涵养能力,遏制了水土流失,保护了生态物种的多样性。在移民迁入区,通过科学规划,基本构建了以生态林、生态农业为优势种群的植物群落,形成以人为本的生物圈,从而改造和提高了自然社会生态景观,并在一定地域内充分发挥了对农业生产区域内的生态平衡和生物资源的多次利用、多层次利用以及综合利用的保障性作用。

改善了群众的生产、生活条件,促进了社会的发展。移民搬迁后,实现了水、电、路三通,配套建设的教育、医疗设施基本齐全,就医、就学便利,基本生产生活条件得到根本改善,为移民群众奠定了脱贫致富的基础。同时,由于实施了一系列脱贫致富的配套措施,进一步拓宽了贫困群众脱贫致富的空间。

9.2　封山禁牧

9.2.1　措施及成效

自 2003 年开始,宁夏在全国率先实行全区范围封山禁牧,以恢复草地生态系统的良性循环。按照"因地制宜,封治并重,宜治则治,宜封则封"的科学发展思路,及时对全区草原和林地全面实行禁牧封育的举措。同时加大政府的扶持力度,多方采取措施,解决封山禁牧后给当地人民群众带来的问题,确保农民群众增收。截至 2007 年,实现了 2.16 万 hm^2 草原和林地的封育禁牧,并将其经营权承包到了 19 万多个农户(或联户),承包期"50 年不变",把草原利用和管护有机结合起来,形成了建、管、用和责、权、利相统一的草地牧业经营管理新机制。

9.2.2　效益评估

有效地改善了生态环境。封山禁牧是全面改善宁夏生态环境的根本举措,收获最大的还是生态效益。2003 年之前,全区发生中度、重度退化的草原面积超过 220 万 hm^2,占草原总面积的 90%。荒漠草原实施围栏封育措施后,群落发生正向演替,植被盖度、生物量等增加,土壤性状改善,草地生态环境发生逆转,生态效应增强。据 2005 年监测显示,宁夏全区草原植被覆盖度由封山禁牧前的 35% 提高到 60%;干旱草原植被覆盖度提高了 50%,荒漠草原植被覆盖度提高了 30%;单位面积草原的产草量增加 3~5 倍,草原理论载畜量由禁牧前的 193 万只羊单位增加到 290 万只羊单位。地处毛乌素沙漠南缘的盐池县曾是宁夏草原退化、风沙危害最为严重的地区之一,20 世纪 80 年代初,全县有 75% 的人口和耕地处在沙区;早在 21 世纪初,盐池就提出了生态立县的目标,并率先实施封山禁牧工作,多年来,先后实施了系列生态建设项目,助力生态重建、恢复和改善。2015 年,该县出台了《林业发展"十三五"规划》,提出建设"一圈一带三区多点"的生态安全格局,着力构筑森林生态、林业产业、林业科技推广、森林资源保护四大体系,重点实施防沙治沙、新一轮退耕还林、产业提升等十大工程,努力实现林业现代化、生态文明和林业可持续发展目标。截至 2018 年,盐池县林木保存面积达到 25.7 万 hm²,13 万 hm² 以上沙化土地全部披上绿装,100 亩 * 以上的明沙丘基本消除,林木覆盖度、植被覆盖度分别达到 31% 和 56.3%。贺兰山自然保护区一带在实施封育后岩羊、马鹿、兰马鸡的种群和数量在不断扩大,岩羊由 1983 年不足 1800 只,发展到目前的种群水平,总数超过 4 万只。

植物结构明显转变。随着封禁时间的延长,在覆盖率不断提高的同时,封禁区植物种类结构也在发生变化,且向有益的方向转变(表 9.1)(李天跃 等,2007)。

表 9.1　封禁区不同植物种类结构变化(%)

封育年度	豆科	禾本科	杂草	有毒植物
2003	22.79	25.79	48.60	2.82
2004	21.24	23.57	54.03	1.56
2005	18.68	38.87	37.89	1.52

另外,封山禁牧后促进了畜牧业发展。据统计,2006 年宁夏羊的饲养量为 1058 万只,比封山禁牧前的 710 万只增加了 49.0%,出栏数由 251 万只增加到 543 万只,增加了 116.3%,年人均牧业收入由 255 元增加到 768 元,增加了 201.2%,宁夏牧业产值 46 亿元,增长了 46%。畜牧业已真正成为宁夏农村经济的支柱产业(张宁 等,2007;陈广宏,2007)。封山禁牧与农业结构调整相结合,实现了双赢。为了巩固封山禁牧成果,确保草原不再遭受人为破坏,真正做到"封得住、有效果、不反复",因地制宜地调整农牧业结构,实现了生态保护和经济发展的双赢。

9.3　防沙治沙

9.3.1　措施及成效

宁夏东、西、北三面被腾格里沙漠、毛乌素沙地和乌兰布和沙漠所包围,是我国荒漠化最突出、生态环境最脆弱的地区之一,是西北地区沙尘暴高聚集区之一,也是西沙东送的重要中转站和加固区。日益发展的沙漠化不仅造成生态环境的严重恶化,而且成为严重影响宁夏人民生活和生产条件,制约经济、社会可持续发展的主要限制因素。新中国成立以来,宁夏回族自治区政府一直高度重视荒漠化治理工作,多年来,防沙治沙始终伴随着宁夏回族自治区的发展历程,在党和国家的高度重视下,防止荒漠化成效显著。20 世纪 50 年代,在"全国治沙英雄"王有德等的带领下,创造出麦草方格治沙技术,固定了流沙,绿化了沙漠,解决了世界性难题,实现了由"沙进人退"到"人进沙退"的根本转变。2008 年,我国批准宁夏建设防沙治沙综合示范区加强生态林业建设,推进防沙治沙工作,加快建设西部生态安全屏障。2009 年 12 月,自治区政府通过了《关于大力发展沙产业推进宁夏防沙治沙综合示范区建设的意见》,通过加速发展沙产业,化沙害为沙利,向沙漠要效益;实行"谁造林谁所有、谁开发谁受益、允许继承转让"的政策,对农民发展沙产业、特色林果业,给予造林补贴和财政资金补贴,同时,在税收、信

---

* 1 亩＝1/15 hm²,下同。

贷、贴息等方面实行优惠扶持政策。2010 年,《宁夏防沙治沙条例》的实施为宁夏化沙害为沙利提供了法律保障。"十五"和"十一五"期间,宁夏完成了沙地立地分类评价、半荒漠地区抗逆树种选择、沙地野生灌木资源利用研究、宁夏毛乌素沙地脆弱生态环境综合治理及沙产业开发试验示范等 30 余项国家和省部级科技攻关项目。多年的实践和探索,宁夏的防沙治沙基本形成了包兰铁路中卫沙坡头段"五带一体"防风固沙工程型模式;盐池、灵武毛乌素沙地生态综合治理型模式;平罗河东沙地丘间补种适生灌木封育修复型模式;扬黄灌溉生态农业(林业)综合开发型模式。

宁夏在抵御毛乌素、腾格里、乌兰布和三大沙漠(地)的合围中,积极推进生态环境建设,实现了治理速度大于扩展速度的历史性转变,成为全国防沙治沙战线上的一面旗帜和全国唯一的省级防沙治沙综合示范区;麦草方格治沙技术成果获得"国家科技进步特等奖",并被联合国环境规划署确定为"全球 500 佳环境保护奖";中卫沙坡头成为全国第一个国家沙漠公园,盐池哈巴湖成为第一个荒漠湿地类型的国家级自然保护区,灵武白芨滩成为唯一的全国防沙治沙展览馆。

9.3.2　效益评估

几十年来,宁夏回族自治区在防沙治沙上取得的成就,在一些领域成功实现了经济效益、社会效益和生态效益共赢。

生态环境明显改善。宁夏荒漠化面积每年以 200 km² 的速度递减,沙化面积以每年 100 km² 的速度递减,宁夏的沙漠是整体遏制、持续好转、面积缩小的一个过程。相关数据显示,宁夏沙化面积由 20 世纪 70 年代的 1.65 万 km² 减少到 2017 年的 1.183 万 km²,特别是 1994 年以来,宁夏连续 20 年实现荒漠化和沙化土地面积"双缩减",成为全国第一个实现沙漠化逆转的省(区)。"十一五"期间,宁夏防沙治沙目标任务为 2626 km²,实际完成目标任务的 351%,达 9226 km²,生态环境改善的幅度跃居全国第二位。

环境质量有效提高。灵武白芨沟多年的治理工作使保护区内的环境质量有了显著提高,风速降低了 12%,水分蒸发量减少了 26%,大气相对湿度提高了 9.5%,土壤有机质含量提高了 199%。减少了沙尘暴天气和大气污染程度,为地区经济建设、社会发展和人民生活提供一个良好的大气环境(王才 等,2017)。

社会、经济效益明显。宁夏在防沙治沙方面创造出了举世瞩目的中国经验。2006 年起,中国商务部委托宁夏农林科学院开展针对阿拉伯国家的防沙治沙培训课程,积极开展国际合作;国家林业和草原局把宁夏灵武市白芨滩自然保护区确定为全国防沙治沙的综合示范区,在绿色活动的创建上积累了较成功的技术和经验。宁夏一开始就提出了"生态产业化,产业生态化"的思路,让防沙治沙与助推地方经济发展和助推农民增收致富结合起来,形成了沙区七大主导沙产业的面积已经超过 1300 km²,产值超过了 35 亿元(姜雪城,2017)。

9.4　新能源开发利用

9.4.1　措施及成效

宁夏风能、太阳能资源丰富,适宜开发的风能和太阳能资源储量分别在 1200 万 kW 和

1700 万 kW 以上,占统调总装机容量的 40% 以上,为实现能源、经济、环境的和谐、绿色发展提供了得天独厚的条件。

依托丰富的风能、太阳能资源开展的风电、光伏项目建设进度也在不断加快。2012 年宁夏被列为全国首个新能源综合示范区,银川也被列为新能源示范城市,青铜峡市被列为全国绿色能源示范县。全区陆续建成了贺兰山、太阳山、麻黄山等大型新能源集中区及永宁农光互补、贺兰渔光互补等示范项目区。新能源发电总装机规模突破 1100 万 kW,总装机容量位居全国第七、西北第三、装机占比位居全国及西北第三,成为我国大规模推广应用绿色能源的重要基地,其中,风电装机 822 万 kW,太阳能发电装机 309 万 kW。新能源占一次能源消费比重达到 7.7%。同时,一条条特高压外送通道的打通,让新能源并网消纳有了新途径。据统计,宁夏银东及灵州—绍兴的两条特高压通道累计外送电量分别达到 2158 亿 kWh、430 亿 kWh。

9.4.2　效益评估

根据测算,如果将累计外送的 2588 亿 kWh 的电能换成电煤,相当于外送煤炭 1.04 亿 t。若用火车拉运,按单列 3 万 t 的运载能力,需要 3485 余列方能运完。"输电"相当于减排受端二氧化碳 25802 万 t、碳粉尘 7039 万 t、二氧化硫 776 万 t、氮氧化物 388 万 t,环保效益和社会效益极为显著。且宁夏电网在西北地区同等条件下弃电率控制最好,新能源消纳总体水平位居全国前列。

9.5　重大工程气候可行性论证

气候可行性论证是应对气候变化、防灾减灾和前瞻性规划决策的需要。

2009 年颁布的《宁夏回族自治区气象灾害防御条例》,从法规方面规范了气候可行性论证的内容、权责,这是气候可行性论证工作首次"现身"宁夏地方性法规。2017 年实行的《宁夏回族自治区气候资源开发利用和保护办法》规定了气候资源保护制度,并进一步完善了气候可行性论证制度,明确了相关法律责任,对合理开发利用和有效保护气候资源,充分发挥气候资源的综合效益,推进生态文明建设,积极应对气候变化具有重要意义。

近年来,围绕经济社会发展、防灾减灾和工程建设需要,全区在机场选址、火电厂和风能太阳能发电厂、城市基础设施建设等领域开展了气候资源开发利用技术研发、气候可行性论证等工作。同时编制了国内首个《机场工程选址气候可行性论证技术指南》及《QX/T 424—2018 气候可行性论证规范　机场工程气象参数统计》行业标准,规范了适用于干线、支线、通勤、通用机场的气候可行性论证技术体系。结合宁夏风电场建设现状和气候特点,制订了《DB64/T 1585—2019　风电场风能资源测量评估数据处理技术规范》,为区内风能资源评估提供了技术规范。

参考文献

艾浩,张萍,杨晓清,等,2008.中国森林公园和自然保护区览胜[M].北京:新华出版社.

安宏英,黄贵,2011.宁夏南部山区河流水资源状况及变化分析[J].宁夏农林科技(12):261-265.

白雪军,温丽,2013.宁夏生态移民政策效益分析与"和谐富裕新宁夏"建设的思考[J].农业现代化研究,34
(2):159-162.

鲍文中,2018.甘肃气候[M].北京:气象出版社.

曹有龙,巫鹏举,2015.中国枸杞种质资源[M].北京:中国林业出版社.

常倬林,崔洋,张武,等,2015.基于CERES的宁夏空中云水资源特征及其增雨潜力研究[J].干旱区地理,38
(6):1112-1120.

陈东升,袁汉民,张维军,等,2012.冬小麦在宁夏山区、灌区种植的比较研究[J].宁夏农林科技,53(9):1-4.

陈广宏,2007.宁夏封山禁牧生态修复的实践与思考[J].中国水土保持(5):12-14.

陈璐,2016.气候变化对宁夏中部干旱带玉米生产影响的模拟研究[D].南京:南京信息工程大学.

陈璐,刘静,王连喜,等,2016.宁夏中部干旱带玉米生育期热量条件时空特征分析[J].干旱地区农业研究,34
(6):257-265.

陈绍军,史明宇,蔡萌生,2013.气候变化与人口迁移关联性实证研究——以宁夏中部干旱地区为例[J].水利
经济,31(2):55-59.

陈玉春,2013.气候变化背景下宁夏泾河水资源变化分析[J].宁夏大学学报(自然科学版),34(3):275-278.

戴全章,2013.宁夏农业生产现状分析及产业化对策[J].安徽农业科学,41(23):9811-9816.

董永祥,周仲显,1986.宁夏气候与农业[J].银川:宁夏人民出版社.

段富强,张旭,李清红,2006.海原县南华山植被类型调查[J].宁夏农林科技,47(4):11-12.

多典洛珠,周顺武,宋倩倩,等,2020.西藏拉萨汛期降水日变化特征[J].干旱气象,38(1):58-65.

冯建民,2012.宁夏天气预报手册[M].北京:气象出版社.

冯建民,郑广芬,陈豫英,等,2011.宁夏连阴雨(雪)过程变化规律研究[J].中国沙漠,31(6):1590-1597.

冯立峰,王伟,2014.宁夏西海固地区生态移民成效与经验[J].中国水土保持(10):37-40.

高懋芳,邱建军,刘三超,等,2008.我国低温冷冻害的发生规律分析[J].中国生态农业学报,16(5):
1167-1172.

高庆华,马宗晋,张亚成,等,2007.自然灾害评估[M].北京:气象出版社.

高睿,张晓娥,2009.六盘山森林资源保护调研报告[J].宁夏农林科技,50(6):97-98.

高睿娜,王素艳,朱晓炜,等,2020.CI和MCI干旱指数在宁夏的应用对比分析[J].宁夏气象,186(2):27-35.

高中正,戴法和,1984.宁夏植被的基本特征和水平分布规律[J].宁夏农业科技(5):26-31.

龚道溢,王绍武,1999.近百年ENSO对全球陆地及中国降水的影响[J].科学通报,44(3):399-407.

苟诗薇,2012.宁夏玉米生产的气候风险等级分析[D].北京:中国农业科学院农业环境与可持续发展研究所.

何金海,刘芸芸,常越,2005.西北地区夏季降水异常及其水汽输送和环流特征分析[J].干旱气象,23(1):
10-16.

黑龙江省农业科学院马铃薯研究所,1994.中国马铃薯栽培学[M].北京:中国农业出版社.

黄德珍,任淑华,杜长林,2010.秋季连阴雨对农业生产的影响[J].现代农业科技(4):322-322,326.

黄荣辉,李维京,1988.夏季热带西太平洋上空的热源异常对东亚上空副热带高压的影响及物理机制[J].大气
科学,12:107-116.

黄荣辉,孙凤英,1994.热带西太平洋暖池的热状态及其上空的对流活动对东亚夏季气候异常的影响[J].大气科学,18(2):141-151.

黄荣辉,傅云飞,1996.关于 ENSO 循环动力学研究的若干进展与问题,灾害性气候的过程及诊断[M].北京:气象出版社.

霍治国,王石立,2009.农业和生物气象灾害[M].北京:气象出版社.

贾科利,张俊华,马正亮,等,2011,生态脆弱区土地利用变化与沙漠化响应研究[J].干旱区资源与环境,25(10):98-103.

江志红,杨金虎,张强,2009.春季印度洋 SSTA 对夏季中国西北东部极端降水事件的影响研究[J].热带气象,25(6):632-648.

姜雪城,2017.防沙治沙——宁夏创造中国经验[J].宁夏林业(1):28-29.

金祖辉,陶诗言,1999.ENSO 循环与中国东部地区夏季和冬季降水关系的研究[J].大气科学,23(6):663-672.

雷永华,2012.海原南华山植物资源的保护与利用[J].中国林业(11):64.

李崇银,1989.El Niño 事件与中国东部气温异常[J].热带气象,5(3):210-219.

李栋梁,钟海玲,魏丽,等,2003.中国北方年沙尘暴日数的气候特征及对春季高原地面感热的响应[J].高原气象,22(4):337-345.

李栋梁,蓝柳茹,2017.西伯利亚高压强度与北大西洋海温异常的关系[J].大气科学学报,40(1):13-24.

李红英,张晓煜,王静,等,2014.基于 CI 指数的宁夏干旱致灾因子特征指标分析[J].高原气象,33(4):995-1001.

李剑萍,杨侃,曹宁,等,2009.气候变化情景下宁夏马铃薯单产变化模拟[J].中国农业气象,30(3):407-412.

李敬育,1985.连阴雨对春小麦的危害[J].甘肃气象(4):22-23.

李陇堂,2000.宁夏自然旅游资源及其综合评价[J].宁夏大学学报(自然科学版),21(4):373-376.

李奇峰,曹彦龙,孙占波,等,2008.浅析 2007 年雨雪天气对灌区春小麦的影响[J].宁夏农林科技,2008(1):52-54.

李世奎,1999.中国农业气象灾害风险评估与对策[M].北京:气象出版社.

李帅,顾艳文,陈锦平,等,2016.宁夏黄河流域土地利用时空变化特征分析[J].西南大学学报,38(4):42-49.

李天跃,许立宏,2007.宁夏封山禁牧的成效与思考[J].宁夏农林科技(3):74-75,63.

李欣,王素艳,郑广芬,等,2016.不同分布型 El Niño 事件次年宁夏春季降水的差异[J].干旱气象,34(2):290-296.

李耀辉,李栋梁,赵庆云,2000a.中国西北春季降水与太平洋秋季海温的异常特征及其相关分析[J].高原气象,19(1):100-110.

李耀辉,李栋梁,赵庆云,2000b.ENSO 循环对西北地区夏季气候异常的影响[C]//谢金南.中国西北干旱气候变化与预测研究.北京:气象出版社.

李忠贤,陈晨,曾刚,等,2019.春季热带大西洋北部海温异常与我国盛夏降水异常的联系[J].热带气象学报,35(6):756-766.

梁旭,冯建民,张智,等,2009.2008 年宁夏低温阴雪灾害特征及成因分析[J].干旱区资源与环境,23(7):16-21.

林宣,2013.应对气候变化,"宁夏经验"受国际重视[J].宁夏林业通讯(2):1-1.

刘秉儒,璩向宁,虎卫军,等,2014.宁夏南华山自然保护区生态旅游规划研究[J].林业资源管理,5(10):156-161.

刘静,张晓煜,杨有林,等,2004.枸杞产量与气象条件的关系研究[J].中国农业气象,25(1):17-21.

刘胜涛,牛香,王兵,等,2019.宁夏贺兰山自然保护区森林生态系统净化大气环境功能[J].生态学杂志,38(2):420-426.

刘晓东,罗四维,钱永甫,1989.青藏高原地表热状况对夏季大气环流影响的数值试验[J].高原气象,8(3):
　　205-216.

刘玉兰,刘静,2002.我区水稻低温冷害指标分析[J].宁夏气象,115(4):28-31.

刘玉兰,任玉,王迎春,等,2011.气候变化下宁夏引黄灌区玉米产量及其构成因素的预估[J].安徽农业科学,
　　39(23):13994-13996.

马红彬,王宁,2000.宁夏草地的分类[J].宁夏农学院学报,21(2):62-67.

马力文,李凤霞,梁旭,2001.宁夏干旱及其对农业生产的影响[J].干旱地区农业研究(4):102-109.

马力文,叶殿秀,曹宁,等,2009.宁夏枸杞气候区划[J].气象科学,29(4):4546-4551.

马睿,2019.宁夏盐池县土地利用变化对生态系统服务价值影响分析[D].北京:北京林业大学.

马忠玉,2012.宁夏应对全球气候变化战略研究[M].银川:阳光出版社.

宁贵财,尚可政,王式功,等,2015.贺兰山对银川一次致灾暴雨过程影响的数值模拟[J].中国沙漠,35(2):
　　464-473.

宁夏回族自治区水利厅,宁夏回族自治区统计局,2013.宁夏回族自治区第一次水利普查公报[R].银川:宁夏
　　回族自治区水利厅,宁夏回族自治区统计局.

宁夏回族自治区统计局,国家统计局宁夏调查总队,2001—2019.宁夏统计年鉴(2000—2018)[M].北京:中国
　　统计出版社.

宁夏回族自治区质量技术监督局,2017.酿酒葡萄农业气象服务技术规程:DB64/T 1525—2017[S].

宁夏云雾山草原自然保护区管理处,2001.宁夏云雾山自然保护区科学考察与管理文集[M].银川:宁夏人民
　　出版社.

钱正安,蔡英,宋敏红,等,2018.中国西北旱区暴雨水汽输送研究进展[J].高原气象,37(3):577-590.

全国气象防灾减灾标准化技术委员会,2012.气候季节划分:QX/T 152—2012[S].北京:气象出版社.

全国气象防灾减灾标准化技术委员会,2014.太阳能资源等级　总辐射:GB/T 31155—2014[S].北京:中国标
　　准出版社.

全小虎,宋春玲,2007.宁夏湿地生态旅游可持续开发[J].湿地科学与管理,3(3):23-27.

任宏昌,左金清,李维京,2017.1998 年和 2016 年北大西洋海温异常对中国夏季降水影响的数值模拟研究
　　[J].气象学报,75(6):877-893.

容新尧,张人禾,LI T,2010.大西洋海温异常在 ENSO 影响印度—东亚夏季风中的作用[J].科学通报,55
　　(14):1397-1408.

邵步粉,蒋滔,姚林塔,等,2014.基于 GIS 的福建省高温灾害风险区划研究[C]//中国气象学会年会,极端气
　　候事件和灾害风险管理.北京:气象出版社.

孙芳,林而达,武艳娟,2008.宁夏气候变化及其对马铃薯生产的影响[J].中国农学通报(4):465-471.

谭红建,蔡榕硕,2012.热带太平洋 El Nino Modoki 对中国近海及邻近海域海温的可能影响[J].热带气象学
　　报,28(6):897-904.

陶林科,杨侃,胡文东,等,2014.“7·30”大暴雨的数值模拟及贺兰山地形影响分析[J].沙漠与绿洲气象,8
　　(4):32-39.

王才,杨玉刚,王兴东,2011.基于防沙治沙的生态旅游发展探讨——以宁夏灵武白芨滩国家级自然保护区为
　　例[J].宁夏农林科技,52(3):33-35.

王华,王兰改,宋华红,等,2010.宁夏回族自治区酿酒葡萄气候区划[J].科技导报,28(20):21-24.

王连喜,李凤霞,黄峰,2008.宁夏农业气候资源极其分析[M].银川:宁夏人民出版社.

王连喜,刘静,李琪,等,2013.气候变化对宁夏水稻的影响及适应性研究[J].地球科学进展,28(11):
　　1248-1256.

王凌梓,苗峻峰,韩芙蓉,2018.近 10 年中国地区地形对降水影响研究进展[J].气象科技,46(1):64-75.

王鹏祥,杨建玲,李栋梁,2020.中国西北地区东部汛期降水异常成因及预测研究[M].北京:气象出版社.

王钦,李双林,付建建等,2012.1998 和 2010 年夏季降水异常成因的对比分析:兼论两类不同厄尔尼诺事件的影响[J].气象学报,70(6):1207-1222.

王素艳,郑广芬,杨洁,等,2012.几种干旱评估指标在宁夏的应用对比分析[J].中国沙漠,32(2):517-524.

王素艳,郑广芬,李欣,等,2013.CI 综合气象干旱指数在宁夏的本地化修正及应用[J].干旱气象,31(3):561-569.

王素艳,郑广芬,李欣,等,2017.气候变暖对宁夏贺兰山东麓酿酒葡萄热量资源及冷冻害的影响分析[J].生态学报,37(11):3776-3886.

王洋洋,肖玉,谢高地,等,2019.基于 RWEQ 的宁夏草地防风固沙服务评估[J].资源科学,41(5):980-991.

王耀宗,张颖,柳辉,等,2013.宁夏"十一五"期间土地利用/覆盖变化及生态效应分析[J].宁夏大学学报(自然科学版),34(1):84-87.

王豫,赵小艳,李艳春,等,2018.宁夏平原湿地面积动态演变对局地气候效应的影响[J].生态环境学报,027(7):1251-1259.

温克刚,夏普明,2007.中国气象灾害大典·宁夏卷[M].北京:气象出版社.

翁笃鸣,1964.试论总辐射的气候学计算方法[J].气象学报,34(3):304-315.

吴霞,王世荣,尚红莺,等,2017.宁夏近 18 年来耕地面积动态变化及驱动力分析[J].中国农业资源与区划,38(8):98-104.

吴征镒,1983.中国植被[M].北京:科学出版社.

武炳义,黄荣辉,1999.冬季北大西洋涛动极端异常变化与东亚冬季风[J].大气科学,23(6):641-651.

武万里,2008.气候变暖背景下宁夏水稻低温冷害的变化特征分析[J].宁夏农林科技(1):54-59.

谢金南,王素艳,马镜娴,2000.厄尔尼诺事件与西北干旱相关的稳定性问题[C]//谢金南.中国西北干旱气候变化与预测研究.北京:气象出版社.

徐小红,李兆元,杨文峰,2000.印度洋、大西洋海温对我国西北地区旱涝的影响[C]//谢金南.中国西北干旱气候变化与预测研究.北京:气象出版社.

徐秀梅,董永卿,2000.宁夏大罗山植被垂直带划分[J].宁夏农林科技,41(5):10-14.

薛晨浩,李陇堂,任婕,等,2014.宁夏沙漠旅游适宜度评价[J].中国沙漠,34(3):901-910.

晏红明,严华生,谢应齐,2001.中国汛期降水的印度洋 SSTA 信号特征分析[J].热带气象学报,17(2):109-116.

杨建国,张新民,2005.旱地农业在宁夏农业中的地位及发展战略措施[J].甘肃农业科技(2):21-23.

杨建玲,2007.热带印度洋海表面温度异常对亚洲季风区大气环流的影响研究[D].青岛:中国海洋大学.

杨建玲,刘秦玉,2008.热带印度洋 SST 海盆模态的"充电/放电"作用—对夏季南亚高压的影响[J].海洋学报,30(2):1-8.

杨建玲,李艳春,穆建华,等,2015a.热带印度洋海温与西北地区东部降水关系研究[J].高原气象,34(3):690-699.

杨建玲,郑广芬,王素艳,等,2015b.热带印度洋海温影响西北地区东部降水的大气环流分析[J].高原气象,34(3):700-705.

杨建玲,胡海波,穆建华,等,2017.印度洋海盆模态影响西北东部 5 月降水的数值模拟研究[J].高原气象,36(2):510-516.

杨建玲,李欣,张雯,等,2020.北大西洋三极子对宁夏降水的影响及环流异常成因[J].宁夏气象,42(4):6-14.

杨侃,桑建人,李艳春,等,2012.宁夏 50 a 冰雹气候特征[J].干旱气象,30(4):609-614.

杨侃,纪晓玲,毛璐,等,2020.贺兰山两次特大致洪暴雨的数值模拟与地形影响对比[J].干旱气象.38(4):581-590.

杨勤,2006.宁夏小麦单产年际变化及气象条件利弊分析[J].宁夏农林科技(4):52-53.

杨修群,谢倩,黄士松,1992.大西洋海温异常对东亚夏季大气环流影响的数值试验[J].气象学报,50(3):

349-354.

杨修群,郭燕娟,徐桂玉,等,2002.年际和年代际气候变化的全球时空特征比较[J].南京大学学报(自然科学),38(3):308-317.

姚仁福,边文燕,范宏琳,等,2021.中国省域森林碳汇效率演进分析[J].林业经济问题,41(1):801-808.

叶笃正,张捷迁,1974.青藏高原加热作用对夏季东亚大气环流影响的初步模拟[J].中国科学(3):301-326.

于振文,2013.作物栽培学各论(北方本)[M].北京:中国农业出版社.

俞淞,马巍,王红瑞,等,2017.黄河干流宁夏段沿程水资源变化特征分析[J].人民黄河,39(9):56-59.

郁光磊,和玮,璩向宁,2007.宁夏耕地面积变化及驱动力分析[J].农业科学研究,28(4):1-3.

袁良,何金海,2013.两类 ENSO 对我国华南地区冬季降水的不同影响[J].干旱气象,31(1):24-31.

袁媛,杨辉,李崇银,2012.不同分布型厄尔尼诺事件及对中国次年夏季降水的可能影响[J].气象学报,70(3):467-478.

袁媛,高辉,李维京,等,2017.2016 和 1998 年汛期降水特征及物理机制对比分析[J].气象学报,75(1):19-38.

翟盘茂,周琴芳,1997.中国大气水分气候变化研究[J].应用气象学报,8(3):342-351.

翟盘茂,余荣,郭艳君,等,2016.2015/2016 年强厄尔尼诺过程及其对全球和中国气候的主要影响[J].气象学报,74(3):309-321.

张冰,刘宣飞,郑广芬,等,2018.宁夏夏季极端降水日数的变化规律及其成因[J].大气科学学报,41(2):176-185.

张娥娥,2017.宁夏森林碳汇功能及其经济价值评价[D].银川:宁夏大学.

张建明,2015.南华山自然保护区生态效益分析[J].现代园艺,9(18):166.

张宁,卜崇德,陈广宏,2007.宁夏全面实行禁牧封育取得显著成效[J].中国水土保持(2):29-36.

张强,张存杰,白虎志,等,2010.西北地区气候变化新动态及对干旱环境的影响——总体暖干化,局部出现暖湿迹象[J].干旱气象,28(1):1-7.

张钛仁,李茂松,潘双迪,等,2014.气象灾害风险管理[M].北京:气象出版社.

张雯,郑广芬,马阳,2019.赤道太平洋海温异常对宁夏盛夏降水的影响[J].宁夏气象,41(3):1-6.

张晓煜,韩颖娟,张磊,等,2007.基于 GIS 的宁夏酿酒葡萄种植区划[J].农业工程学报,23(10):275-278.

张晓煜,李红英,陈卫平,等,2014.宁夏酿酒葡萄品种生态区划[J].生态学杂志,33(11):3112-3119.

张信,古晓林,2010.宁夏云雾山草原自然保护区功能评价及发展对策探析[J].宁夏农林科技,51(5):58-60.

张秀珍,刘秉儒,詹硕仁,2011.宁夏境内 12 种主要土壤类型分布区域与剖面特征[J].宁夏农林科技,52(9):48-50,63.

张占强,杨雪霞,2014.宁夏罗山国家级自然保护区生态建设与发展对策[J].安徽农学通报,20(14):81-82,85.

章国材,2014.自然灾害风险评估与区划原理和方法[M].北京:气象出版社.

郑广芬,王素艳,杨建玲,等,2016.宁夏贺兰山东麓酿酒葡萄成熟采收期气候资源变化及其对葡萄品质的影响[J].生态学杂志,35(12):3335-3343.

郑永超,文琦,2020.宁夏自治区土地利用变化及碳排放效应[J].水土保持研究,138(1):213-218.

中国气象局预报与网络司,2014.气候可行性论证技术指南系列之:区域太阳能资源精细化评估技术指南[R].北京:中国气象局预报与网络司.

中国气象局政策法规司,2008.太阳能资源评估方法:QX/T 89—2008[S].北京:气象出版社.

中华人民共和国国家统计局,2000—2018.中国统计年鉴(2000—2018)[M].北京:中国统计出版社.

周翠芳,张广平,伍一萍,等,2009.2008 年 1 月宁夏北部低温连阴雪天气成因及特征分析[J].宁夏工程技术(2):97-100.

朱炳瑗,李栋梁,1992.1845—1988 年期间厄尔尼诺事件与我国西北旱涝[J].大气科学,16(2):185-192.

朱乾根,林锦瑞,寿绍文,等.2007.天气学原理和方法(第四版)[M].北京:气象出版社.

朱玉果,杜灵通,谢应忠,等,2019. 2000—2015 年宁夏草地净初级生产力时空特征及其气候响应[J]. 生态学报,39(2):1-12.

邹旭恺,2003. 长江三峡库区旅游气候资源评估[J]. 气象,29(11):55-57.

ANNAMALAI H,XIE S P,MCCREARY J P,2005. Impacts of indian ocean sea surface temperature on developing El Niño[J]. Journal of Climate,15:302-319.

ASHOK K,BEHERA S,RAO S,et al,2007. El Niño Modoki and its possible teleconnection[J]. Journal of Geophysical Research,112:C11007,doi:10. 1029/2006JC003798.

BJERKNES J,1964. Atlantic air-sea interactions[J]. Advances in Geophysics,10:1-82.

CAYAN D R,1992a. Latent and sensible heat flux anomalies over the northern oceans:Driving the sea surface temperature[J]. Journal of Physical Oceanography,22(8):859-881.

CAYAN D R,1992b. Latent and sensible heat flux anomalies over the northern oceans:The connection to monthly atmospheric circulation[J]. Journal of Climate,5:354-369.

DELWORTH T L,GREATBATCH R J,2000. Multidecadal thermohaline circulation variability driven by atmospheric surface flux forcing[J]. Journal of Climate,13:1481-1495.

GILL A E,1980. Some simple solutions for heat-induced tropical circulation[J]. Quarterly Journal of the Royal Meteorological Society,106:447-462.

HAM Y G,KUG J S,PARK J Y,et al,2013. Sea surface temperature in the north tropical Atlantic as a trigger for El Niño/Southern Oscillation events[J]. Nature Geoscience,6(2):112-116.

HONG C C,CHANG T C,HSU H H,2014. Enhanced relationship between the tropical atlantic SST and the summer time western north Pacific subtropical high after the early 1980s[J]. Journal of Geophysical Research,119(7):3715-3722.

HUANG R,WU Y,1989. The influence of ENSO on the summer climate change in China and its mechanism[J]. Advances in Atmospheric Sciences,6:21-32.

KAO H Y,YU J Y,2009. Contrasting Eastern-Pacific and Central-Pacific types of ENSO[J]. Journal of Climate,22(3):615-632.

KUSHNIR Y,ROBINSON W A,BLADE I,et al,2002. Atmospheric GCM response to extratropical SST anomalies:synthesis and evaluation[J]. Journal Of Climate,15:2233-2256.

LATIF M,COLLINS M,STOUFFER R J,et al,2004. The physical basis for prediction of Atlantic sector climate on decadal timescales[J]. Clivar Exchanges,9:6-8.

LAU N C,LEETMAA A,NATH M J,et al,2005. Influences of ENSO-Induced Indo- Western Pacific SST anomalies on extratropical atmospheric variability during the boreal summer[J]. Journal of Climate,18:2922-2942.

LEE T,MCPHADEN M J,2010. Increasing intensity of El Niño in the central-equatorial Pacific[J]. Geophysical Research Letters,37(14),DOI:10. 1029/2010 GL044007.

MATSUNO T,1966. Quasi-geostrophic motions in the equatorial area[J]. Journal of the Ceramic Society of Japan,44:25-43.

PENG S L,ROBINSON W A,LI S L,2002. North Atlantic SST forcing of the NAO and relationships with intrinsic hemispheric variability[J]. Geophysical Research Letters,29 (8):1276,doi:10. 1029 /2001G L014043.

RODWELL M J,ROWELL D P,FOLLAND C K,1999. Oceanic forcing of the winter time North Atlantic oscillation and European climate[J]. Nature,398:320-323.

SAJI N H,GOSWAMI B N,VINAYACHANDRAN P N,et al,1999. A dipole mode in the tropical Indian Ocean[J]. Nature,401:360-363.

SCHOTT F A,XIE S P,MCCREARY J P,2009. Indian Ocean circulation and climate variability[J]. Reviews of Geophysics,47,RG1002,doi:10.1029/2007RG000245.

SUTTON R T,NORTON W A,JEWSON S P,2001. The North Atlantic oscillation-what role for the ocean [J]. Atmospheric Science Letters,1 (2):89-100.

TASCHETTO A S,ENGLAND M H,2009. El Niño Modoki impacts on Australian rainfall[J]. Journal of Climate,22(11): 3167-3174.

WANG B,WU R G,FU X H,2000. Pacific-East Asian Teleconnection:How does ENSO affect East Asian climate? [J]. Journal of Climate,13:1517-1536.

WANG S W,ZHOU T J,CAI J N,et al,2004. Abrupt climate change around 4 ka BP:Role of the thermohaline circulation as indicated by a GCM experiment[J]. Advances in Atmospheric Sciences,21(2):291-295.

WATANABE M,JIN F F,2003. A moist linear baroclinic model:Coupled dynamical-convective response to El Niño[J]. Journal of Climate,16:1121-1139.

WEBSTER P J,MAGANA V O,PALMER T N,et al,1998. Monsoons:Processes,predictability,and prospects for prediction[J]. Journal of Geophysical Research,103:14451-14510.

WEBSTER P J,MOORE A M,LOSCHNIGG J P,et al,1999. Coupled ocean-atmosphere dynamics in the Indian Ocean during 1997-1998[J]. Nature,401:356-360.

WENG H,ASHOK K,BEHERA S,et al,2007. Impacts of recent El Niño Modoki on dry/wet conditions in the Pacific rim during boreal summer[J]. Climate Dynamics,29:113-129.

WU Z W,WANG B,LI J P,et al,2009. An empirical seasonal pre-diction model of the East Asian summer monsoon using ENSO and NAO[J]. Journal of Geophysical Research Atmospheres,114(D18):D18120.

XIE S P,HU K,HAFNER J,et al,2009. Indian ocean capacitor effect on Indo-Western Pacific climate during the summer following El Niño[J]. Journal of Climate,22:730-747.

YANG J L,LIU Q Y,XIE S P,et al,2007. Impact of the Indian Ocean SST basin mode on the Asian summer monsoon[J]. Geophysical Research Letters,34,L02708,doi:10.029/2006 GL028571.

YANG J L,LIU Q Y,LIU Z Y,et al,2009. Basin mode of Indian Ocean sea surface temperature and Northern Hemisphere circumglobal teleconnection[J]. Geophysical Research Letters,36,L19705,doi:10.1029/2009 GL039559.

YANG J L,LIU Q Y,LIU Z Y,2010. Linking Asian monsoon to Indian Ocean SST in the observation: possible roles of Indian Ocean Basin Mode and Dipole Mode[J]. Journal of Climate,23:5889-5902.

ZHOU T J,ZHANG X H,YU Y Q,et al,2000. The North Atlantic oscillation simulated imullated by versions 2 and 4 of IAP/LASGGOALS model[J]. Advances in Atmospheric Sciences,17(4):601-616.

ZUO J Q,LI W J,SUN C H,et al,2013. Impact of the North Atlantic sea surface temperature tripole on the East Asian summer monsoon[J]. Advances In Atmospheric Sciences,30(4):1173-1186.